体验至上
UI设计之道

齐 琦◎编著

清華大学出版社
北京

内 容 简 介

本书是一本专门介绍UI设计方案制作的教程，针对性强，目标清晰。全书针对初学者，进行循序渐进的知识讲解，能使读者轻松掌握所学理论、技术，并达到学会和精通使用Photoshop进行UI设计方案制作的目的。

本书共分为8章，从UI设计的基础知识以及Photoshop的基本操作开始，进而深入讲解Photoshop实用技法以及多种类型UI设计方案的制作方法，最后通过经典商业案例的练习，模拟工作中的实战项目，使读者在案例的练习过程中逐步掌握各类UI设计项目的制作流程。

本书内容实用、通俗易懂，操作性、趣味性和针对性强，适合相关专业的从业人员及广大UI设计爱好者阅读自学，也可作为大中院校学生的自学教程和参考书。本书案例用Photoshop CC版本软件制作和编写，建议读者使用Photoshop CC版本软件学习。

图书在版编目(CIP)数据

体验至上：UI设计之道 / 齐琦编著. —北京：清华大学出版社，2017

ISBN 978-7-302-47653-5

Ⅰ. ①体…　Ⅱ. ①齐…　Ⅲ. ①人机界面—程序设计　Ⅳ. ①TP311.1

中国版本图书馆CIP数据核字（2017）第154577号

责任编辑：韩宜波
封面设计：杨玉兰
责任校对：周剑云
责任印制：刘海龙
出版发行：清华大学出版社

网　　址：http://www.tup.com.cn，http://www.wqbook.com
地　　址：北京清华大学学研大厦A座　　**邮　　编：**100084
社 总 机：010-62770175　　**邮　　购：**010-62786544
投稿与读者服务：010-62776969，c-service@tup.tsinghua.edu.cn
质量反馈：010-62772015，zhiliang@tup.tsinghua.edu.cn

印 装 者：北京亿浓世纪彩色印刷有限公司
经　　销：全国新华书店
开　　本：190mm×260mm　　**印　　张：**19.5　　**字　　数：**471千字
版　　次：2017年9月第1版　　**印　　次：**2017年9月第1次印刷
印　　数：1～3000
定　　价：79.80 元

产品编号：069572-01

前言 FOREWORD

随着移动设备 APP 行业的蓬勃发展，UI 设计逐渐成为近年来热门的从业方向。越来越多的人期望从事 UI 设计，也有很多其他方向的设计从业人员想要“转行”成为 UI 设计师。为了满足这些需求，我们编写了《体验至上——UI 设计之道》一书。本书从 UI 设计的基础理论出发，配合时下主流设计软件 Photoshop，由浅入深地讲解 UI 设计与制作过程中需要的工具与技巧。

本书采用经典的理论与实践相结合的讲解模式，从介绍 UI 设计的基础知识以及 Photoshop 的基本操作开始，进而配合 Photoshop 实用技法讲解多种类型 UI 设计方案的制作方法。本书选用精美实用的 UI 设计案例，对制作过程的讲解清晰、明了，方便读者朋友边学边练，轻松掌握 UI 设计技巧。通过学习本书，初学者可以轻松掌握 UI 设计的思路与方式，实实在在地解决 UI 设计制作中遇到的难题。

本书共分为 8 章内容，具体如下。

第 1 章为 UI 设计基础知识，主要讲解 UI 设计的概念、UI 设计的构成要素、不同平台的 UI 设计规范、不同颜色产生的心理效应以及 UI 设计的流行趋势等方面的基础知识。

第 2 章为 Photoshop 基本操作，主要学习文档的基本操作、图层编辑模式、错误操作的撤销与返回以及辅助工具的使用。

第 3 章为选区、抠图与合成，主要学习选框工具、套索工具、磁性套索、魔棒、快速选择工具等选区与抠图工具的使用方法，以及图层蒙版与剪贴蒙版的使用方法。

第 4 章为矢量制图，主要学习钢笔工具、多种形状工具的使用方法以及文字的创建与编辑方法。

第 5 章为图像编辑，主要学习颜色的设置方法、画笔工具与“画笔”面板的设置与应用、照片修饰工具的使用以及数码照片调色技法。

第 6 章为特殊效果的制作，主要从图层不透明度与混合模式的设置、图层样式的使用、滤镜的使用以及 3D 功能几个方面讲解特殊效果的制作。

第7章为动态效果的制作，主要讲解透明度动画、位移动画、效果动画的制作方法。

第8章为UI设计实战，通过8个UI设计实战案例的制作，掌握综合运用Photoshop多方面功能制作APP界面的思路与流程。

本书赠送一张DVD光盘，其中包括书中所有案例的源文件、素材以及教学视频。方便读者在看书学习的过程中使用案例配套的素材同步练习书中的案例。

本书面向初级专业从业人员、各大院校的专业学生、UI设计爱好者，同时也可以作为高校教材、社会培训教材使用。

本书由齐琦编著，其他参与编写的人员还有柳美余、苏晴、李木子、矫雪、胡娟、李化、马鑫铭、王萍、董辅川、杨建超、马啸、孙雅娜、李路、于燕香、曹玮、孙芳、丁仁雯、张建霞、马扬、杨宗香、王铁成、崔英迪、张玉华、高歌、曹爱德等。

由于作者水平有限，书中难免存在错误和不妥之处，敬请广大读者批评和指正。

编　者

ROBIN SCHULZ
SUGAR
Sugar (feat. Francesco Yates)

Ritter
COCONUT
$2.99
Ritter SPORT
COCONUT
BUY NOW

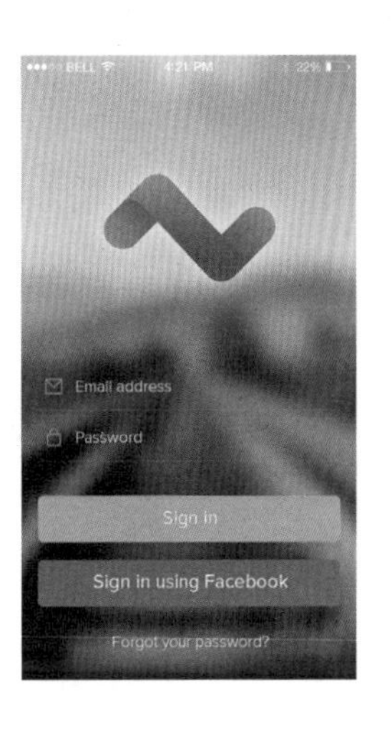

Email address
Password
Sign in
Sign in using Facebook
Forgot your password?

目录 CONTENTS

Exalted
NEW
$80.0
Personal Style
AND
$54.30
Spirit of Seduction
EXCELLENT

LOVE IS ALL AROUND

Whenever you go, I go your way
Fresh feeling Full of vigor
ABC.com

MODERN SEASON
HAPPY NEW YEAR
2017
THE SOURCE OF BEAUTY

CATEGORIES
Blouses
ONLY THIS WEEK SHIRTS & BLOUSES SALE
UP TO 50% OFF
EXPLORE CATEGORY

BEST 2012
어바웃 쇼핑지도가 애플앱스토어
'2012년을 빛낸 최고작'에 선정되었습니다.
장보기전!
어바웃 쇼핑지도
쇼핑지도
SHOPPING MAP

第4章 矢量制图

第5章 图像编辑

目录 CONTENTS

Experience

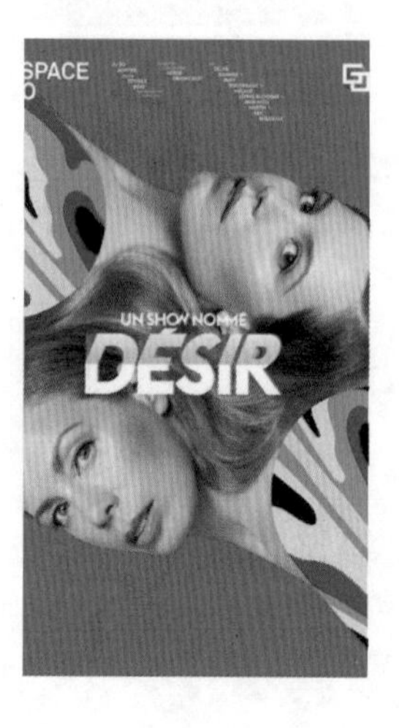
SPACE
UN SHOW NOMMÉ
DÉSIR

目录 CONTENTS

1
WINNER
Share
Close

Удачный 2013 в «Связном»
Пусть друзья всегда будут рядом!

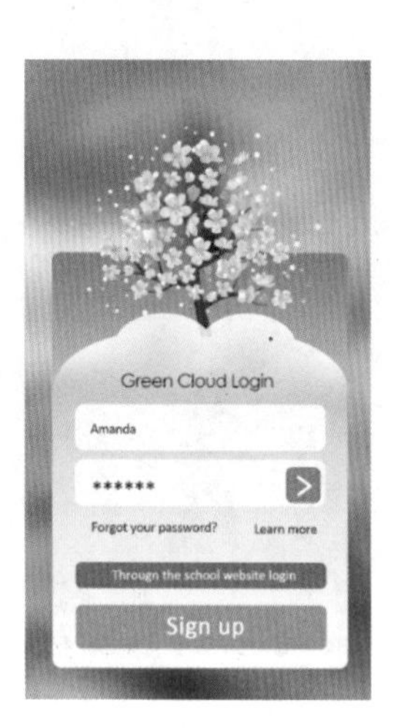
Green Cloud Login
Amanda
Forgot your password?
Learn more
Through the school website login
Sign up

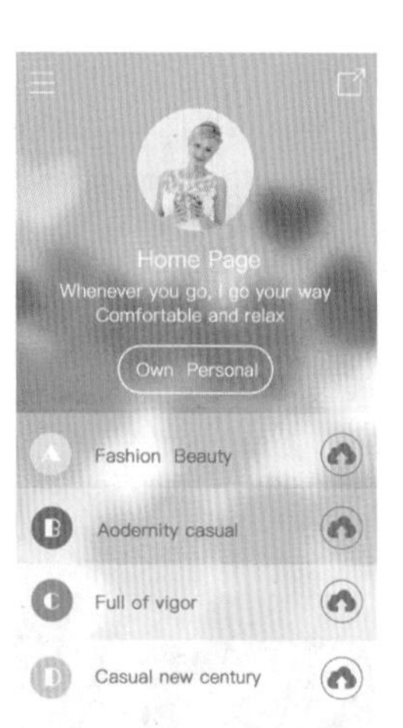
Home Page
Whenever you go, I go your way
Comfortable and relax
Own Personal
Fashion Beauty
Academy casual
Full of vigor
Casual new century

AntiCrop
by ADVA SOFT
Expand your limits

第1章 CHAPTER ONE UI设计基础知识

本章概述

本章主要学习什么是UI设计、不同平台中UI设计的规范，以及界面色彩的搭配和流行趋势。只有了解这些基础知识，才能在以后的操作中得心应手，百战不殆。

本章要点

- UI设计的概念
- UI设计的构成要素
- 不同平台的UI设计规范
- 色彩心理学
- UI设计的流行趋势

佳作欣赏

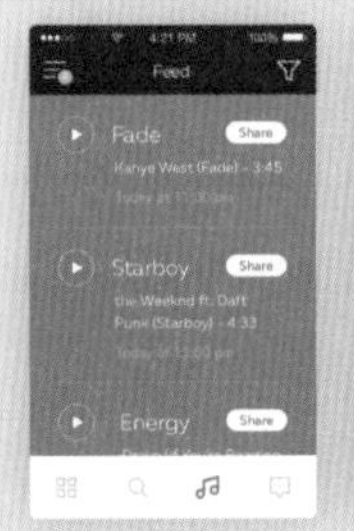

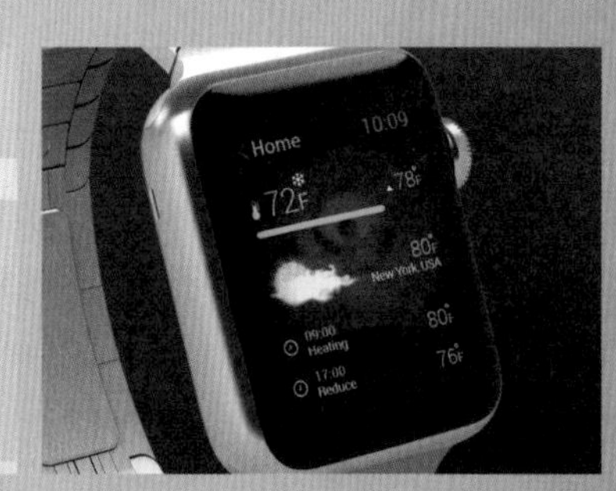

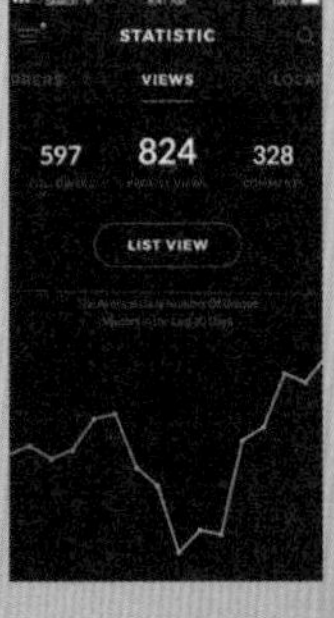

1.1 当我们说 UI 设计时我们在说什么

1.1.1 什么是 UI

UI 的全拼为 User Interface，直译就是用户与界面，通常理解为界面的外观设计，但是实际上还包括用户与界面之间的交互关系。我们可以把 UI 设计定义为软件的人机交互、操作逻辑、界面美观的整体设计。

一个优秀的设计作品，需要有以下几个设计标准：产品的有效性、产品的使用效率和用户的主观满意度。延伸开来还包括对用户而言产品的易学程度、对用户的吸引程度以及用户在体验产品前后的整体心理感受等。如图 1-1 和图 1-2 所示为优秀的 UI 设计作品欣赏。

图 1-1

图 1-2

简单来说，UI 设计分为三个方面，具体包括用户研究、交互设计和界面设计。

1. 用户研究

从事用户研究工作的人被称为用户研究员或研究工程师。用户研究就是研究人类信息处理机制、心理学以及消费者心理学、行为学等学科，通过研究得出更适合用户理解和操作使用的方式。用户研究员可以从用户怎么说、用户怎么想、用户怎么做和用户需要什么去着手进行研究，如图 1-3 所示。

图 1-3

2. 交互设计

交互设计是研究人与界面之间的关系，设计过程中需要以用户体验为基础进行设计，还要考虑用户的背景、使用经验以及在操作过程中的感受，从而设计出符合用户使用逻辑、并在使用中产生愉悦感的产品。交互设计的工作内容包括设计整个软件的操作流程、树状结构、软件结构和操作规范等。

3. 界面设计

界面设计就是对软件的外观的设计。从心理学意义来区分，界面可分为感觉（视觉、触觉、听觉等）和情感两个层次。一个友好美观的界面，能够拉近用户与产品之间的距离，在赏心悦目的同时，也能更好地抓住用户的心，从而增加自身的市场竞争力，如图 1-4 和图 1-5 所示。

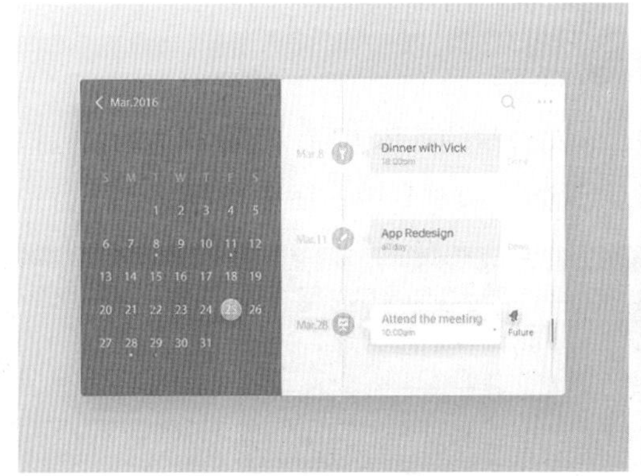

图 1-4

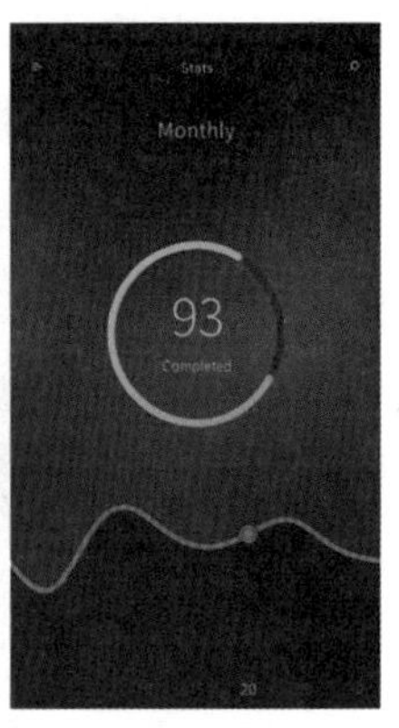

图 1-5

技巧提示　什么是 UE

UE 又被称为 UX，是 User Experience 的缩写，字面意思是“用户体验”。一般指在内容、用户界面、操作流程、交互功能等多个方面对用户使用感觉的设计和研究。这是一种“用户至上”的思维模式，它是完全从用户的角度进行研究、策划与设计，从而达到最完美的用户体验。UI 与 UE 是相互包含、相互影响的关系。

1.1.2　UI 设计的发展

在科技发展之初，UI 设计并不被大家所重视，因为人们的要求是只要能用即可。随着图像处理技术的发展进步，设计师开始追求酷炫的界面效果，例如，前些年我们打开网页看到的那些闪动的特效文字、满屏幕浮动的广告。此时想起来，这些根本毫无“用户体验”可言！而近几年，计算机、智能手机随处可见，已然成为人们生活的一部分，与此同时，UI 设计工作逐渐被重视起来。因为界面的美观固然重要，但是使用方便、操作简单也是非常重要的。

UI 设计是目前全球新兴起的行业，随着 IT 行业日新月异的发展，智能手机、移动设备、智能设备的普及，企业越来越重视网站和产品的交互设计，所以对相关的专业人才需求的数量非常庞大，而且还有增长趋势。如图 1-6 ～图 1-9 所示就是优秀的 UI 设计作品。

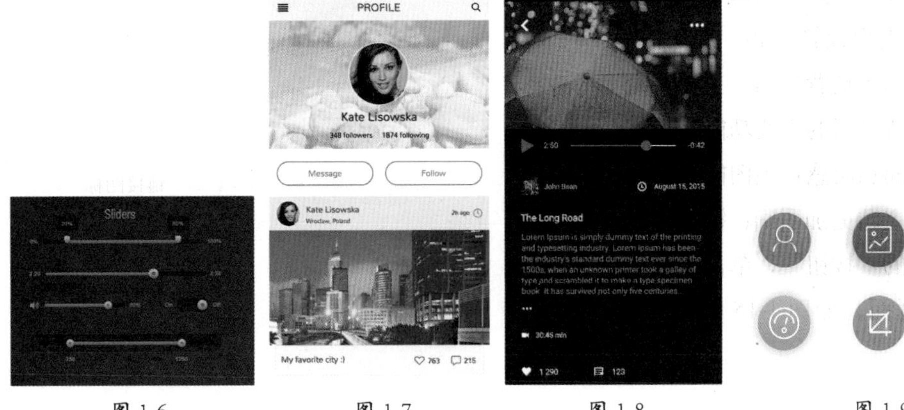

图 1-6　　图 1-7　　图 1-8　　图 1-9

1.1.3 UI 设计构成要素

UI 设计的应用平台与传统的媒体不同，因此构成 UI 设计的媒体元素除了文字和图像以外，还包括音频、视频、动画等，如图 1-10 ~图 1-13 所示。

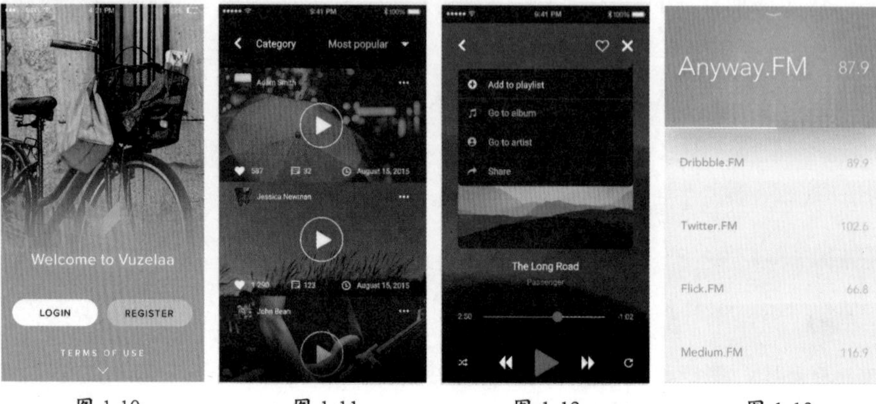

图 1-10　图 1-11　图 1-12　图 1-13

1. 文字

文字是传递信息最重要的手段，在 UI 设计作品中，文字是无法被替代的重要构成，文字包括标题文字、信息文字和文字链接 3 种主要形式。标题文字和信息文字与传统的平面设计的文字的作用基本相同。例如，标题文字都比较醒目、突出。信息文字是信息传递的载体，其字体、字号都需要精心处理。而单击文字链接则会进行页面的跳转。如图 1-14 所示为文字的 3 种主要形式。

文字链接　标题文字　信息文字

图 1-14

2. 图形

图形给人的视觉印象要优于文字，是非常直观的表达方式。图形可以非常生动、直观地表现设计主题。在 UI 设计中，图形元素包括背景图、主图、链接图标 3 种。背景图的主要功能是衬托主题，增加画面层次感；主图能够表现主题，使画面主题更加明确；链接图标就是我们俗称的“按钮”，单击链接图标可以跳转页面。如图 1-15 所示为 3 种图形元素。

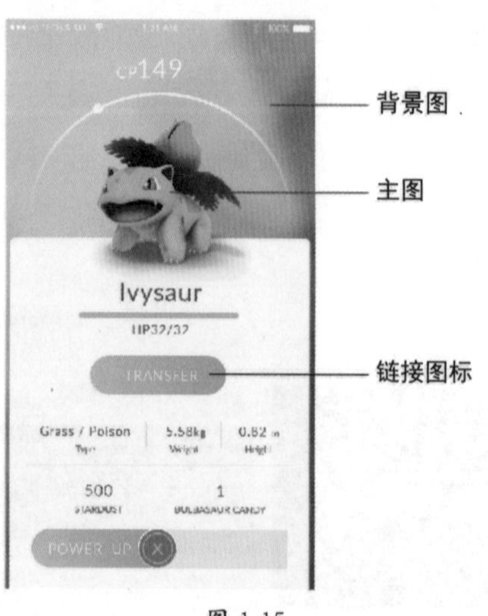

图 1-15

3. 页面版式

页面版式就是版式设计，在 UI 设计中，页面版式是将文字、图形等视觉元素进行组合，使页面效果美观、协调。UI 设计的版面并没有特定的设计模式，因为应用平台的差异，对排版和布局都有着不同的要求。

4. 多媒体

多媒体包括音频、视频和动画。让画面“动起来”是目前 UI 设计的流行趋势，因为动效和声音是 UI 设计作品中最吸引人的部分，它能够声形并茂地表达主题，让主题更具感染力，效果更加直观，信息传递更加精准。

1.1.4 跨平台的 UI 设计

UI 设计的应用非常广泛，例如，我们使用的聊天软件、办公软件、手机 APP 在设计过程中都需要进行 UI 设计。按照应用平台类型的不同进行分类，UI 设计可以应用在 C/S 平台、B/S 平台以及 APP 平台。

1. C/S 平台

C/S 的英文全拼为 Client/Server，也就是通常所说的 PC 平台。应用在 PC 端的 UI 设计也称为桌面软件设计，此类软件是安装在计算机上的。例如，安装在计算机中的杀毒软件、游戏软件、设计软件等。如图 1-16 和图 1-17 所示为两款应用在 PC 平台的软件。

图 1-16

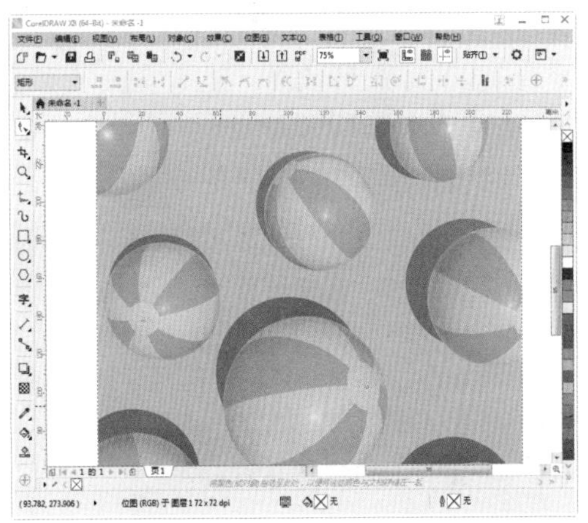

图 1-17

2. B/S 平台

B/S 的英文全拼为 Browser /Server，也称为 Web 平台。在 Web 平台中，需要借助浏览器打开 UI 设计的作品，这类作品就是我们常说的网页设计。B/S 平台分为两类，一类是网站；另一类是 B/C 软件。网站是由多个页面组成的，是网页的集合。访客通过浏览网页来访问网站。例如，淘宝网、新浪网都是网站。B/C 软件是一种可以应用在浏览器中的软件，它简化了系统的开发和维护。常见的校务管理系统、企业 ERP 管理系统都是 B/C 软件。如图 1-18 和图 1-19 所示为网页设计作品。

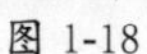
图 1-18

图 1-19

3. APP 平台

APP 的英文全拼为 Application，译为应用程序，是安装在手机或掌上电脑上的应用产品。APP 也有自己的平台，即时下最热门的 iOS 平台和 Android 平台。如图 1-20 和图 1-21 所示为手机软件 UI 设计。

图 1-20

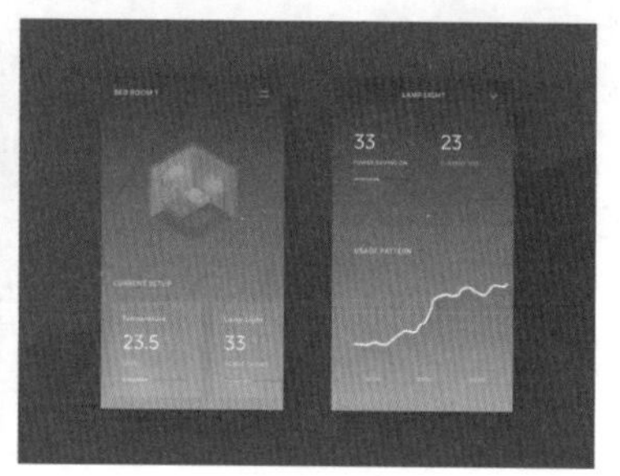

图 1-21

1.2 这不是一个人的工作——产品设计团队

很多人会把 UI 设计当作一个独立的个体看待，或者把 UI 设计扔给一位美工去做。其实不然，一个 UI 设计作品的问世，是一支团队努力的结果，其中不仅需要界面设计师进行美化工作，更需要交互设计师、产品经理以及技术人员的配合。团队之间的协作能够让优势最大化，作为一个合格的 UI 设计师，必须懂得团队之间的合作，在不断提升自我能力之余，还要提升自己的沟通能力与协调能力。

1.2.1 产品经理

产品经理是整支团队的核心，他们需要考虑怎样通过应用程序来满足用户需求以及怎样通过他们设计的模式赢得利益。产品经理对内需要赢得高层领导的认可与允许，对外需要得到用户的信赖与青睐。他们追求的是丰富的功能，其常用的软件是 PPT、Visio 和 Project 等。

1.2.2 交互设计师

交互设计师主要研究人与界面的关系，工作内容就是设计软件的操作流程、树状结构、软件结构与操作规范等。交互设计师需要进行原型设计，也就是绘制线框图。交互设计师必须具有逻辑性和创意性，这样才能够了解当前局势、掌握市场方向。交互设计师常用的软件为 Word 和 AXURE。如图 1-22 所示为交互设计师的工作。

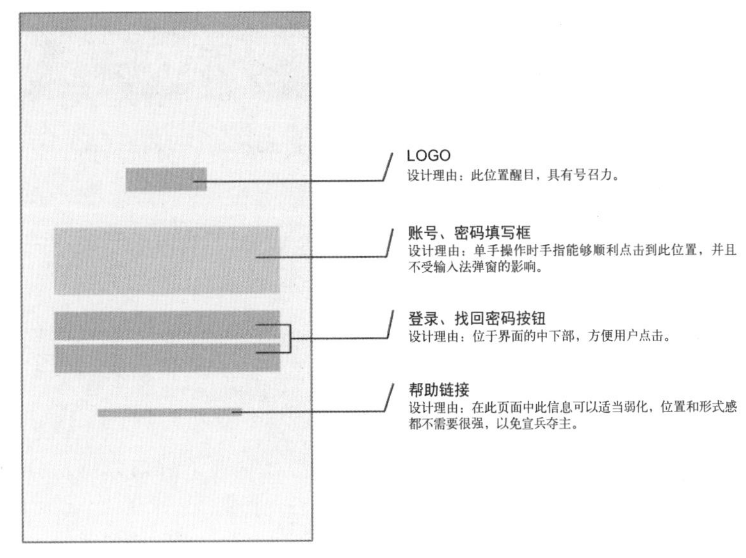

图 1-22

1.2.3 图形设计师

图形设计师又被称为界面设计师，在业内也会被称为“美工”。界面设计不仅仅需要美术功底，还需要定位使用者、使用环境、使用方式并且为最终用户进行设计，是纯粹的科学性的艺术设计。在平面设计方面，对图形设计师的审美、设计风格、技巧和领悟力的要求较高，其常用的软件有 Photoshop、Fireworks 和 Illustrator 等。如图 1-23 所示为图形设计师的工作。

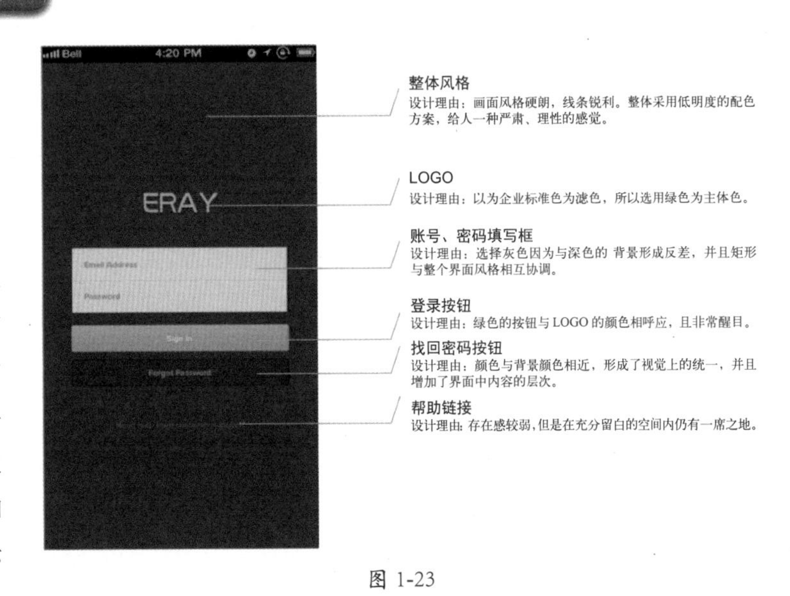

图 1-23

1.2.4 用户体验师

任何产品为了保证质量都需要进行测试，UI 设计也不例外。这个测试和编码没有任何关系，主要是测试交互设计的合理性以及图形设计的美观性。用户体验师需要与产品设计师共同配合，对产品与交互方面进行改良。测试方法一般采用焦点小组，用目标用户问卷的形式来衡量 UI 设计的合理性。用户体验师要具有很强的沟通能力以及思维的条理性和严谨性。对于从事此行业的人来说，要根据自己的从业方向，不断地提高自身能力，做到与时俱进，才能在工作中不断地提升自我，使自己立于不败之地。

1.3 UI 设计的基本流程

UI 设计的基本流程一般可以分为四个阶段：分析阶段、设计阶段、配合阶段和验证阶段，如图 1-24 所示。

图 1-24

1.3.1 分析阶段

当我们接触一个产品时，首先就要对它进了解与分析。分析阶段分为需求分析、用户场景模拟和竞品分析三部分。

从字面意思上我们就能够理解什么是需求分析，它也是产品设计的出发点。用户场景模拟是指了解产品的现有交互以及用户使用产品的习惯等。竞品分析是了解当下同类产品的竞争状况，这样才能做到知己知彼，同时也能够使自身的设计更完美，如图 1-25 所示。

图 1-25

1.3.2 设计阶段

在设计阶段，采用面向场景、面向市场驱动和面向对象的设计方法。面向场景就是在使用产品时进行场景模拟，在模拟的场景中发现问题，为后续的设计工作做好铺垫。面向市场驱动是对产品响应与触发事件的设计，也就是交互设计。面向对象的设计方法是指因为产品的受众人群不同，所以产品的设计风格也不同，产品的受众人群决定了产品的定位。

1.3.3 配合阶段

一个设计产品的问世，是一支团队努力的结果，在这支团队中大家要相互配合。在产品图设计完成后，设计师需要跟进后续的前端开发、测试环境，以确保最后的产出产品和设计方案一致。

1.3.4 验证阶段

产品在投放市场之前需要进行验证。验证内容包括：是否与当初设计产品时的想法一致、产品是否可用、用户使用的满意度以及是否与市场需要一致等。

1.4 不同平台的 UI 设计规范

每款智能手机都有操作系统，这样可以让用户安装由第三方提供的应用程序。目前，智能手机操作系统主要有 Android 操作系统和 iOS 操作系统。不同操作系统的设计规范也不同。根据统一的设计规范，可以使整个 APP 在视觉上统一，从而提高用户对 APP 的产品认知和操作便捷性。

1.4.1 Android 操作系统设计规范

应用 Android 操作系统的手机非常多，Android 操作系统可以在多种不同分辨率的设备上运行。在了解设计规范之前，我们必须了解一些专有名词和单位。

★ ppi(pixels per inch)：数字影像的解析度，意思是每英寸所拥有的像素数量，即像素密度。ppi 不是度量单位。对于屏幕来说，dpi 越大，屏幕的精细度越高，屏幕看起来就越清楚。在手机 UI 设计中，dpi 要与相应的手机相匹配，因为低分辨率的手机无法满足高 dpi 图片对手机硬件的要求。

★ dip(density-independent pixel)：dip 也称为 dp，是 Android 开发用的长度单位。程序 以 dp 为单位可以适配不同的屏幕。

★ 分辨率：指平面垂直方向和水平方向的像素个数。例如，分辨率为 480 × 800，就是指设备平面垂直方向有 800 个像素点，水平方向有 480 个像素点。

★ px(pixel)：中文翻译为像素，是指屏幕上的点。当我们把一张图片放大到数倍之后，就能够看见像素块，如图 1-26 所示。

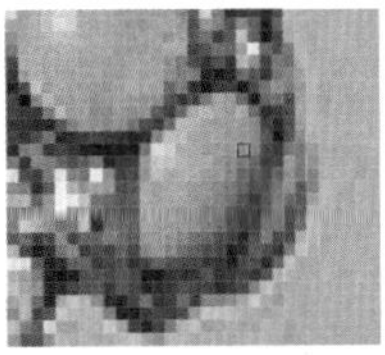

图 1-26

★ sp(scaled pixels)：中文翻译为放大像素，主要用于字体显示。根据谷歌的建议字号最好以 sp 做单位。

★ 屏幕尺寸：屏幕尺寸是指屏幕对角线的长度，而不是手机的面积。

技巧提示 屏幕像素密度、分辨率、屏幕尺寸的关系是什么？

这三个专业名词有着非常严谨的关系，可以用一个公式来表示，如图 1-27 所示。

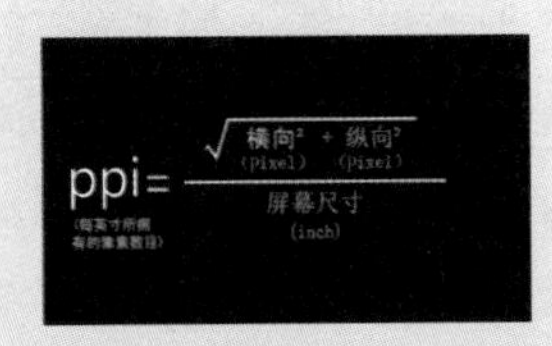

图 1-27

在设计过程中，可以考虑以 mdpi，也就是以 320 × 480 分辨率为蓝本进行设计。因为 Android 一般采用 dp 为单位，而我们设计的时候一般以 px 为单位，这时就涉及单位换算问题。而在 mdpi 分辨率下，px 和 dp 是 1 ∶ 1 的关系，这样就可以很方便地进行换算。假如需要设计 mdpi 、hdpi 、xhdpi 三套 UI 设计，此时以 mdpi 为蓝本进行设计，则可以把 mdpi 的比例设定为 1，相应的不同的 dpi 的图片资源尺寸的比例关系可以是 xhdpi ∶ hdpi ∶ mdpi，也就是 2 ∶ 1.5 ∶ 1。也就是说，第一套图为 mdpi 的资源图片，xdhpi 可以调整到 200%，hdpi 可以调整到 150%。

在界面设计过程中，Photoshop 文档内的所有控件都是基于形状工具绘制的，每个控件对象的大小都尽量做到被 4 整除，这样在放大或缩小的过程中就不用担心虚边的问题。Android 系统上使用的字体为 Droid sans fallback，是谷歌的字体，与微软雅黑很像。

1.4.2 iOS 操作系统设计规范

1. 尺寸

iPhone 手机因型号不同，其屏幕大小也不同。为了避免在设计过程中出现不必要的麻烦，我们首先要了解手机的尺寸。如图 1-28 所示为手机设计尺寸表。

设备	尺寸	分辨率
iPhone4\4s	640×960px	326ppi
iPhone5\5s	640×1136px	326ppi
iPhone6	750×1134px	326ppi
iPhone6 Plus	1080×1920px (物理) 1242×2208px (逻辑)	401ppi

图 1-28

由于尺寸过多，所以建议以 640×960px 或 640×1136px 为基础适配 iPhone 4、5、6；以 1242×2208px 的尺寸设计 iPhone 6 plus。本书中大部分 APP 界面设计案例的尺寸都是以 iPhone 6 Plus 为基准进行制作的。

2. 界面构成

iPhone 的 APP 界面一般由四个元素组成，分别是状态栏、导航栏、主菜单栏和内容区域，如图 1-29 所示。由于不同机型的屏幕尺寸略有差别，所以界面各组成部分的尺寸也不一样，各元素的尺寸表如图 1-30 所示。

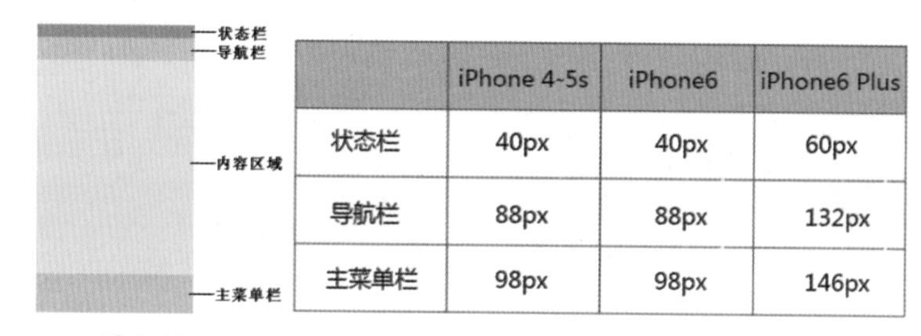

	iPhone 4-5s	iPhone6	iPhone6 Plus
状态栏	40px	40px	60px
导航栏	88px	88px	132px
主菜单栏	98px	98px	146px

图 1-29　　图 1-30

★ **状态栏**：就是我们经常说的信号、运营商、电量等显示手机状态的区域。

★ **导航栏**：显示当前界面的名称，包含相应的功能或者页面间的跳转按钮。

★ **主菜单栏**：类似于页面的主菜单，提供整个应用的分类内容的快速跳转。

★ **内容区域**：展示应用提供的相应内容，整个应用中布局变更最为频繁。

技巧提示 iOS7 界面中的状态栏

在最新的 iOS7 界面中，苹果已经开始慢慢弱化状态栏的存在，将状态栏和导航栏结合在了一起，但是再怎么变，尺寸高度还是没有变，大家在设计 iOS7 界面的时候要多多注意。

3. 字体及字体大小

在为 iOS 操作系统进行界面设计时，中文通常会使用“苹方黑体”，英文使用 San Francisco 或者 Helvetica。iOS 交互设计规范文档上，对字体大小没有严格的数值规定，只提供了一些指导原则。

（1）文字最小不应小于 22 点，最大不应超过 34 点。

（2）正文位置的文字大小和行间距的大小差异为 2 点。

（3）标题和正文样式使用一样的字体、字号。为了将其和正文样式区分，标题样式使用加粗效果。

（4）导航栏中的字号与最大的正文字号是一样的。

（5）文本通常使用常规体和中等大小的字体，而不是用细体和粗体。

1.5 界面的颜色与风格

友好、美观的界面设计，是抓住用户心理的主要条件。科学证明，62%~90% 的交互是由产品本身的颜色带来的。所以说色彩搭配同样关乎作品的成败。不仅如此，界面的设计风格也非常重要，因为设计是不断发展的，每隔一段时间就有新的设计风格出现，而有一些设计风格也逐渐被淘汰。所以设计师要不断地进行学习、探索与研究，才能使设计作品跟得上时代的脚步。

1.5.1 抓住用户的色彩心理

在艺术设计中，色彩是最有力、最直接表现情感的手段之一。关于颜色应用，并不是没有规律可循，例如，杀毒软件大多会选择绿色或者蓝色，这是因为绿色代表着健康、安全，蓝色则代表着可靠、严谨。而面向女性使用的界面则多采用玫红色、粉色等女性化的颜色。不同的色彩有不同的感觉，而对颜色的这些感觉是人们日积月累形成的。

1. 冷与暖

颜色的冷与暖是非常重要的心理感受。黄色、红色这种给人温暖感觉的颜色为暖色调，如图 1-31 所示。蓝色、青色这种让人感觉寒冷、冷静的颜色为冷色调，如图 1-32 所示。而绿色与紫色这类颜色为中性色，如图 1-33 所示。

图 1-31

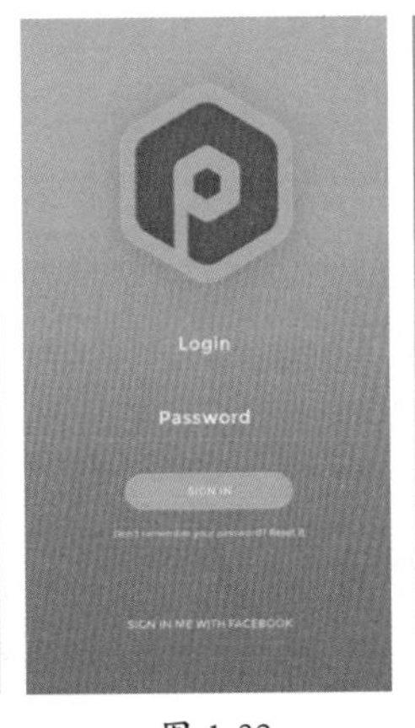

图 1-32

图 1-33

2. 膨胀与收缩

颜色的膨胀感、收缩感与其色相和明度有着重要的联系。通常红色、黄色这种暖色调看起来比实际要大，如图 1-34 所示。而蓝色、绿色这种冷色调，则看起来比实际要小，如图 1-35 所示。高明度的颜色具有膨胀感，而低明度的颜色具有收缩感。

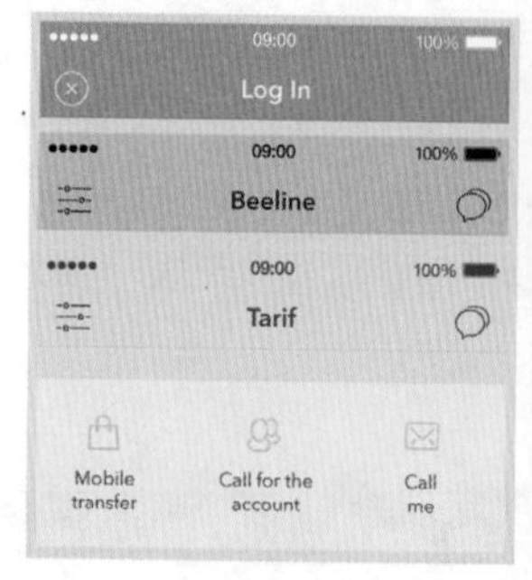

图 1-34

图 1-35

3. 前进与后退

颜色的前进感与后退感受色相、纯度、明度和面积等多种因素影响。暖色、亮色、纯色具有前进感，如图 1-36 所示。而冷色、暗色、灰色则具有后退感，如图 1-37 所示。

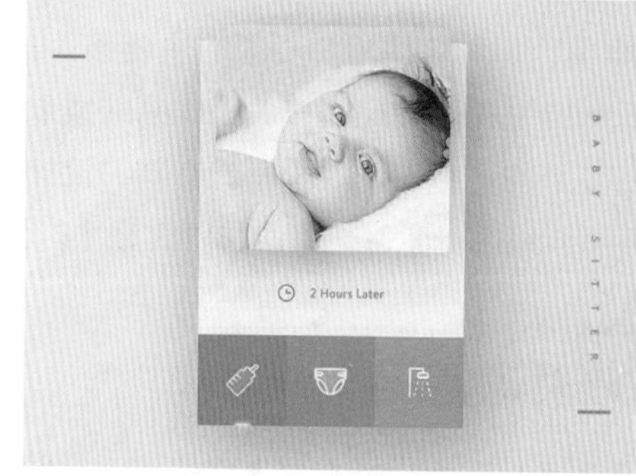

图 1-36

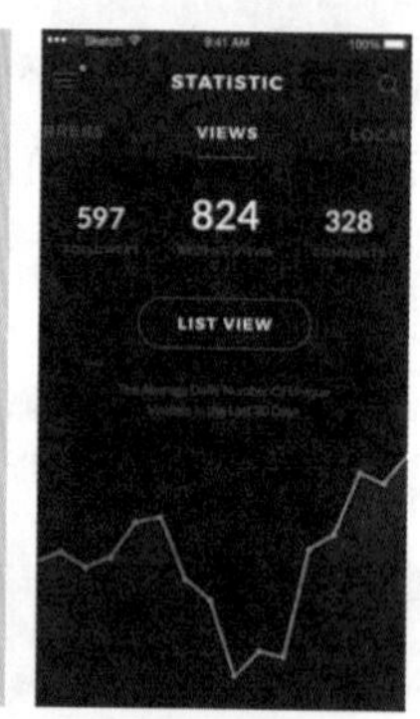

图 1-37

4. 轻与重

色彩产生轻重的感觉源于人的直觉和联想。例如，黑色让人联想到铁、煤块这类事物，所以感觉“重”。而白色则会让人联想到棉花、白云这类事物，所以感觉“轻”。一般情况下，高明度的颜色会使人感觉轻，如图 1-38 所示。低明度的颜色会使人感觉重，如图 1-39 所示。

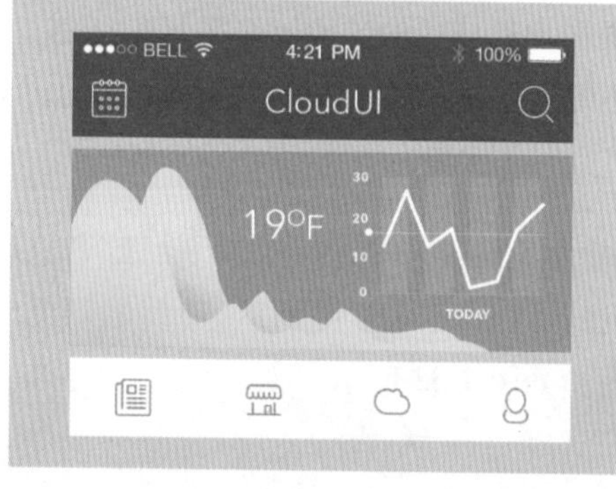

图 1-38

图 1-39

5. 兴奋与安静

不同的色彩能够使人产生兴奋或安静的感觉。通常高纯度、暖色调的颜色能够给人兴奋、刺激的感觉，例如，红色、黄色，如图 1-40 所示。而蓝色、绿色这种冷色调的颜色则给人安静、理性的感觉，如图 1-41 所示。

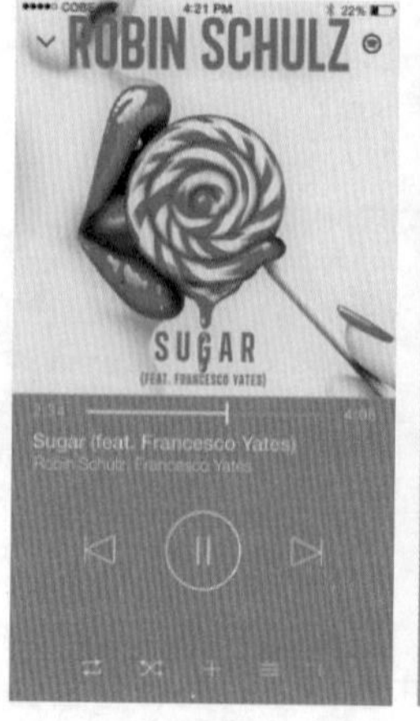

图 1-40

图 1-41

6. 认同与否定

在生活中不难发现，颜色具有很强的心理暗示作用，例如，红色代表着警告、危险，绿色代表着安全、信赖。在 UI 设计中，也会经常运用心理暗示。例如，高明度、高纯度的颜色较为醒目，用户就会认为这是“确定”“认同”；而低明度、低纯度的颜色就会被认为是“错误”“否定”。例如，在我们卸载软件的时候，对方通常不希望我们卸载软件，因此就会将“确认卸载”的按钮设计为低明度、低纯度的颜色，而“取消卸载”的按钮则会突出显示，这样用户在第一时间看见突出显示的按钮，就会以为这是“确认卸载”按钮，随之会进行选择，如图 1-42 和图 1-43 所示。

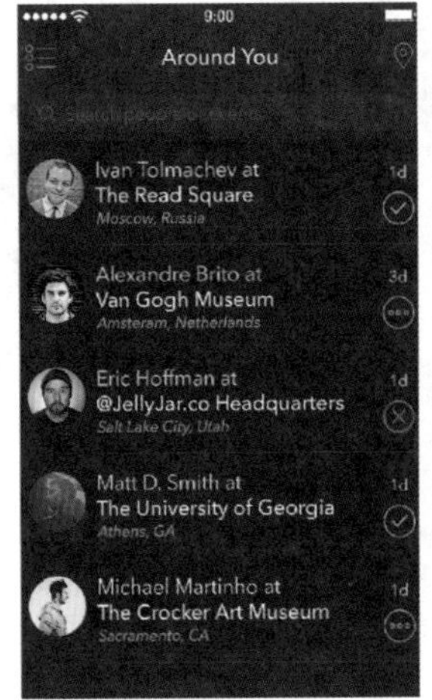

图 1-42

图 1-43

1.5.2 选对色彩的小技巧

色彩搭配在界面设计中非常重要，如果在设计初期对自己的色彩搭配水平没有很大把握，可以多多参考同类案例，或者借助配色软件来得到灵感。

1. 参考优秀案例

在设计之初，需要对市面上的同类产品进行分析，在此过程中会收集很多同类产品。此时我们不妨在这些优秀的作品中寻找色彩搭配的灵感。如图 1-44 ~ 图 1-47 所示为四组界面的配色方案。不难发现，一个界面很少多于四种颜色，界面中颜色过多容易造成视觉疲劳，简洁、舒适的配色是设计的流行趋势。

图 1-44　图 1-45　图 1-46　图 1-47

2. 使用配色工具

配色工具有很多种，可以使用线上配色网站，也可以下载配色软件。通常配色工具会根据配色原理进行色彩搭配，可以一键生成配色方案。不仅如此，还可参考配色用户上传的配色方案。

Photoshop 的插件 Coolorus 就是一款配色神器。只要安装在 Photoshop 中，使用起来非常方便。而且这款插件界面简洁，操作简单，如图 1-48 所示。

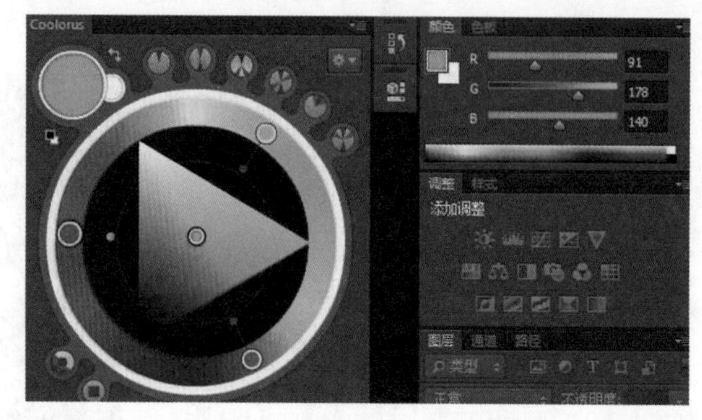

图 1-48

Color Scheme Designer 是一款在线配色软件，功能十分强大。可以根据配色原理进行快速配色，并提供了多种同类色的配色，如图 1-49 所示。而且选定配色方案后，还可以进行演示，操作起来非常方便，如图 1-50 所示。

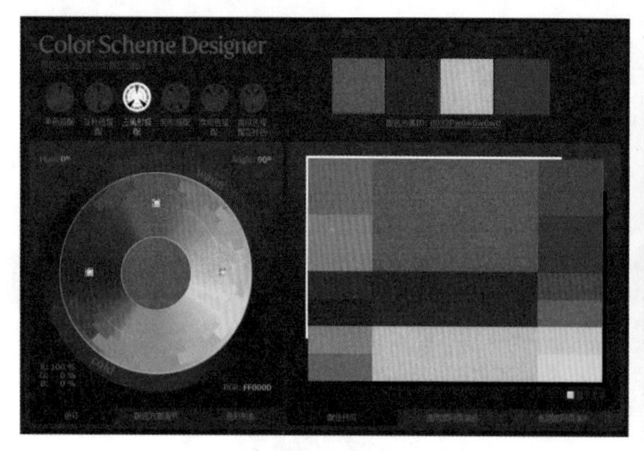

图 1-49

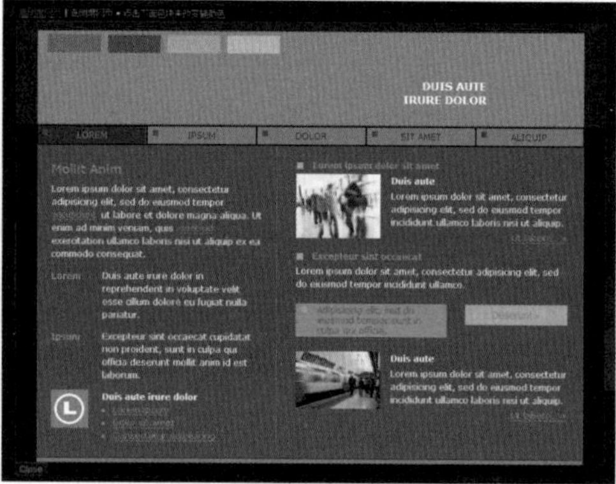

图 1-50

1.5.3 UI 设计的流行趋势

设计的流行趋势总是在不断地变化，几乎每隔一段时间就会有新的设计风格产生。下面列举几种比较常见的 UI 设计风格。

1. 拟物化

拟物化是指用界面中的元素模拟现实中的对象，从而唤起用户的熟悉感，降低对界面认知学习的成本，比如，短信的按钮通常会设计成信封，通话图标会设置为老式电话机的听筒，如图 1-51 ～图 1-53 所示。

图 1-51

图 1-52

图 1-53

2. 超写实风格

从拟物化风格衍生出“超写实风格”，模拟现实物品的造型和质感，通过叠加高光、纹理、材质、阴影等效果对实物进行再现，也可以适当程度变形和夸张。这种设计风格追求真实感、体积感，非常注重对细节的刻画。超写实风格通常应用于各种游戏的按钮、图标设计中。如图 1-54 ~ 图 1-56 所示为超写实风格的佳作欣赏。

图 1-54

图 1-55

图 1-56

3. 扁平化

扁平化是最近几年流行起来的设计风格，扁平化的特点是界面干净、整齐，没有过多的修饰，并且在设计元素上强调抽象、极简、符号化。如图 1-57 ~ 图 1-60 所示为扁平化风格的佳作欣赏。

图 1-57

图 1-58

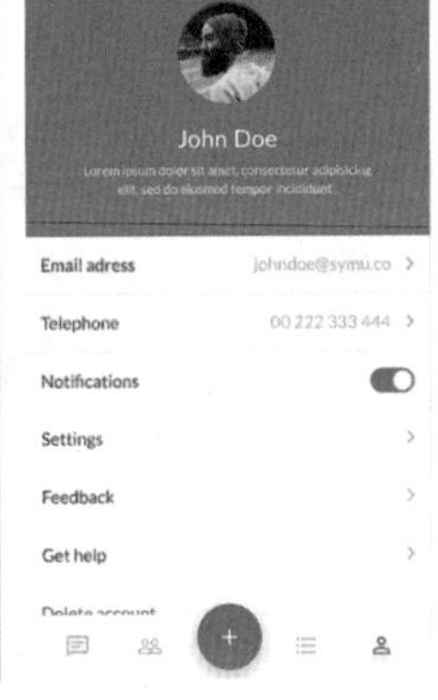

图 1-59

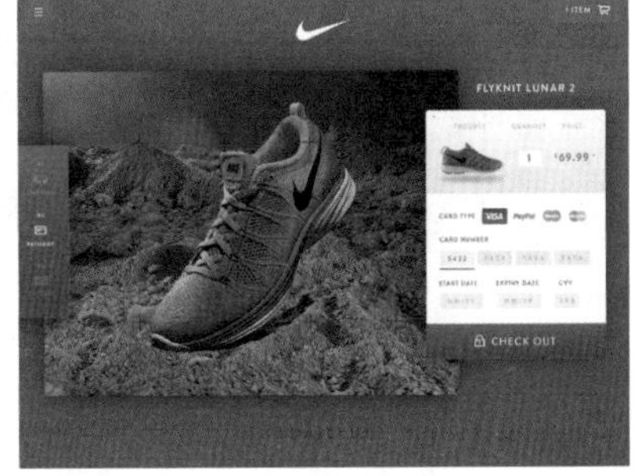

图 1-60

4. 微质感

微质感既存在拟物化的真实性，又具有扁平化的简洁性。微质感特别注重设计的细节，例如，添加精细的底纹、制作凹陷或凸起的效果。如图 1-61 和图 1-62 所示为微质感风格的佳作欣赏。

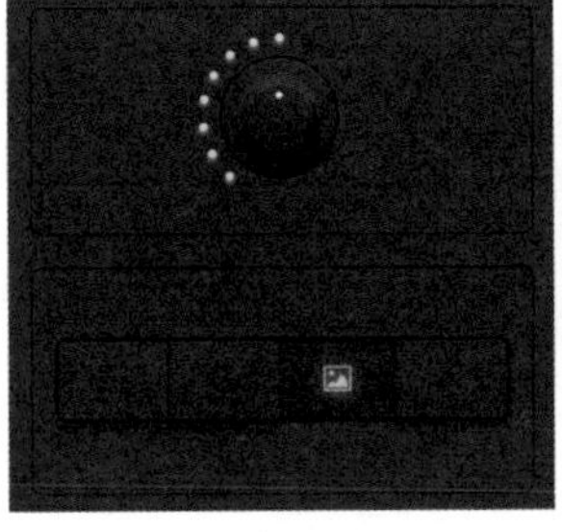
图 1-61

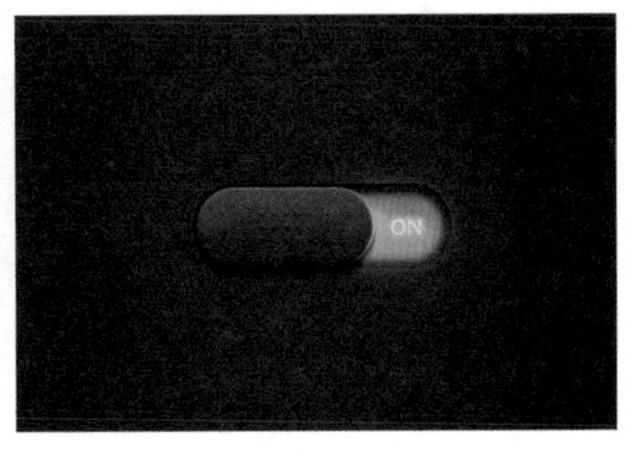

图 1-62

5. 动效化

无论是APP的引导界面，还是网页中的按钮，应用动效化都能够增强UI设计作品的体验效果。如图 1-63 所示为网页设计，在不进行操作的情况下它是静止的。当鼠标指针移动至链接图片的位置时，图片就会发生变化，此时单击即可进行页面的跳转，如图 1-64 所示。

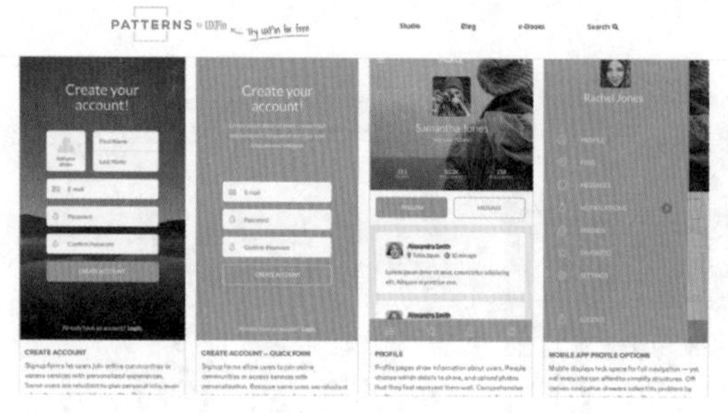

图 1-63

图 1-64

6. 大幅页面制作视觉效果

随着网络的普及以及屏幕尺寸的增加，越来越多的UI设计作品通过采用大幅图片来突出主题，制造视觉效果，如图 1-65 和图 1-66 所示。

图 1-65

图 1-66

第2章 CHAPTER TWO Photoshop 基本操作

本章概述

通过本章的学习，我们需要对 Photoshop 有初步的了解，并熟练掌握图层模式下的图像编辑方式，在此基础上能够更好地进行 UI 设计与制图的学习。除此之外，辅助工具在 UI 设计的过程中不仅便于操作，更能够保证画面内容的标准性。

本章要点

- 文档的创建、打开、置入、存储等基本操作
- 图层编辑模式
- 错误操作的撤销与返回
- 用标尺与辅助线辅助 UI 设计制图

佳作欣赏

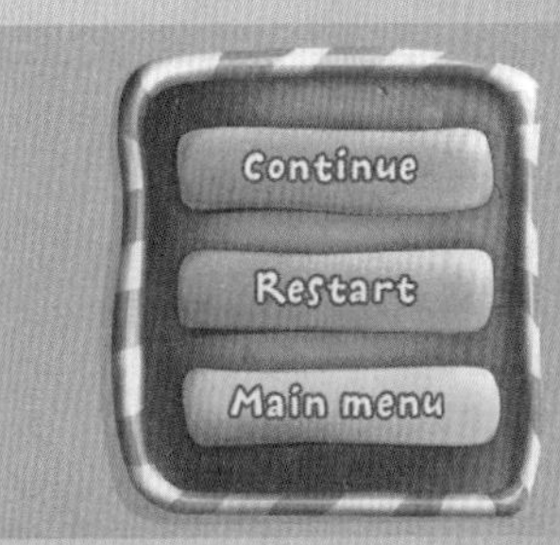

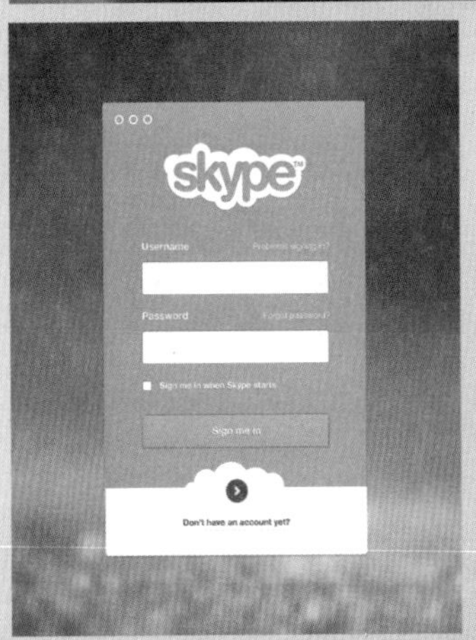

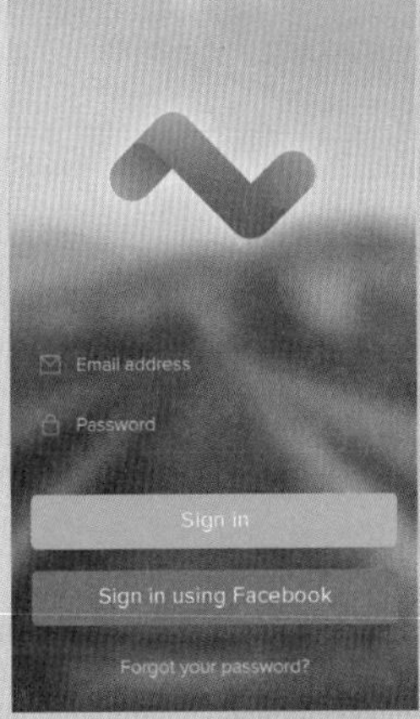

2.1 初识 Photoshop

Photoshop 是 Adobe 公司推出的一款专业的图像处理软件，其强大的图形、图像处理功能广受平面设计工作者的喜爱。作为一款应用广泛的图像处理软件，Photoshop 具有功能强大、设计人性化、插件丰富、兼容性好等特点。且被广泛应用于平面设计、数码照片处理、三维特效、网页设计、影视制作等领域，如图 2-1 ～图 2-4 所示。

图 2-1

图 2-2

图 2-3

图 2-4

2.1.1 认识 Photoshop 的操作界面

成功安装 Photoshop CC 软件之后，可以单击桌面左下角的“开始”按钮，打开程序菜单并单击 Adobe Photoshop 选项来启动。如果桌面上有 Photoshop CC 的快捷方式，也可以双击这个快捷方式图标启动 Photoshop CC，如图 2-5 所示。

图 2-5

在学习 Photoshop 的各项功能之前，首先来认识一下 Photoshop 界面的各个组成部分。Photoshop 的工作界面并不复杂，主要包括菜单栏、选项栏、标题栏、工具箱、文档窗口、状态栏以及面板，如图 2-6 所示。若要退出 Photoshop，既可以像其他应用程序一样单击右上角的关闭按钮 ×，也可以执行“文件 > 退出”菜单命令。

1. 菜单栏

Photoshop 的菜单栏包含多个菜单命令按钮，每个菜单又包括多个子命令，而且部分命令中还有相应的子菜单。执行菜单命令的方法十分简单，只要单击主菜单命令按钮，然后从弹出的子菜单中选择相应的命令，即可打开该菜单下的命令。

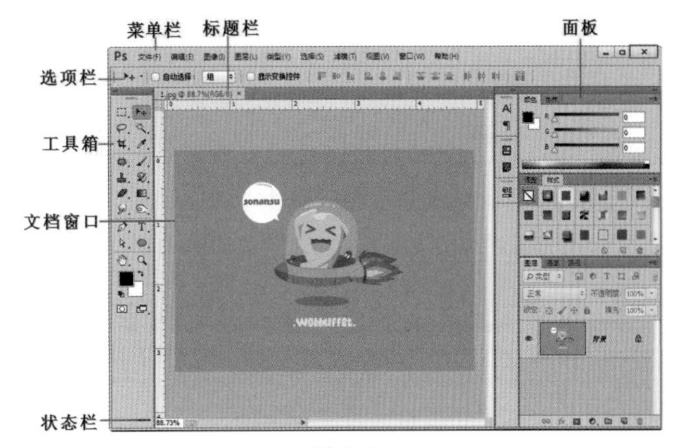

图 2-6

2. 工具箱

将鼠标指针移动到工具箱中的某个工具上停留片刻，将会出现该工具的名称和操作快捷键，若工具的右下角带有三角形图标则表示这是一个工具组，每个工具组中又包含多个工具，在工具组上右击即可弹出隐藏的工具。单击工具箱中的某一个工具，即可选择该工具，如图 2-7 所示。

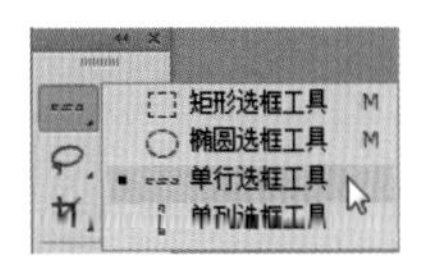

图 2-7

3. 选项栏

使用工具箱中的工具时，通常需要配合选项栏进行选项设置。工具的选项大部分集中在选项栏中，单击工具箱中的某个工具时，选项栏中就会显示该工具的属性参数选项，不同工具的选项栏也不同。

4. 图像窗口

图像窗口是 Photoshop 工作界面中最主要的区域，主要用来显示和编辑图像，图像窗口由标题栏、文档窗口、状态栏组成。打开一个文档后，Photoshop 会自动创建一个标题栏。在标题栏中会显示这个文档的名称、格式、窗口缩放比例以及颜色模式等信息，单击标题栏中的×按钮，可以关闭当前文档，如图 2-8 所示。

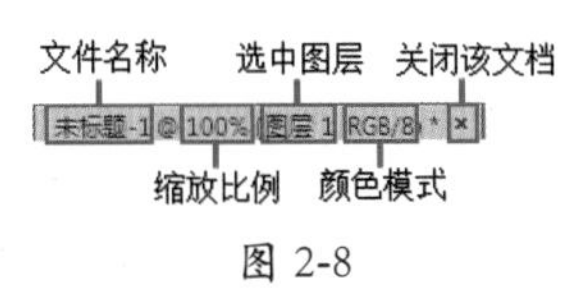

图 2-8

文档窗口是显示图像的位置。状态栏位于工作界面的最底部，用来显示当前图像的信息。可显示的信息包括当前文档的大小、文档尺寸、当前工具和窗口缩放比例等，单击状态栏中的三角形图标▶可以设置要显示的内容。

5. 面板

在默认状态下，在工作界面的右侧会显示多个面板或面板的图标，面板的主要功能是用来配合图像的编辑、对操作进行控制以及设置参数等。如果想要打开某个面板，可以单击“窗口”菜单按钮，然后执行需要打开的面板命令，即可调出相应的面板。

技巧提示 使用不同的工作区

Photoshop 提供了多种可以更换的工作区，不同的工作区，其界面显示的面板也不同。在“窗口 > 工作区”菜单下的子命令中可以切换不同的工作区。

2.1.2 从零开始创建新的文档

当我们想要制作一个 UI 界面的设计时，首先需要在 Photoshop 中创建一个新的、尺寸合适的文档，这时就需要用到“新建”命令。

例如，要创建用于制作移动设备的界面设计的文档，首先执行“文件 > 新建”菜单命令，或按 Ctrl+N 快捷键，打开“新建”对话框，设置文档的“名称”，接着单击“预设”下拉箭头，选择“移动设备”，并在“大小”下拉列表框中选择 800*1280，这时宽度、高度、分辨率、颜色模式会出现相应的设置，如图 2-9 所示。设置完成后单击“确定”按钮，文档就创建完成了，如图 2-10 所示。当然也可以自行设定各项参数。

图 2-9

图 2-10

- ★ **名称**：此处可以输入文档的名称。
- ★ **预设**：选择一些内置的常用尺寸，展开预设下拉列表即可进行选择。
- ★ **大小**：用于设置预设类型的大小，在“预设”设置为“美国标准纸张”“国际标准纸张”“照片”、Web、“移动设备”或“胶片和视频”时，“大小”选项才可用。
- ★ **宽度 / 高度**：设置文档的宽度和高度，其单位有“像素”“英寸”“厘米”“毫米”“点”“派卡”和“列”7 种。
- ★ **分辨率**：用来设置文档的分辨率大小。
- ★ **颜色模式**：设置文档的颜色模式以及相应的颜色深度。
- ★ **背景内容**：设置文档的背景内容，有“白色”“背景色”和“透明”3 个选项。
- ★ **高级**：展开高级选项组，可以进行“颜色配置文档”和“像素长宽比”的设置。“颜色配置文档”用于设置新建文档的颜色配置。“像素长宽比”用于设置单个像素的长宽比例，通常情况下保持默认的“方形像素”即可，如果需要应用于视频文档，则需要进行相应的更改。

2.1.3 打开已有的图像文档

当我们需要处理一个已有的图片文档，或者要继续处理之前没有做完的工作时，就需要在 Photoshop 中打开已有的文档，这时需要使用“打开”命令。

执行“文件 > 打开”菜单命令，弹出“打开”对话框。在“打开”对话框中首先需要定位到需要打开的文档所在位置，接着选中 Photoshop 支持格式的文档（在 Photoshop 中可以打开很多种常见的图像格式文件，如 JPG、BMP、PNG、GIF、PSD 等），接着单击“打开”按钮，如图 2-11 所示。该文档即可在 Photoshop 中打开，如图 2-12 所示。

图 2-11

图 2-12

技巧提示　打开文件的快捷方法

使用 Ctrl+O 快捷键也可以弹出“打开”对话框。

如果要同时打开多个文档，可以在对话框中按住 Ctrl 键加选要打开的文档，然后单击“打开”按钮。

想要打开最近使用过的文档，可以执行“文件 > 最近打开文档”菜单命令，在其下拉菜单中可以显示出最近使用过的 10 个文档，单击文档名即可将其在 Photoshop 中打开。

2.1.4 调整文档显示比例与显示区域

当我们需要将画面中的某个区域放大显示时，就需要使用“缩放工具”。当显示比例过大时，就会出现画面内容无法全部显示的情况，这时就需要使用“抓手工具”平移画面中的内容，以方便在窗口中查看。

STEP 01 单击工具箱中的“缩放工具”按钮，然后将鼠标指针移动至画面中，指针变为一个中心带有加号的放大镜，如图 2-13 所示。然后在画面中单击即可放大图像，如图 2-14 所示。如果要缩放显示比例，可以按住 Alt 键，鼠标指针会变为中心带有减号的放大镜，单击要缩小的区域的中心。每单击一次，视图即可缩小一个等级，如图 2-15 所示。

图 2-13

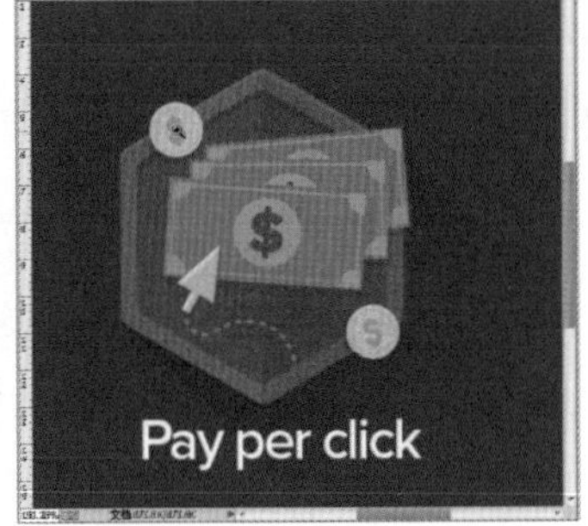

图 2-14

图 2-15

STEP 02 当画面无法完整地显示在界面中时，要想观察其他区域就需要平移画布。单击工具箱中的“抓手工具”按钮，在画面中单击并拖动图像区域，如图 2-16 所示。移动到相应位置后松开鼠标，如图 2-17 所示。

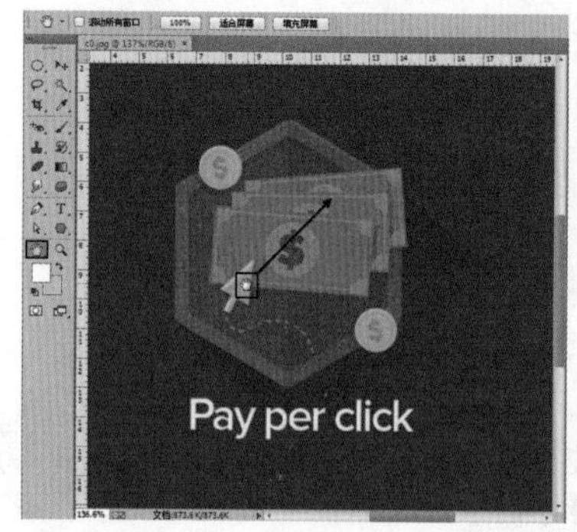

图 2-16

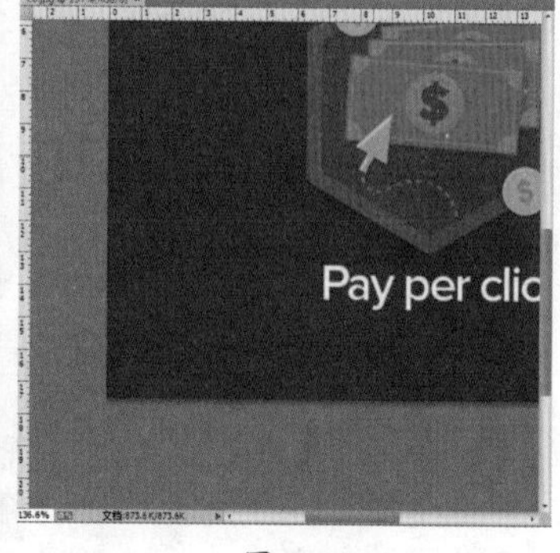

图 2-17

技巧提示 设置多个文档的排列形式

很多时候我们需要在 Photoshop 中打开多个文档，这时设置合适的多文档显示方式就很重要了。执行“窗口 > 排列”命令，在子菜单中可以选择一个合适的排列方式，如图 2-18 所示。

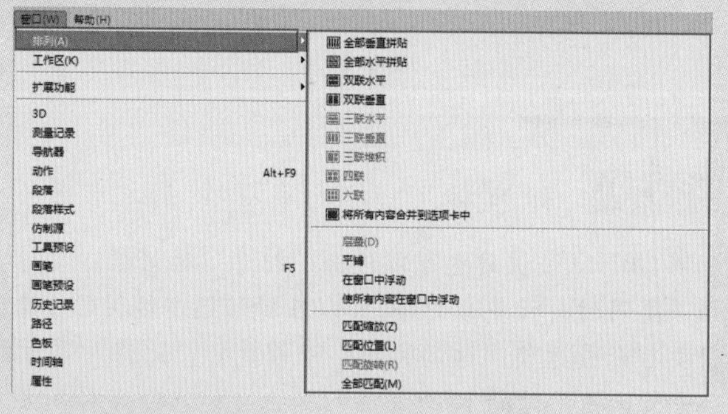

图 2-18

2.1.5 向当前文档中置入其他元素

当我们要向文档内添加图片或其他格式的素材时，就需要使用“置入”命令。

STEP 01 新建一个文档或在 Photoshop 中打开一张图片，如图 2-19 所示。接着执行“文件 > 置入”菜单命令，然后在弹出的“置入”对话框中单击需要置入文档的对象，单击“置入”按钮，如图 2-20 所示。

图 2-19

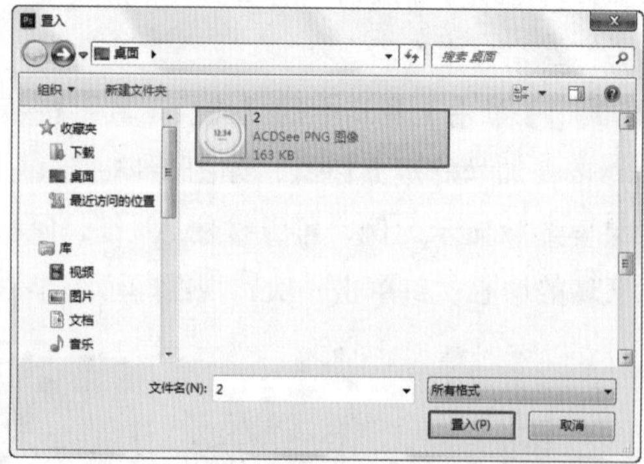

图 2-20

STEP 02 如果要调整置入对象的大小，需要将鼠标指针定位到对象的定界框边缘，然后按住鼠标左键并拖动即可调整置入对象的大小，如图 2-21 所示。调整完成后按下键盘上的 Enter 键即可置入素材，如图 2-22 所示。置入的素材对象会作为智能对象，而智能对象是无法直接进行编辑的，要想对智能对象的内容进行编辑就需要在该图层上右击，执行“栅格化图层”菜单命令，在将智能对象转换为普通对象后进行编辑，如图 2-23 所示。

图 2-21

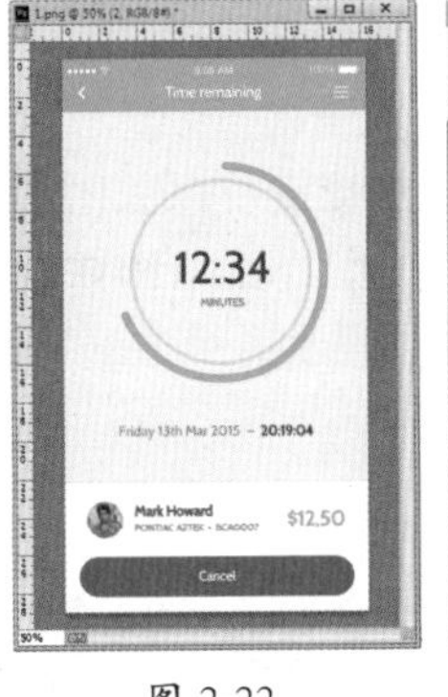

图 2-22

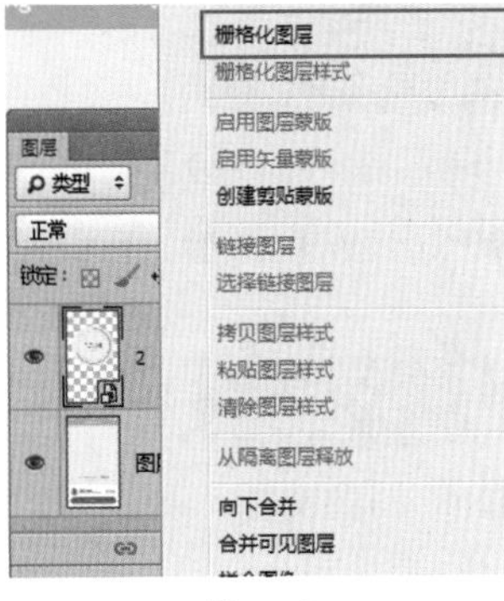

图 2-23

2.1.6 存储文档

存储就是我们常说的“保存”。在这里我们需要了解一个名词——源文件。文档编辑制作后，直接保存的文件，通常称为源文件或工程文件，这类文件具有可进一步编辑，并且能最大限度地保存并还原之前工作的特性。在 Photoshop 中，源文件的格式为 PSD。

当文档编辑完成需要进行存储时，可以执行“文件 > 存储”菜单命令或者按 Ctrl+S 快捷键。如果是第一次进行存储，会弹出“另存为”对话框，在该对话框中选择一个合适的存储位置，在“文件名”文本框中输入文档名称，在“保存类型”下拉列表框中选择一个合适的文件格式，然后单击“保存”按钮即可完成存储操作，如图 2-24 所示。此时如果我们不关闭文档，继续进行新的操作，然后执行“文件 > 存储”菜单命令，则可以保存文档所做的更改，并且此时不会弹出“另存为”对话框。

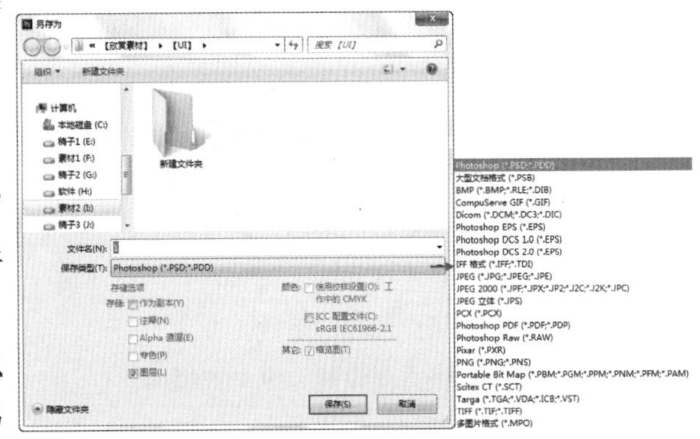

图 2-24

执行“文件 > 另存为”菜单命令，可以在弹出的“另存为”对话框中将文档进行另外存储。

技巧提示 选择合适的文档存储格式

当文档制作完成后，我们就需要将文档进行存储。在“保存类型”下拉列表框中可以看到很多格式，但并不是所有的格式我们都能用到。通常文档制作完成后可以将其存储为 .psd 格式，PSD 是 Photoshop 特有的工程文件的格式，该格式可以保存 Photoshop 的全部图层以及其他特殊内容，所以存储这种格式的文档，方便我们以后对文档做进一步编辑。

而 .jpg 格式则是一种压缩图片格式，具有图片文档占用空间小、便于传输和预览等优势，也是我们经常使用的一种格式。但是这种格式无法保存图层信息，所以就很难做进一步编辑，常用于方案效果的预览。

除此之外，还有几种比较常见的图像格式：.png 格式是一种可以存储透明像素的图像格式。.gif 格式是一种可以带有动画效果的图像格式，也是我们通常所说的制作“动图”时所用的格式。.tif 格式由于具有可以保存分层信息，且图片质量无压缩的优势，常用于保存用于打印的文档。

2.1.7 关闭文档

执行“文件 > 关闭”命令或按 Ctrl+W 快捷键可以关闭当前文档。执行“文件 > 关闭全部”菜单命令或按 Alt+Ctrl+W 快捷键，可以关闭 Photoshop 中所有文档。

2.1.8 打印文档

要想将制作好的图像文档打印出来，可以执行“文件 > 打印”菜单命令，接着可以进行打印机、打印份数、输出选项和色彩管理等选项的设置，设置完毕后单击“打印”按钮即可打印文档。虽然这里包含很多参数选项，但并不是每项参数都经常用到。下面我们来了解常用的打印设置选项，如图 2-25 所示。

图 2-25

- ★ 打印机：选择打印机。如果只有一台那就无须选择，如果是多台，就要在下拉列表框中的多台打印机中选出准备使用的打印机型号。
- ★ 份数：用于设置打印的副本数量。
- ★ 打印设置：单击该按钮，可以打开一个“属性”对话框。在该对话框中可以设置纸张的方向、页面的打印顺序和打印页数。
- ★ 版面：将纸张方向设置为纵向或横向。
- ★ 位置：单击展开“位置和大小”选项组，勾选“居中”选项，可以将图像定位于可打印区域的中心；取消选中“居中”选项，可以在“顶”和“左”输入框中输入数值来定位图像，也可以在预览区域中移动图像进行自由定位，从而打印部分图像。
- ★ 缩放后的打印尺寸：如果勾选“缩放以适合介质”选项，可以自动缩放图像到适合纸张的可打印区域，尽量打印最大的图片。如果取消选中“缩放以适合介质”选项，可以在“缩放”选项中输入图像的缩放比例，或在“高度”和“宽度”选项中设置图像的尺寸。勾选“打印选定区域”选项后，可以在图像预览窗口中选择需要打印的区域。

2.2 掌握“图层”的基本操作

在 Photoshop 中，“图层”是构成文档的基本单位，通过多个图层的层层叠叠即可制作出设计作品。图层的优势在于每一个图层中的对象都可以单独进行处理，既可以移动图层，也可以调整图层堆叠的顺序，而不会影响其他图层中的内容。图层的使用原理其实非常简单，就像分别在多个透明的玻璃上绘画一样，每层“玻璃”都可以独立进行编辑，而不会影响其他“玻璃”中的内容，“玻璃”和“玻璃”之间可以随意地调整堆叠方式，将所有“玻璃”叠放在一起则显现出图像的最终效果，如图 2-26 所示。

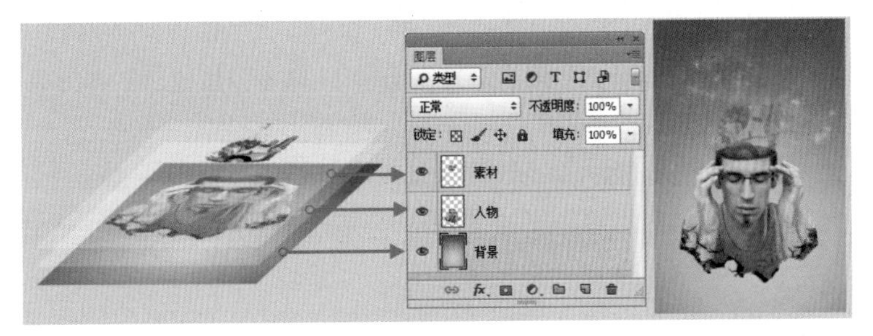

图 2-26

我们需要明白，Photoshop 中的所有画面内容都存在于图层中，所有操作也都是基于特定图层进行的。也就是说，要想针对某个对象操作就必须对该对象所在图层进行操作，如果想要对文档中的某个图层进行操作就必须先选中该图层。执行“窗口 > 图层”菜单命令，打开“图层”面板，即可对图层进行新建、删除、选择、复制等操作，如图 2-27 所示。

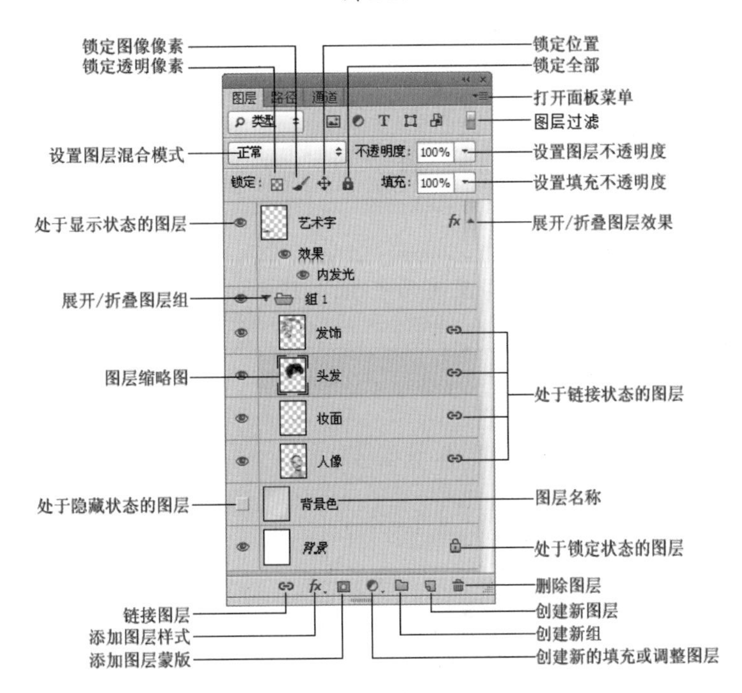

图 2-27

★ 锁定：选中图层，单击“锁定透明像素”按钮可以将编辑范围限制在只针对图层的不透明部分。单击“锁定图像像素”按钮可以防止使用绘画工具时修改图层的像素。单击“锁定位置”按钮可以防止图层的像素被移动。单击“锁定全部”按钮可以锁定透明像素、图像像素和位置，处于这种状态下的图层将不能进行任何操作。

★ 设置图层混合模式 正常 ：用来设置当前图层的混合模式，使之与下面的图像混合。在下拉列表中有多种混合模式类型，选用不同的混合模式，图层的混合效果也不同。

★ 设置图层不透明度 不透明度：100% ：用来设置当前图层的不透明度。

★ 设置填充不透明度 填充：100% ：用来设置当前图层的填充不透明度。该选项与“不透明度”选项类似，但是不会影响图层样式效果。

★ 处于显示 / 隐藏状态的图层：当该图标显示为眼睛形状时，表示当前图层处于可见状态，而处于空白状态时则表示图层为不可见状态。单击该图标可以在显示与隐藏图层之间进行切换。

★ 链接图层：选择多个图层，单击该按钮，所选的图层会被链接在一起。当链接好多个图层以后，图层名称的右侧就会显示出链接标志。选中链接图层中的某一个图层可以进行共同移动或变换等操作。

★ 添加图层样式 fx：单击该按钮，在弹出的菜单中选择一种样式，可以为当前图层添加一个图层样式。

★ 创建新的填充图层或调整图层：单击该按钮，在弹出的菜单中选择相应的命令即可创建填充图层或调整图层。

★ 创建新组：单击该按钮即可创建一个图层组。

★ 创建新图层：单击该按钮即可在当前图层之上新建一个图层。

★ 删除图层：选中图层，单击“图层”面板底部的“删除图层”按钮可以删除该图层。

2.2.1 选择图层

要想对某个图层进行操作，就需要选中它。在“图层”面板中单击某个图层，即可将其选中，如图 2-28 所示。在“图层”面板的空白处单击，即可取消选择所有图层，如图 2-29 所示。

图 2-28

图 2-29

技巧提示 选中多个图层

如果要选择多个图层，可在按住 Ctrl 键的同时单击其他图层。

2.2.2 新建图层

新建图层可以为后期的修改、编辑提供方便，这是一个很简单的操作，也是一个良好的操作习惯。

在“图层”面板底部单击“创建新图层”按钮，即可在当前图层之上新建一个图层。单击某一个图层即可选中该图层，然后在这个图层中可以进行绘图操作，如图 2-30 所示。

图 2-30

2.2.3 删除图层

不需要的图层可以删除。选中图层，按住鼠标左键将其拖曳到“删除图层”按钮上，可以删除该图层，如图 2-31 所示。

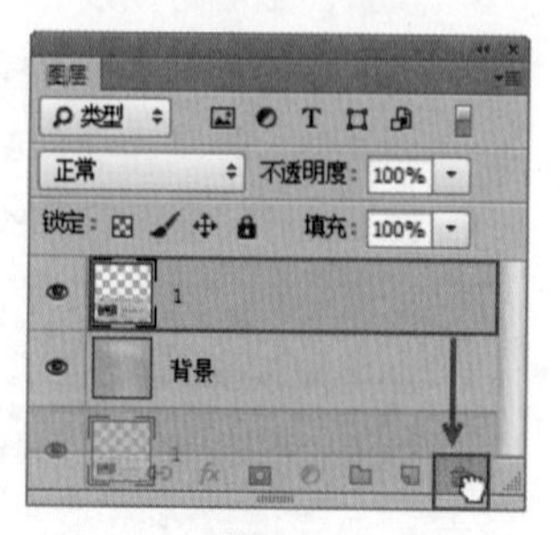

图 2-31

技巧提示　删除隐藏图层

执行“图层 > 删除图层 > 隐藏图层”菜单命令，可以删除所有隐藏的图层。

2.2.4 复制图层

要想复制某一图层，可以在图层上右击，执行“复制图层”命令，如图 2-32 所示。接着在弹出的“复制图层”对话框中单击“确定”按钮，如图 2-33 所示。也可以使用 Ctrl+J 快捷键进行图层的复制。

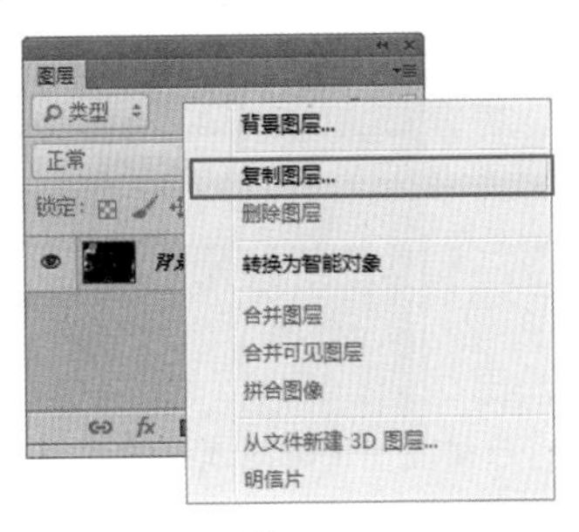

图 2-32

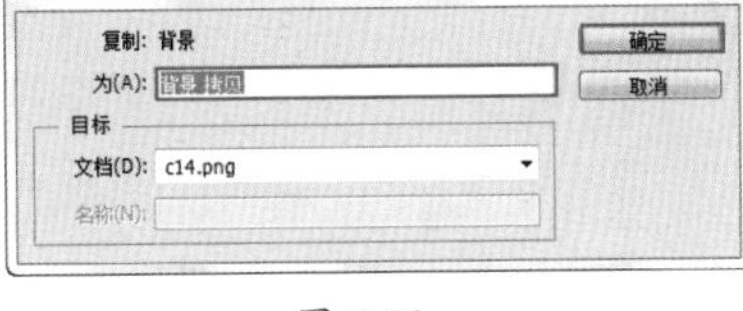

图 2-33

2.2.5 调整图层顺序

了解了图层的使用原理之后，对于为什么要调整图层顺序这一操作的理解就非常简单了。因为“图层”面板中上方的图层会遮挡下方的图层，如果我们要想将画面后方的对象显示到画面前面来，就需要调整图层。

在“图层”面板中选择一个图层，按住鼠标左键向上或向下拖曳，如图 2-34 所示。松开鼠标后即可完成图层顺序的调整，此时画面的效果也会发生改变，如图 2-35 所示。

图 2-34

图 2-35

技巧提示　使用菜单命令调整图层顺序

选中要移动的图层，然后执行“图层 > 排列”菜单下的子命令，可以调整图层的排列顺序。

2.2.6 移动图层

当某个图层或图层中的某部分内容所在的位置不合适时，就可以使用“移动工具”对图层或图层中的内容进行移动。

STEP 01 单击工具箱中的"移动工具"，然后在"图层"面板中选择需要移动的图层，如图 2-36 所示。接着在画面中按住鼠标左键并拖曳即可进行移动，如图 2-37 所示。

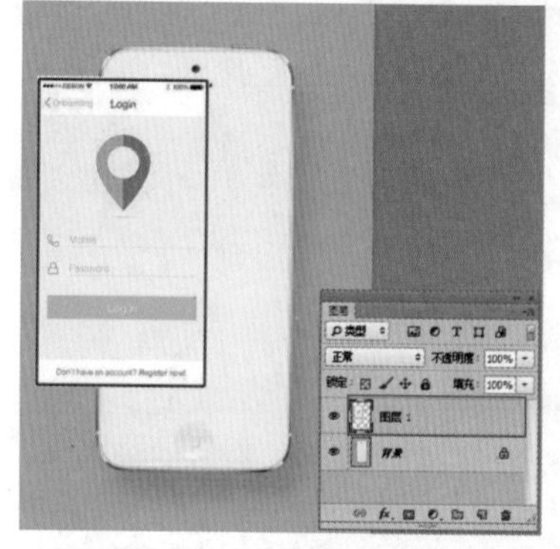

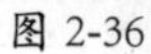

图 2-36

图 2-37

技巧提示　移动并复制

在使用"移动工具"移动图像时，若按住 Alt 键拖曳图像，可以复制图层。当图像中存在选区时，按住 Alt 键并拖动选区中的内容，则会在该图层内部复制选中的部分。

STEP 02 要想在不同的文档之间移动图层，可以使用"选择工具"，然后在一个文档中按住鼠标左键将图层拖曳至另一个文档中，松开鼠标即可将该图层复制到另一个文档中了，如图 2-38 和图 2-39 所示。

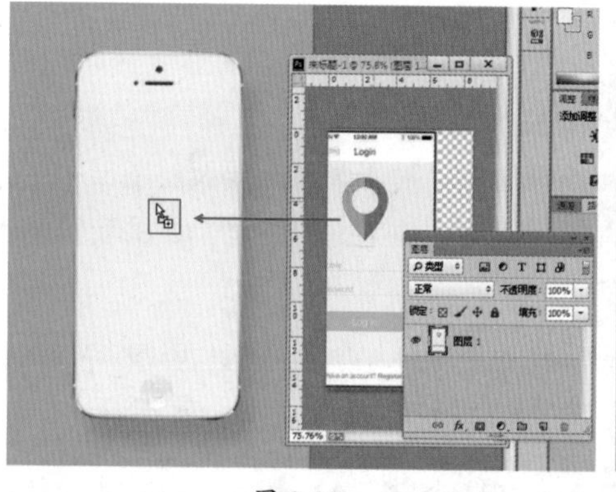

图 2-38

图 2-39

技巧提示　移动选区中的像素

当图像中存在选区时，选中普通图层并使用"移动工具"进行移动时，选中图层内的所有内容都会移动，且原选区显示透明状态。若选中的是背景图层，使用"移动工具"进行移动时，选区画面部分将会被移动且原选区被填充背景色。

2.2.7 对齐图层

"对齐"功能可以将多个图层对象进行整齐排列，例如，当界面中包含多个图标时，就可以使用"对齐"功能进行多个图标按钮的对齐操作。

首先，加选需要进行对齐的图层，如图 2-40 所示。其次，在使用"移动工具"的状态下，选项栏中有一排对齐按钮，单击相应的按钮即可进行对齐操作。例如，单击"水平居中对齐"按钮，效果如图 2-41 所示。

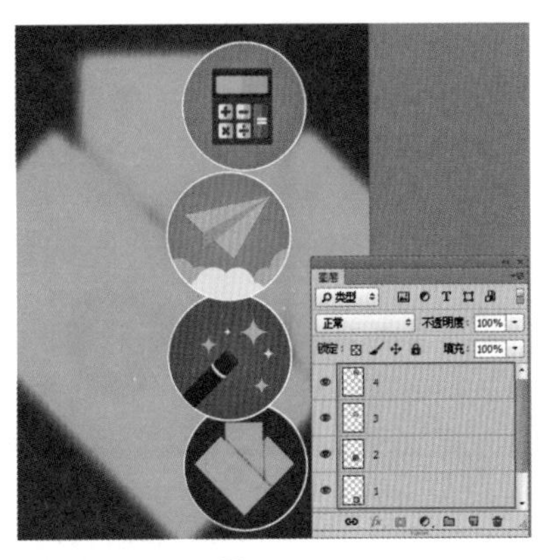

图 2-40

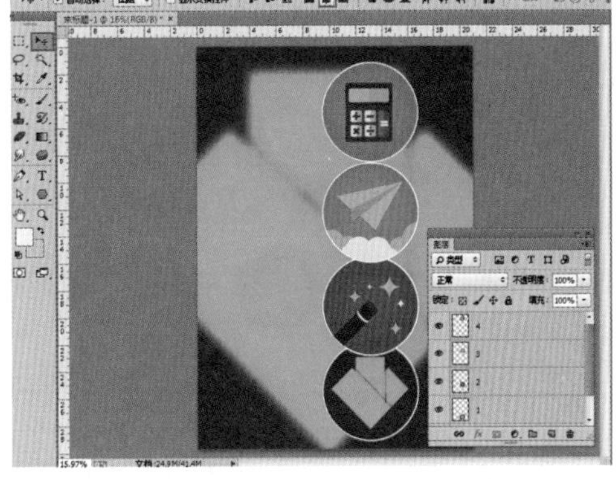

图 2-41

技巧提示 对齐按钮的使用方法

- 顶对齐：将所选图层以最顶端进行对齐。
- 垂直居中对齐：将所选图层以垂直方向的中心位置进行对齐。
- 底对齐：将所选图层以最底端进行对齐。
- 左对齐：将所选图层以最左边进行对齐。
- 水平居中对齐：将所选图层以水平方向的中心位置进行对齐。
- 右对齐：将所选图层以最右边进行对齐。

2.2.8 分布图层

“分布”功能用于制作具有相同间距的图层。例如，垂直方向的距离相等，或者水平方向的距离相等。使用“分布”命令时，文档中必须包含多个图层（至少为 3 个图层，且“背景”图层除外）。

首先，加选需要进行分布的图层，如图 2-42 所示。其次，在使用“移动工具”的状态下，选项栏中有一排分布按钮，单击相应的按钮即可进行分布操作。例如，单击“垂直居中分布”按钮，效果如图 2-43 所示。

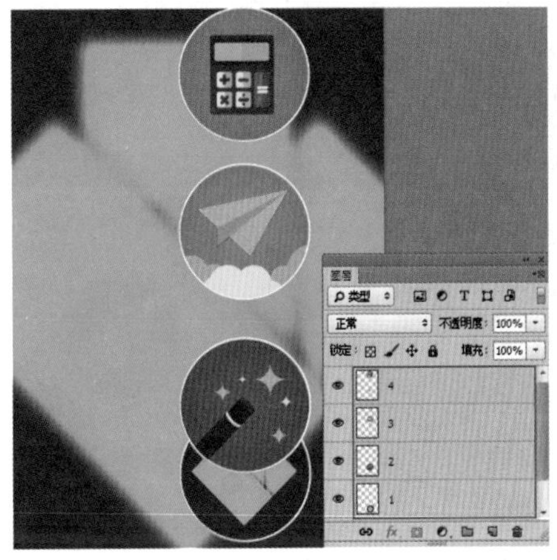

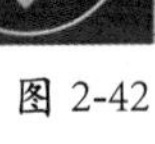

图 2-42

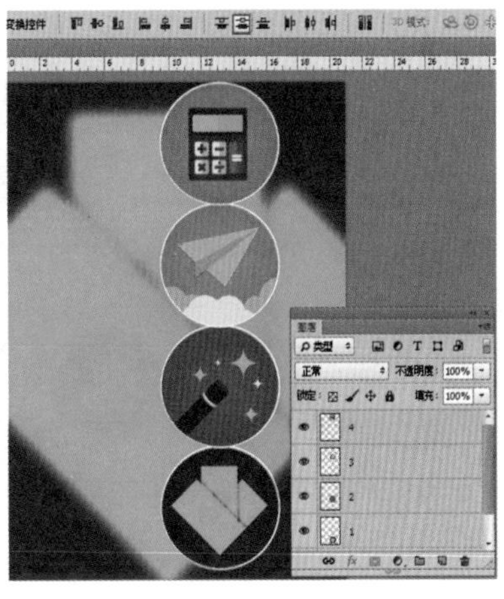

图 2-43

技巧提示 分布按钮的使用方法

◆ 垂直顶部分布：单击该按钮时，将平均每一个对象顶部基线之间的距离，调整对象的位置。

◆ 垂直居中分布：单击该按钮时，将平均每一个对象水平中心基线之间的距离，调整对象的位置。

◆ 底部分布：单击该按钮时，将平均每一个对象底部基线之间的距离，调整对象的位置。

◆ 左分布：单击该按钮时，将平均每一个对象左侧基线之间的距离，调整对象的位置。

◆ 水平居中分布：单击该按钮时，将平均每一个对象垂直中心基线之间的距离，调整对象的位置。

◆ 右分布：单击该按钮时，将平均每一个对象右侧基线之间的距离，调整对象的位置。

2.2.9 图层的其他基本操作

★ 合并图层：要想将多个图层合并为一个图层，可以按住 Ctrl 键在“图层”面板中加选需要合并的图层，然后执行“图层 > 合并图层”菜单命令或按 Ctrl+E 快捷键即可。

★ 合并可见图层：执行“图层 > 合并可见图层”菜单命令或按 Ctrl+Shift+E 快捷键可以将“图层”面板中的所有可见图层合并成背景图层。

★ 拼合图像：执行“图层 > 拼合图像”菜单命令即可将全部图层合并到背景图层中，如果有隐藏的图层则会弹出一个提示对话框，提醒用户是否要扔掉隐藏的图层。

★ 盖印：盖印可以将多个图层的内容合并到一个新的图层中，同时保持其他图层不变。选择多个图层，然后使用“盖印图层”Ctrl+Alt+E 快捷键，可以将这些图层中的图像盖印到一个新的图层中，原始图层的内容保持不变。按 Ctrl+Shift+Alt+E 快捷键，可以将所有可见图层盖印到一个新的图层中。

★ 栅格化图层：栅格化图层内容是指将“特殊图层”转换为普通图层的过程(比如，文字图层、形状图层、智能图层等)。选择需要栅格化的图层后，可以执行“图层 > 栅格化”菜单下的子命令，或者在“图层”面板中右击执行栅格化。

2.3 撤销错误操作

在 Photoshop 中进行制图操作时，难免会出现错误操作。在 Photoshop 中提供了很多个撤销错误操作的方法。

2.3.1 后退一步、前进一步、还原、重做

STEP 01 如果操作错了，使用“编辑 > 后退一步”菜单命令或 Ctrl+Alt+Z 快捷键可以退回到上一步操作的效果，连续使用该命令可以逐步撤销操作。默认情况下可以撤销 20 个步骤。

STEP 02 如果要取消还原的操作，可以使用“编辑 > 前进一步”菜单命令或 Ctrl+Shift+Z 快捷键，连续使用可以逐步恢复被撤销的操作。

STEP 03 执行“编辑 > 还原”菜单命令或使用 Ctrl+Z 快捷键，可以撤销或还原最近的一次操作。

2.3.2　使用“历史记录”面板撤销操作

执行“窗口 > 历史记录”菜单命令，可以打开“历史记录”面板，在默认状态下“历史记录”面板中会保存最近 20 步的操作，如图 2-44 所示。在这里可以通过单击某一个操作的名称回到这一个操作步骤的状态，如图 2-45 所示。

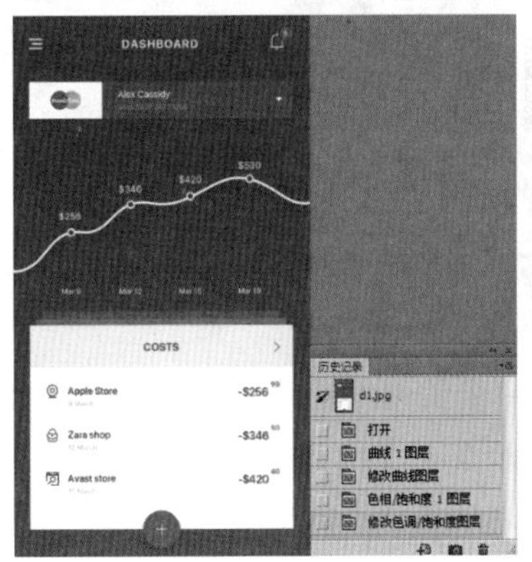

图 2-44

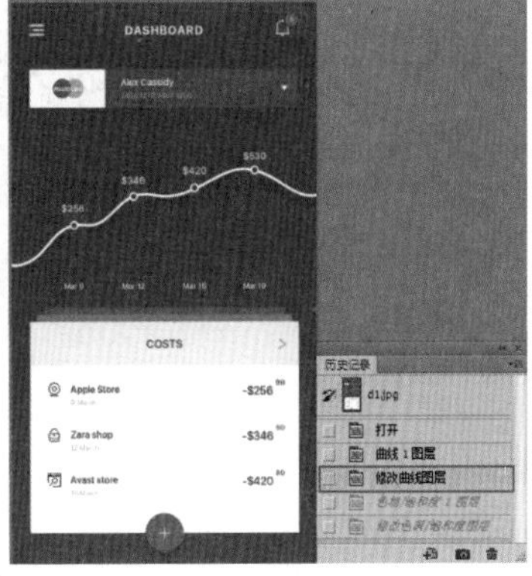

图 2-45

技巧提示　更改历史记录的步骤

在默认情况下，Photoshop 中历史记录的步骤是 20 步，执行“编辑 > 首选项 > 性能”菜单命令，在“首选项”对话框中可以对历史记录的步骤数量进行调整。但是，如果历史记录的步骤过多会占用更多的软件运行的缓存，可能减缓软件运行的速度，如图 2-46 所示。

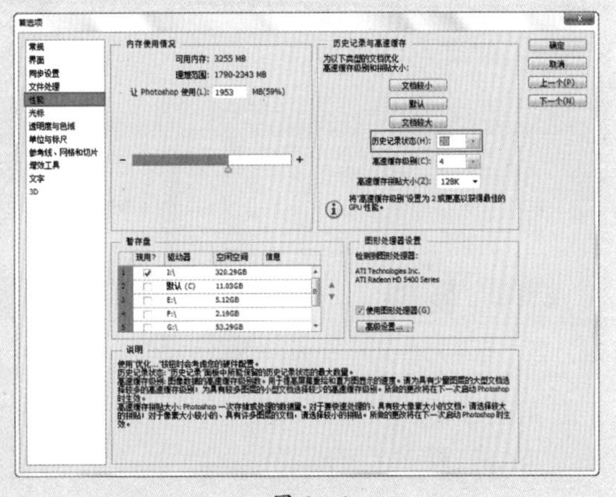

图 2-46

2.3.3　将文档恢复到上一次保存状态

执行“文件 > 恢复”菜单命令，可以将文档恢复到最后一次保存时的状态。

2.4　辅助工具

版面布局要规整、清晰是最基本的要求，尤其是对手机界面这样一个方寸之地的设计时。在 Photoshop 中提供了多种辅助工具，可以辅助用户更加整齐地进行画面内容的排列。如图 2-47 ~ 图 2-50 所示为优秀的 UI 设计方案。

图 2-47

图 2-48

图 2-49

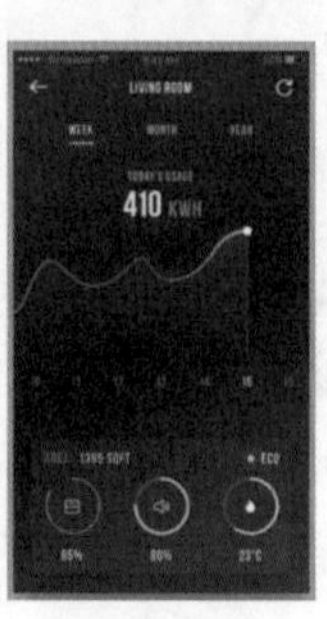
图 2-50

2.4.1 标尺与参考线

标尺与参考线是 Photoshop 中最常用的辅助工具，可以帮助用户进行对齐、度量等操作。

STEP 01 执行“视图 > 标尺”菜单命令或按 Ctrl+R 快捷键，在文档窗口的顶部和左侧会出现标尺，标尺上显示着精准的数值，在文档的操作过程中可以精确地控制尺寸，如图 2-51 所示。再次执行“视图 > 标尺”菜单命令可以隐藏标尺。

STEP 02 标尺参考线总是一起使用的，将鼠标指针放置在垂直标尺上，按住鼠标左键向文档窗口内拖曳，此时鼠标指针变为形状，如图 2-52 所示。拖曳至合适位置后松开鼠标，即可建立一条参考线，如图 2-53 所示。

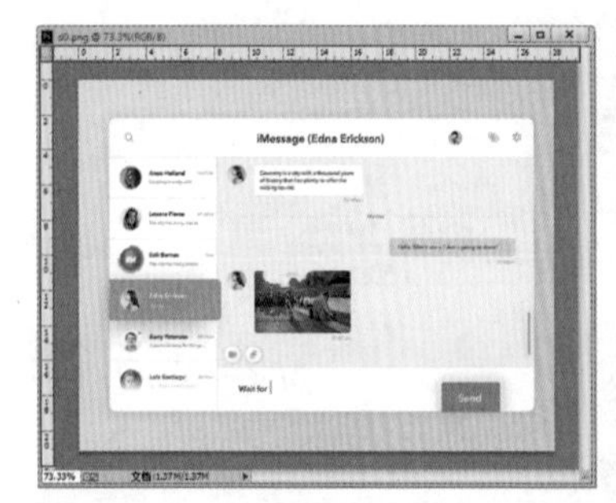
图 2-51

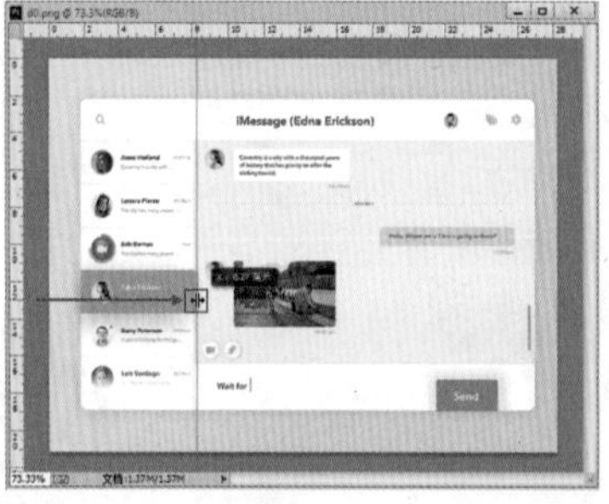
图 2-52

图 2-53

技巧提示　创建水平参考线

如果在水平标尺上按住鼠标左键并拖动即可创建一条水平的参考线。

STEP 03 如果要移动参考线，可以使用“移动工具”，然后将鼠标指针放置在参考线上，当指针变成分隔符形状时，按住鼠标左键拖动参考线即可，如图 2-54 所示。若要将某一条参考线删除，可以选择该参考线，然后拖曳至标尺处，松开鼠标即可删除该参考线，如图 2-55 所示。

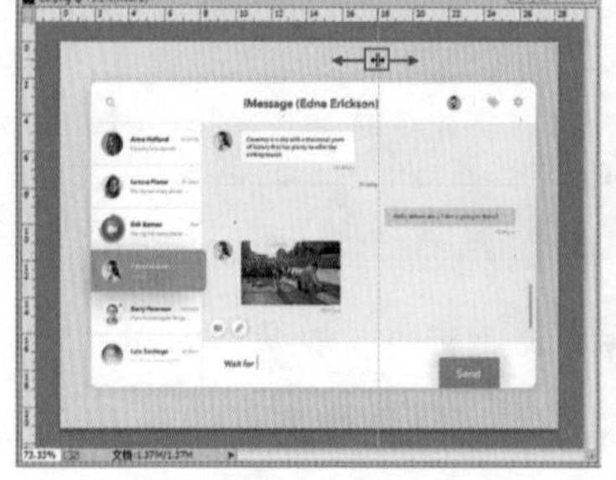
图 2-54

图 2-55

2.4.2 智能参考线

“智能参考线”是一种无须创建，而在移动、缩放或绘图时会自动出现的参考线，在设计的过程中非常好用。执行“视图 > 显示 > 智能参考线”菜单命令，可以启用智能参考线。启用该功能后，在对象的编辑过程中即可自动帮助用户校准图像、切片和选区等对象的位置。例如，移动图标时可以看见粉色的智能参考线，如图 2-56 和图 2-57 所示。

图 2-56

图 2-57

2.4.3 网格

“网格”主要用于辅助用户在制图过程中更好地绘制出标准化图形。因为每个单元格的大小都是相等的，所以在绘制的时候可以用于辅助绘制精准尺寸的对象。执行“视图 > 显示 > 网格”菜单命令，就可以在画布中显示出网格，如图 2-58 和图 2-59 所示。

图 2-58

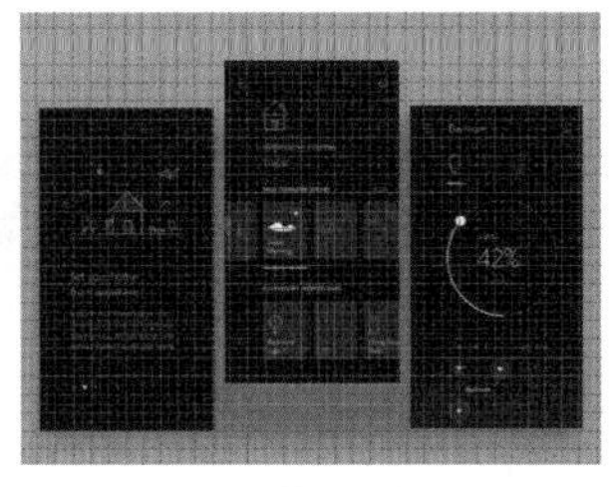

图 2-59

技巧提示　“对齐”命令

执行“视图 > 对齐”菜单命令，可以在制图过程中自动捕捉参考线、网格、图层等对象。执行“视图 > 对齐到”菜单下的子命令，可以设置想要在绘图过程中自动捕捉的内容。

2.5 图像处理的基本操作

在 UI 设计的过程中，除了绘制矢量对象外，很多时候也需要用到照片、插画等位图图像元素，对于图像元素的处理是本节的重点，例如，修改图像的尺寸、对画面进行裁剪、对图像进行变形等的操作。

2.5.1 调整图像尺寸

文档创建完成后还可以对文档的尺寸进行调整，“图像大小”命令可用于调整图像文档整体的长宽尺寸。

执行“图像 > 图像大小”菜单命令，打开“图像大小”对话框，可以进行宽度、高度、分辨率的设置，在设置尺寸数值之前要注意单位的设置。设置完毕后单击“确定”按钮提交操作，图像的大小就会发生相应的变化，如图 2-60 所示。

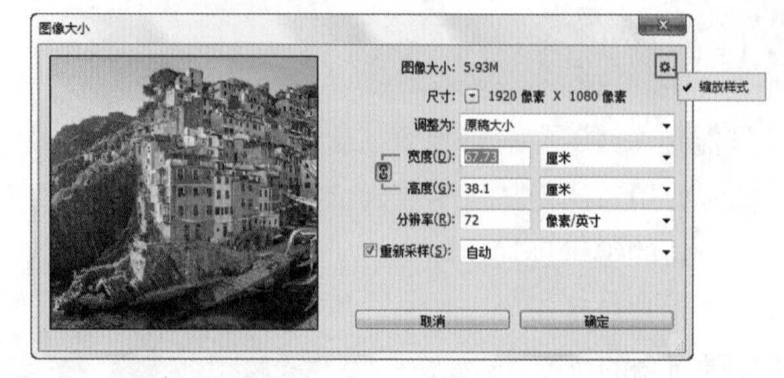

图 2-60

启用“约束长宽比”按钮，可以在修改宽度或高度数值时保持图像的原始比例，即在窗口菜单中启用“缩放样式”后，对图像大小进行调整时，其原有的样式会按照比例进行缩放。单击“重新采样”选项的倒三角按钮，在下拉列表中可以选择重新采样的方式。

2.5.2 修改画布大小

使用“画布大小”命令可以增大或缩小可编辑的画面范围。需要注意的是，“画布”指的是整个可以绘制的区域而非部分图像区域。

STEP 01 打开一张图片，如图 2-61 所示。接着执行“图像 > 画布大小”菜单命令，打开“画布大小”对话框，如图 2-62 所示。

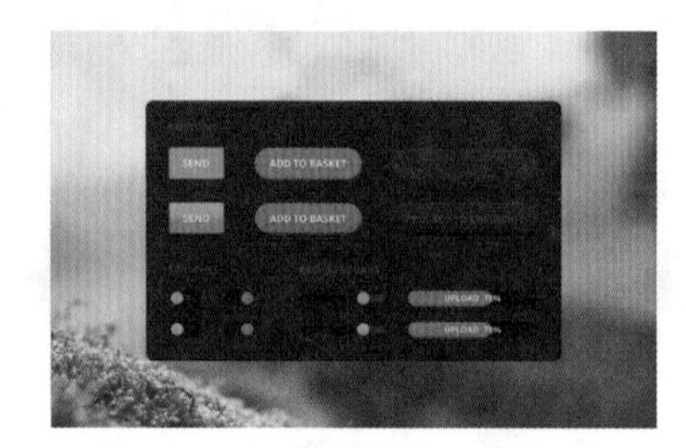

图 2-61

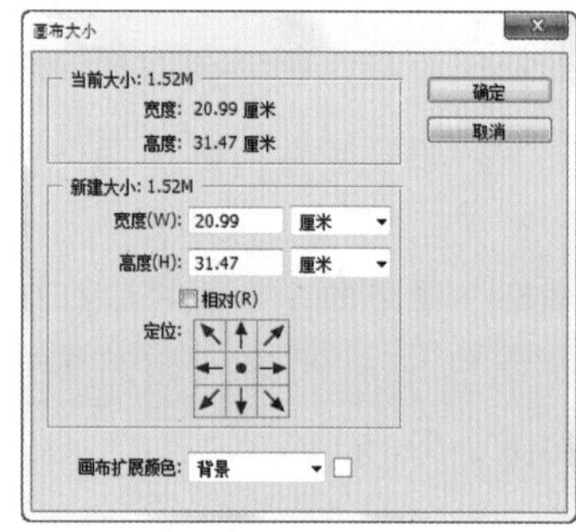

图 2-62

STEP 02 若增大画布大小，原始图像内容的大小不会发生变化，而增加的是画布大小在图像周围的编辑空间，如图 2-63 所示。但是如果减小画布大小，图像则会被裁切掉一部分，如图 2-64 所示。

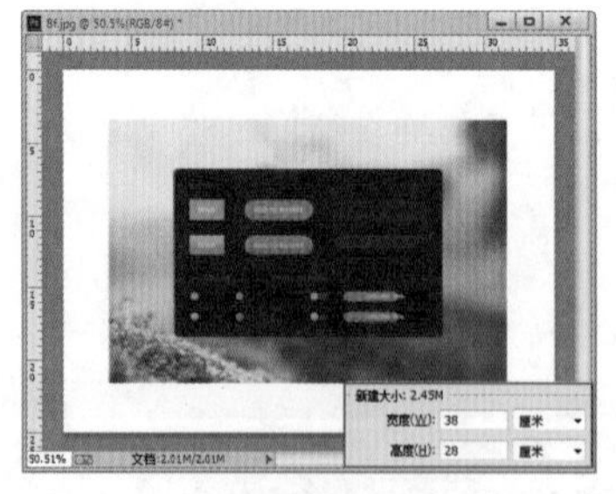

图 2-63

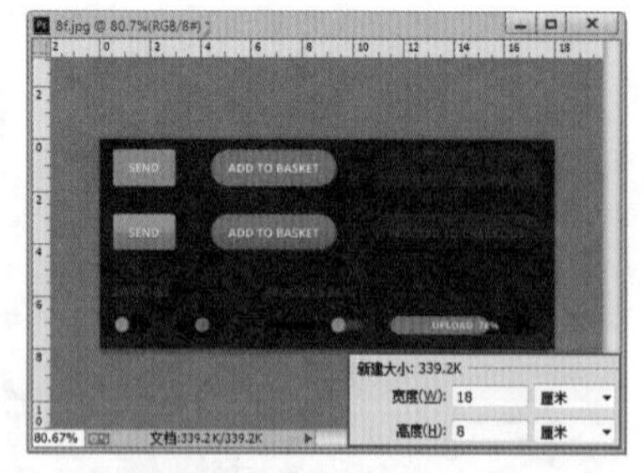

图 2-64

★ 新建大小：在“宽度”和“高度”选项中设置画布尺寸。

★ 相对：勾选此选项时，“宽度”和“高度”数值将代表实际增加或减少的区域大小，而不再代表整个文档的大小。输入正值就表示增加画布，而输入负值则表示减少画布。

★ 定位：主要用来设置当前图像在新画布上的位置。

★ 画布扩展颜色：当新建大小大于原始文档尺寸时，在此处可以设置扩展区域的填充颜色。

2.5.3 裁剪工具

使用“裁剪工具”可以对画面尺寸进行裁切，以便去除多余部分。打开一张图片，单击工具箱中的“裁剪工具”按钮，在画面中按住鼠标左键并拖曳。绘制区域为保留区域，绘制以外的区域会被裁剪掉，如图 2-65 所示。如果对裁剪框的位置、大小不满意，可以拖曳控制点调整裁剪框的大小，如图 2-66 所示。调整完成后，按 Enter 键确定裁剪操作，如图 2-67 所示。

图 2-65

图 2-66

图 2-67

★ 约束方式[比例]：在下拉列表中可以选择裁切的约束比例。

★ 设定裁剪框的长宽比[⇄]：用来自定义约束比例。

★ 清除[清除]：单击该按钮清除长宽比。

★ 拉直：通过在图像上画一条直线来拉直图像。

★ 删除裁剪的像素：确定是否保留或删除裁剪框外部的像素数据。如果不勾选该选项，则多余的区域为隐藏状态，要想还原裁切之前的画面只需再次选择“裁剪工具”，然后随意操作即可。

2.5.4　透视裁剪工具

使用“透视裁剪工具”可以在对图像进行裁剪的同时调整图像的透视效果，常用于去掉图像的透视感。单击工具箱中的“透视裁剪工具”按钮，按住鼠标左键拖动鼠标即可绘制裁剪框，如图 2-68 所示。接着按住鼠标左键拖曳控制点调整透视裁剪框，如图 2-69 所示。调整完成后，按 Enter 键结束裁剪操作，此时图像的透视感则发生了变化，如图 2-70 所示。

图 2-68

图 2-69

图 2-70

2.5.5　旋转画布

执行“图像 > 图像旋转”菜单下的子命令可以使图像旋转特定角度或进行翻转。例如，新建一个“国际标准纸张”A4 大小的文档时，文档为纵向的，如果想将其更改为横向的，那么就可以使用“旋转画布”命令来实现。

选择需要旋转的文档，如图 2-71 所示。执行“图像 > 图像旋转”菜单命令，可以看到在“图像旋转”命令下提供了 6 种旋转画布的命令，如图 2-72 所示。如图 2-73 所示为 90 度（顺时针）旋转的效果。

图 2-71

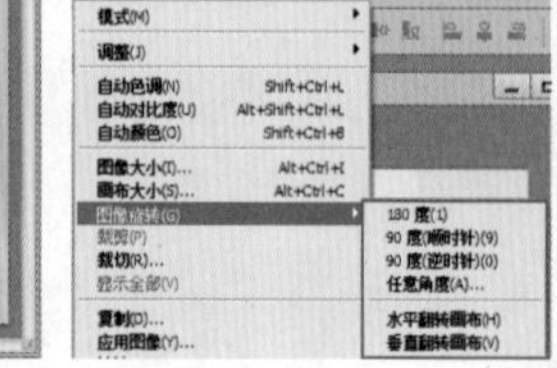

图 2-72

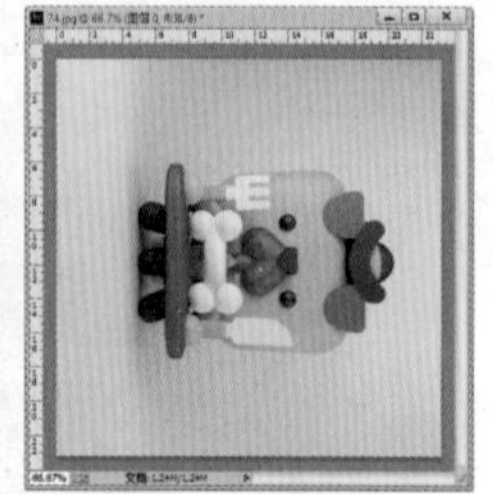

图 2-73

选择“任意角度”命令可以打开“旋转画布”对话框，输入要旋转的角度，单击“确定”按钮即可完成相应角度的旋转，如图 2-74 所示。旋转效果如图 2-75 所示。

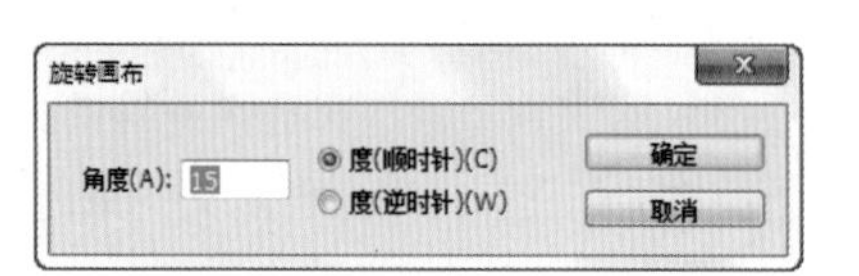

图 2-74

图 2-75

2.5.6 变换图像

要想对图像进行大小、角度、透视、形态等操作，可以通过“变换”或“自由变换”命令实现。例如，某个图标需要缩小时，就需要变换图像了。

STEP 01 选中需要变换的图层，执行“编辑 > 自由变换”菜单命令（Ctrl+T 快捷键），对象四周会出现定界框，4 个角和定界框四边的中点都有控制点，如图 2-76 所示。将鼠标指针放在控制点上，按住鼠标左键拖动控制框即可进行缩放，如图 2-77 所示。将鼠标指针移动至 4 个角的任意一个控制点上，当指针变为弧形的双箭头后按住鼠标左键并拖动鼠标即可任意角度旋转图像，如图 2-78 所示。

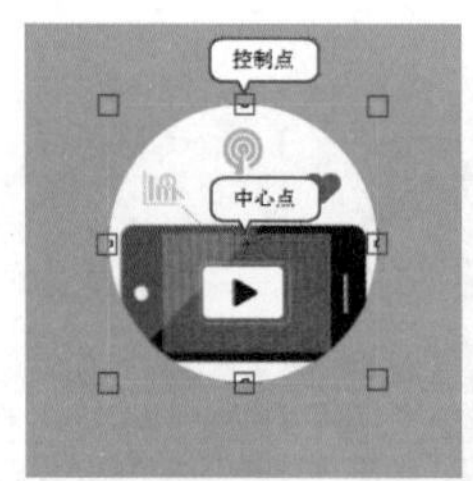

图 2-76

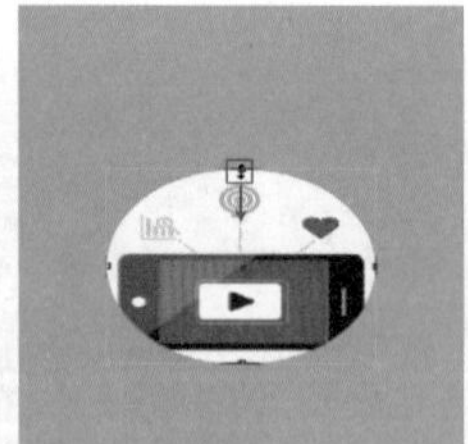

图 2-77

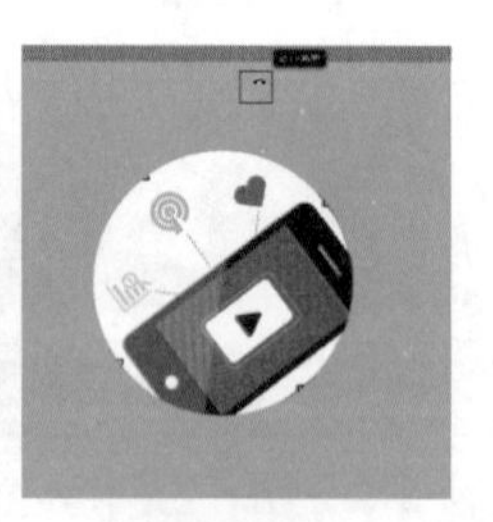

图 2-78

技巧提示 等比缩放和以中心等比缩放

按住 Shift 键并同时拖曳定界框 4 个角点处的控制点可以进行等比缩放，如图 2-79 所示。如果按住 Shift+Alt 快捷键拖曳定界框 4 个角点处的控制点，能够以中心点作为缩放中心进行等比缩放。如图 2-80 所示。

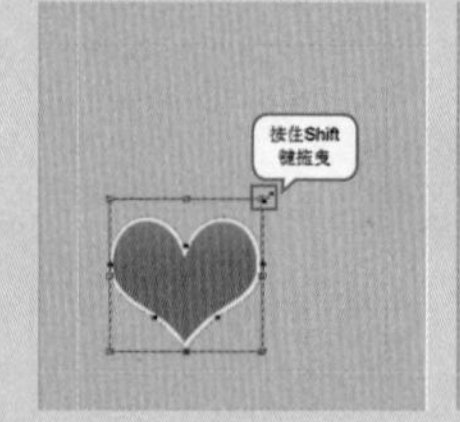

图 2-79

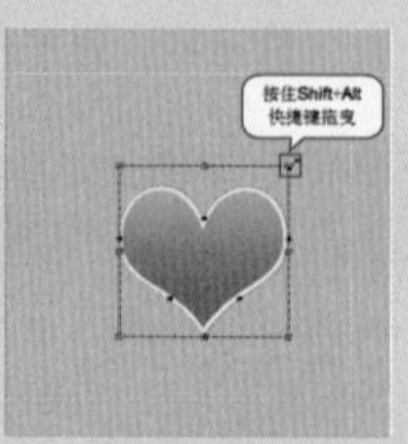

图 2-80

STEP 02 在有定界框的状态下，右击可以看到更多的变换方式，如图 2-81 所示。执行“斜切”菜单命令，然后拖曳控制点可以使图像倾斜，如图 2-82 所示。

图 2-81

图 2-82

技巧提示 确定变换操作

调整完成后按 Enter 键即可确定变换操作。

STEP 03 若执行“扭曲”菜单命令，可以任意调整控制点的位置，如图 2-83 所示。若执行“透视”菜单命令，拖曳控制点可以在水平方向或垂直方向上对图像应用透视，如图 2-84 所示。

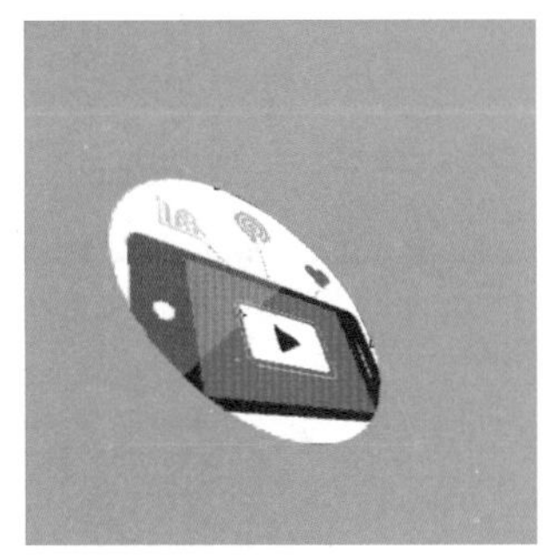

图 2-83

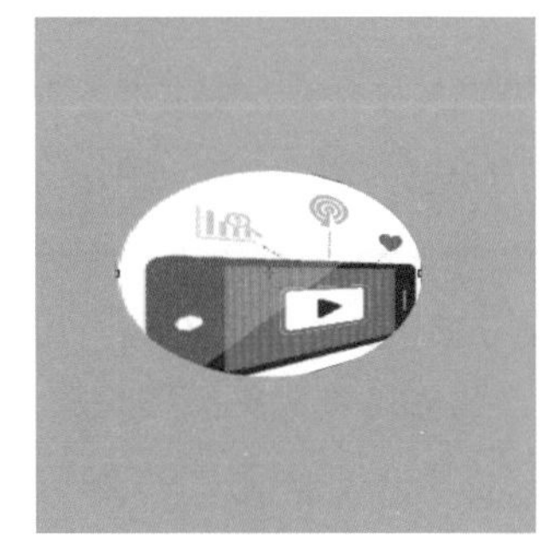

图 2-84

STEP 04 若执行“变形”菜单命令将会出现网格状的控制框，拖曳控制点即可进行自由扭曲，如图 2-85 所示。还可以在选项栏中选择一种形状来确定图像变形的方式，如图 2-86 所示。

图 2-85

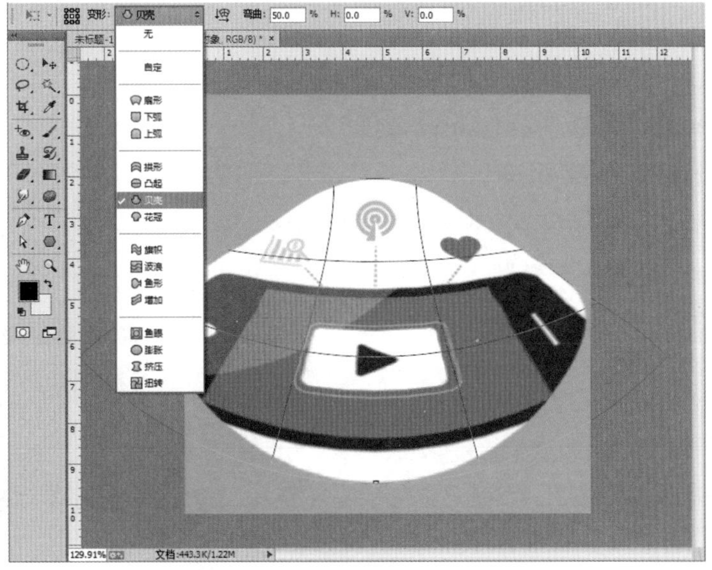

图 2-86

STEP 05 在自由变换状态下右击，还可以看到另外 5 个命令：旋转 180 度、旋转 90 度（顺时针）、旋转 90 度（逆时针）、水平旋转与垂直旋转命令，执行相应的命令可以进行旋转操作。如图 2-87 和图 2-88 所示为旋转 90 度（顺时针）和垂直旋转的效果。

图 2-87

图 2-88

2.5.7 操控变形

操控变形可以对图形的形态进行调整。例如，改变人物或动物的动作、改变图形的外形时使用。

STEP 01 选择需要变形的图层，执行“编辑 > 操控变形”菜单命令，图像上将会布满网格，如图 2-89 所示。这时在图像上右击可以添加用于控制图像变形的“图钉”（也就是控制点），如图 2-90 所示。

STEP 02 按住鼠标左键并拖曳控制点即可调整图像，如图 2-91 所示。调整完成后按 Enter 键确认调整，效果如图 2-92 所示。

图 2-89

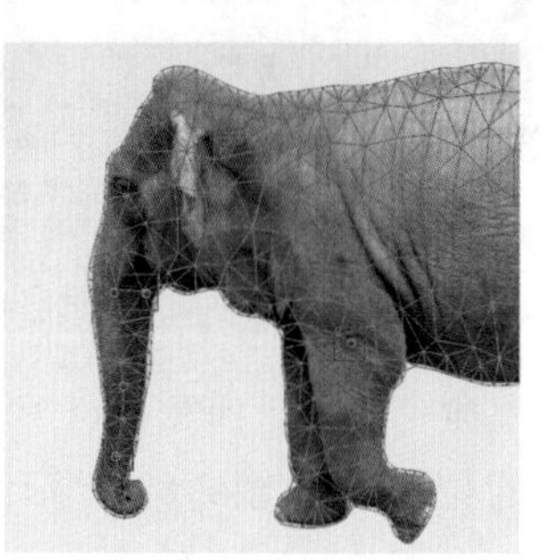

图 2-90

图 2-91

图 2-92

2.5.8 内容识别比例

使用“内容识别比例”命令对图形进行缩放时，可以自动识别画面中主体物，在缩放时尽可能地保持主体物不变，而通过压缩背景部分来改变画面整体大小。

选择需要变换的图层，执行“编辑 > 内容识别比例”菜单命令，随即会显示定界框，如图 2-93 所示。接着进行缩放操作，此时可以看到画面中的主体物并没有变化，如图 2-94 所示。如果使用“自由变换”命令进行缩放，则会产生严重的变形效果，如图 2-95 所示。

图 2-93

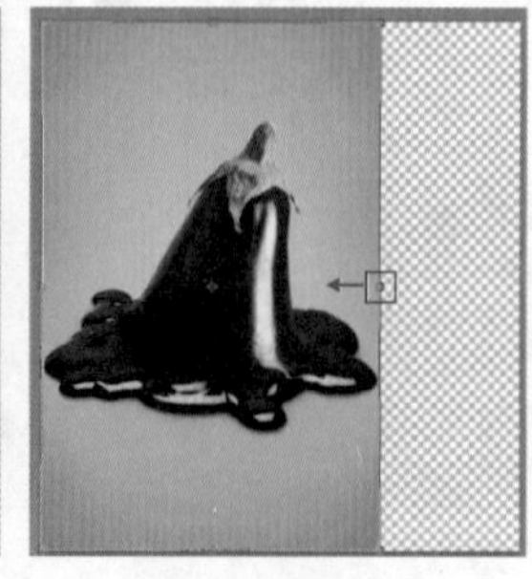

图 2-94

图 2-95

技巧提示　“内容识别比例”命令的保护功能

“内容识别比例”命令允许在调整大小的过程中使用 Alpha 通道来保护内容。可以在“通道”面板中创建一个用于“保护”特定内容的 Alpha 通道（需要保护的内容为白色，其他区域为黑色），然后在选项栏中“保护”下拉列表中选择该通道即可。

单击选项栏中的“保护肤色”按钮，在缩放图像时可以保护人物的肤色区域，以避免人物变形。

2.6 UI 设计实战：使用“自由变换”命令制作 UI 设计方案效果图

案例文件	使用“自由变换”命令制作UI设计方案效果图.psd
视频教学	使用“自由变换”命令制作UI设计方案效果图.flv

难易指数	★★★★★
技术要点	自由变换

案例效果（如图 2-96 所示）

思路剖析（如图 2-97～图 2-99 所示）

图 2-96

图 2-97

图 2-98

图 2-99

①打开背景素材，将 UI 设计稿置入并栅格化。

②对其进行自由变换，将 UI 设计稿放置在手机界面相应的位置上。

③由于 UI 设计稿的右下角遮挡住了手指，所以需要用“橡皮擦工具”擦除多余部分。

应用拓展

UI 设计方案展示效果欣赏，如图 2-100～图 2-102 所示。

图 2-100

图 2-101

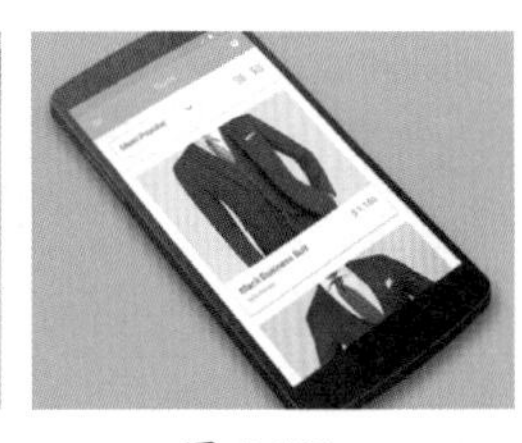

图 2-102

操作步骤

STEP 01 执行“文件 > 打开”菜单命令，或按 Ctrl+O 快捷键，在弹出的“打开”对话框中选择素材“1.jpg”，单击“打开”按钮，如图 2-103 所示。画面效果如图 2-104 所示。

图 2-103

图 2-104

STEP 02 执行“文件 > 置入”菜单命令，在打开的“置入”对话框中选择素材“2.jpg”，单击“置入”按钮，如图 2-105 所示。画面效果如图 2-106 所示。按 Enter 键完成置入，选择图层 2，在该图层上右击执行“栅格化图层”菜单命令，将该图层栅格化为普通图层，如图 2-107 所示。

图 2-105

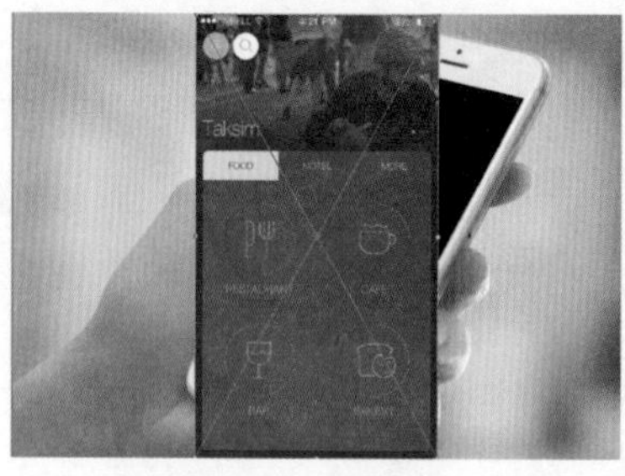

图 2-106

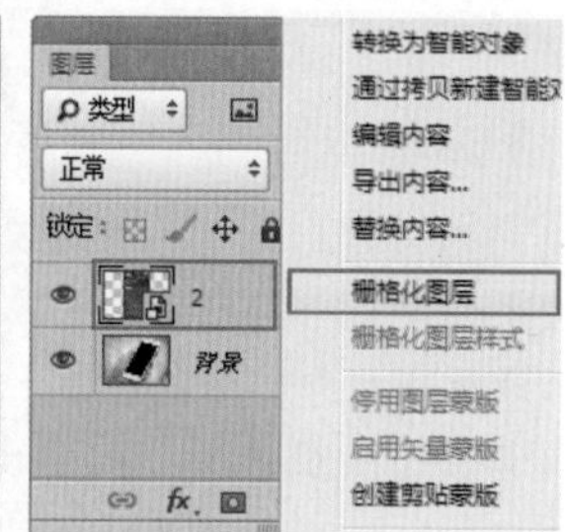

图 2-107

STEP 03 按自由变换快捷键 Ctrl+T，将鼠标指针定位到定界框的一角，按住 Shift 键向内拖动，等比例缩小图像，并将其摆放在手机界面的位置，如图 2-108 所示。接着在图像上右击执行“扭曲”菜单命令，如图 2-109 所示。

图 2-108

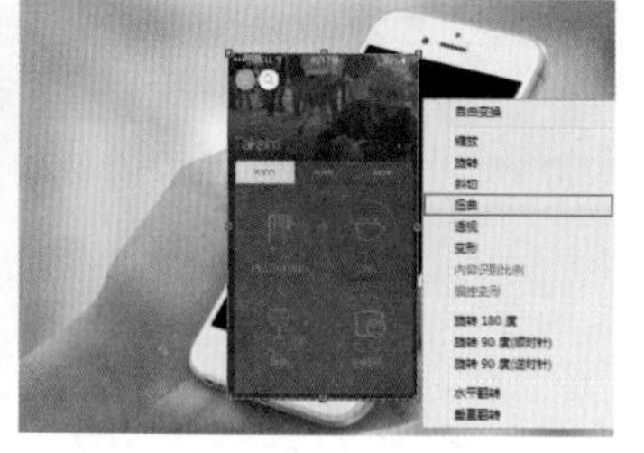
图 2-109

STEP 04 将鼠标指针定位到右上角的控制点，按住鼠标左键并拖动到手机屏幕右上角点的位置，如图 2-110 所示。用同样的方法对其他 3 个控制点的位置进行拖动，如图 2-111 所示。此时可以看到素材与手机产生相同的透视感，按 Enter 键或单击选项栏中的“提交变换”按钮✔完成变换操作，如图 2-112 所示。

图 2-110

图 2-111

图 2-112

STEP 05 由于 UI 设计稿右下角遮挡住了手指，所以需要单击工具箱中的“橡皮擦工具”按钮，设置合适的大小，硬度设置为 80%，在右下角处按住鼠标左键并拖动，擦除多余部分，如图 2-113 所示。最终效果如图 2-114 所示。

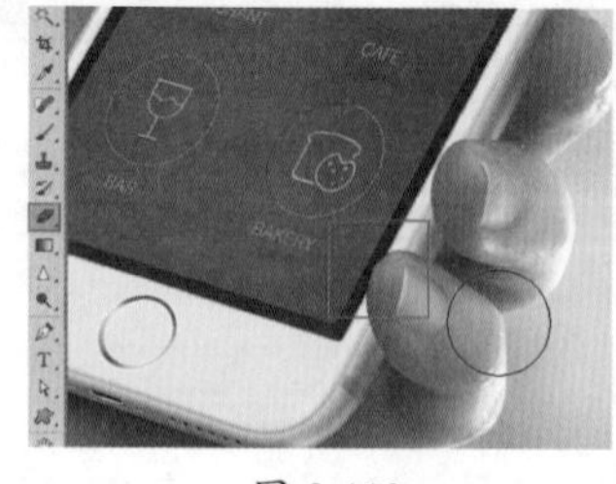

图 2-113

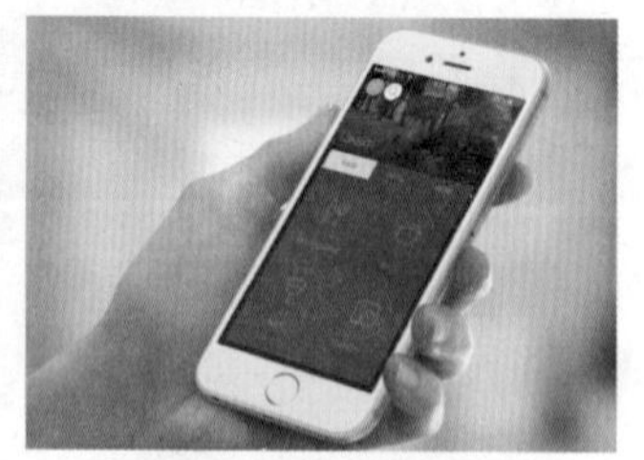
图 2-114

技巧提示 擦除画面局部

要想隐藏图层的部分内容，使用“橡皮擦工具”进行擦除是一种“破坏性”操作，会将原图层的像素删除。而如果使用“图层蒙版”则可以隐藏像素，而避免像素的丢失。关于“图层蒙版”的知识将在后面章节中进行讲解。

第3章

CHAPTER THREE

选区、抠图与合成

本章概述

“选区”是指图像中规划出的一个区域，区域边界以内的部分为被选中的部分，边界以外的部分为未被选中的部分。在 Photoshop 中进行图像编辑处理操作时，会直接对选区以内的内容进行操作，而不会影响到选区以外的内容。除此之外，在图像中创建了合适的选区之后，还可以将选区中的部分内容单独提取出来（可以将选区中的内容复制为独立图层，也可以选中背景部分并删除），这样就完成了抠图的操作。在设计作品的制作过程中经常需要从图片中提取部分元素，所以选区与抠图技术是必不可少的。将多个原本不属于同一图像中的元素结合到一起，从而产生新的画面的这种操作通常被称为“合成”。以上这些内容就构成了从“选区”到“抠图”再到“合成”的一系列经常配合使用的技术，也就是本章将要讲解的重点。

本章要点

- 选框工具、套索工具的使用方法
- 磁性套索、魔棒、快速选择工具的使用方法
- 图层蒙版与剪贴蒙版的使用方法

佳作欣赏

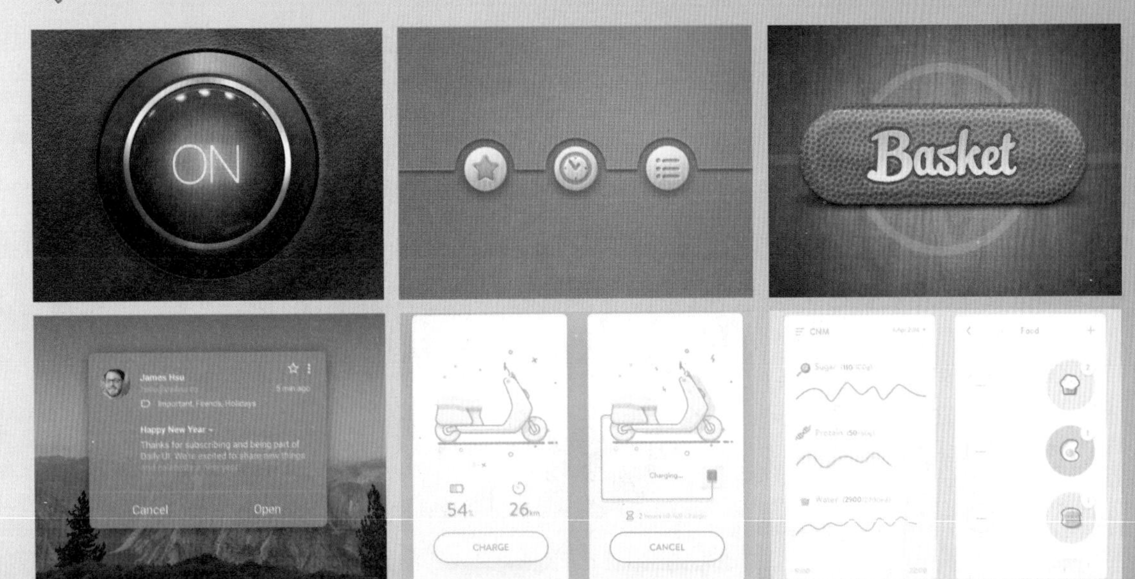

3.1 绘制简单的选区

Photoshop 中有多种用于制作选区的工具，例如，工具箱中的“选框工具组”中就包含 4 种选区工具：“矩形选框工具”“椭圆选框工具”“单行选框工具”和“单列选框工具”。在“套索工具组”中也包含多种选区工具：“套索工具”“多边形套索工具”和“磁性套索工具”。除了这些工具以外，使用“快速蒙版工具”“文字蒙版工具”也可以创建简单的选区。

3.1.1 矩形选框工具

当我们想要对画面中的某个区域进行填充或者单独调整时，就需要绘制该区域的选区。要想绘制一个长方形选区或者正方形选区，可以使用“矩形选框工具”。单击工具箱中的“矩形选框工具”，在画面中按住鼠标左键并拖动鼠标，松开光标后即可得到矩形选区，如图 3-1 所示。单击工具箱中的“矩形选框工具”后，按住 Shift 键的同时在画面中按住鼠标左键并拖动，松开鼠标后即可得到正方形选区，如图 3-2 所示。

图 3-1

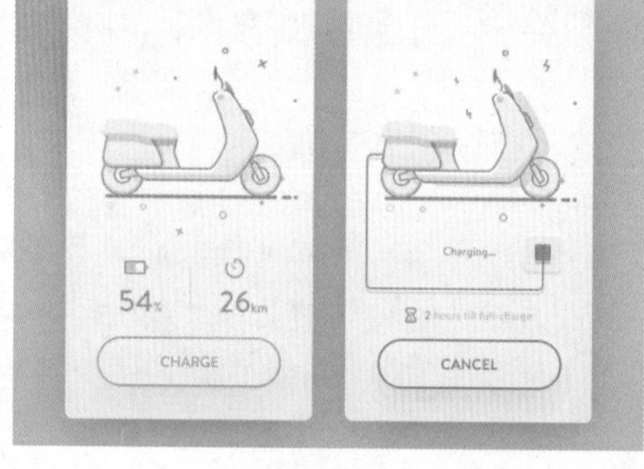

图 3-2

技巧提示 矩形选框工具选项栏中的部分内容

◆ “新选区”按钮：单击该按钮后，每次绘制都可以创建一个新选区，如果已经存在选区，那么新创建的选区将替代原来的选区。

◆ “添加到选区”按钮：单击该按钮后，可以将当前创建的选区添加到原来的选区中，如图 3-3 和图 3-4 所示。

图 3-3

图 3-4

◆ “从选区减去”按钮：单击该按钮后，可以将新创建的选区从原来的选区中减去，如图 3-5 和图 3-6 所示。

◆ “与选区交叉”按钮：单击该按钮后，新建选区时只保留原有选区与新创建的选区相交的部分，如图 3-7 和图 3-8 所示。

◆ 羽化：主要用来设置选区边缘的虚化程度。羽化值越大，虚化范围越宽；羽化值越小，虚化范围越窄。

◆ 消除锯齿：可以消除选区锯齿现象。在使用“椭圆选框工具”“套索工具”“多边形套索工具”时，“消除锯齿”选项才可用。

图 3-5

图 3-6

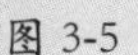

图 3-7

图 3-8

◆ 样式：用来设置选区的创建方法。当选择“正常”选项时，可以创建任意大小的选区；当选择“固定比例”选项时，可以在右侧的“宽度”和“高度”输入框中输入数值，以创建固定比例的选区；当选择“固定大小”选项时，可以在右侧的“宽度”和“高度”输入框中输入数值，然后单击即可创建一个固定大小的选区。

◆ 调整边缘：单击该按钮后，可以打开“调整边缘”对话框，在该对话框中可以对选区进行平滑、羽化等处理。

3.1.2 椭圆选框工具

如果需要在画面中绘制一个圆形图形，或者想要对画面中的某个圆形区域进行单独的调色、删除或者其他编辑时，可以使用“椭圆选框工具”。使用“椭圆选框工具”可以制作椭圆选区和正圆选区。单击工具箱中的“椭圆选框工具”按钮，在画面中按住鼠标左键并拖动鼠标，松开鼠标后即可得到椭圆选区，如图 3-9 所示。绘制时按住 Shift 键拖动鼠标可以创建正圆选区，如图 3-10 所示。

图 3-9

图 3-10

3.1.3 单行选框工具和单列选框工具

当我们需要绘制一个 1 像素高的分割线时，用“矩形选框工具”很难办到，这时就可以使用“单行选框工具”或“单列选框工具”进行绘制。使用“单行选框工具”可以创建高度为 1 像素、宽度与整个页面宽度相同的选区。“单列选框工具”用来创建宽度为 1 像素、高度与整个页面高度相同的选区。

使用“单行选框工具”在画面中单击即可得到选区，“单列选框工具”的使用方法也一样。如图 3-11 所示为使用“单行选框工具”绘制的选区；如图 3-12 所示为使用“单列选框工具”绘制的选区。

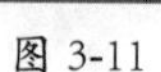

图 3-11

图 3-12

3.1.4 套索工具

当我们想要随手画一个选区时，就可以选择工具箱中的“套索工具”进行绘制。单击工具箱中的“套索工具”按钮，在画面上按住鼠标左键并拖动，松开鼠标时选区将自动闭合，得到选区，如图 3-13 和图 3-14 所示。

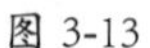

图 3-13

图 3-14

3.1.5 多边形套索工具

当我们想要绘制不规则的多边形选区时，或者在需要抠取转折较为明显的图像对象时，可以选择“多边形套索工具”进行选区的绘制。“多边形套索工具”主要用于创建转角为尖角的不规则的选区。单击工具箱中的“多边形套索工具”按钮，在画面中单击确定起始位置，然后将鼠标指针移动至下一个位置单击，两次单击连成一条直线，如图 3-15 所示。继续以单击的方式进行绘制，当绘制到起始位置时鼠标指针变为形状，如图 3-16 所示。接着单击即可得到选区，如图 3-17 所示。

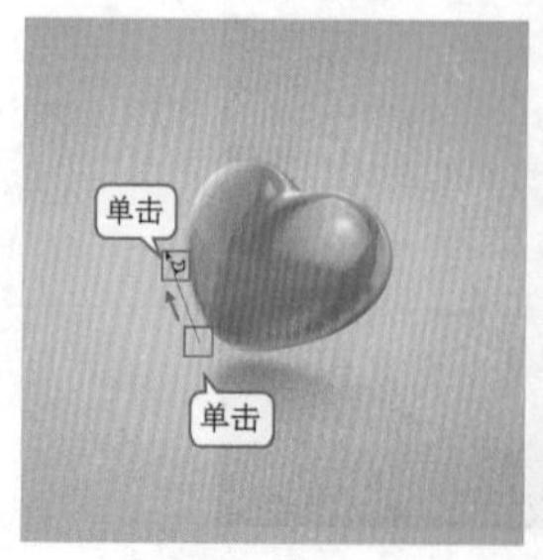

图 3-15

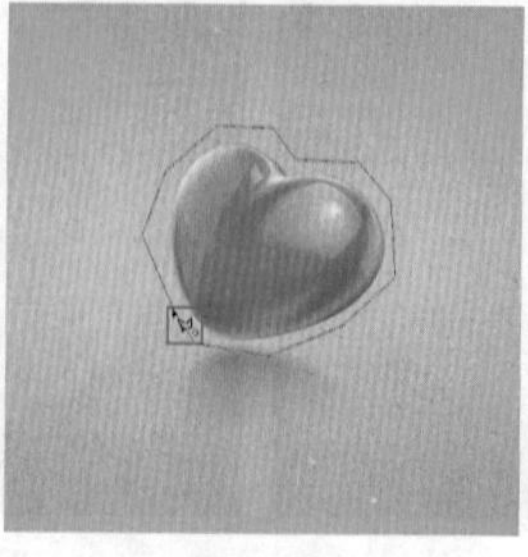

图 3-16

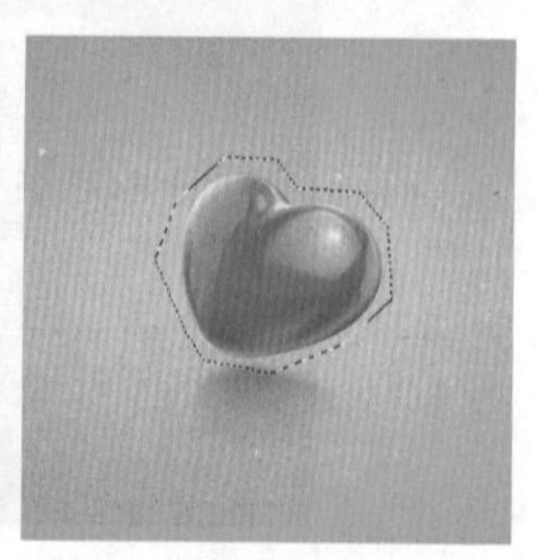

图 3-17

3.1.6 操作练习：使用“选区工具”制作极简风格图标

案例文件	使用“选区工具”制作极简风格图标.psd	难易指数	★★★★★
视频教学	使用“选区工具”制作极简风格图标.flv	技术要点	矩形选框工具、椭圆选框工具

案例效果（如图 3-18 所示）

思路剖析（如图 3-19~图 3-21 所示）

图 3-18

图 3-19

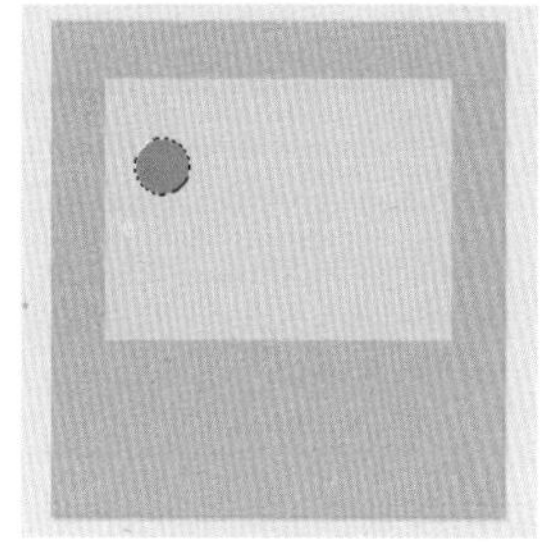

图 3-20

图 3-21

①首先使用“圆角矩形工具”绘制圆角矩形路径，然后转换为选区并为其填充前景色。

②使用“矩形选框工具”“椭圆选框工具”绘制基本按钮上的图形。

③使用“多边形套索工具”绘制三角形选区并填充颜色。

应用拓展

极简风格图标效果欣赏，如图 3-22 ～图 3-24 所示。

图 3-22

图 3-23

图 3-24

操作步骤

STEP 01 执行“文件 > 新建”菜单命令，在“新建”对话框中设置文件“宽度”为 1600 像素、“高度”为 1400 像素、“分辨率”为 72 像素 / 英寸、“颜色模式”为“RGB 颜色”，“背景内容”为“白色”，如图 3-25 所示。

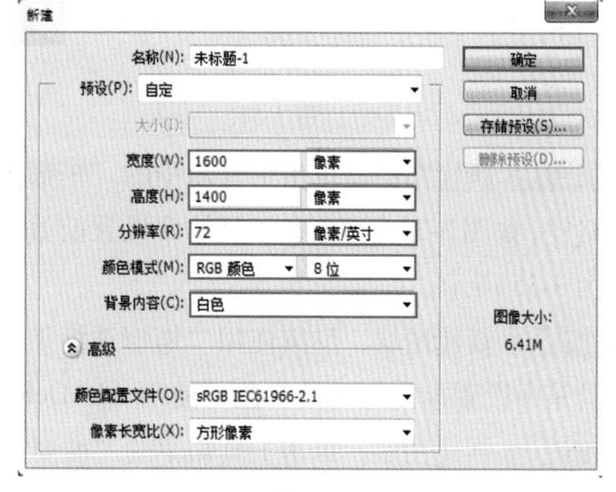

图 3-25

STEP 02 新建图层，单击工具箱中的“圆角矩形工具”按钮，在选项栏中设置“绘制模式”为“路径”、“半径”为 40 像素，在画面中按住鼠标左键并拖曳绘制圆角矩形路径，如图 3-26 所示。使用 Ctrl+Enter 快捷键将路径转化为选区，如图 3-27 所示。在工具箱中设置前景色为黑色，使用 Alt+Delete 快捷键为选区填充前景色，如图 3-28 所示。

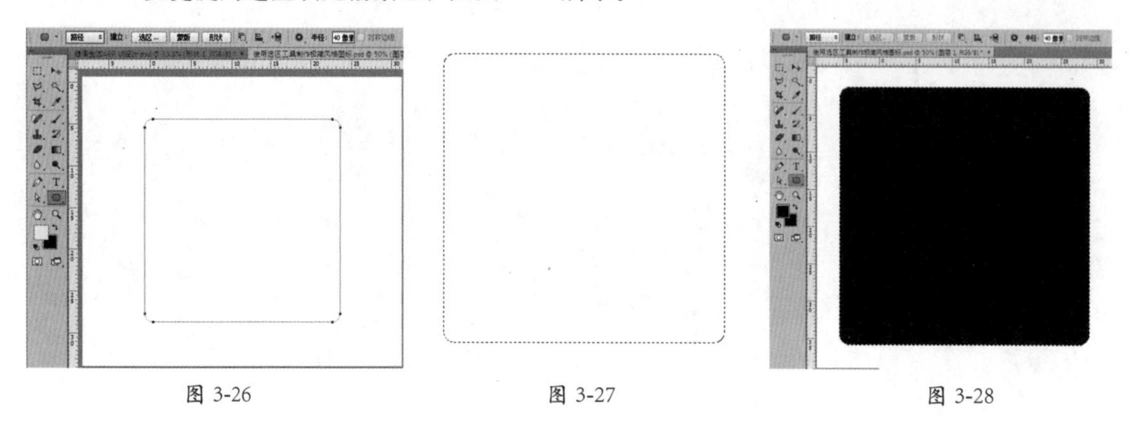

图 3-26　　图 3-27　　图 3-28

STEP 03 新建图层，在“图层”面板中设置“不透明度”为 10%，如图 3-29 所示。用同样的方法制作另一个圆角矩形，如图 3-30 所示。

图 3-29　　图 3-30

STEP 04 新建图层，单击工具箱中的“矩形选框工具”按钮，在画面中按住鼠标左键拖曳绘制矩形路径，如图 3-31 所示。在工具箱中设置前景色为黑色，使用 Alt+Delete 快捷键为选区填充前景色，如图 3-32 所示。在“图层”面板中设置“不透明度”为 10%，如图 3-33 所示。

图 3-31　　图 3-32　　图 3-33

STEP 05 新建图层，单击工具箱中的“矩形选框工具”按钮，在画面中按住鼠标左键拖曳绘制矩形路径，如图 3-34 所示。在工具箱中设置前景色为黄色，使用 Alt+Delete 快捷键为选区填充前景色，如图 3-35 所示。

STEP 06 新建图层，继续使用“矩形选框工具”，在画面中按住鼠标左键拖曳绘制矩形路径，在工具箱中设置前景色为浅黄色，使用 Alt+Delete 快捷键为选区填充前景色，如图 3-36 所示。

STEP 07 新建图层，单击工具箱中的“椭圆选框工具”按钮，在画面中按住 Shift 键拖曳鼠标绘制正圆路径，在工具箱中设置前景色为黄色，使用 Alt+Delete 快捷键为选区填充前景色，如图 3-37 所示。

图 3-34

图 3-35

图 3-36

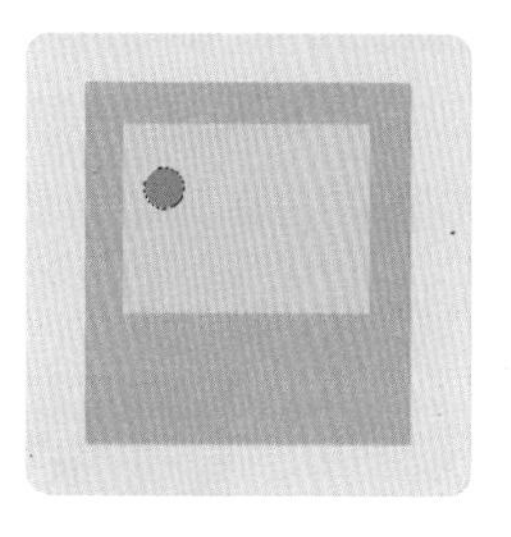

图 3-37

STEP 08 新建图层，单击工具箱中的“多边形套索工具”按钮，在画面中绘制三角形选区，如图 3-38 所示。在工具箱中设置前景色为黄色，使用 Alt+Delete 快捷键为选区填充前景色，如图 3-39 所示。

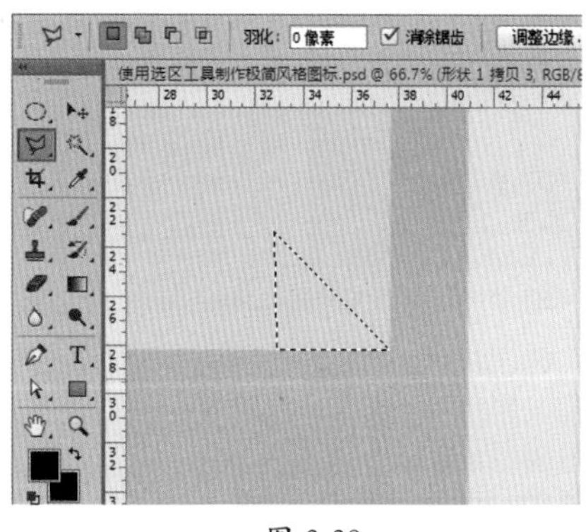

图 3-38

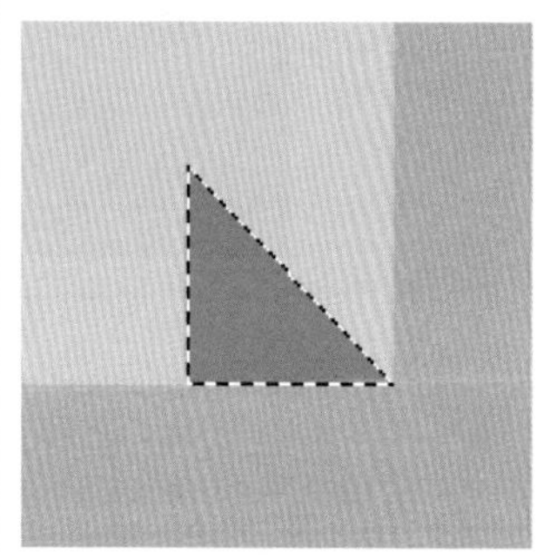

图 3-39

STEP 09 新建图层，继续使用“多边形套索工具”，在画面中绘制三角形选区，在工具箱中设置前景色为浅黄色，使用 Alt+Delete 快捷键为选区填充前景色，如图 3-40 所示。

STEP 10 新建图层，用同样的方法绘制另外两个三角形，如图 3-41 所示。

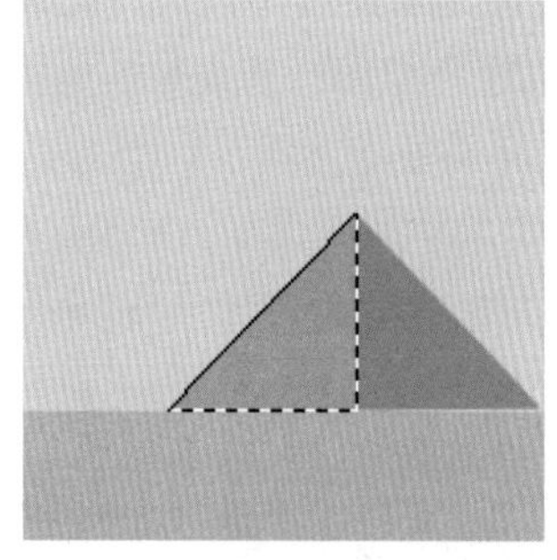

图 3-40

图 3-41

技巧提示 新建图层是个好习惯

新建图层可以方便后期修改与编辑，所以在使用选区工具制作形状时，每次新绘制形状时就要新建一个图层。

3.1.7 快速蒙版制作选区

如果我们需要将画面中的某个对象保留，其余位置的像素删除，这个操作就叫作抠图。那么一个不规则的对象怎么才能进行抠取呢？此时可以使用快速蒙版得到选区。“快速蒙版”是一种以绘图的方式创建选区的功能。

STEP 01 首先，选择一个图层，如图 3-42 所示；其次，单击工具箱底部的“以快速蒙版模式编辑”按钮，即可进入快速蒙版编辑模式（此时画面没有变化）；最后，单击工具箱中的“画笔工具”按钮，在图像上按住鼠标左键拖曳进行绘制，被绘制的区域将以半透明的红色蒙版覆盖出来（红色的部分为选区以外的部分），如图 3-43 所示。

图 3-42

图 3-43

技巧提示 编辑快速蒙版的小技巧

在快速蒙版模式下，不仅可以使用各种绘制工具，还可以使用滤镜对快速蒙版进行处理。

STEP 02 再次单击按钮，退出快速蒙版编辑模式。此时可以看到得到了绘制区域以外部分的选区，如图 3-44 所示。接着就可以进行抠图、合成等其他操作了，如图 3-45 所示。

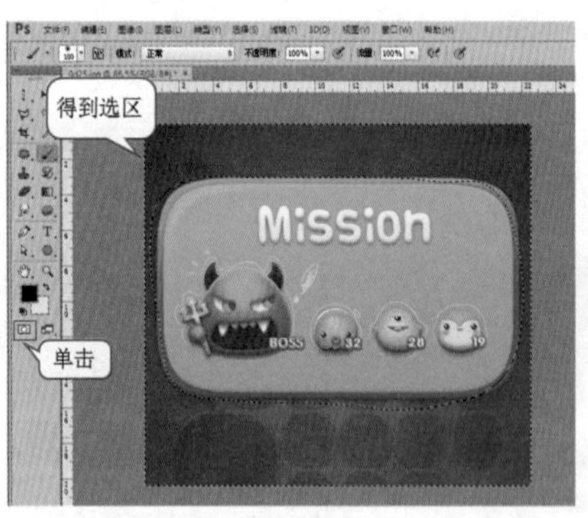

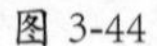

图 3-44

图 3-45

技巧提示 “棋盘格”代表透明

在图 3-46 中可以看到背景中出现了灰色网格状的“棋盘格”，在 Photoshop 中这代表透明。也就是说，此时画面中除了我们看见的蓝色图形外，画面没有其他像素了。

图 3-46

3.1.8 创建文字选区

为文字添加图案、纹理、渐变颜色等操作都需要用到文字的选区，而使用“文字蒙版工具”可以轻松得到文字的选区。文字工具组中有两个工具可用于创建文字选区：“横排文字蒙版工具”和“直排文字蒙版工具”。这两种工具的使用方法与使用文字工具相同，只不过创建的一个是水平排列的文字选区，另一个是垂直排列的文字选区。

单击“横排文字蒙版工具”按钮，在画面中单击，此时画面被半透明的红色蒙版覆盖，接着输入文字，如图 3-47 所示。输入完成后，在选项栏中单击“提交当前编辑”按钮，得到文字选区，如图 3-48 所示。

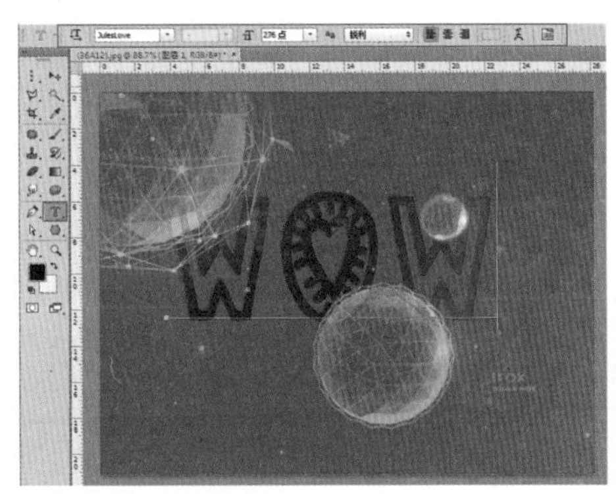

图 3-47

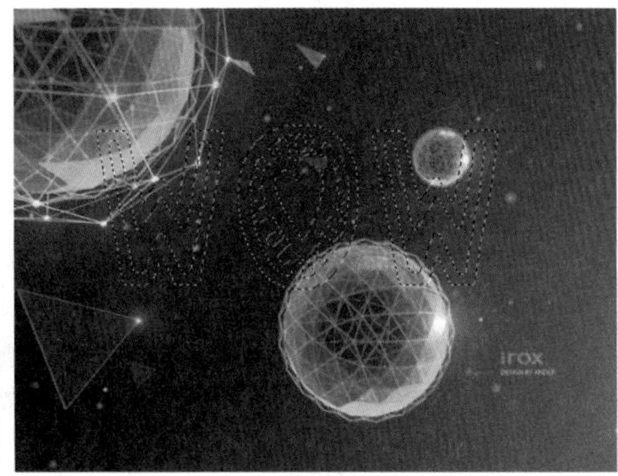

图 3-48

技巧提示　选择工具组中的工具

观察一下工具箱，可以发现有些工具图标的右下角有一个三角形的标记，这表示其为一个工具组，即还有隐藏的工具。在工具上按住鼠标左键几秒钟，即可看到隐藏的工具。接着将鼠标指针移动至需要选中的工具上，松开鼠标即可选中工具，如图 3-49 所示。

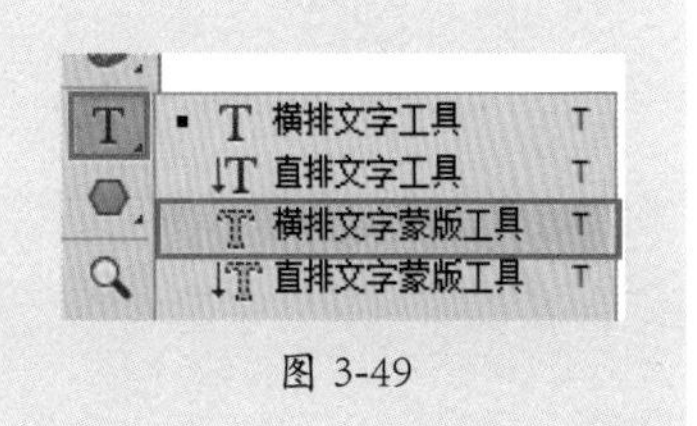

图 3-49

3.2 选区填充与描边

使用选区不仅可以限制图像中被调整的范围，在包含选区的情况下还可对选区进行颜色的填充以及对选区边缘进行描边操作。

3.2.1 填充选区

在 Photoshop 中可以为选区填充纯色、渐变色以及图案。最常用的是为选区填充单一颜色，单一颜色的填充方法有多种，最简单的是通过前景色 / 背景色进行填充。在填充颜色之前，首先得设置好前景色与背景色。使用 Alt+Delete 快捷键可以为选区填充前景色，如图 3-50 所示。使用

Ctrl+Delete 快捷键可以为选区填充背景色，如图 3-51 所示。如果当前画面中没有选区，那么填充的将是整个画面。

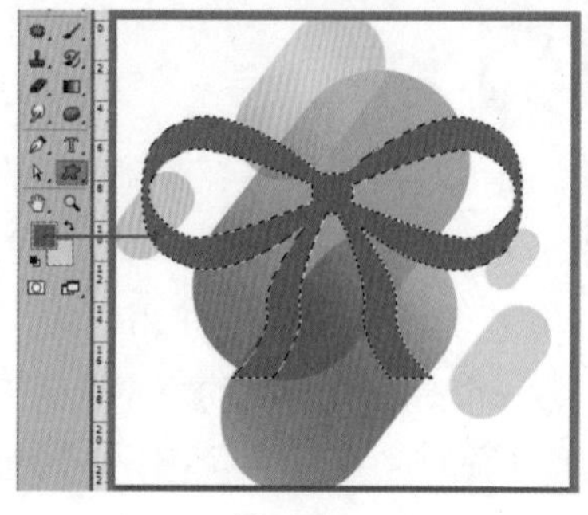
图 3-50

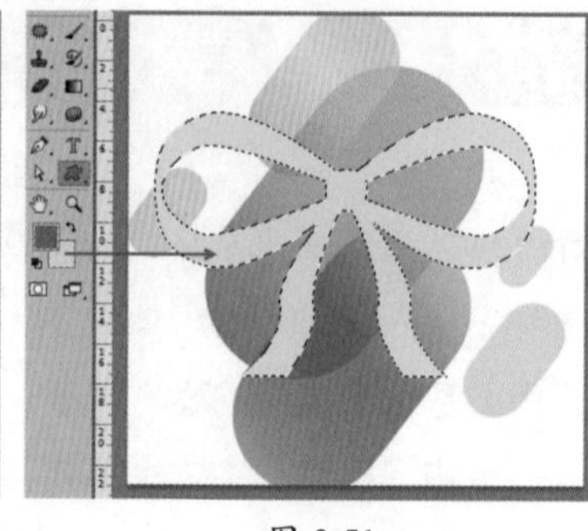
图 3-51

3.2.2 描边选区

对图形进行“描边”可起到强化、突出的作用。使用“描边”命令可以在选区、路径或图层周围创建边框效果。例如，在包含选区的画面中，如图 3-52 所示，执行“编辑 > 描边”菜单命令，在“描边”对话框中设置描边的“宽度”“颜色”“位置”以及“模式”等参数，接着单击“确定”按钮，如图 3-53 所示。选区边缘会出现单色的轮廓效果，如图 3-54 所示。

图 3-52

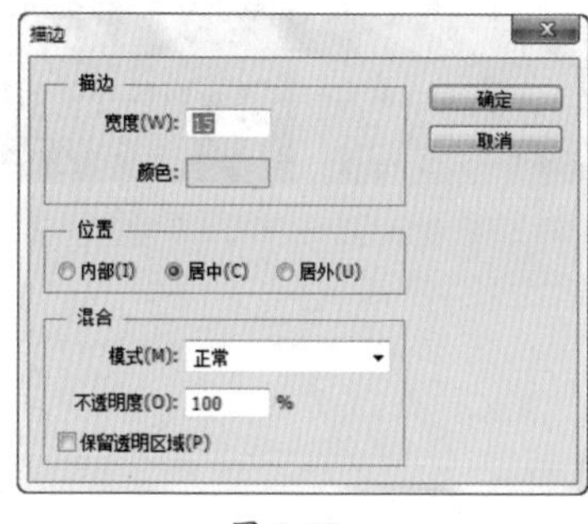

图 3-53

图 3-54

技巧提示　“描边”对话框参数详解

◆ 描边：该选项组主要用来设置描边的宽度和颜色。

◆ 位置：设置描边相对于选区的位置，包括“内部”“居中”和“居外”3 个选项，如图 3-55 ~ 图 3-57 所示。

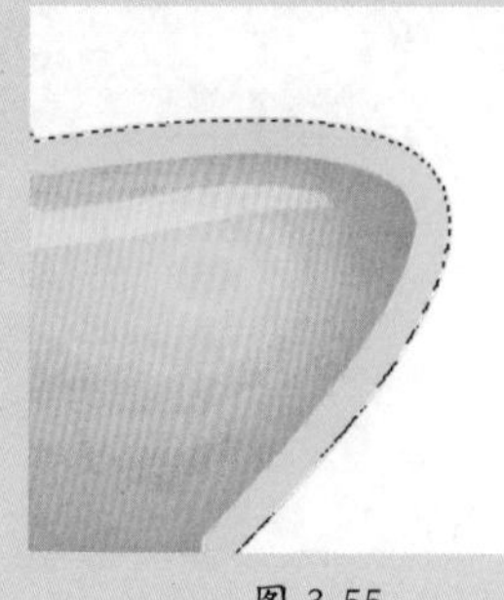
图 3-55

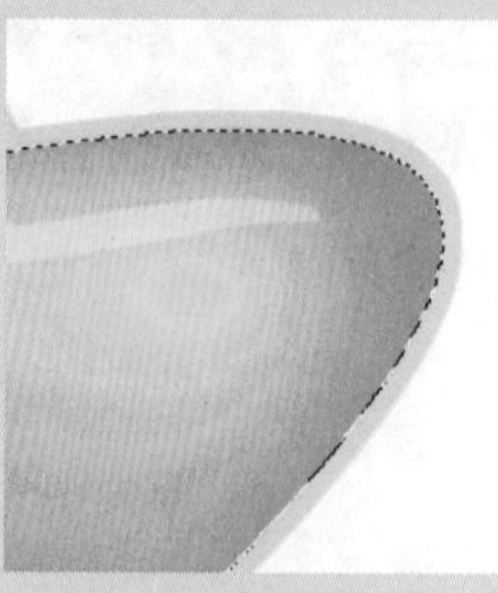
图 3-56

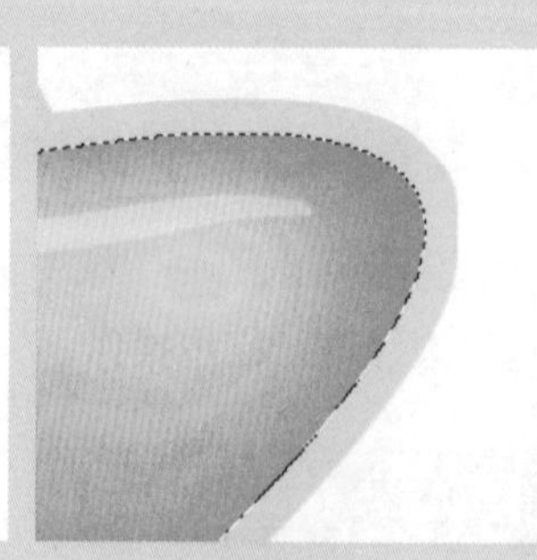
图 3-57

◆ 混合：用来设置描边颜色的混合模式和不透明度。

◆ 保留透明区域：如果勾选“保留透明区域”选项，则只对包含像素的区域进行描边。

3.3 选区的基本编辑操作

绘制好的选区有时可能会不尽如人意，这时就可以对选区进行变换、移动等操作。当不再需要选区时，就可以取消选区。

3.3.1 载入图层选区

我们既可以创建选区，也可以载入已有图层的选区。例如，若要对一个图形的选区进行进一步调整，我们就需要得到这个图形的选区。首先需要在“图层”面板中找到需要载入选区所在的图层，然后按住 Ctrl 键单击该图层的缩览图，如图 3-58 所示。这样就会载入该图层的选区，如图 3-59 所示。

图 3-58

图 3-59

3.3.2 移动选区

要调整选区在画面中的位置，有两个前提条件，一是在使用选框工具的状态下；二是在“新选区”的选区运算模式下。满足这两个条件才能进行移动选区的操作。

先绘制一个选区，然后单击选项栏中的“新选区”按钮，接着将鼠标指针移动至选区内，指针变为▹⬚形状，如图 3-60 所示。接着按住鼠标左键并拖曳鼠标即可移动选区，如图 3-61 所示。

图 3-60

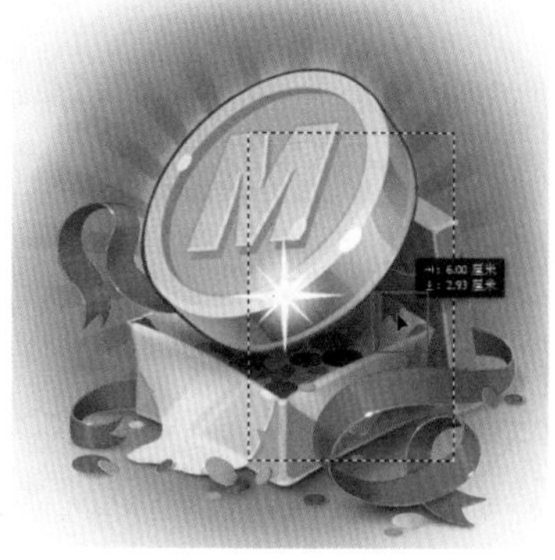

图 3-61

3.3.3 自由变换选区

若要更改选区的大小、形状，可以对选区进行自由变换。对选区的自由变换和对图形的自由变换的操作方式是一样的，也是需要调出定界框对其进行变换操作。

首先需要创建一个选区，接着执行“选择 > 变换选区”命令，选区周围出现了定界框。拖动定界框上的控制点即可对选区进行变换，如图 3-62 所示。变换完成之后按下键盘上的 Enter 键确定变换操作，如图 3-63 所示。也可以在有选区的状态下右击执行“变换选区”命令调出定界框，如图 3-64 所示。

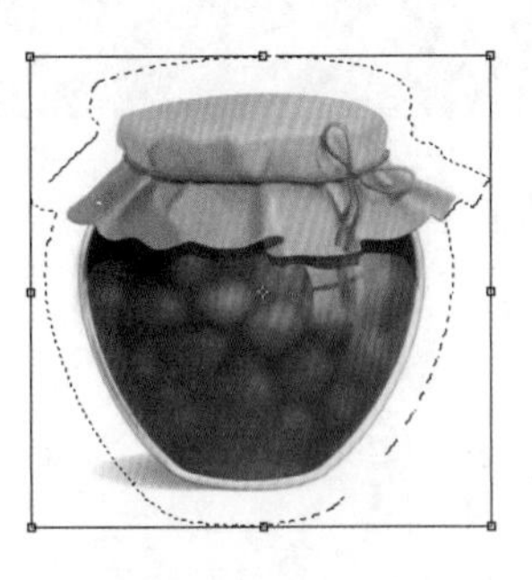

图 3-62

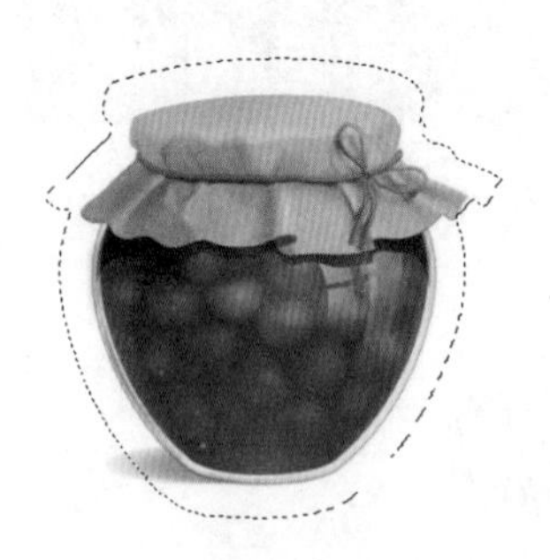

图 3-63

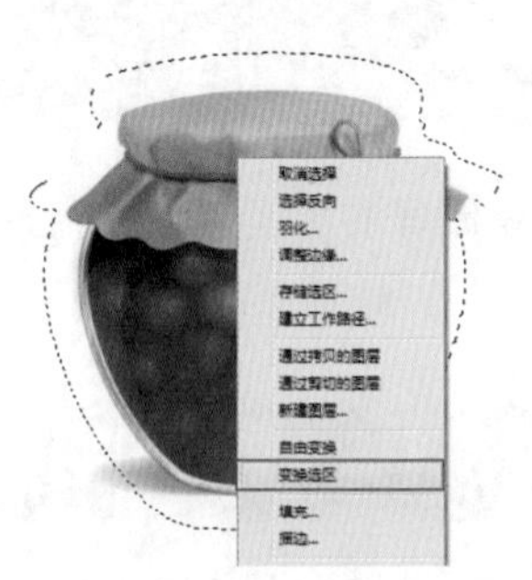

图 3-64

3.3.4 全选

从字面意思上理解“全选”就是全部选择的意思，在 Photoshop 中全选是指选中整个文档的范围。执行“选择 > 全部”菜单命令或使用 Ctrl+A 快捷键，可以创建与当前文档边界相同的选区，如图 3-65 所示。

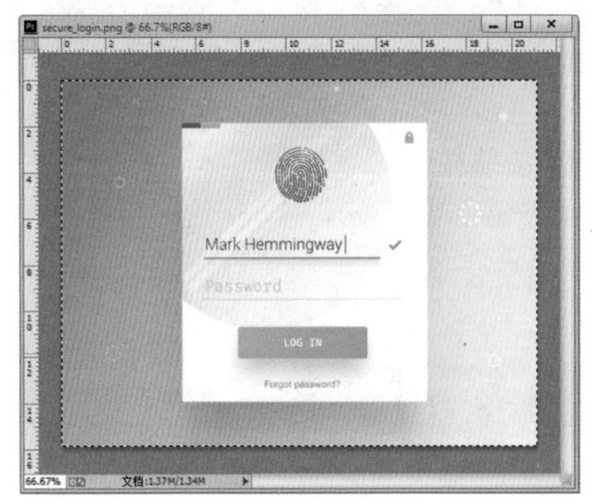

图 3-65

3.3.5 反选

绘制一个选区后，要想得到剩余部分的选区时，就需要进行“反选”。首先创建一个选区，如图 3-66 所示。执行“选择 > 反向选择”菜单命令，或者使用 Ctrl+Shift+I 快捷键可以得到当前选区以外部分的选区，如图 3-67 所示。

图 3-66

图 3-67

3.3.6 取消选区

当不需要选区时，可以取消选区。执行“选择 > 取消选择”菜单命令或按 Ctrl+D 快捷键可以去除当前的选区。如果要恢复被取消的选区，可以执行“选择 > 重新选择”菜单命令。

3.3.7 隐藏与显示选区

与取消选区不同，隐藏选区可将选区暂时隐藏，当需要选区时可以再次显示出来。执行“视图 > 隐藏 > 选区边缘”菜单命令可以隐藏选区。再次执行“视图 > 显示 > 选区边缘”菜单命令可以显示被隐藏的选区。

3.3.8 选区的存储与载入

选区是无法进行打印输出的，当文档关闭后，之前创建的选区就不存在了。但如果该选区下次操作中还需要使用，那么能不能将选区进行存储呢？答案是肯定的，选区可以进行存储，也可以将存储的选区进行载入。

STEP 01 首先绘制一个选区，如图 3-68 所示。接着执行“窗口 > 通道”菜单命令，打开“通道”面板（在默认情况下“通道”面板与“图层”面板在一起，如果“通道”面板是打开的则不需要执行该命令）。在“通道”面板底部单击“将选区存储为通道”按钮，即可将选区存储为 Alpha 通道，如图 3-69 所示。

STEP 02 要想使用在“通道”面板中储存的选区时，可以在“通道”面板中按住 Ctrl 键的同时单击存储选区的通道蒙版缩略图，即可重新载入存储的选区，如图 3-70 所示。

图 3-68

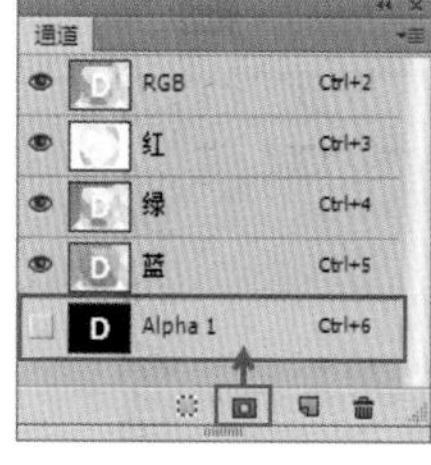

图 3-69

图 3-70

3.3.9 调整边缘

在使用选框工具、套索工具等选区工具时，在选项栏中都有一个 调整边缘... 按钮。单击此按钮，可以打开“调整边缘”对话框。在该对话框中可以对选区边缘的平滑、羽化、对比度等参数进行设置。例如，在抠取不规则对象、毛发边缘时可以使用“调整边缘”功能得到精确的选区。

当文档中包含选区时，执行“选择 > 调整边缘”菜单命令，或者单击选项栏中的 调整边缘... 按钮，如图 3-71 所示。可以打开“调整边缘”对话框，在这里可以看到很多选项，如图 3-72 所示。

图 3-71

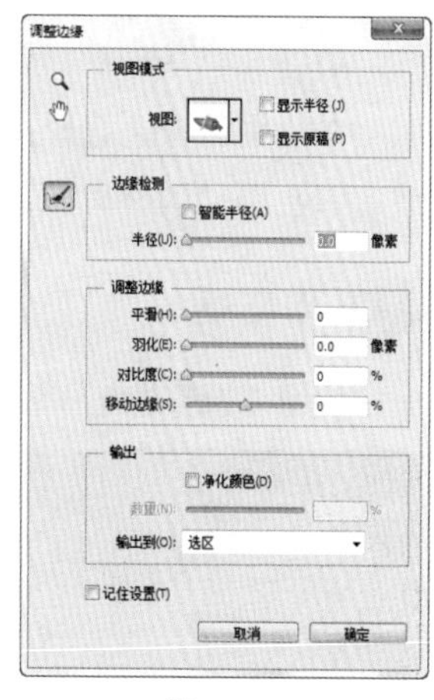

图 3-72

★ 调整半径工具/抹除调整工具：使用这两个工具可以精确调整边界区域。制作头发或毛皮选区时可以使用“调整半径工具”柔化区域以增加选区内的细节。

★ 视图模式：“视图模式”选项组主要用于选择当前画面的显示方式。在这里提供了多种可以选择的显示模式，可以更加方便地查看选区的调整结果。

★ 智能半径：自动调整边界区域中发现的硬边缘和柔化边缘的半径。

★ 半径：确定发生边缘调整的选区边界的大小。对于锐边，可以使用较小的半径；对于较柔和的边缘，可以使用较大的半径。

★ 平滑：减少选区边界中的不规则区域，以创建较平滑的轮廓。

★ 羽化：模糊选区与周围的像素之间的过渡效果。

★ 对比度：锐化选区边缘并消除模糊的不协调感。在通常情况下，配合“智能半径”选项调整出来的选区效果会更好。

★ 移动边缘：当设置为负值时，可以向内收缩选区边界；当设置为正值时，可以向外扩展选区边界。

★ 净化颜色：将彩色杂边替换为附近完全选中的像素颜色。颜色替换的强度与选区边缘的羽化程度成正比。

★ 数量：更改净化彩色杂边的替换程度。

★ 输出到：设置选区的输出方式。

3.3.10 操作练习：使用“调整边缘”命令快速制作毛发选区

案例文件	使用“调整边缘”命令快速制作毛发选区.psd
视频教学	使用“调整边缘”命令快速制作毛发选区.flv

难易指数	★★★★★
技术要点	快速选择工具、调整边缘

案例效果（如图 3-73 所示）

思路剖析（如图 3-74~图 3-76 所示）

图 3-73

图 3-74

图 3-75

图 3-76

①打开背景素材，置入小动物素材并栅格化。

②使用“快速选择工具”绘制背景部分的选区。

③使用“调整边缘”命令对选区细节进行调整以得到精细选区，并删除背景。

应用拓展

使用“调整边缘”命令进行抠图制作的作品，如图 3-77 和图 3-78 所示。

图 3-77

图 3-78

操作步骤

STEP 01 执行“文件 > 打开”菜单命令，或按 Ctrl+O 快捷键，在弹出的“打开”对话框中单击选择素材“2.jpg”，再单击“打开”按钮，如图 3-79 所示。效果如图 3-80 所示。

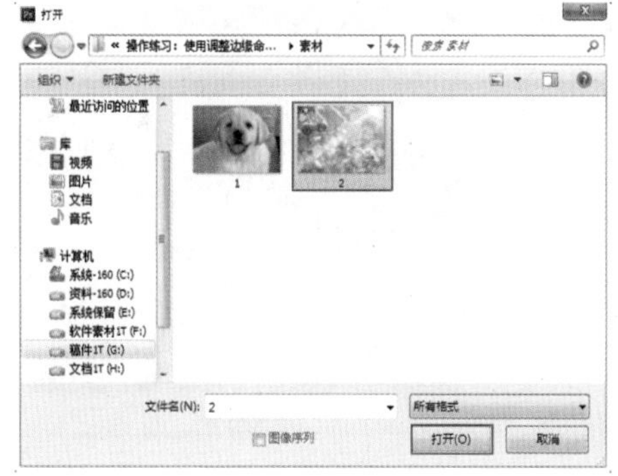

图 3-79

图 3-80

STEP 02 执行“文件 > 置入”菜单命令，在打开的“置入”对话框中单击选择素材“1.jpg”，单击“置入”按钮，如图 3-81 所示。按 Enter 键完成置入，选择素材 1 图层，执行“图层 > 栅格化 > 智能对象”菜单命令，效果如图 3-82 所示。

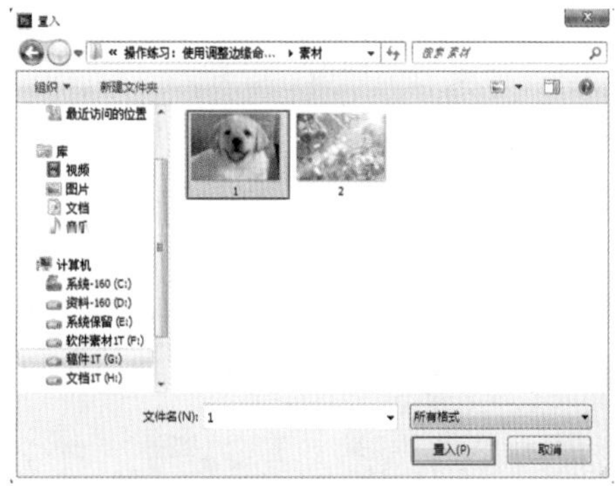

图 3-81

图 3-82

STEP 03 单击工具箱中的“快速选择工具”按钮，在画面背景处按住鼠标左键并拖动，如图 3-83 所示。将背景区域全部选中，如图 3-84 所示。

图 3-83

图 3-84

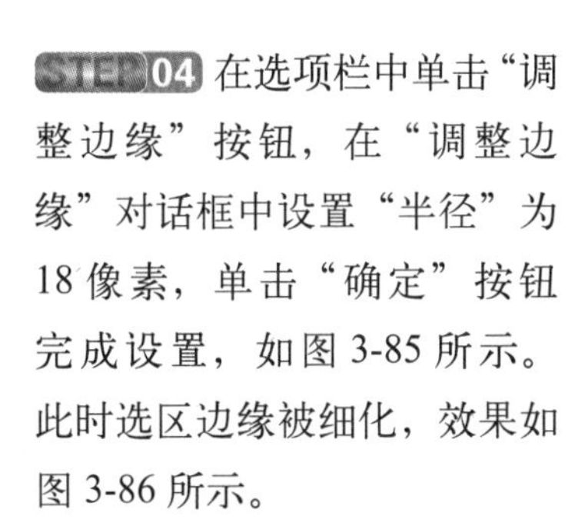

STEP 04 在选项栏中单击“调整边缘”按钮，在“调整边缘”对话框中设置“半径”为 18 像素，单击“确定”按钮完成设置，如图 3-85 所示。此时选区边缘被细化，效果如图 3-86 所示。

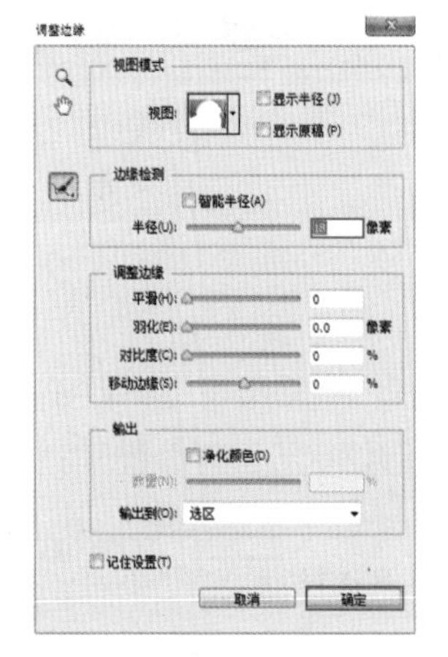

图 3-85

图 3-86

STEP 05 按 Delete 键删除选区中的背景，接着使用 Ctrl+D 快捷键取消选区，可以看到此时边缘毛发也被很好地抠取出来，如图 3-87 所示。最终效果如图 3-88 所示。

图 3-87

图 3-88

3.3.11 修改选区

“选择”菜单中的“修改”命令包括修改“边界选区”“平滑选区”“扩展选区”和“收缩选区”羽化选区。羽化选区是非常重要的编辑操作，例如，要制作一个边界柔和的图形，就需要进行选区的羽化。当画面中包括选区时，如图 3-89 所示，执行“选择 > 修改”菜单命令，在子菜单中可以看到多个选区编辑命令，如图 3-90 所示。

图 3-89

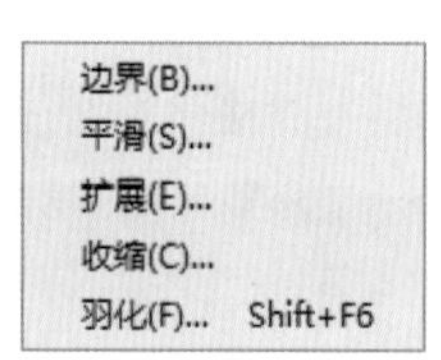

图 3-90

STEP 01 执行“选择 > 修改 > 边界”菜单命令可以将选区的边界进行扩展，扩展后的选区边界将与原来的选区边界形成新的选区。执行“选择 > 修改 > 边界”菜单命令，在打开的“边界选区”对话框中通过“宽度”选项设置边界的宽度，设置完成后，单击“确定”按钮，如图 3-91 所示。此时可以得到边界部分的选区，效果如图 3-92 所示。

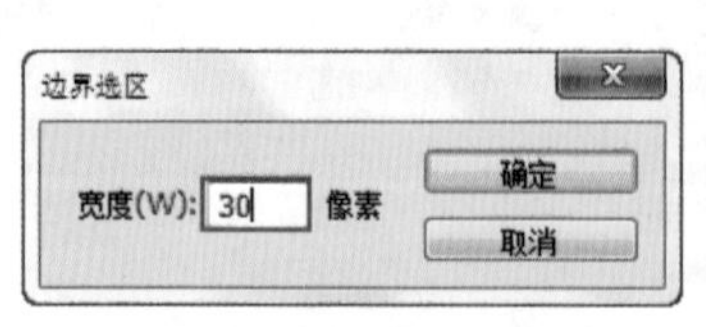

图 3-91

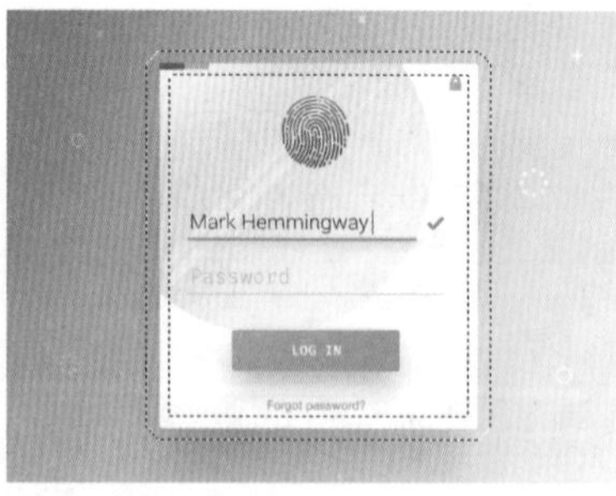

图 3-92

STEP 02 执行“选择 > 修改 > 平滑”菜单命令，在弹出的“平滑选区”对话框中可以设置“取样半径”，半径数值越大，平滑的程度越大，设置完毕后，单击“确定”按钮，如图 3-93 所示。即可得到边缘更加平滑的选区，如图 3-94 所示。

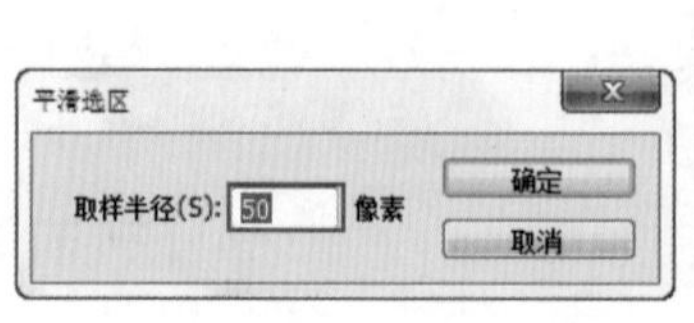

图 3-93

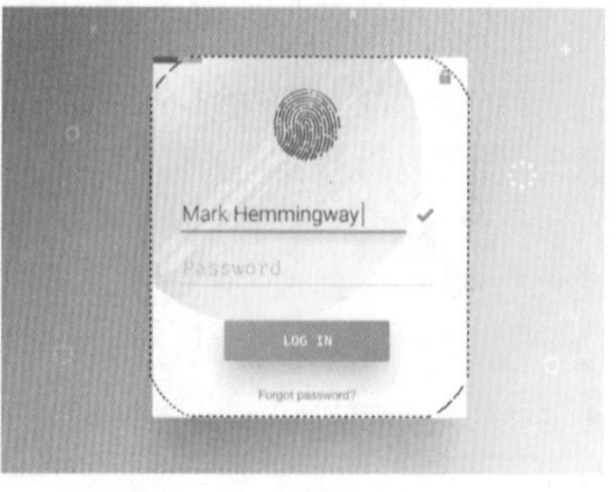

图 3-94

STEP 03 执行“选择>修改>扩展”菜单命令，在打开的“扩展选区”对话框中，通过“扩展量”设置选区向外扩展的宽度。“扩展量”越大，选区增大的尺寸越大。设置完成后，单击“确定”按钮，如图3-95所示。选区扩展效果如图3-96所示。

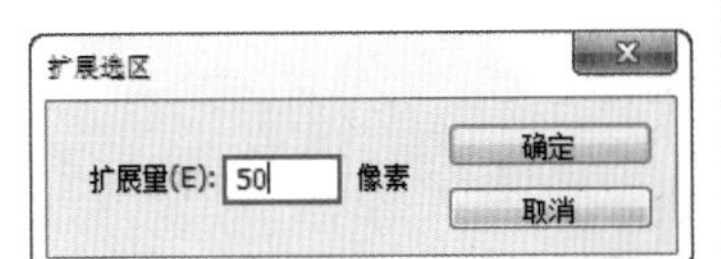

图 3-95

图 3-96

STEP 04 执行“选择>修改>收缩”菜单命令，在打开的“收缩选区”对话框中，通过“收缩量”选项控制选区缩小的宽度，设置完成后，单击“确定”按钮，如图3-97所示。选区收缩效果如图3-98所示。

图 3-97

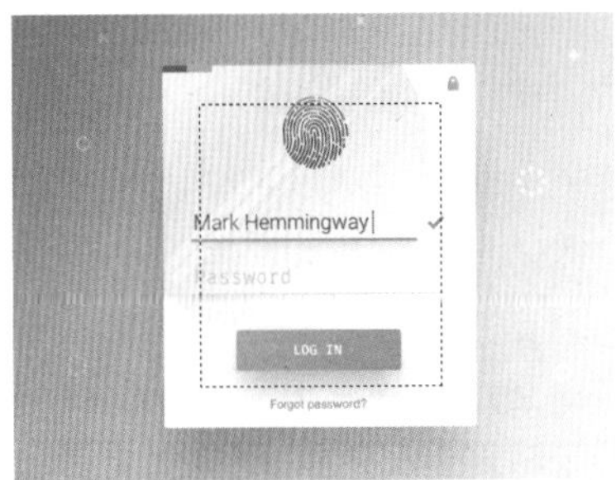

图 3-98

STEP 05 “羽化”主要用来设置选区边缘的虚化程度。执行“选择>修改>羽化”菜单命令，在弹出的“羽化选区”对话框中，定义选区的“羽化半径”。羽化值越大，虚化范围越宽；羽化值越小，虚化范围越窄。设置完成后，单击“确定”按钮，如图3-99所示。如图3-100所示为羽化选区填充颜色的效果。

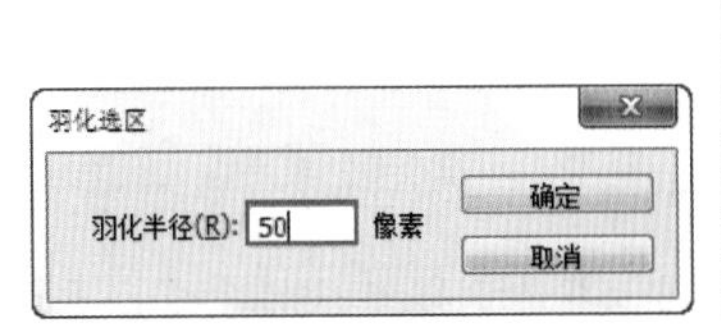

图 3-99

图 3-100

技巧提示 羽化半径过大时会遇到的状况

当“羽化半径”大于选区尺寸时，会弹出警告对话框，如图3-101所示。单击“确定”按钮，此时画面中看不到选区，但是选区依然存在，由于选区变得非常模糊，以至于选区边界无法显示。但是如果对选区进行填充操作后，即可看到相应的效果。

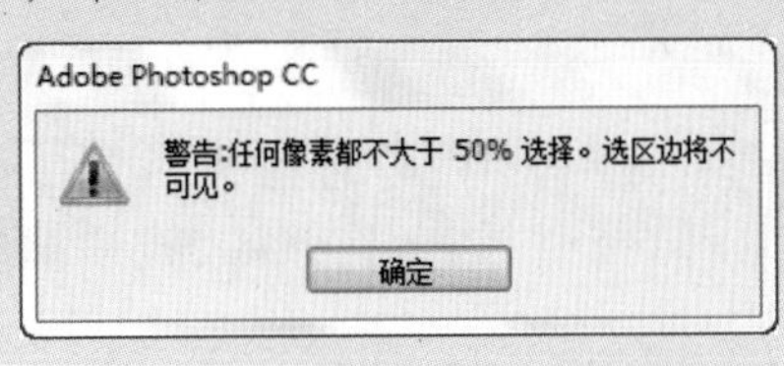

图 3-101

3.4 智能的选区创建工具

除了前面讲解的多种选区工具外，Photoshop 中还有 3 种工具是利用图像中颜色的差异来创建选区的，这 3 种工具主要用于“抠图”。

3.4.1 磁性套索工具

Photoshop 提供了多种根据颜色差异创建选区的工具，例如，“磁性套索工具”可以自动检测画面中颜色的差异，并在两种颜色交界的区域创建选区。

单击工具箱中的“磁性套索工具”按钮，将鼠标指针移动到画面中颜色差异较大处的边缘，单击确定起始锚点的位置，然后沿着对象边界拖动鼠标，随着鼠标的移动，“磁性套索工具”会自动在边缘处建立锚点，如图 3-102 所示。当鼠标移动到起始锚点处时指针变为形状，如图 3-103 所示。单击即可创建选区，如图 3-104 所示。

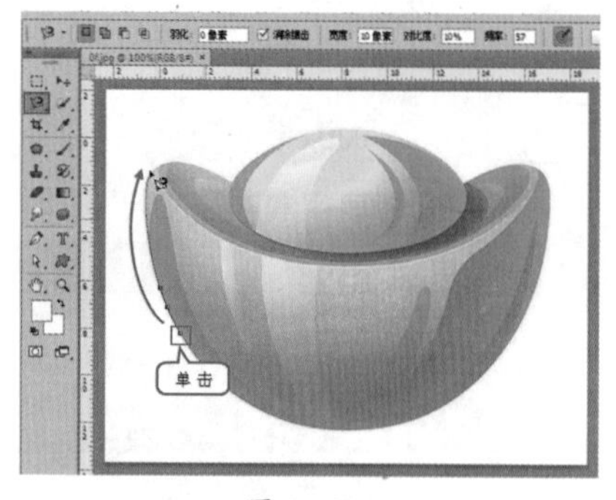

图 3-102

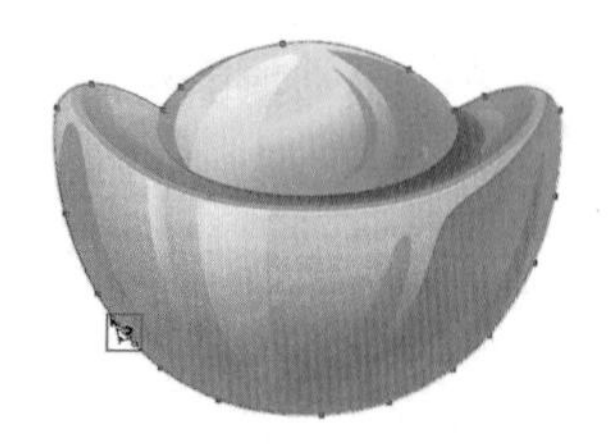

图 3-103

图 3-104

技巧提示 “磁性套索工具”选项栏参数详解

单击工具箱中的“磁性套索工具”按钮，在选项栏中可以看到相应的设置。

◆ 宽度：“宽度”值决定了以鼠标指针为基准，指针周围有多少个像素能够被“磁性套索工具”检测到。如果对象的边缘比较清晰，可以设置较大的值；如果对象的边缘比较模糊，可以设置较小的值。

◆ 对比度：该选项主要用来设置“磁性套索工具”感应图像边缘的灵敏度。如果对象的边缘比较清晰，可以将该值设置得高一些；如果对象的边缘比较模糊，可以将该值设置得低一些。

◆ 频率：在使用“磁性套索工具”勾画选区时，Photoshop 会生成很多锚点，“频率”选项用来设置锚点的数量。数值越高，生成的锚点越多，捕捉到的边缘越准确，但是可能会造成选区不够平滑。

◆ 钢笔压力：如果计算机配有数位板和压感笔，可以激活该按钮，Photoshop 会根据压感笔的压力自动调节“磁性套索工具”的检测范围。

3.4.2 操作练习：使用“磁性套索工具”制作选区并抠图

案例文件	使用“磁性套索工具”制作选区并抠图 3.psd
视频教学	使用“磁性套索工具”制作选区并抠图 3.flv

难易指数	★★★★★
技术要点	磁性套索工具

案例效果（如图 3-105 所示）

图 3-105

思路剖析（如图 3-106～和图 3-107 所示）

图 3-106

图 3-107

①打开背景素材，置入前景素材并栅格化。

②使用“磁性套索工具”制作主体物选区，然后反向选择并删除多余背景。

应用拓展

使用“磁性套索工具”抠图制作的作品如图 3-108 和图 3-109 所示。

图 3-108

图 3-109

操作步骤

STEP 01 执行“文件 > 打开”菜单命令，或按 Ctrl+O 快捷键，在弹出的“打开”对话框中单击选择素材“2.jpg”，单击“打开”按钮，如图 3-110 所示。效果如图 3-111 所示。

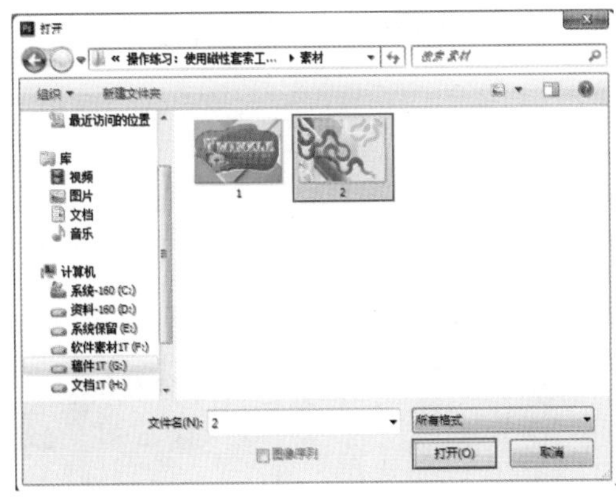

图 3-110

图 3-111

STEP 02 执行“文件 > 置入”菜单命令，在打开的“置入”对话框中单击选择素材“1.jpg”，单击“置入”按钮，如图 3-112 所示。按 Enter 键完成置入，接着执行“图层 > 栅格化 > 智能对象”菜单命令，如图 3-113 所示。

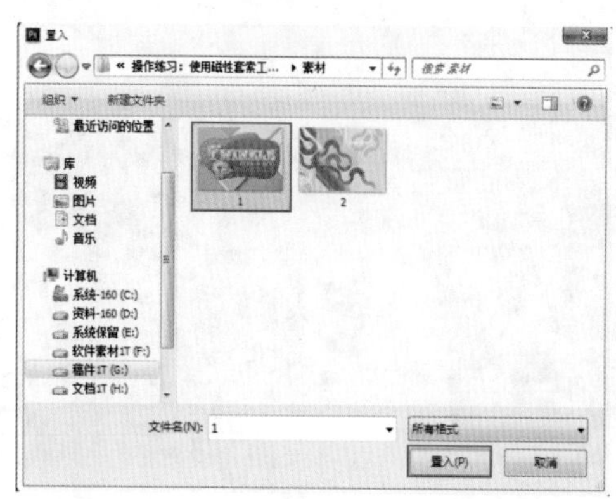

图 3-112

图 3-113

STEP 03 单击工具箱中的“磁性套索工具”按钮，将鼠标指针移动到画面中的粉色形状边缘单击，确定起点，如图 3-114 所示。沿着粉色形状边缘移动鼠标，此时 Photoshop 会生成很多锚点，如图 3-115 所示。

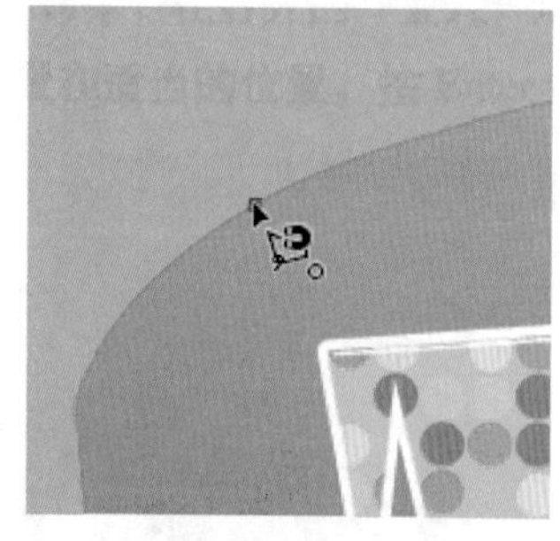

图 3-114

图 3-115

STEP 04 当鼠标移动到起始锚点位置时单击，就会得到一个闭合路径，如图 3-116 所示。效果如图 3-117 所示。

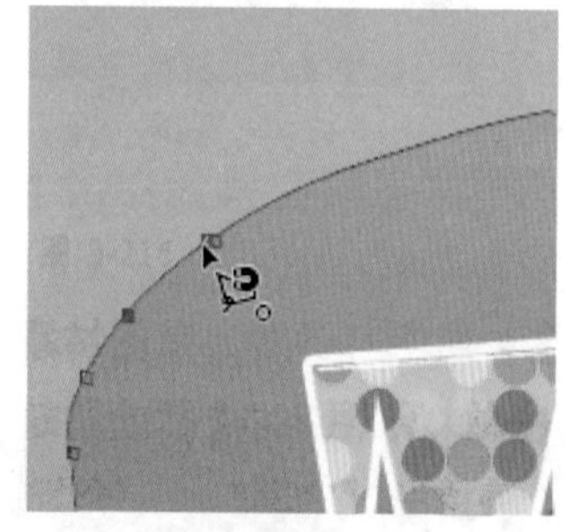

图 3-116

图 3-117

STEP 05 右击选区，在弹出的快捷菜单中执行“选择反向”菜单命令，如图 3-118 所示。将选区反选后，按 Delete 键删除选区中的像素，再使用 Ctrl+D 快捷键取消选区，如图 3-119 所示。

图 3-118

图 3-119

3.4.3 魔棒工具

要想选中画面部分颜色所在的区域时，可以选择“魔棒工具”快速得到颜色相近的选区，然后进行抠图操作。“魔棒工具”能够自动检测鼠标单击区域的颜色，并得到与之颜色相似区域的选区。

单击工具箱中的“魔棒工具”按钮，在选项栏中设置合适的容差值，接在某个颜色区域上单击，如图 3-120 所示。随即可以自动获取附近相同颜色的区域，使它们处于选择状态，如图 3-121 所示。

图 3-120

图 3-121

技巧提示　“魔棒工具”选项栏参数详解

◆ 容差：决定所选像素之间的相似性或差异性，其取值范围从 0~255。数值越低，对像素的相似程度的要求越高，所选的颜色范围就越小；数值越高，对像素的相似程度的要求越低，所选的颜色范围就越大。

◆ 连续：勾选该选项时，只选择颜色连接的区域；关闭该选项时，可以选择与所选像素颜色接近的所有区域，当然也包含不连接的区域。

◆ 对所有图层取样：如果文档中包含多个图层，勾选该选项时，可以选择所有可见图层上颜色相近的区域；不勾选该选项则仅选择当前图层上颜色相近的区域。

3.4.4 操作练习：使用魔棒抠图制作促销活动页面

案例文件	使用魔棒抠图制作促销活动页面.psd	难易指数	★★★★★
视频教学	使用魔棒抠图制作促销活动页面.flv	技术要点	魔棒工具

案例效果（如图 3-122 所示）

思路剖析（如图 3-123~ 图 3-125 所示）

图 3-122

图 3-123

图 3-124

图 3-125

①使用“多边形套索”与“颜色填充工具”制作背景色。

②置入人物素材并栅格化，使用“魔棒工具”抠图。

③使用“横排文字工具”添加文字。

应用拓展

促销活动页面效果欣赏，如图 3-126 和图 3-127 所示。

图 3-126

图 3-127

操作步骤

STEP 01 执行“文件 > 新建”菜单命令，在“新建”对话框中设置文件“宽度”为 1242 像素、“高度”为 2208 像素、“分辨率”为 72 像素 / 英寸、“颜色模式”为“RGB 颜色”、“背景内容”为“白色”，如图 3-128 所示。单击工具箱中的“渐变工具”按钮，在选项栏中单击“打开渐变拾色器”按钮，在“渐变编辑器”对话框中编辑一个蓝色渐变，单击“确定”按钮完成编辑，设置“渐变模式”为“径向渐变”，如图 3-129 所示。在画面中单击并拖动鼠标填充渐变，如图 3-130 所示。

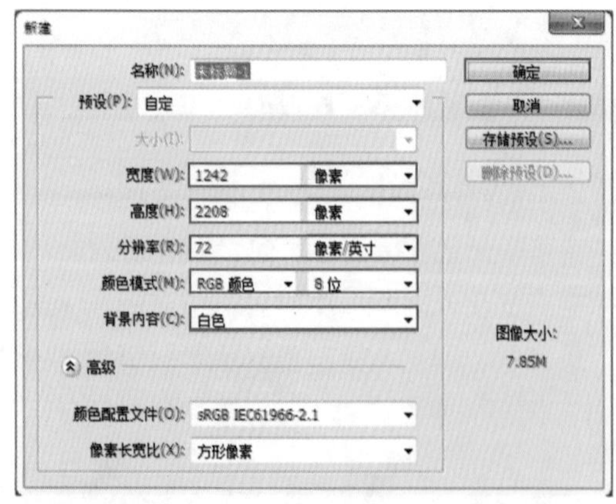

图 3-128

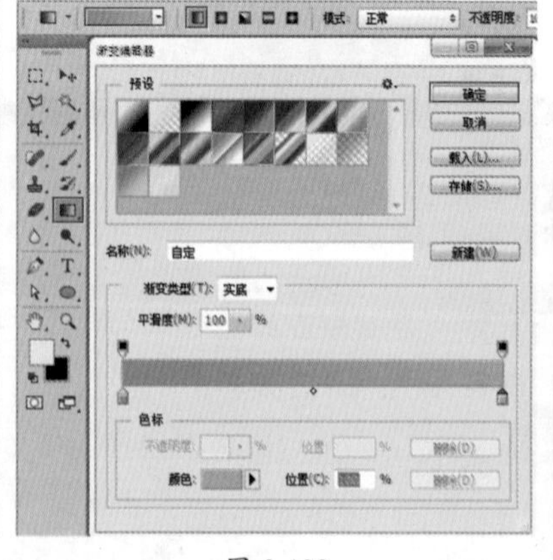

图 3-129

图 3-130

STEP 02 单击工具箱中的“多边形套索工具”按钮，在画面中多次单击绘制出三角形选区。新建图层，设置前景色为浅蓝色，使用 Alt+Delete 快捷键进行填充，使用 Ctrl+D 快捷键取消选区，如图 3-131 和图 3-132 所示。

STEP 03 新建图层，继续使用“多边形套索工具”绘制选区，并填充为黄色，如图 3-133 所示。用同样的方法绘制另外两个形状，如图 3-134 所示。

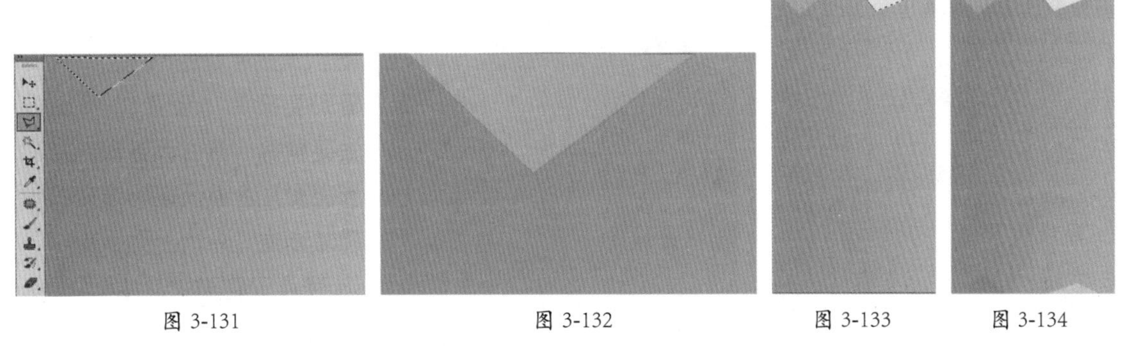

图 3-131　　图 3-132　　图 3-133　　图 3-134

STEP 04 单击工具箱中的“矩形选框工具”按钮，绘制一个非常细的纵向选区，如图 3-135 所示。接着执行“选择 > 变换选区”菜单命令，旋转选区并将其移动到左上角的三角形处，如图 3-136 所示。设置前景色为浅蓝色，新建图层，使用 Alt+Delete 快捷键进行填充，如图 3-137 所示。用同样的方法制作其他矩形形状，如图 3-138 所示。

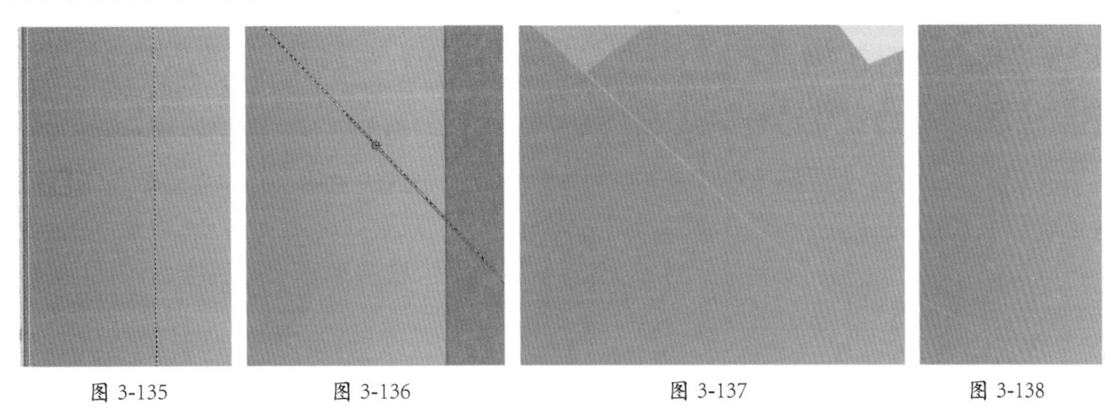

图 3-135　　图 3-136　　图 3-137　　图 3-138

STEP 05 执行“文件 > 置入”菜单命令，在弹出的对话框中选择素材“1.jpg”，单击“置入”按钮，如图 3-139 所示。将素材 1.jpg 等比例放大（将鼠标指针移至一角，按住 Shift 键拖曳鼠标），按 Enter 键完成操作，接着执行“图层 > 栅格化 > 智能对象”菜单命令，对素材进行栅格化，如图 3-140 所示。

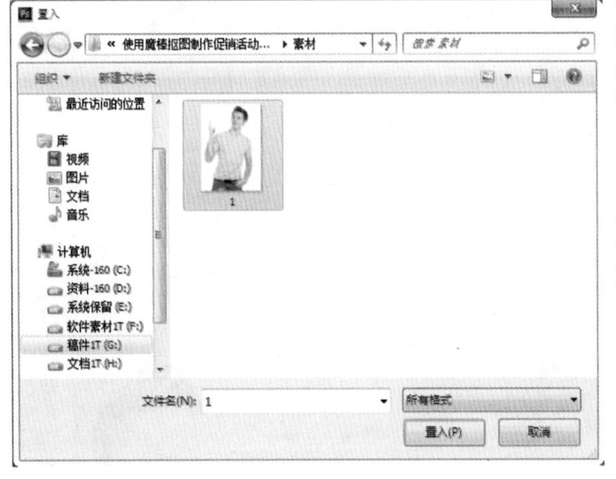

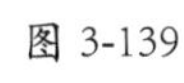

图 3-139　　图 3-140

STEP 06 单击工具箱中的“魔棒工具”按钮，在选项栏中设置“容差”为5，在画面中单击人物周围的空白区域设置选区，按住 Ctrl 键继续单击白色地方进行加选，如图 3-141 所示。选中人物图层，执行“图层 > 图层蒙版 > 隐藏选区”菜单命令，为图层创建图层蒙版，使白色背景部分隐藏，如图 3-142 所示。

图 3-141

图 3-142

STEP 07 继续对图层执行“图层 > 图层样式 > 外发光”菜单命令，在“图层样式”对话框中设置“混合模式”为滤色、“不透明度”为75%、“发光颜色”为白色、“大小”为57像素、“范围”为50%，单击“确定”按钮完成设置，如图 3-143 所示，效果如图 3-144 所示。

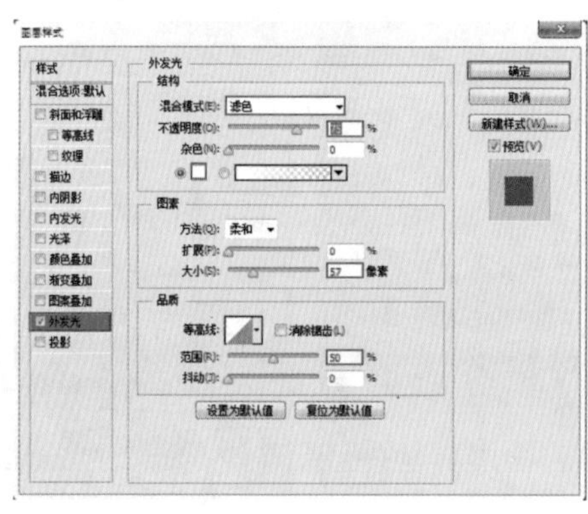

图 3-143

图 3-144

STEP 08 新建图层，单击工具箱中的“矩形选框工具”按钮，按住鼠标左键拖曳绘制矩形选区，并填充为白色，如图 3-145 所示。选择矩形图层，执行“图层 > 复制图层”菜单命令，在弹出的“复制图层”对话框中单击“确定”按钮完成复制，并将复制的矩形拖动到原矩形形状的上方，如图 3-146 所示。

图 3-145

图 3-146

STEP 09 单击工具箱中的“横排文字工具”按钮，在选项栏中设置“字体”“字号”“填充”，在画面中单击输入文字，如图 3-147 所示。用同样的方法输入其他文字，如图 3-148 所示。

图 3-147

图 3-148

3.4.5 快速选择工具

对颜色差异比较大，或者包含颜色比较复杂的图像进行抠图时，还可以选择“快速选择工具”得到颜色相近区域的选区，接着进行抠图操作。“快速选择工具”可以通过涂抹的形式迅速地自动搜寻绘制出与鼠标指针所在区域颜色接近的选区。

单击工具箱中的“快速选择工具”按钮，在画面中按住鼠标左键拖曳，如图 3-149 所示。拖动鼠标时，选取范围不但会向外扩张，而且还可以自动寻找并沿着图像的边缘描绘边界，如图 3-150 所示。

图 3-149

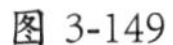

图 3-150

技巧提示　“快速选择工具”选项栏参数详解

◆ 单击“快速选择工具”按钮，在选项栏中可以进行如下参数设置：

◆ 选区运算按钮：激活“新选区”按钮，可以创建一个新的选区；激活“添加到选区”按钮，可以在原有选区的基础上添加新创建的选区；激活“从选区减去”按钮，可以在原有选区的基础上减去当前绘制的选区。

◆ “画笔”选择器：设置画笔的大小、硬度、间距、角度以及圆度。

◆ 对所有图层取样：勾选该选项，Photoshop 会根据所有的图层建立选取范围，而不仅是只针对当前图层。

◆ 自动增强：降低选取范围边界的粗糙度与区块感。

3.4.6 操作练习：使用“快速选择工具”抠图换背景

案例文件	使用“快速选择工具”抠图换背景.psd	难易指数	★★★★★
视频教学	使用“快速选择工具”抠图换背景.flv	技术要点	快速选择工具

案例效果（如图 3-151 所示）

图 3-151

思路剖析（如图 3-152~图 3-154 所示）

图 3-152

图 3-153

图 3-154

①打开背景素材，置入前景人物素材并栅格化。

②使用“快速选择工具”制作人物背景部分的选区，并删除。

③置入光效素材并设置混合模式，使光效融入画面中。

图 3-155

图 3-156

应用拓展

使用“快速选择工具”抠图的作品欣赏，如图 3-155 和图 3-156 所示。

操作步骤

STEP 01 执行“文件 > 打开”菜单命令，或按 Ctrl+O 快捷键，在弹出的“打开”对话框中单击选择素材“2.jpg”，单击“打开”按钮，如图 3-157 所示。效果如图 3-158 所示。

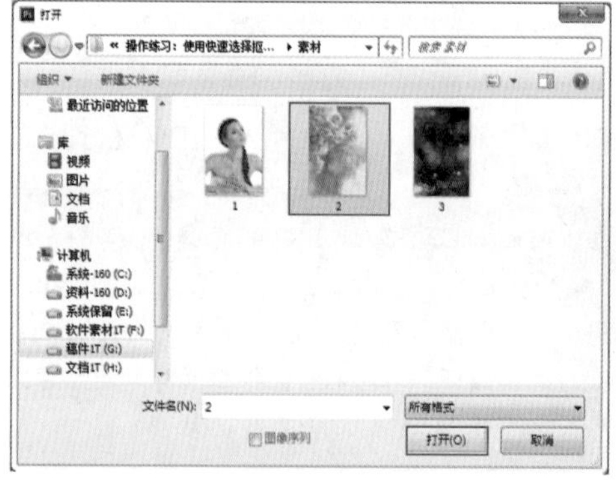

图 3-157

图 3-158

STEP 02 执行“文件 > 置入”菜单命令，在打开的“置入”对话框中单击选择素材“1.jpg”，单击“置入”按钮，如图 3-159 所示。按 Enter 键完成置入，执行“图层 > 栅格化 > 智能图层”菜单命令，如图 3-160 所示。

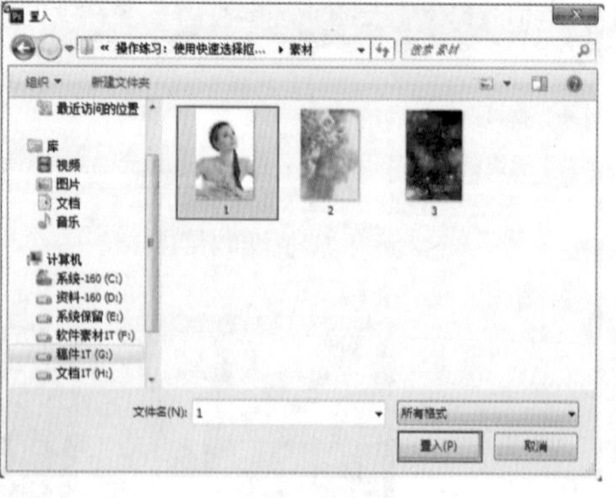

图 3-159

图 3-160

STEP 03 单击工具箱中的“快速选择工具”按钮，在选项栏中单击“添加到选区”按钮，在画面中单击白色背景并进行拖动，如图 3-161 所示。在人物腋下位置按住鼠标左键拖曳得到白色背景的选区，如图 3-162 所示。按 Delete 键删除选区中的像素，再使用 Ctrl+D 快捷键取消选区，如图 3-163 所示。

图 3-161

图 3-162

图 3-163

STEP 04 执行“文件 > 置入”菜单命令，置入素材“3.jpg”，按 Enter 键完成置入，执行“图层 > 栅格化 > 智能图层”菜单命令，效果如图 3-164 所示。在“图层”面板中设置“混合模式”为滤色，如图 3-165 所示。最终效果如图 3-166 所示。

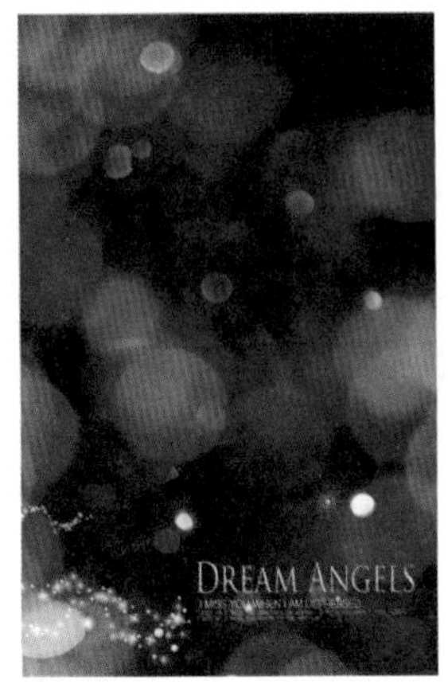

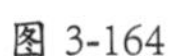

图 3-164

图 3-165

图 3-166

3.5 抠图与合成

“抠图”也常称为“去背”，就是将我们需要的对象从原来的图像中提取出来。抠图的思路无非是两种，一种是将不需要的删除，只保留我们需要的内容；另一种是把我们需要的内容从原来图像中单独提取出来。抠图的目的大多是为了合成，即将抠取出来的对象融入其他画面中。

3.5.1 选区内容的剪切、复制、粘贴、清除

有一些计算机基础的朋友都知道，在 Windows 系统中，Ctrl+C 快捷键的功能是“复制”，Ctrl+V 快捷键的功能是“粘贴”，Ctrl+X 快捷键的功能是“剪切”，这些操作在 Photoshop 中同样适用。

STEP 01 首先选择一个普通图层（非文字图层、智能对象、背景图层等特殊图层），创建一个选区，如图 3-167 所示。执行“编辑 > 剪切”菜单命令或按 Ctrl+X 快捷键，将选区中的内容剪切到剪贴板上，此时图像选区内的像素内容被剪切掉，呈现透明效果，如图 3-168 所示。

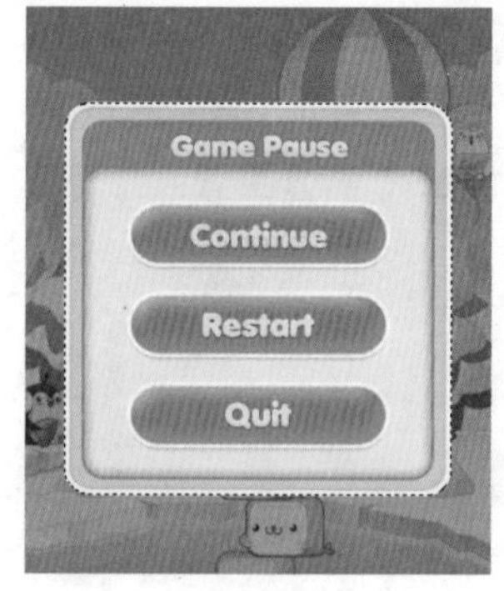

图 3-167

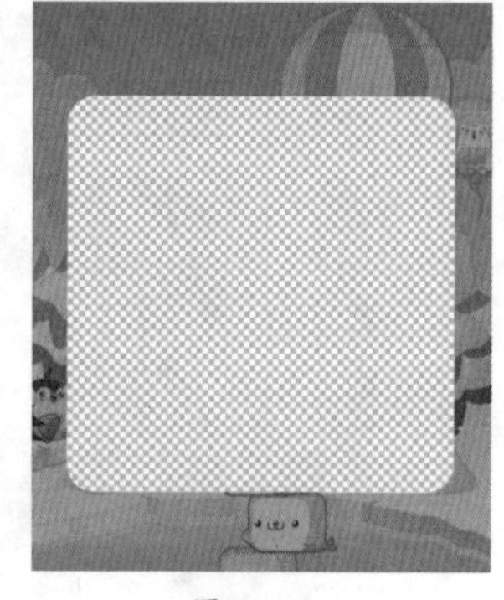

图 3-168

STEP 02 执行“编辑 > 粘贴”菜单命令或按 Ctrl+V 快捷键，可以将剪切的图像粘贴到画布中，粘贴的内容成为独立图层，如图 3-169 所示。

STEP 03 如果对选区中的内容执行“编辑 > 拷贝”菜单命令，可以将选区中的图像复制到剪贴板中。接下来执行“编辑 > 粘贴”菜单命令，可以将刚刚复制的内容粘贴为独立图层，如图 3-170 所示。

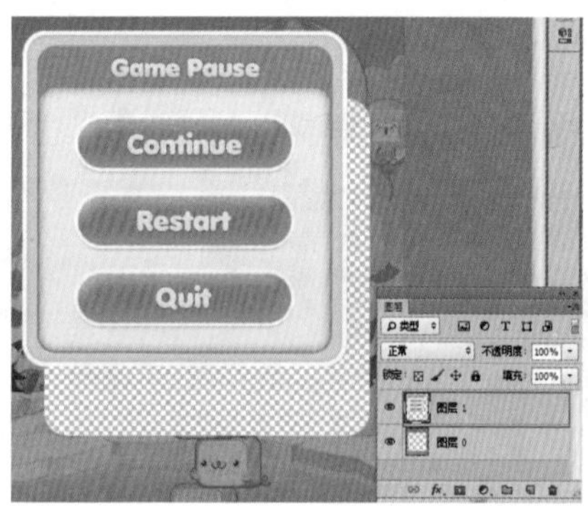

图 3-169

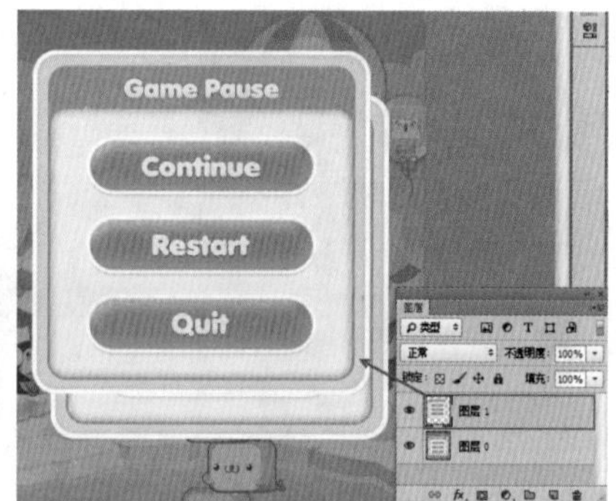

图 3-170

技巧提示　“合并拷贝”功能

在 Photoshop 中还有一个“合并拷贝”功能，“合并拷贝”的原理相当于复制所选的全部图层，然后将这些图层合并为一个独立图层。当画面中包含选区时，执行“编辑 > 合并拷贝”菜单命令或按 Ctrl+Shift+C 快捷键，可以将所有可见图层拷贝并合并到剪切板中，然后按 Ctrl+V 快捷键可以将合并拷贝的图像粘贴到当前文档或其他文档中。

STEP 04 执行“编辑 > 清除”菜单命令或者按 Delete 键，可以清除选区中的图像，如果被选中的图层为普通图层，那么清除的部分会显示为透明，如图 3-171 和图 3-172 所示。

图 3-171

图 3-172

技巧提示　选择背景图层并删除选区中的像素时发生的情况

当选中的图层为背景图层时，被清除的区域将填充背景色。

3.5.2　使用“图层蒙版“合成图像

在前面介绍的抠图操作中，通常是以删除像素的方法进行抠图，这是一种破坏性的抠图方式。那么有没有一种方式，既能够显示抠图效果，又能够保证原图不被破坏呢？这时，我们就可以选择以“图层蒙版”进行抠图、合成的操作。“图层蒙版”是一种利用黑白色控制图层显示和隐藏的工具，在“图层蒙版”中黑色区域表示透明，白色区域表示不透明，灰色区域则表示半透明。

STEP 01 首先我们可以准备两个图层，如图 3-173 和图 3-174 所示。

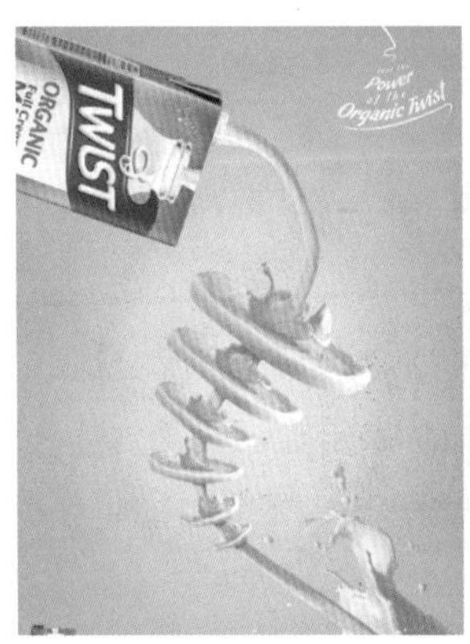

图 3-173

图 3-174

STEP 02 选择上方的图层，单击“图层”面板底部的“添加图层蒙版”按钮，即可为该图层添加图层蒙版。此时的蒙版为白色，画面中没有任何变化，如图 3-175 所示。接着单击工具箱中的“画笔工具”，将前景色设置为黑色，在画面中按住鼠标左键拖曳进行涂抹。可以看见光标经过的位置显示背景图层中的像素，如图 3-176 所示。

图 3-175

图 3-176

技巧提示　蒙版的使用技巧

要使用图层蒙版，首先要选对图层，其次要选择蒙版。在默认情况下，添加图层蒙版后就是选中的状态。如果要重新选择图层蒙版，可以单击图层蒙版缩览图。

技巧提示 基于选区添加图层蒙版

如果当前图像中存在选区。选中某图层，单击“图层”面板下的“添加图层蒙版”按钮，可以基于当前选区为任何图层添加图层蒙版，选区以外的图像将被蒙版隐藏。

STEP 03 如果在涂抹的过程中多擦除了一些像素，可以将前景色设置为白色，然后在多擦除的位置涂抹，此处的像素就会被还原，如图 3-177 所示。调整完成后，可以看到图层要隐藏的部分在图层蒙版中涂成黑色，显示的部分为白色。这样原图的内容在不会被破坏的情况下就可以进行抠图合成的操作了，如图 3-178 所示。

图 3-177

图 3-178

技巧提示 图层蒙版的基本操作

◆ 停用与删除图层蒙版：创建图层蒙版后，可以控制图层蒙版的显示与停用来观察图像的对比效果。停用后的图层蒙版仍然存在，只是暂时失去图层蒙版的作用。要停用图层蒙版，可以在图层蒙版缩略图上右击，然后在弹出的快捷菜单中执行“停用图层蒙版”菜单命令。如果要重新启用图层蒙版，可以在图层蒙版缩略图上右击，然后在弹出的快捷菜单中执行“启用图层蒙版”菜单命令。

◆ 删除图层蒙版：在图层蒙版缩略图上右击，然后在弹出的快捷菜单中执行“删除图层蒙版”菜单命令。

◆ 移动图层蒙版：在要转移的图层蒙版缩略图上按住鼠标左键将蒙版拖曳到其他图层上，即可将该图层的蒙版转移到其他图层上。

◆ 应用图层蒙版：应用图层蒙版是指将图层蒙版效果应用到当前图层中，也就是说，图层蒙版中黑色区域将会被删除，白色区域将会被保留，并且删除图层蒙版。在图层蒙版缩略图上右击，在弹出的快捷菜单中执行“应用图层蒙版”菜单命令，即可应用图层蒙版。

3.5.3 操作练习：使用“图层蒙版”制作游戏界面

案例文件	使用“图层蒙版”制作游戏界面 .psd	难易指数	★★★★★
视频教学	使用“图层蒙版”制作游戏界面 .flv	技术要点	图层蒙版

案例效果（如图 3-179 所示）

思路剖析（如图 3-180~图 3-182 所示）

图 3-179

图 3-180

图 3-181

图 3-182

①使用“渐变工具”填充背景色，置入素材并使用“图层蒙版”将多余的部分去除。

②应用“钢笔工具”绘制界面中的按钮。

③使用“横排文字工具”为界面添加文字。

应用拓展

游戏界面设计方案展示效果欣赏，如图 3-183~ 图 3-185 所示。

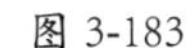

图 3-183

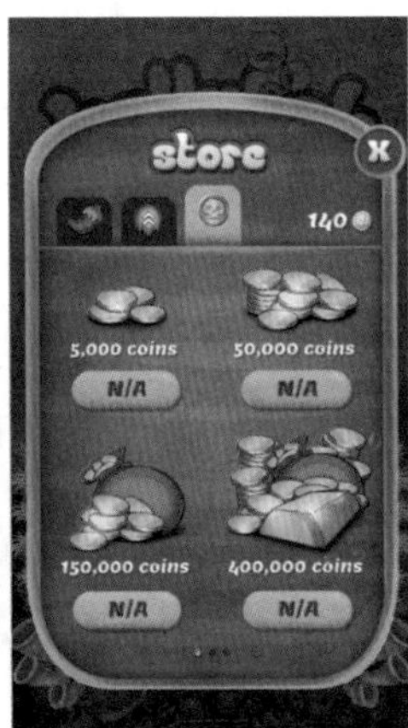

图 3-184

图 3-185

操作步骤

STEP 01 执行“文件 > 新建”菜单命令，在“新建”对话框中，设置文件“宽度”为 1242 像素、“高度”为 2208 像素、“分辨率”为 72 像素 / 英寸、“颜色模式”为“RGB 颜色”、“背景内容”为“白色”，如图 3-186 所示。单击工具箱中的“渐变工具”，在选项栏中设置“可编辑渐变”为米黄色系渐变、“渐变方式”为“线性渐变”、“混合模式”为“正常”，在画面中按住鼠标左键横向拖动鼠标绘制渐变，如图 3-187 所示。

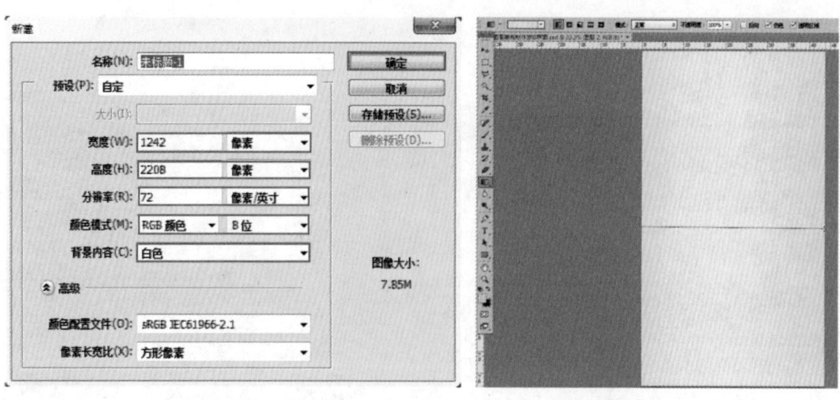

图 3-186　　图 3-187

STEP 02 执行“文件 > 置入”菜单命令，在打开的“置入”对话框中单击选择素材，单击“置入”按钮，如图 3-188 所示。将素材放置在适当的位置，按 Enter 键完成置入，如图 3-189 所示。

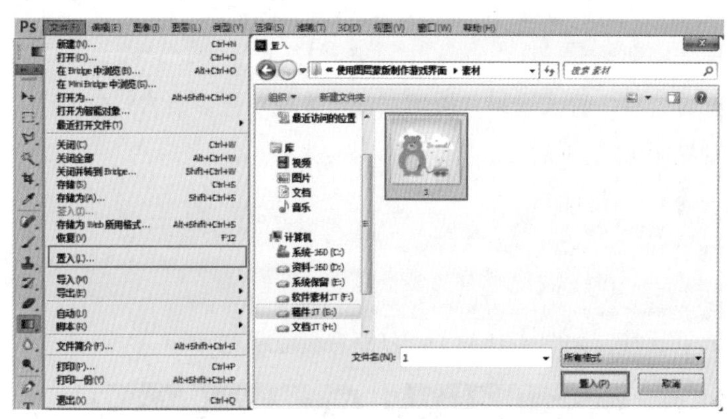

图 3-188　　图 3-189

STEP 03 在“图层”面板中选中素材图层 1，单击“添加图层蒙版”按钮，为图层添加“图层蒙版”，如图 3-190 所示。选中“图层蒙版”，在工具箱中单击“画笔工具”按钮，设置前景色为黑色，单击选项栏中的“画笔预设”，在下拉面板中设置“大小”为 290 像素、“硬度”为 0、“不透明度”为 60%，在画面中右击或按住鼠标左键并拖动涂抹需要隐藏的地方，如图 3-191 所示，效果如图 3-192 所示。

图 3-190　　图 3-191　　图 3-192

STEP 04 单击工具箱中的“钢笔工具”按钮，在选项栏中设置“绘制模式”为“形状”、“填充”为棕色，在适当位置按住鼠标左键并拖曳绘制形状，如图 3-193 所示。在“图层”面板中选中“形状 1”图层，将其拖曳到“创建新图层”按钮上进行复制，使用“自由变换”Ctrl+T 快捷键调出定界框，进行缩放并拖动到适当位置，按 Enter 键完成变换，并在选项栏中设置“填充”为红色，如图 3-194 所示。用同样的方法依次制作其他形状，如图 3-195 所示。

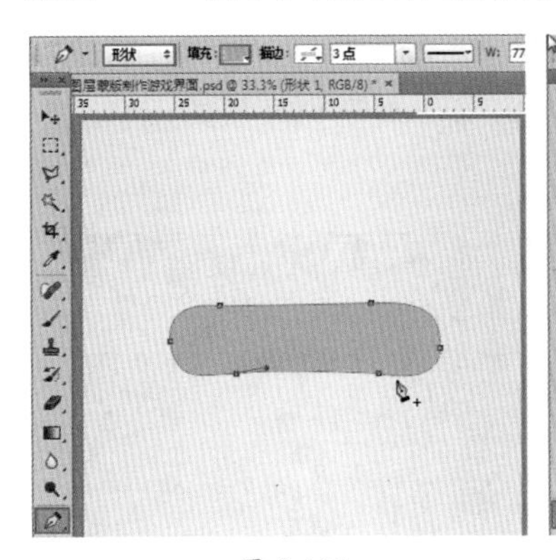

图 3-193

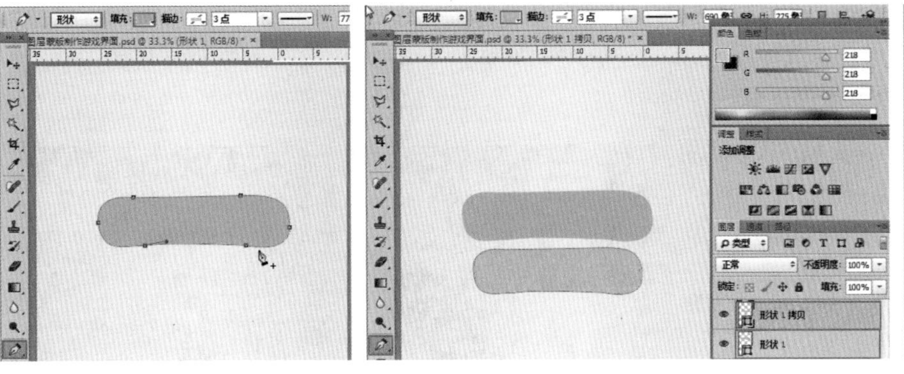

图 3-194

图 3-195

STEP 05 在“图层”面板中选中“素材 1”图层，然后将其拖曳到“创建新图层”按钮上进行复制，按 Ctrl+T 快捷键调出定界框，进行缩放并拖动到适当位置，按 Enter 键完成变换，如图 3-196 所示。在“图层”面板中选中“素材 1 拷贝”，单击“添加图层蒙版”按钮，选中图层蒙版框，在工具箱中单击“画笔工具”，设置前景色为黑色，单击选项栏中的“画笔预设”，在下拉面板中设置“大小”为 100 像素、“硬度”为 0、“不透明度”为 60%，在画面中单击或按住鼠标左键并拖动涂抹需要隐藏的地方，如图 3-197 所示。

图 3-196

图 3-197

STEP 06 单击“横排文字工具”按钮，设置适合的“字体”“字号”，设置“填充颜色”为白色，在画面中单击输入文字，如图 3-198 所示。用同样的方法继续在画面中输入文字，如图 3-199 所示。

图 3-198

图 3-199

3.5.4 剪贴蒙版

“剪贴蒙版”是一种使用底层图层形状限制顶层图层显示内容的蒙版。剪贴蒙版至少有两个图层，位于底部用于控制显示范围的“基底图层”（基底图层只能有一个），位于上方用于控制显示内容的“内容图层”（内容图层可以有多个）。如果对基底图层进行移动、变换等操作，那么上面的图形也会受到影响。对内容图层的操作不会影响基底图层，但是对其进行移动、变换等操作时，其显示范围也会随之而改变，如图 3-200 所示。如图 3-201 所示为剪贴蒙版的示意图。如图 3-202 所示为剪贴蒙版效果。

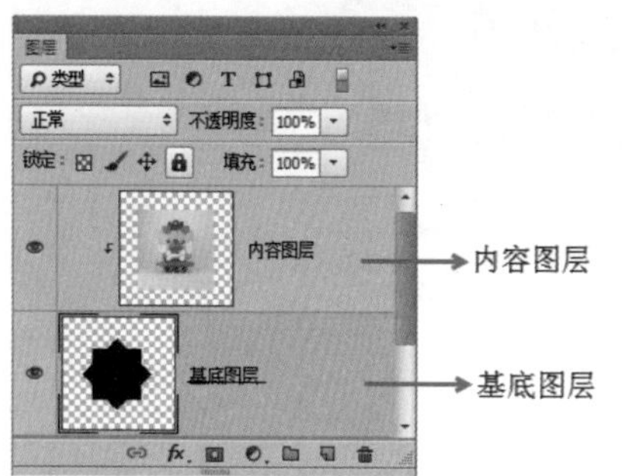

图 3-200

图 3-201

图 3-202

STEP 01 首先新建图层绘制一个形状作为基底图层，如图 3-203 所示。接着置入一个图片素材移动至图形上方，作为内容图层，如图 3-204 所示。

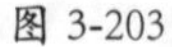

图 3-203

图 3-204

STEP 02 单击选择“内容图层”，然后右击执行“创建剪贴蒙版”菜单命令，如图 3-205 所示。画面效果和图层蒙版状态如图 3-206 所示。如果要想使内容图层不再受下面基底图层的限制，可以选择剪贴蒙版组中的图层，然后右击执行“释放剪贴蒙版”菜单命令。

图 3-205

图 3-206

3.5.5 操作练习：使用“剪贴蒙版”制作简约登录界面

案例文件	使用“剪贴蒙版”制作简约登录界面 .psd	难易指数	★★★★★
视频教学	使用“剪贴蒙版”制作简约登录界面 .flv	技术要点	剪贴蒙版、圆角矩形工具

案例效果（如图 3-207 所示）

思路剖析（如图 3-208~ 图 3-210 所示）

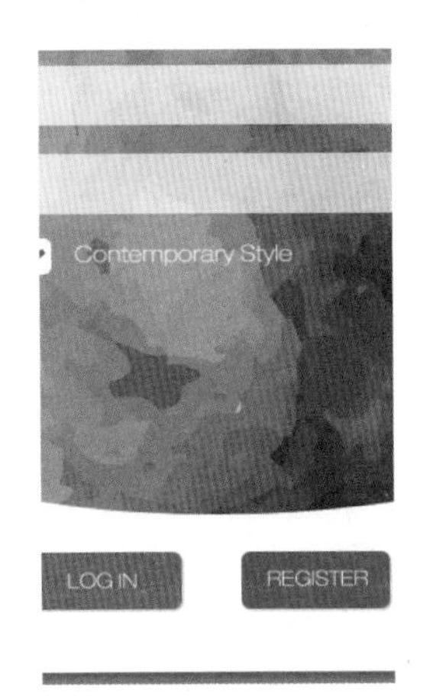

图 3-207

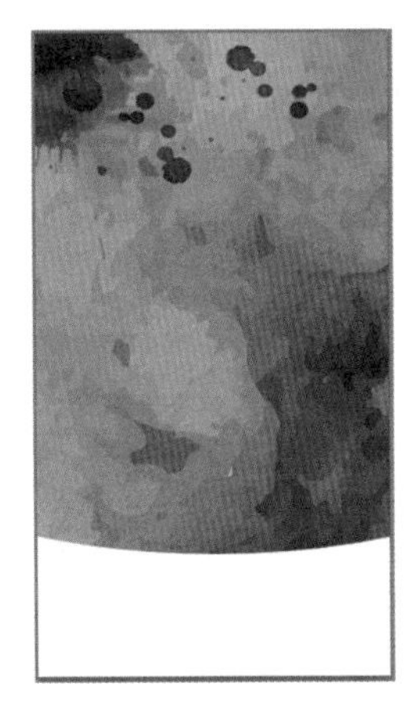

图 3-208

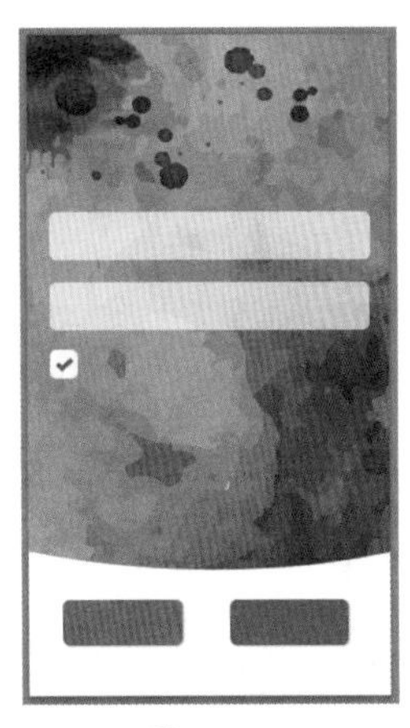

图 3-209

图 3-210

①绘制一个椭圆形作为基底图层，置入花纹素材作为内容图层，应用“剪贴蒙版”隐藏多余部分。

②使用“矩形工具”和“钢笔工具”制作形状窗口。

③使用“横排文字工具”为界面添加文字。

应用拓展

优秀的简约登录界面设计作品欣赏，如图 3-211~ 图 3-123 所示。

图 3-211

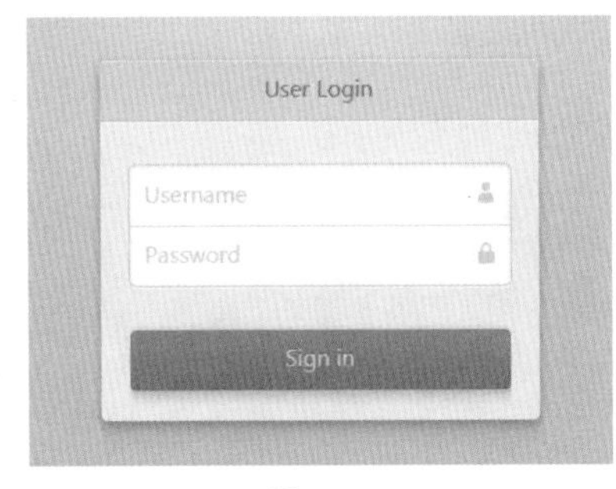

图 3-212

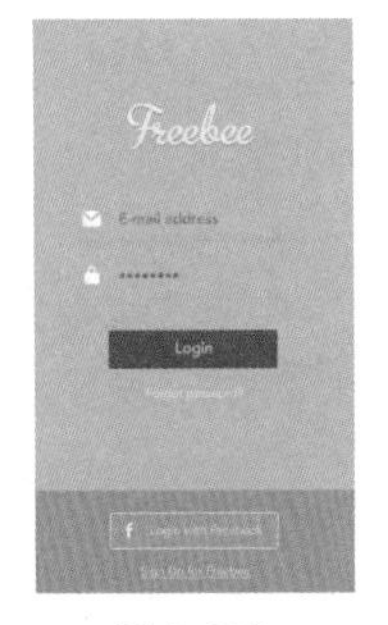

图 3-213

操作步骤

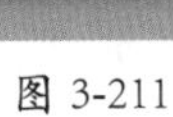 执行“文件 > 新建”菜单命令，在“新建”对话框中，设置文件“宽度”为 1242 像素、“高度”为 2208 像素、“分辨率”为 72 像素 / 英寸、“颜色模式”为“RGB 颜色”、“背景内容”为“白色”，如图 3-214 所示。单击工具箱中的“椭圆工具”按钮，在选项栏中设置“绘制模式”为“形状”、“填充”为粉色，在相应位置按住鼠标左键拖曳绘制圆形，如图 3-215 所示。

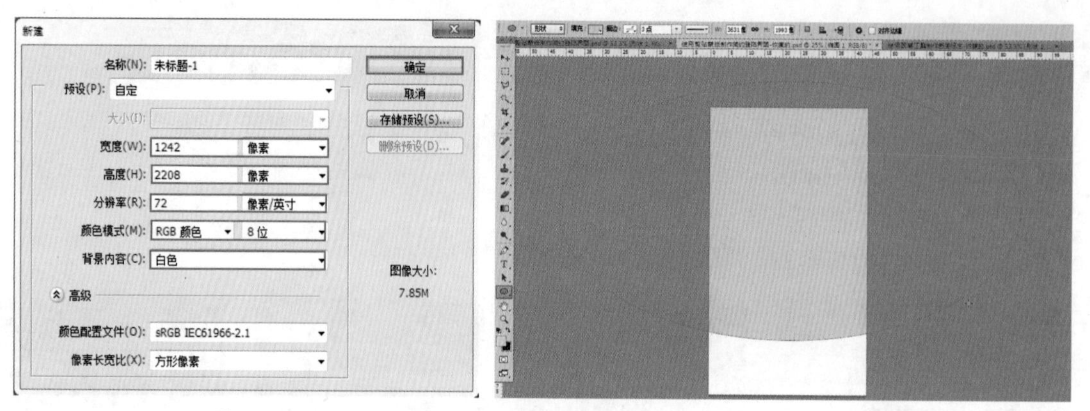

图 3-214　　图 3-215

STEP 02 执行“文件 > 置入”菜单命令，在打开的“置入”对话框中单击选择素材，单击“置入”按钮，如图 3-216 所示。将素材放置在适当的位置，按 Enter 键完成置入，如图 3-217 所示。

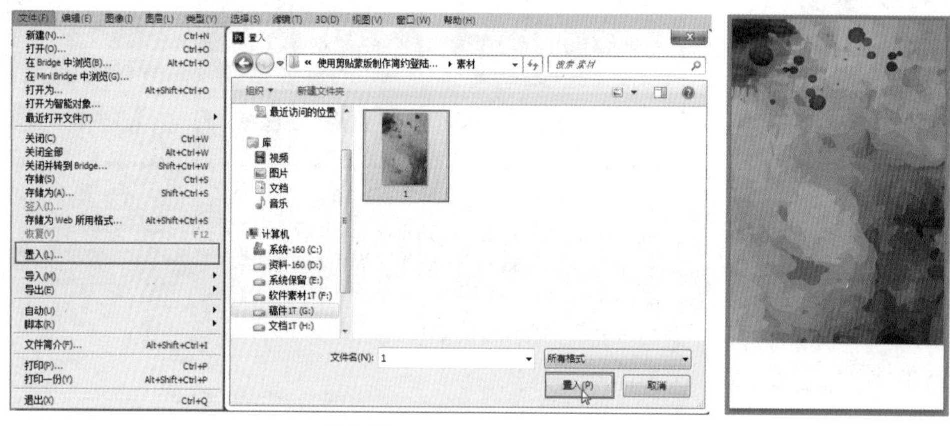

图 3-216　　图 3-217

STEP 03 在“图层”面板中选中素材图层，执行“图层 > 创建剪贴蒙版”菜单命令，此时花纹图层只显示出椭圆形内部的部分，效果如图 3-218 所示。单击工具箱中的“圆角矩形工具”按钮，在选项栏中设置“绘制模式”为“形状”、“填充”为白色、“半径”为 40 像素，在画面中按住鼠标左键拖曳绘制圆角矩形，如图 3-219 所示。

图 3-218　　图 3-219

STEP 04 在“图层”面板中选中圆角矩形图层，将“不透明度”设置为 80%，如图 3-220 所示。继续在“图层”面板中选中圆角矩形图层，然后将其拖曳到“创建新图层”按钮上进行复制，并移动到适当的位置，如图 3-221 所示。

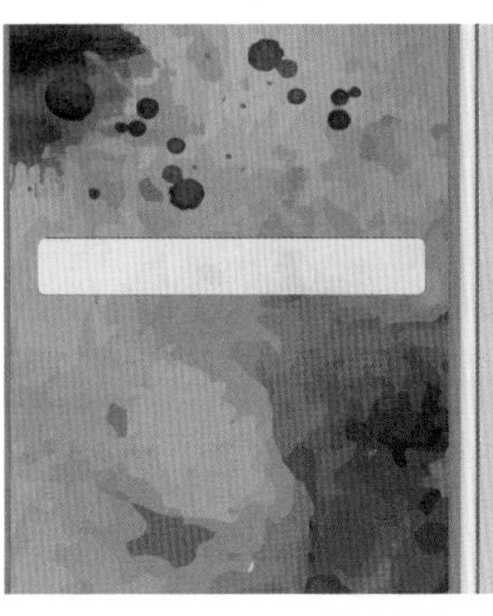
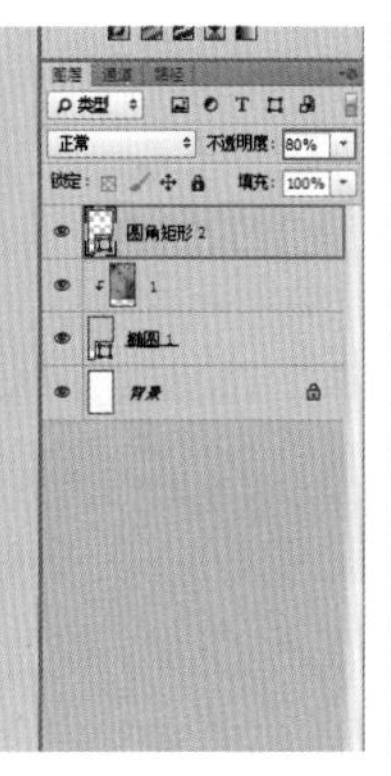

图 3-220

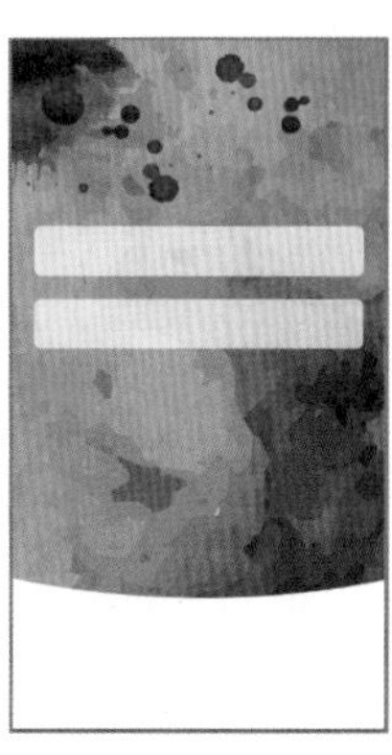

图 3-221

STEP 05 单击工具箱中的“圆角矩形工具”按钮，在选项栏中设置“绘制模式”为“形状”、“填充”为白色、“半径”为 40 像素，在画面中按住 Shift 键拖曳鼠标绘制圆角矩形，如图 3-222 所示。单击工具箱中的“钢笔工具”按钮，在选项栏中设置“绘制模式”为“形状”、“填充”为紫色，接着绘制一个紫色的对号，如图 3-223 所示。

图 3-222

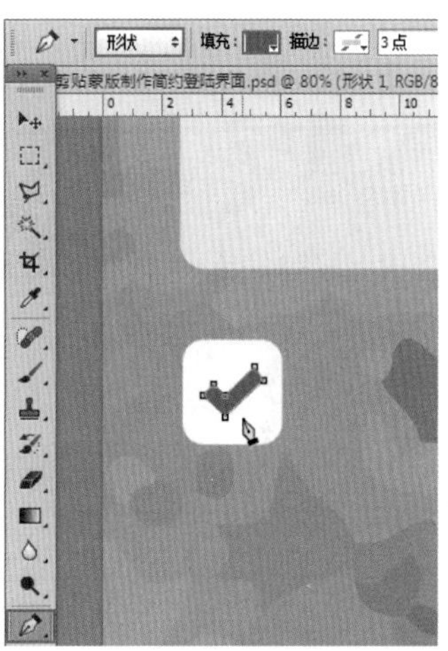

图 3-223

STEP 06 再次绘制一个圆角矩形并设置“填充”为粉色、“半径”为 40 像素，如图 3-224 所示。选择该图层，执行“图层 > 图层样式 > 投影”菜单命令，在“图层样式”对话框中设置“混合模式”为“正片叠底”、“阴影颜色”为黑色、“不透明度”为 20%、“角度”为 120 度、“距离”为 5 像素、“大小”为 1 像素，如图 3-225 所示。效果如图 3-226 所示。

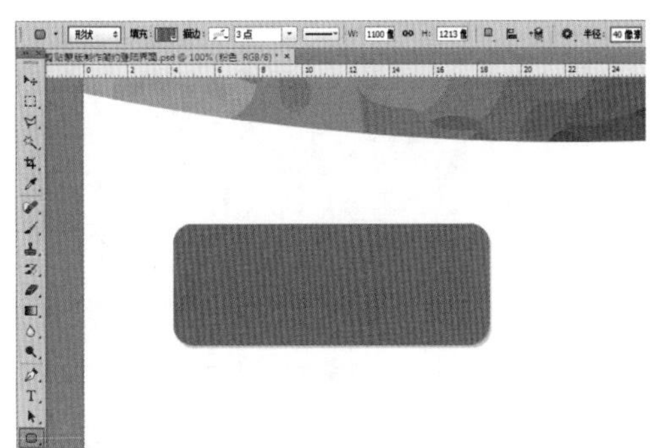

图 3-224

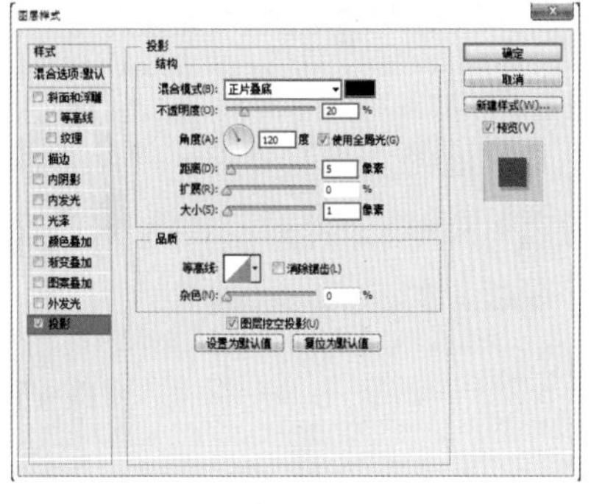

图 3-225

图 3-226

STEP 07 在“图层”面板中选择粉色圆角矩形图层，执行“图层 > 复制图层”菜单命令，在弹出的“复制图层”对话框中单击“确定”按钮完成复制，将复制的粉色圆角矩形拖动到画面右侧位置，如图 3-227 所示。单击复制的粉色形状，在选项栏中更改“填充”为紫色，如图 3-228 所示。

图 3-227　　图 3-228

STEP 08 单击“横排文字工具”按钮，设置适合的“字体”“字号”，设置“填充”为白色，在画面中单击输入文字，如图 3-229 所示。用同样的方法继续在画面中输入文字，如图 3-330 所示。

图 3-229

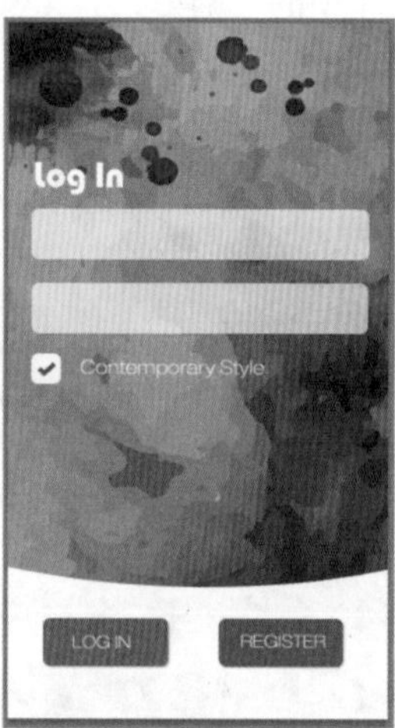

图 3-330

3.5.6 通道与抠图

前面介绍的几种选区创建方法都是借助颜色的差异创建选区，但是有一些特殊的对象往往很难用这种方法进行抠图，例如，毛发、玻璃、云朵、婚纱这类边缘复杂、带有透明质感的对象。这时就可以使用通道抠图法抠取这些对象。利用通道抠图法其实是利用通道的灰度图像可以与选区相互转换的特性，制作出精细的选区，从而实现抠图的目的。

STEP 01 打开一张需要进行通道抠图的图像，隐藏其他图层，执行“窗口 > 通道”菜单命令，打开“通道”面板，如图 3-331 和图 3-332 所示。

图 3-331

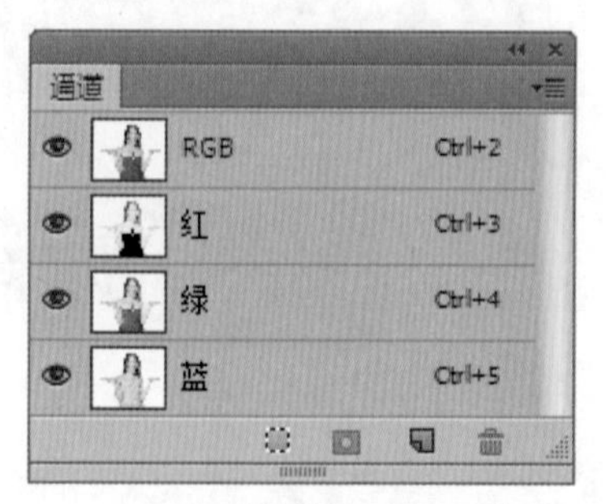

图 3-332

STEP 02 在“通道”面板中逐一观察并选择主体物与背景黑白对比最强烈的通道，将所选通道拖曳到“创建新通道”按钮[icon]上，如图 3-333 所示。将需要保留的像素调整为白色，将需要去除的像素调整为黑色（调整时可以使用调色命令，或者加深减淡工具，以及画笔工具等），如图 3-334 所示。

图 3-333

图 3-334

技巧提示　通道中的黑白关系

在通道中，白色为选区，黑色为非选区，灰色为半透明选区，这是一个很重要的知识点。在调整黑白关系的时候，我们可以使用“画笔工具”进行涂抹，也可以使用“曲线”“色阶”这些能够增强颜色对比效果的调色命令调整通道中的颜色，还可以使用“加深工具”“减淡工具”进行调整。

STEP 03 调整完毕后，单击“通道”面板底部的“将通道作为选区载入”按钮[icon]，随即可以得到白色位置的选区，如图 3-335 所示。选区效果如图 3-336 所示。基于选区为图层添加图层蒙版，选区以外的内容被隐藏，抠图完成，如图 3-337 所示。

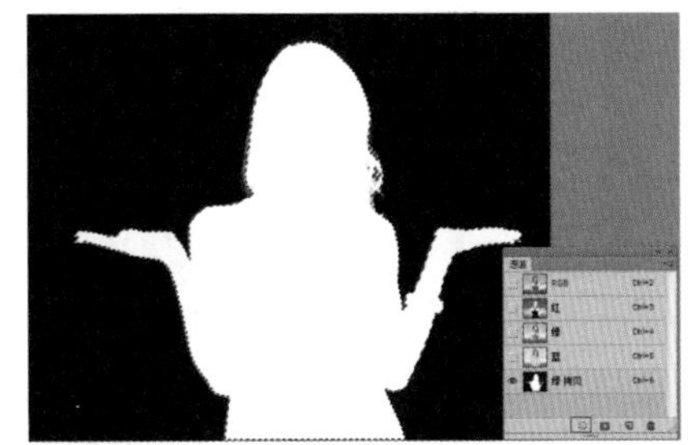

图 3-335

图 3-336

图 3-337

技巧提示　认识“通道”

执行“窗口 > 通道”菜单命令，打开“通道”面板。“通道”面板是通道的管理器，在“通道”面板中可以对通道进行创建、存储、编辑和管理等操作。在“通道”面板中列出了当前图像中的所有通道，位于最上面的是复合通道，通道名的左侧显示了通道的内容。“颜色通道”是构成画面的基本元素，每种通道代表一种颜色，而这种颜色的显示区域则由该通道的黑白关系控制。

除了“颜色通道”外，还存在“Alpha 通道”，“Alpha 通道”是用于存储和编辑选区的一种通道。在画面中绘制选区，单击“通道”面板底部的“将选区存储为通道”按钮[icon]，即可将选区作为 Alpha 通道保存在“通道”面板中。选择 Alpha 通道单击“将通道作为选区载入”按钮[icon]，可以载入所选通道图像的选区。单击“创建新通道”按钮[icon]，即可新建一个 Alpha 通道。

3.6 UI设计实战：使用多种选区工具制作折扣计算页面

案例文件	使用多种选区工具制作折扣计算页面.psd	难易指数	★★★★★
视频教学	使用多种选区工具制作折扣计算页面.flv	技术要点	多边形套索工具

案例效果（如图3-338所示）

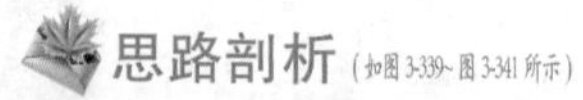

思路剖析（如图3-339~图3-341所示）

图 3-338

图 3-339

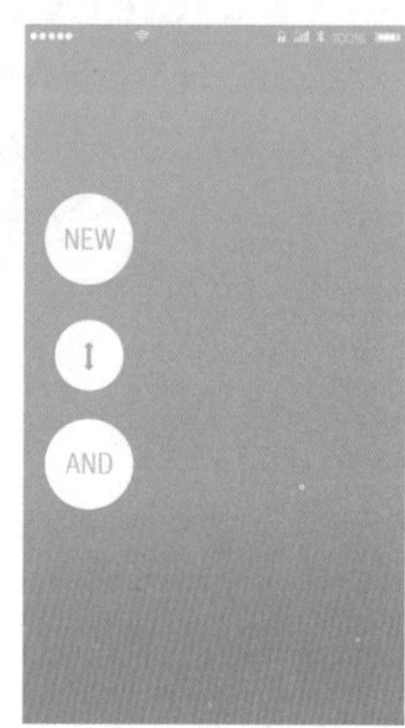

图 3-340

图 3-341

①使用“渐变工具”为背景填充渐变色。

②使用“椭圆选框工具”“矩形选框工具”绘制选区并填充颜色。

③使用“横排文字工具”添加文字。

应用拓展

带有数据的界面设计展示效果欣赏，如图3-342~图3-344所示。

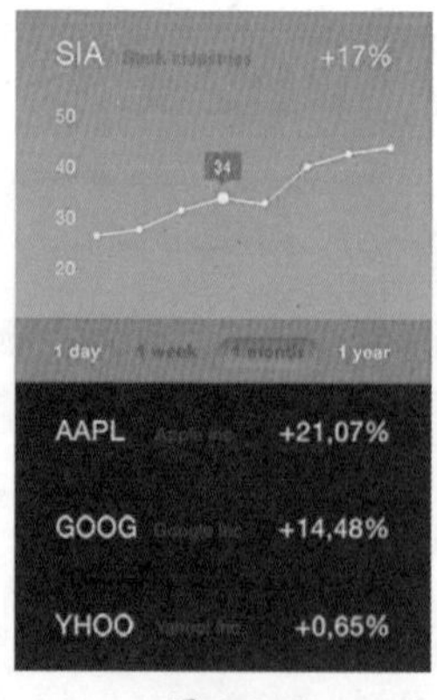

图 3-342

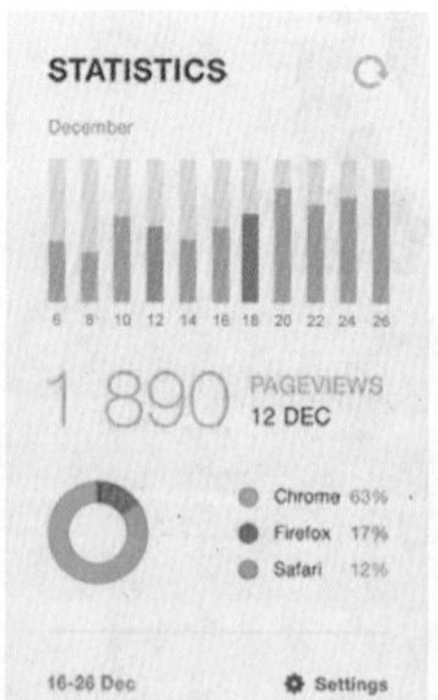

图 3-343

图 3-344

操作步骤

STEP 01 执行“文件 > 新建”菜单命令，在“新建”对话框中设置文件“宽度”为1242像素、“高度”为2208像素、“分辨率”为72像素/英寸、“颜色模式”为“RGB颜色”、“背景内容”为“白色”，如图3-345所示。单击工具箱中的“渐变工具”，在选项栏中单击“渐变色条”，在弹出的“渐变编辑器”中编辑一个绿色色系渐变，单击“确定”按钮完成编辑，设置“渐变类型”为“线性渐变”，如图3-346所示。在画面中按住鼠标左键拖曳填充渐变颜色，如图3-347所示。

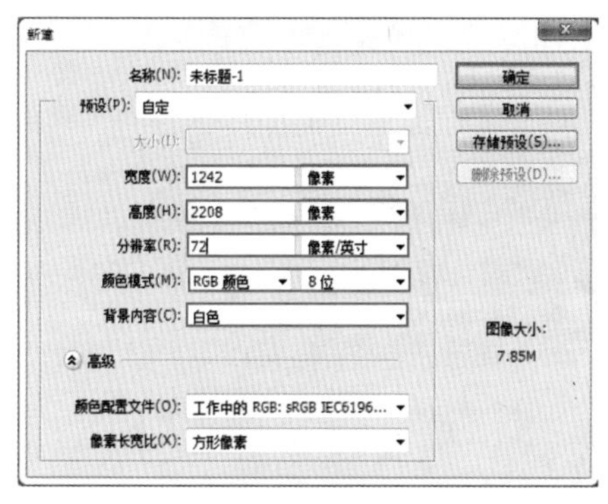

图 3-345

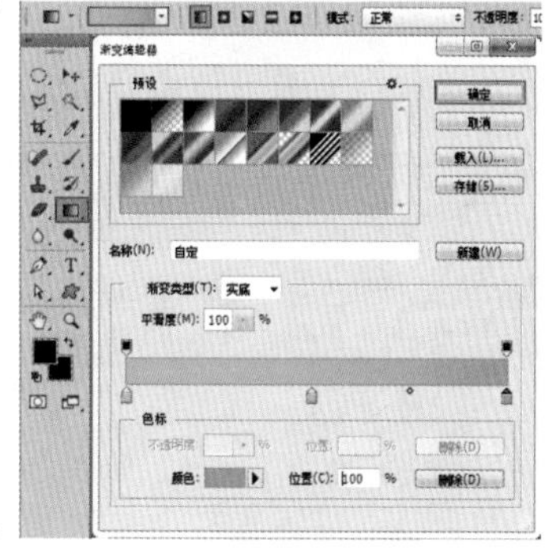

图 3-346

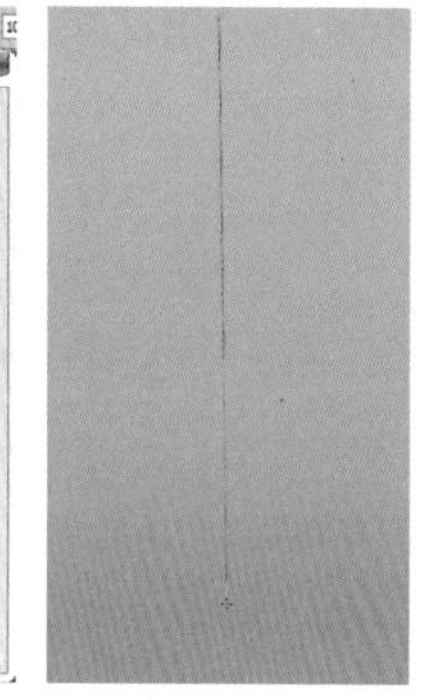

图 3-347

STEP 02 执行“文件 > 置入”菜单命令，在打开的“置入”对话框中单击选择素材“1.jpg”，单击“置入”按钮，如图 3-348 所示。将素材“1.jpg”移动到画面的顶端，然后按 Enter 键完成置入，如图 3-349 所示。

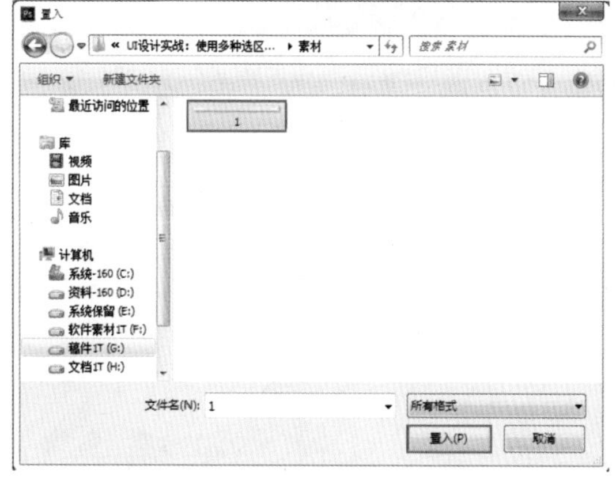

图 3-348

图 3-349

STEP 03 单击工具箱中的“椭圆选框工具”按钮，在画面中按住 Shift 键的同时拖曳鼠标绘制正圆选区，如图 3-350 所示。设置前景色为白色，新建图层，使用 Alt+Delete 快捷键将该图层填充为白色，如图 3-351 所示。

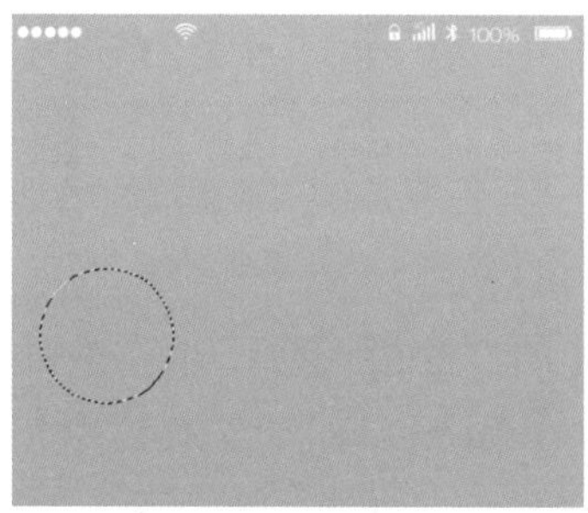

图 3-350

图 3-351

STEP 04 选中圆形图层，执行“图层 > 图层样式 > 投影”菜单命令，设置“混合模式”为“正常”、“阴影颜色”为绿色、“不透明度”为 10%、“角度”为 120 度、“距离”为 5 像素、“大小”为 4 像素，单击“确定”按钮完成设置，如图 3-352 所示。效果如图 3-353 所示。

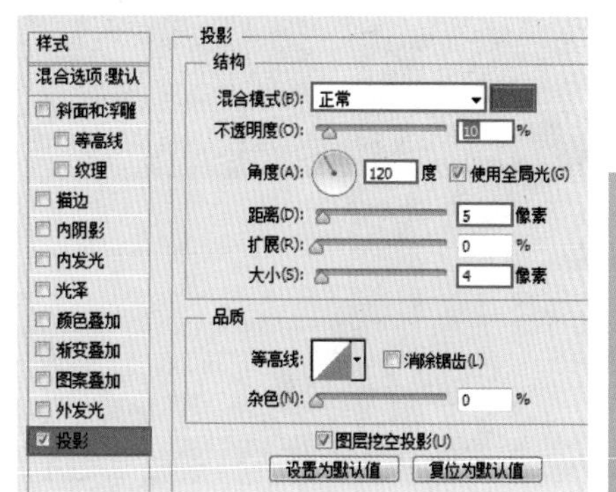

图 3-352

图 3-353

STEP 05 单击工具箱中的“横排文字工具”按钮，在选项栏中设置合适的“字体”“字号”，设置“文本颜色”为青绿色，接着在正圆上单击并输入文字，如图 3-354 所示。

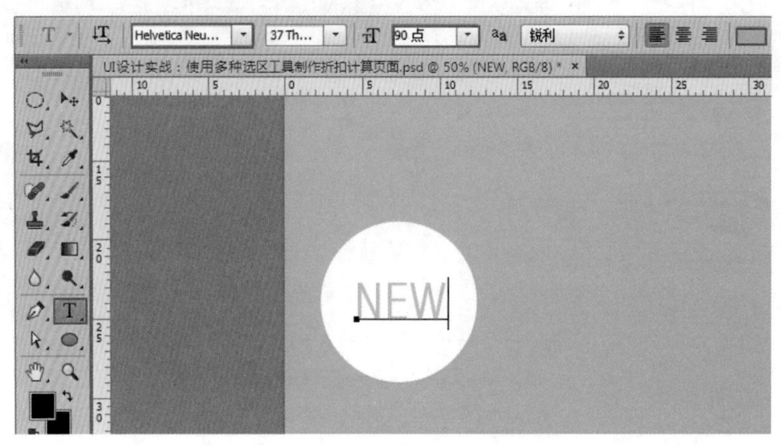

图 3-354

STEP 06 在“图层”面板中选择椭圆图层，使用 Ctrl+J 快捷键复制该图层，然后将复制的正圆向下移动。按 Ctrl+T 快捷键调出定界框，按住 Shift 键并拖曳控制点进行等比例缩小，如图 3-355 所示。调整完成后，按 Enter 键完成变换，如图 3-356 所示。

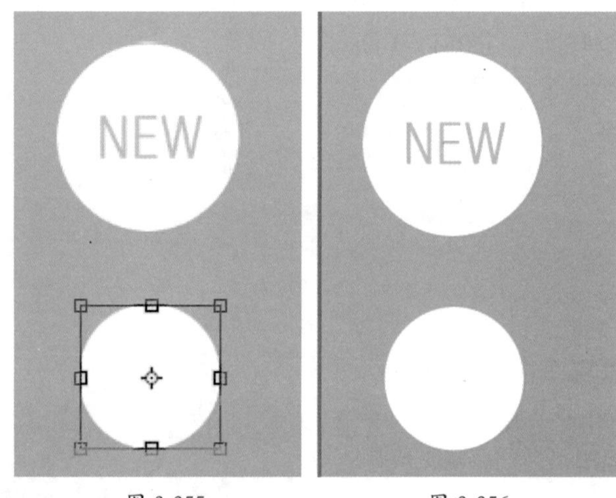

图 3-355　　图 3-356

STEP 07 新建图层，单击工具箱中的“多边形套索工具”按钮，在画面中的圆上绘制选区，如图 3-357 所示。设置前景色为青绿色，使用 Alt+Delete 快捷键为选区添加前景色，如图 3-358 所示。

STEP 08 用同样的方法制作另一个按钮，如图 3-359 所示。也可以复制顶部的圆形和文字并向下移动，然后使用“横排文字工具”更改其中的文字内容。

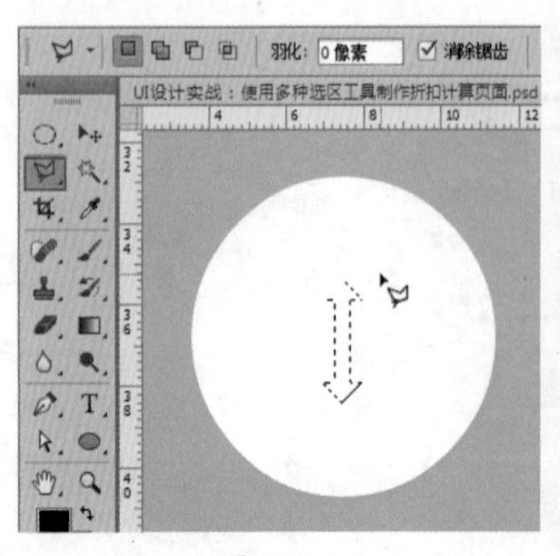

图 3-357

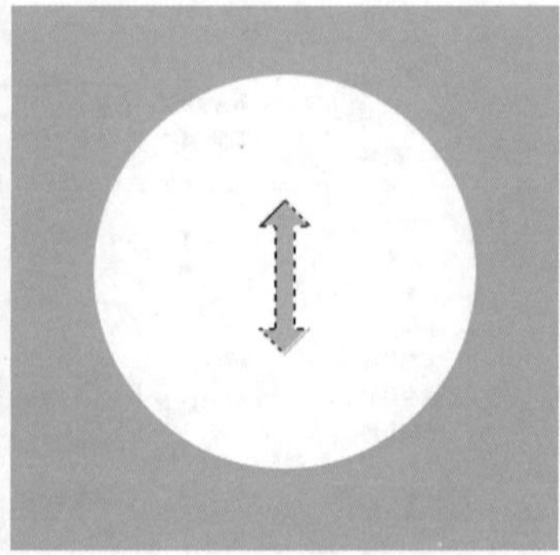

图 3-358

图 3-359

STEP 09 新建图层，在工具箱中单击“矩形选框工具”按钮，在选项栏中单击“添加到选区”按钮，在画面中绘制两个矩形选区，如图 3-360 所示。在工具箱中设置前景色为白色，使用 Alt+Delete 快捷键为选区填充前景色，如图 3-361 所示。

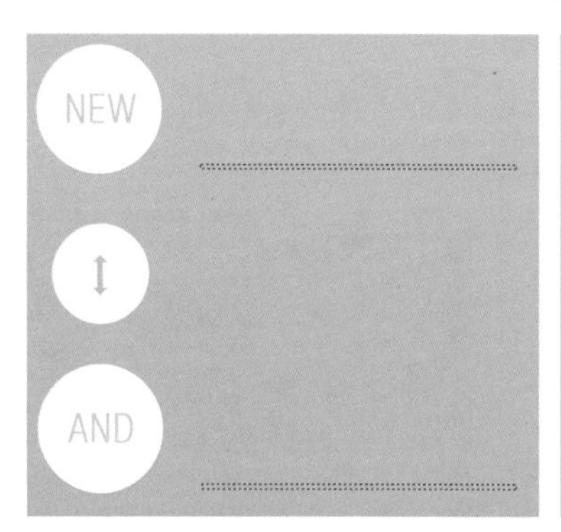

图 3-360

图 3-361

STEP 10 单击工具箱中的“横排文字工具”按钮，在选项栏中设置“字体”“字号”，设置“填充”为白色，在画面中单击输入文字，如图 3-362 所示。用同样的方法输入其他文字，如图 3-363 所示。

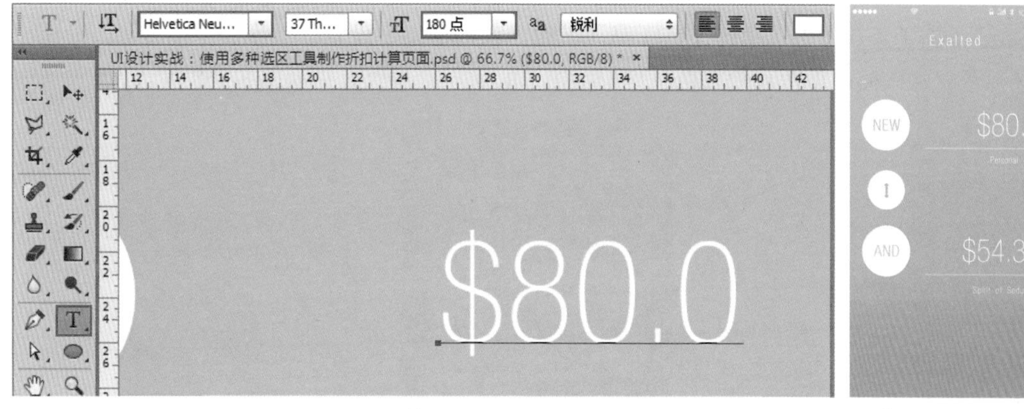

图 3-362　　图 3-363

STEP 11 新建图层，单击工具箱中的“矩形选框工具”按钮，在画面中按住鼠标左键拖曳绘制矩形选区，如图 3-364 所示。设置前景色为白色，使用 Alt+Delete 快捷键进行填充，填充完成后使用 Ctrl+D 快捷键取消选区，如图 3-365 所示。

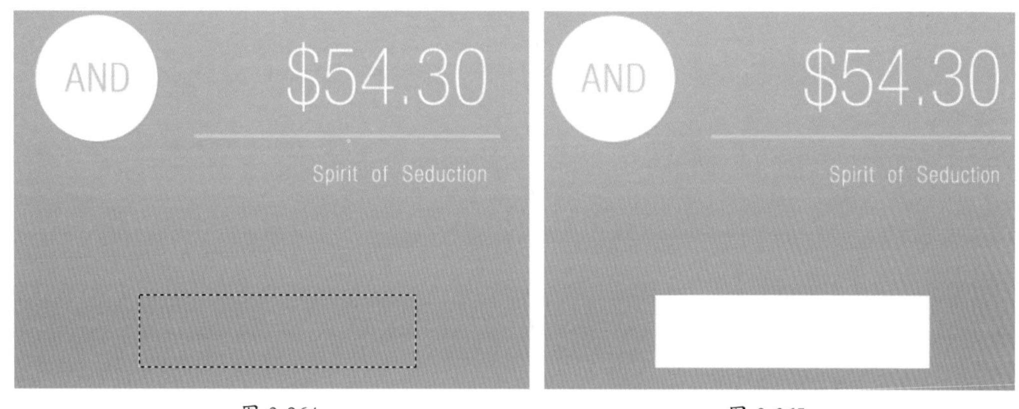

图 3-364　　图 3-365

STEP 12 选中矩形图层，执行“图层 > 图层样式 > 投影”菜单命令，设置“混合模式”为“正常”、“阴影颜色”为绿色、“不透明度”为 60%、“角度”为 120 度、“距离”为 5 像素、“大小”为 4 像素，单击“确定”按钮完成设置，如图 3-366 所示。效果如图 3-367 所示。

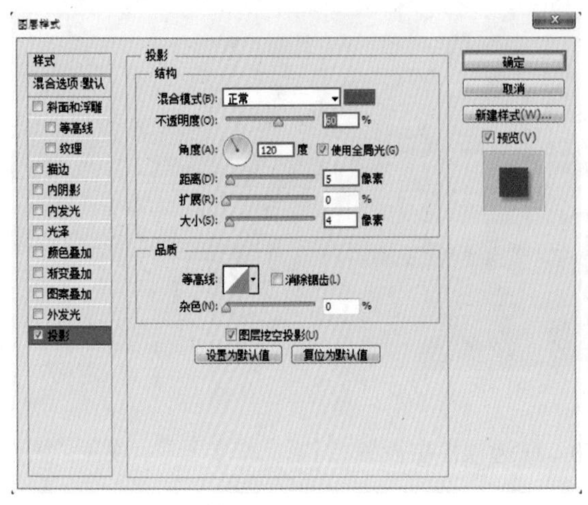

图 3-366

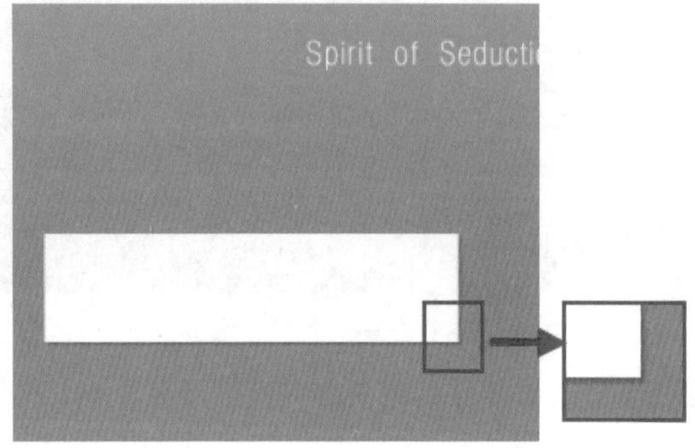

图 3-367

STEP 13 单击工具箱中的“横排文字工具”按钮，在选项栏中设置“字体”“字号”，设置“填充”为绿色，在画面中单击并输入白色矩形按钮上的文字，最终效果如图 3-368 所示。

图 3-368

第4章 CHAPTER FOUR 矢量制图

本章概述

在 Photoshop 中也可以创建和编辑矢量图形，例如，使用“钢笔工具”绘制的对象，使用各种形状工具绘制的几何形状，使用“文字工具”创建的文本信息，这些对象都是矢量对象，这些对象放大或缩小都不会影响图像质量。在 UI 设计中，矢量制图占有不可忽视的地位，矢量元素的运用不仅美观，更便于操作和管理。

本章要点

- 熟练掌握钢笔工具的使用方法
- 熟练掌握各种形状工具的使用方法
- 熟练掌握创建点文字、段落文字以及路径文字的方法
- 学会使用“字符”面板与“段落”面板更改文字属性

佳作欣赏

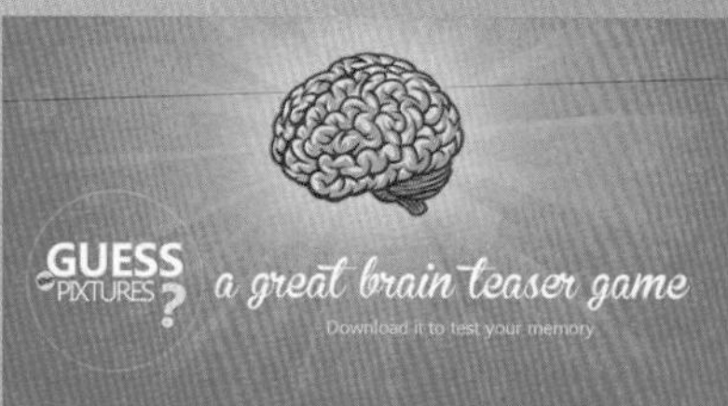

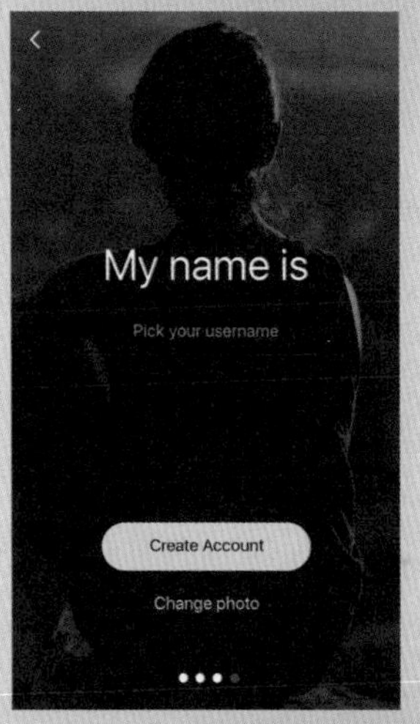

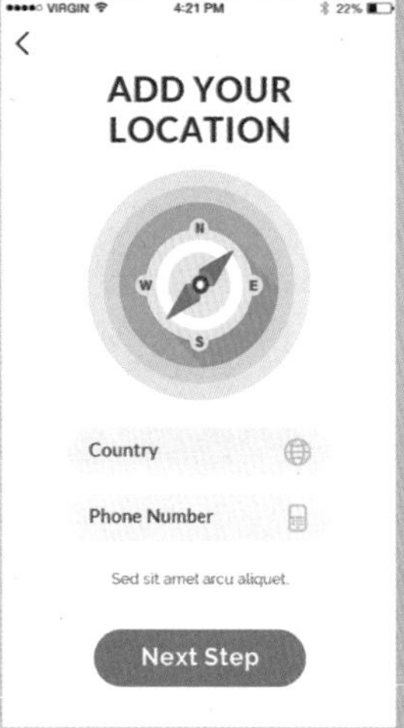

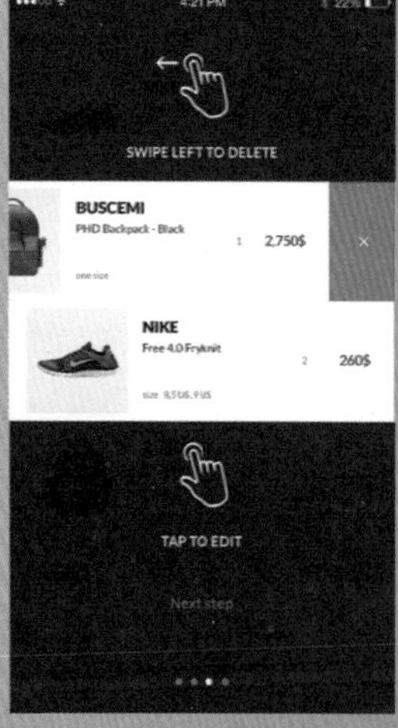

4.1 使用“钢笔工具”与“形状工具”绘图

在学习绘图工具之前，我们需要先了解一个概念——矢量图。矢量图是由线条和轮廓组成的，不会因为放大或缩小而使像素受损，从而影响清晰度。钢笔工具与形状工具都是矢量绘图工具，在 UI 设计制作过程中，应尽量使用矢量绘图工具进行绘制，这样可以保证对界面缩放时不会使其元素变模糊。

4.1.1 使用“钢笔工具”绘制路径

使用“钢笔工具”可以绘制“路径”对象和“形状”对象。可以将“路径”理解为一种可以随时进行形状调整的“轮廓”。通常绘制路径不仅用于形状的绘制，更多的是为了选区的创建与抠图操作。“路径”是由一些锚点连接而成的线段或者曲线。当调整“锚点”时，路径也会随之发生变化。“锚点”用于决定路径的起点、终点和转折点。在曲线路径上，每个选中的锚点上会显示一条或两条方向线，方向线以方向点结束，方向线和方向点的位置共同决定了曲线段的大小和形状，如图 4-1 所示。“形状”对象将在后面的小节进行讲解。

用“钢笔工具”可以绘制复杂的路径和形状对象，例如，绘制人物形态的路径，转换为选区并进行抠图，或者在版面中绘制复杂的矢量形状对象等。

STEP 01 单击工具箱中的“钢笔工具”按钮，单击选项栏中的“选择工具模式”按钮，在下拉列表中选择“路径”，如图 4-2 所示。选择该模式后，使用“钢笔工具”就会以路径绘制模式进行绘制。

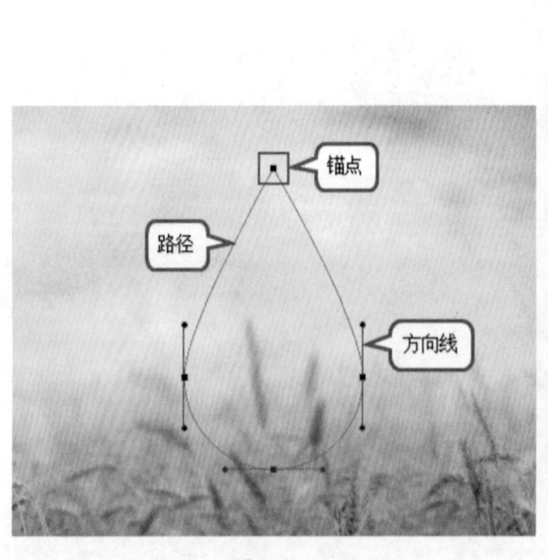

图 4-1

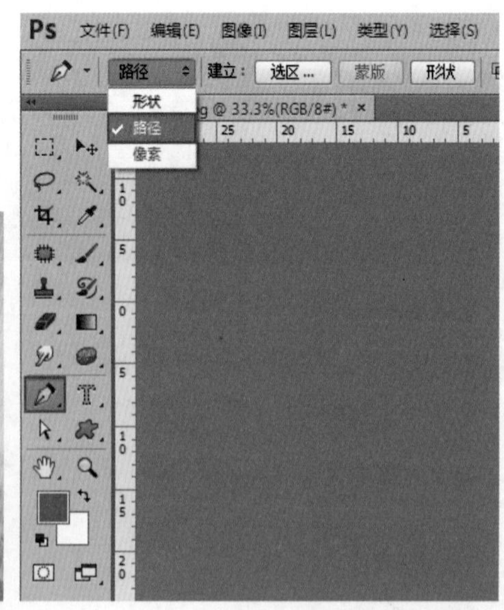

图 4-2

STEP 02 在画面中单击，创建起始锚点，如图 4-3 所示。在下一个位置单击，两个锚点之间是一段直线路径，如图 4-4 所示。继续以单击的方式进行绘制，可以绘制出折线，如图 4-5 所示。

图 4-3

图 4-4

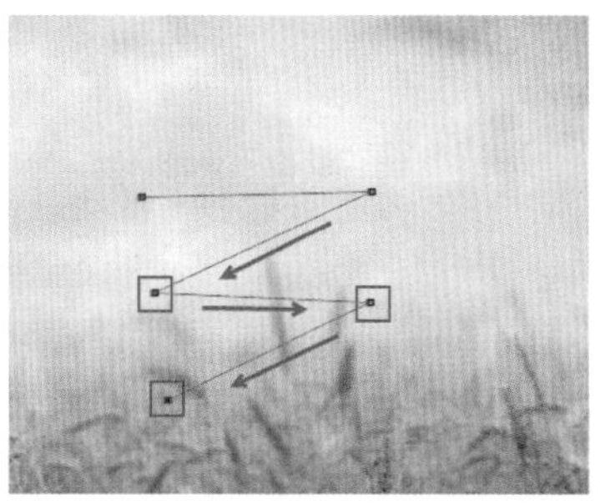

图 4-5

技巧提示 终止绘制路径的操作

如果要终止绘制路径的操作，可以在“钢笔工具”的状态下按 Enter 键完成路径的绘制。单击工具箱中的其他任意一个工具，也可以终止绘制路径的操作。

STEP 03 如果要绘制曲线，先单击创建起始锚点，然后将鼠标移动至下一个位置按住鼠标左键拖曳。此时可以看到按住鼠标左键的位置生成了一个锚点，而拖曳的位置会显示出方向线（此时我们可以按住鼠标左键上、下、左、右拖曳方向线，感受调整方向线的位置时路径的走向），如图 4-6 所示。调整完成后，松开鼠标，然后在下一个位置单击并拖曳调整曲线路径的形态，如图 4-7 所示。继续进行绘制，如图 4-8 所示。

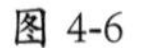

图 4-6

图 4-7

图 4-8

技巧提示 矢量工具选项栏

在选项栏中单击“选区”按钮，路径会被转换为选区。单击“蒙版”按钮会以当前路径为图层创建矢量蒙版。单击“形状”按钮，路径对象会转换为形状图层。

4.1.2 操作练习：使用“钢笔工具”制作 APP 标志

案例文件	使用“钢笔工具”制作 APP 标志.psd	难易指数	★★★★★
视频教学	使用“钢笔工具”制作 APP 标志.flv	技术要点	钢笔工具、路径的运算

案例效果（如图 4-9 所示）

思路剖析（如图 4-10~ 图 4-12 所示）

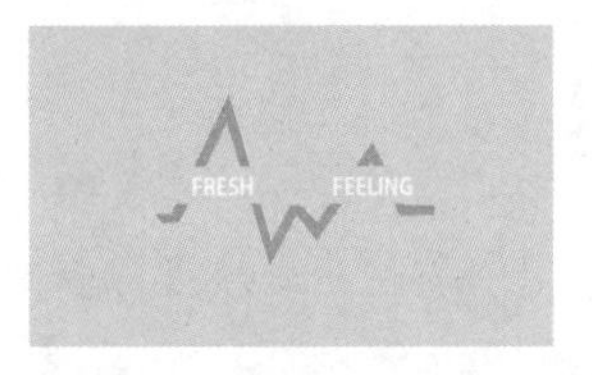

图 4-9

图 4-10

图 4-11

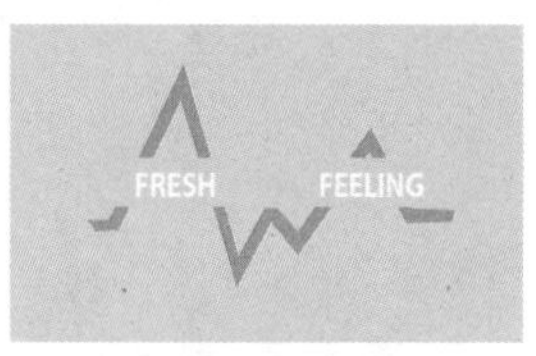

图 4-12

① 新建文档并填充前景色作为背景。

② 使用“钢笔工具”在画面中绘制形状，运用“路径操作”中的“剪除顶层形状”命令对其进行运算。

③ 添加文字完成 APP 标志的制作。

应用拓展

优秀 APP 标志设计作品欣赏，如图 4-13~ 图 4-15 所示。

图 4-13

图 4-14

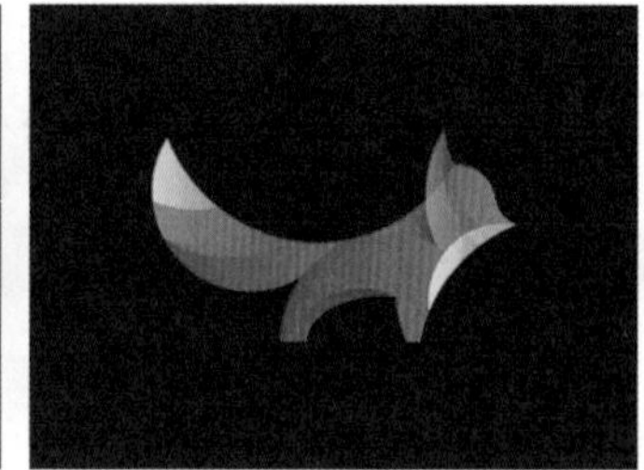

图 4-15

操作步骤

STEP 01 执行“文件 > 新建”菜单命令，在“新建”对话框中，设置文件“宽度”为 1200 像素、“高度”为 702 像素、“分辨率”为 72 像素 / 英寸、“颜色模式”为“RGB 颜色”、“背景内容”为“白色”，如图 4-16 所示。单击“前景色”按钮，在弹出的“拾色器（前景色）”对话框中设置颜色为蓝色（R: 183 ，G:239，B:255），单击“确定”按钮完成设置，如图 4-17 所示。使用前景色填充 Alt+Delete 快捷键填充画布为蓝色，如图 4-18 所示。

图 4-16

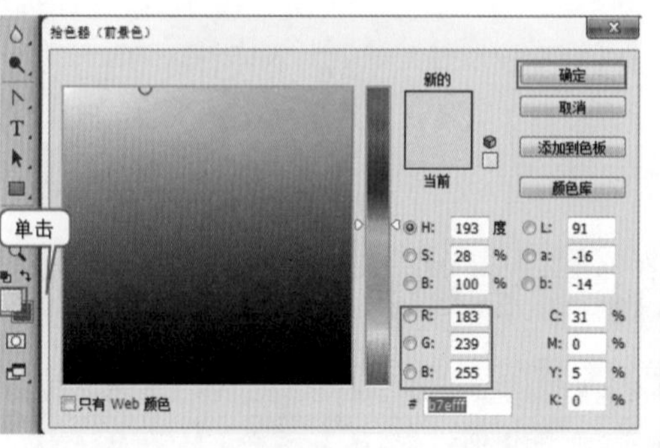

图 4-17

图 4-18

STEP 02 单击工具箱中的“钢笔工具”按钮，在选项栏中设置绘制模式为“形状”，单击“填充”按钮，在下拉面板中设置“颜色”为粉色，接着用“钢笔工具”在画面中多次单击绘制折线形状，如图 4-19 所示。

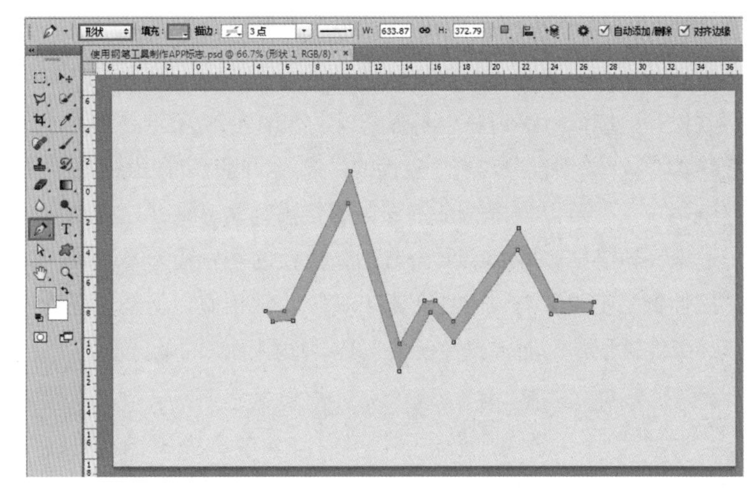

图 4-19

STEP 03 在选项栏中单击“路径操作”按钮，在下拉菜单中执行“剪除顶层形状”菜单命令，单击“矩形工具”按钮，如图 4-20 所示。在折线中绘制一个矩形，将这部分删除，如图 4-21 所示。

STEP 04 单击“横排文字工具”按钮，设置适合的“字体”“字号”，设置“填充颜色”为白色，在画面中单击并输入文字，如图 4-22 所示。

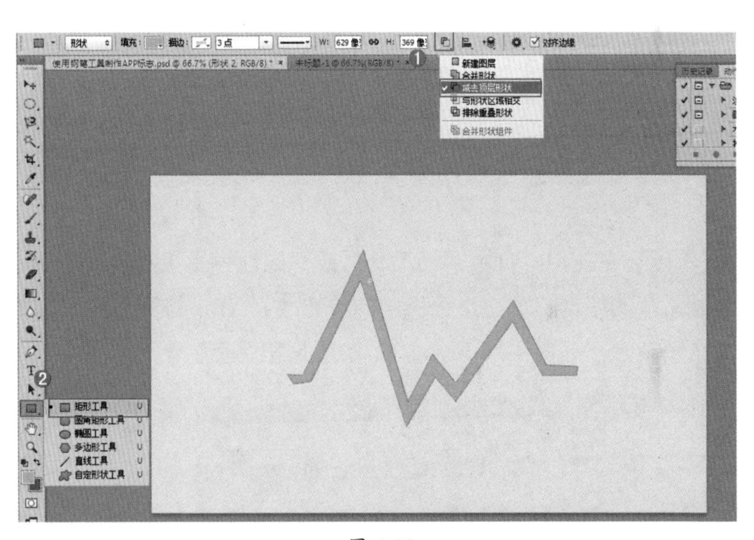

图 4-20

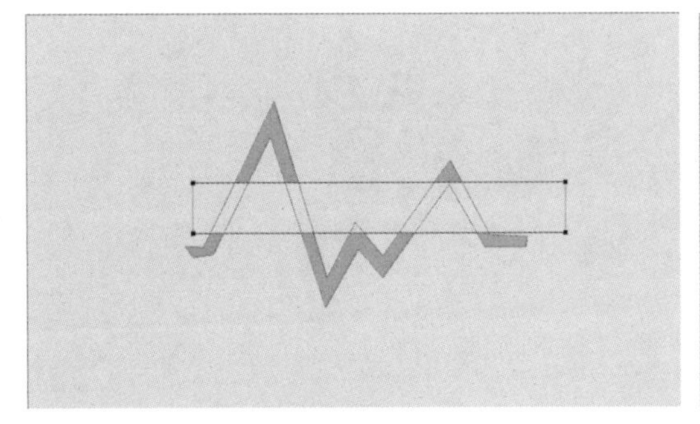

图 4-21

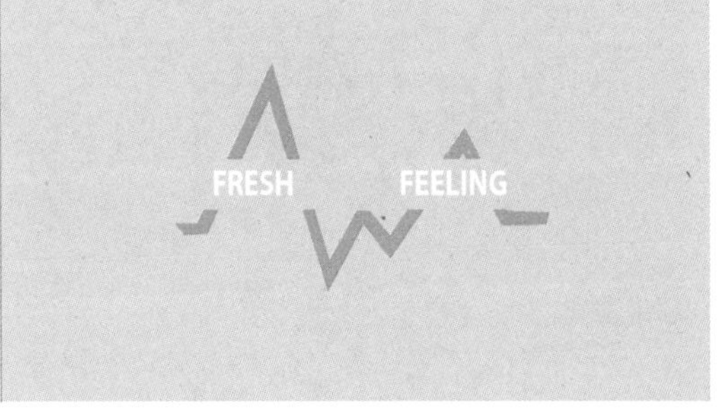

图 4-22

4.1.3 使用“自由钢笔工具”绘制路径

使用“自由钢笔工具”可以在画面中按住鼠标左键并拖动的方式随意地徒手绘制路径。

STEP 01 单击工具箱中的“自由钢笔工具”按钮，在文档中按住鼠标左键并拖动即可像使用“画笔工具”绘图一样自动地创建出相应的矢量路径，如图 4-23 所示。当绘制到起始锚点位置时，单击并松开鼠标即可得到一个闭合路径，如图 4-24 所示。

STEP 02 在选项栏中勾选“磁性的”选项，此时“自由钢笔工具”变为“磁性钢笔工具”。“磁性钢笔工具”可以根据颜色差异自动寻找对象边缘并建立路径。在对象边缘处单击，然后沿对象的边缘移动鼠标，Photoshop 会自动查找颜色差异较大的边缘，添加锚点建立路径，如图 4-25 所示。“磁性钢笔工具”与“磁性套索工具”非常相似，但是“磁性钢笔工具”绘制出来的是路径，可以继续编辑形状，而“磁性套索工具”绘制出来的是选区。

图 4-23

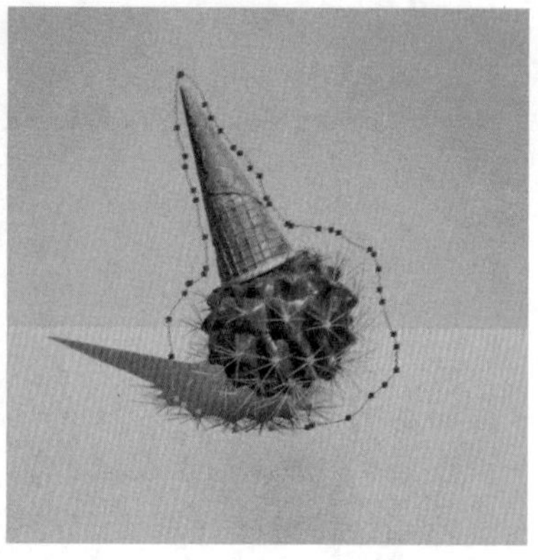

图 4-24

图 4-25

STEP 03 在使用“自由钢笔工具”或“磁性钢笔工具”时，可以通过设置“曲线拟合”参数控制绘制路径的精度。单击选项栏中的按钮，在下拉面板中可以看到“曲线拟合”选项。数值越高路径越精确，如图 4-26 所示。数值越小路径越平滑，如图 4-27 所示。

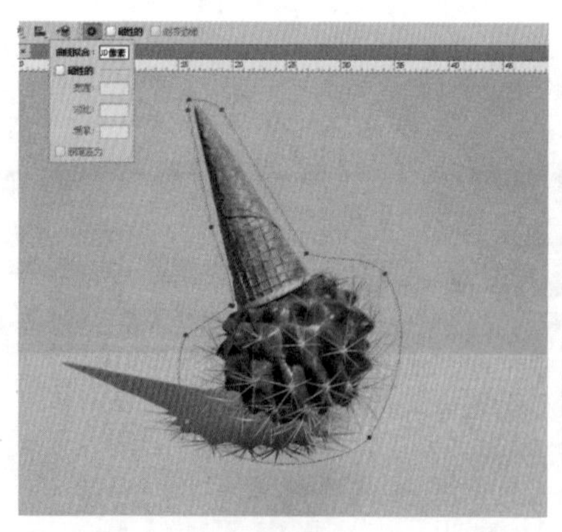

图 4-26

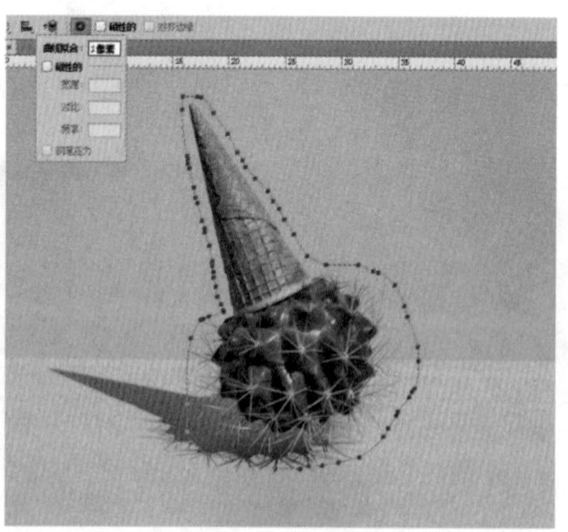

图 4-27

4.1.4 绘制“形状图层”

“形状图层”是一种带有填充、描边的实体对象，并且可以选择纯色、渐变或图案作为填充内容，可以对描边的颜色、宽度等参数进行设置。在 UI 设计中，很多时候都需要使用“形状”绘制模式进行绘制。

STEP 01 在使用“钢笔工具”或者“形状工具”时，设置绘制模式为“形状”。在选项栏中可以进行“填充”颜色、“描边”颜色、“描边粗细”以及“描边类型”的设置，如图 4-28 所示。单击“填充”按钮，即可看见下拉面板，如图 4-29 所示。

图 4-28

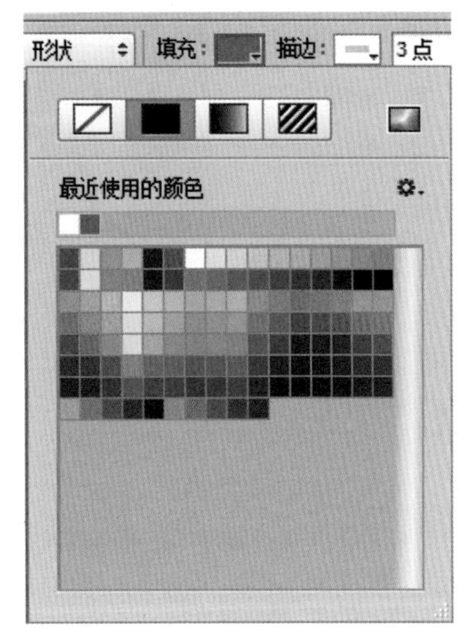

图 4-29

STEP 02 在“填充”下拉面板中，不仅可以以纯色进行填充，还可以填充渐变的图案。在该面板的上方有“无颜色”、“纯色”、“渐变”、“图案”4 个按钮。单击“无颜色”按钮，可以取消填充；单击“纯色”按钮，可以从颜色列表中选择预设颜色，或单击“拾色器”按钮，在弹出的拾色器中选择所需颜色，单击“渐变”按钮，即可设置渐变效果的填充；单击“图案”按钮，可以选择某种图案，并设置合适的图案缩放数值，如图 4-30 所示。如图 4-31 所示为 3 种形式填充的效果。

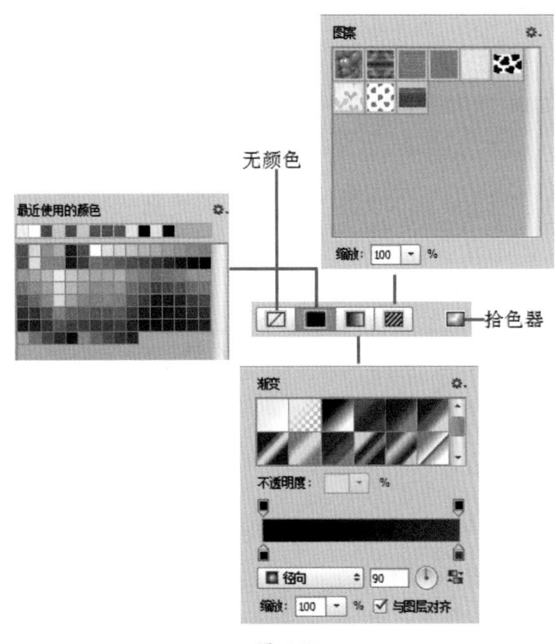

图 4-30

图 4-31

STEP 03 单击“描边”按钮，同样可以打开下拉面板，在这里可以设置描边的颜色。颜色设置完成后，还可以设置描边的宽度、描边的类型，如图4-32所示。例如，制作出虚线描边效果，如图4-33所示。

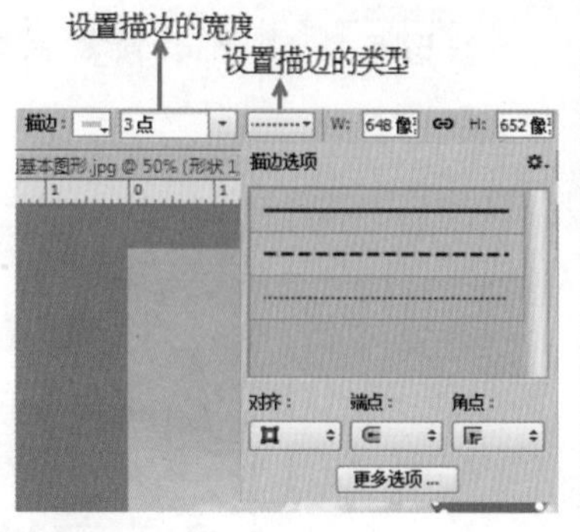

图 4-32

图 4-33

技巧提示 “像素”绘制模式

前面我们学习了两种绘制模式，除此之外，在绘制模式列表中还有一种“像素”绘制模式。“像素”模式只在“形状工具”状态下才能够使用，而且用这种模式绘制的对象不是矢量对象，而是完全由像素组成的位图对象，所以在使用这种模式时需要选中一个图层进行绘制。在使用“像素”模式进行绘制时，可以在选项栏中设置绘制内容与背景的混合模式与图像的不透明度数值，如图4-34所示。

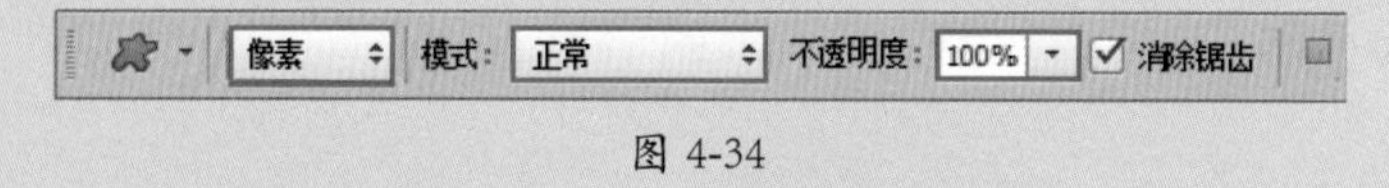

图 4-34

4.1.5 使用“形状工具”绘制基本图形

使用“形状工具”组中的工具能够绘制一些基本图形，例如，圆形、矩形以及 Photoshop 中预设的一些图形。如图4-35所示为形状工具组，该工具组中的工具的使用方法基本相同。

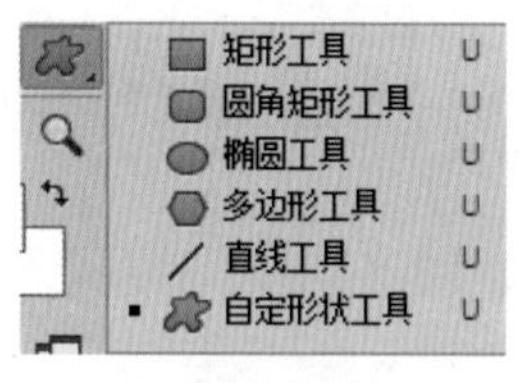

图 4-35

STEP 01 用“矩形工具”可以绘制出正方形和矩形形状。单击工具箱中的“矩形工具”按钮，在画面中按住鼠标左键拖动，然后松开鼠标，即可绘制出矩形，如图4-36所示。绘制时按住 Shift 键可以绘制出正方形，如图4-37所示。选择“矩形工具”在画面中单击，可以弹出“创建矩形”对话框，在该对话框中可以设置矩形的“宽度”和“高度”，如图4-38所示。

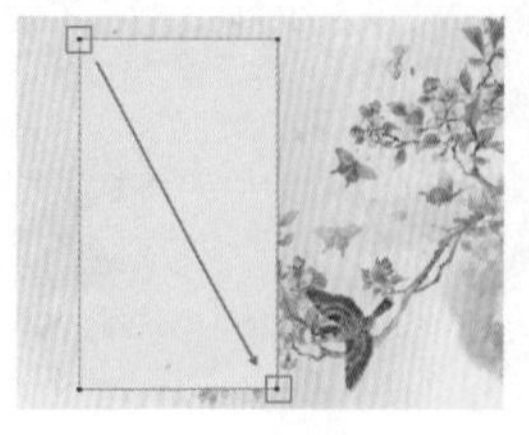

图 4-36

图 4-37

图 4-38

技巧提示　“矩形工具”选项栏参数详解

在选项栏中单击图标，打开“矩形工具”的设置选项，可以对矩形的尺寸以及比例进行精确的设置，如图 4-39 所示。

图 4-39

◆ 不受约束：选择该选项可以绘制出任意尺寸的矩形。

◆ 方形：选择该选项可以绘制出正方形。

◆ 固定大小：勾选该选项后，可以在其右侧的数值输入框中输入宽度（W）和高度（H），然后在图像上单击即可创建出固定矩形。

◆ 比例：勾选该选项后，可以在其右侧的数值输入框中输入宽度（W）和高度（H）比例，此后创建的矩形始终保持这个比例。

◆ 从中心：以任何方式创建矩形时，若勾选该选项，则鼠标单击点即为矩形的中心。

STEP 02 用“圆角矩形工具”可以创建四角圆滑的矩形。选择工具箱中的“圆角矩形工具”，在选项栏中可以对圆角矩形的 4 个圆角的“半径”进行设置，数值越大圆角越大。设置完成后，在画面中按住鼠标左键拖动，即可绘制出圆角矩形，如图 4-40 所示。也可以选择“圆角矩形工具”在画面中单击，在弹出的“创建圆角矩形”对话框中对每一个圆角半径进行设置，如图 4-41 所示。设置完成后，单击“确定”按钮，效果如图 4-42 所示。

图 4-40

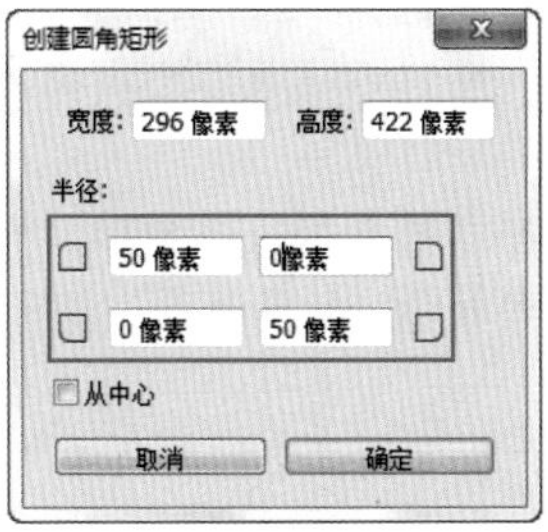

创建圆角矩形

宽度：296 像素　高度：422 像素

半径：

50 像素　0 像素

0 像素　50 像素

从中心

取消　确定

图 4-41

图 4-42

技巧提示　圆角矩形的妙用

圆角矩形在 UI 设计中非常常用，矩形通常给人一种锐利、坚毅、简约的感觉，而圆角矩形则给人一种圆润、柔和的感觉。在制作按钮时经常会用到。

STEP 03 用“椭圆工具”可以创建出椭圆和正圆形状。单击工具箱中的“椭圆工具”按钮，在画面中按下鼠标左键拖动鼠标，然后松开鼠标左键即可创建出椭圆形，如图 4-43 所示。如果要创建正圆形，可以按住 Shift 键的同时进行绘制，如图 4-44 所示。

图 4-43

图 4-44

STEP 04 “多边形工具”主要用于绘制各种边数的多边形，除此之外，使用该工具还可以绘制星形。单击工具箱中的“多边形工具”按钮，在选项栏中设置多边形的“边”数，接着在画面中按住鼠标左键并拖动，松开鼠标后即可得到多边形，如图 4-45 所示。要想绘制星形需要单击选项栏中的图标，打开“多边形工具”的设置选项，勾选“星形”，设置一定的“缩进边依据”，即可得到星形，如图 4-46 所示。

图 4-45

图 4-46

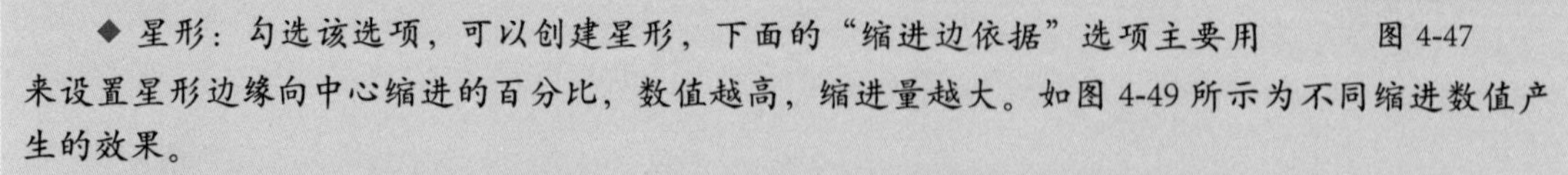

技巧提示 “多边形工具”选项栏参数详解

单击选项栏中的图标，打开“多边形工具”的设置选项，可以进行半径、平滑拐角以及星形的设置，如图 4-47 所示。

◆ 半径：用于设置多边形或星形的半径长度（单位：cm），设置好半径以后，在画面中拖动鼠标即可创建相应半径的多边形或星形。

◆ 平滑拐角：勾选该选项，可以创建具有平滑拐角效果的多边形或星形，如图 4-48 所示。

◆ 星形：勾选该选项，可以创建星形，下面的“缩进边依据”选项主要用来设置星形边缘向中心缩进的百分比，数值越高，缩进量越大。如图 4-49 所示为不同缩进数值产生的效果。

图 4-47

◆ 平滑缩进：勾选该选项，可以使星形的每条边向中心平滑缩进，如图 4-50 所示。

图 4-48　图 4-49　图 4-50

STEP 05 "直线工具"常用于绘制带有宽度的直线线条，如图 4-51 所示。除此之外，还可以在选项栏中单击图标，在弹出的选项中可以进行箭头的设置，绘制出带有箭头的形状。单击工具箱中的"直线工具"按钮，然后设置"粗细"参数，可以调整直线的宽度，如图 4-52 所示。

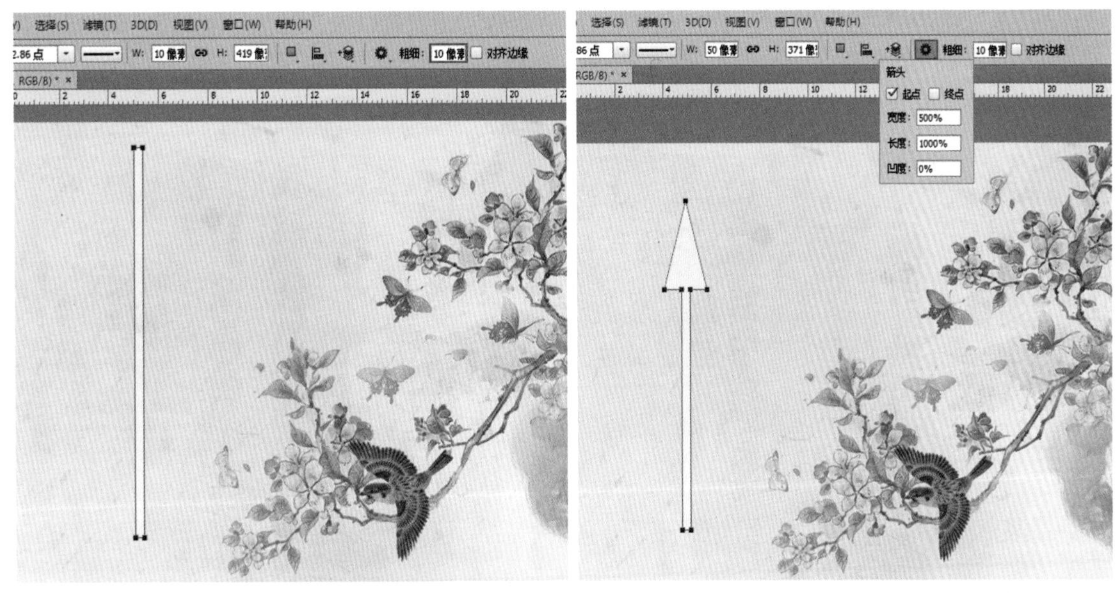

图 4-51　　　　图 4-52

技巧提示　"直线工具"选项栏参数详解

◆ 粗细：设置直线或箭头线的粗细。

◆ 起点 / 终点：勾选"起点"选项，可以在直线的起点添加箭头；勾选"终点"选项，可以在直线的终点添加箭头；同时勾选"起点"和"终点"选项，则可以在两头都添加箭头。

◆ 宽度：用来设置箭头宽度与直线宽度的百分比，范围从 10%~1000%。

◆ 长度：用来设置箭头长度与直线宽度的百分比，范围从 10%~5000%。

◆ 凹度：用来设置箭头的凹陷程度，范围为 -50%~50%。值为 0 时，箭头尾部平齐；值大于 0% 时，箭头尾部向内凹陷；值小于 0% 时，箭头尾部向外凸出。

STEP 06 "自定形状工具"可用于绘制 Photoshop 内置的形状。单击工具箱中的"自定形状工具"按钮，在选项栏中的形状下拉列表中可以选择合适形状，如图 4-53 所示。在画面中按住鼠标左键拖动鼠标即可绘制形状，如图 4-54 所示。

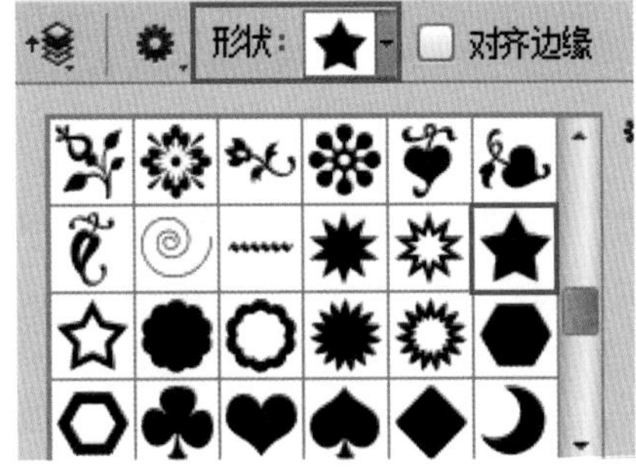

图 4-53

图 4-54

4.1.6 操作练习：设置描边属性制作产品详情页

案例文件	设置描边属性制作产品详情页.psd
视频教学	设置描边属性制作产品详情页.flv

难易指数	★★★★★
技术要点	矩形工具、椭圆工具、形状对象描边属性设置

案例效果（如图 4-55 所示）

图 4-55

思路剖析（如图 4-56~图 4-58 所示）

图 4-56

图 4-57

图 4-58

①使用“矩形形状工具”“椭圆形状工具”绘制界面上的基本形状。

②设置描边属性制作虚线圆环。

③使用“横排文字工具”输入画面中的文字。

应用拓展

产品详情页效果欣赏，如图 4-59 和图 4-60 所示。

图 4-59

图 4-60

操作步骤

STEP 01 执行“文件 > 新建”菜单命令，在“新建”对话框中设置文件“宽度”为 1242 像素、“高度”为 2208 像素、“分辨率”为 72 像素 / 英寸、“颜色模式”为“RGB 颜色”、“背景内容”为“白色”，如图 4-61 所示。单击工具箱中的“渐变工具”按钮，在选项栏中单击“打开渐变拾色器”按钮，在“渐变编辑器”对话框中编辑一个紫色渐变，单击“确定”按钮完成编辑，设置“渐变模式”为“径向渐变”，如图 4-62 所示。在画面中单击并拖动鼠标填充渐变，如图 4-63 所示。

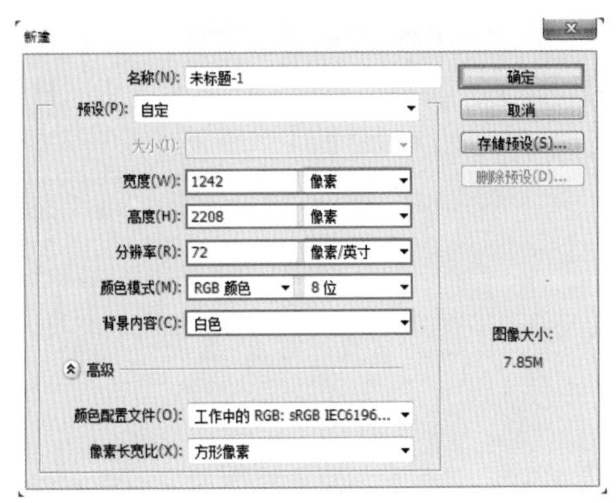

图 4-61

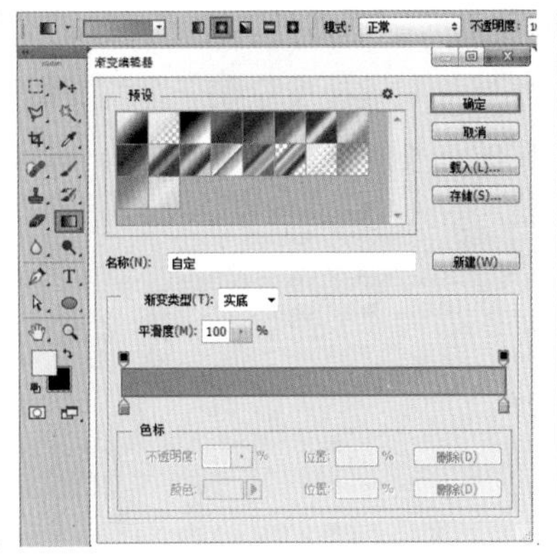

图 4-62

图 4-63

STEP 02 单击工具箱中的“矩形工具”按钮，在选项栏中设置“绘制模式”为“形状”、“填充”为灰色，在画面中按住鼠标左键拖曳绘制矩形，如图 4-64 所示。继续使用“矩形工具”，在选项栏中设置“绘制模式”为“形状”，将“填充”设置为“渐变”，在“渐变色条”中编辑灰白色渐变，“渐变样式”为“径向渐变”，如图 4-65 所示。在画面中单击并拖动绘制渐变圆角矩形，如图 4-66 所示。

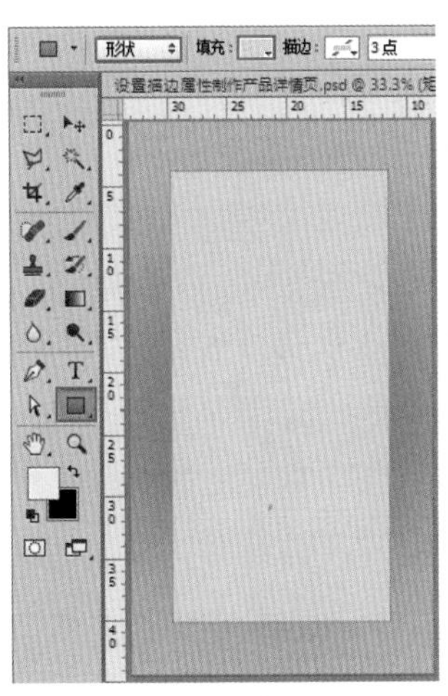

图 4-64

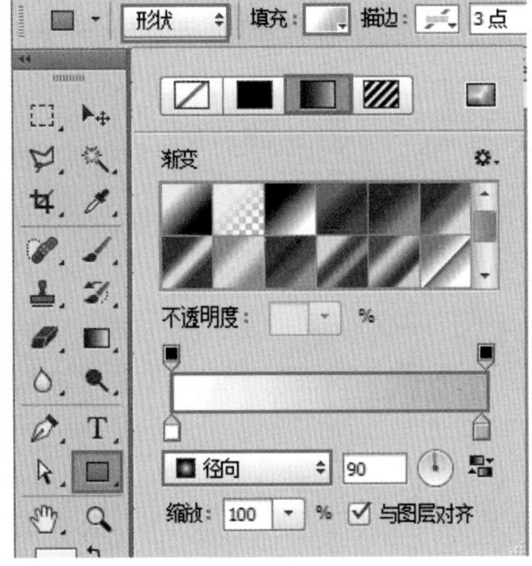

图 4-65

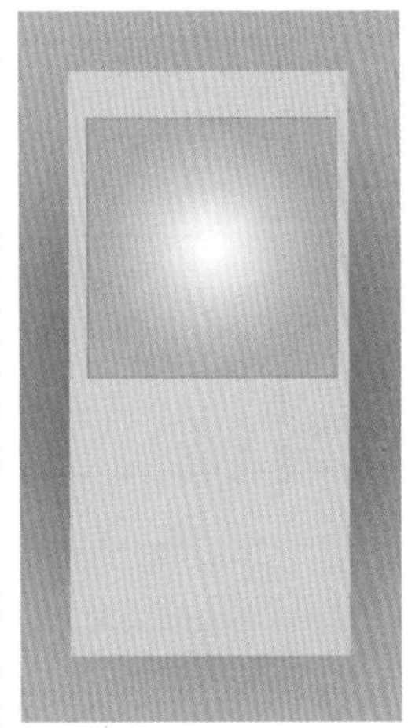

图 4-66

STEP 03 单击“矩形工具”按钮，在画面中按住 Shift 键拖动鼠标绘制圆角矩形，再在选项栏中更改“填充”为白色，如图 4-67 所示。单击工具箱中的“椭圆工具”按钮，在选项栏中设置“绘制模式”为“形状”、“填充”为无颜色、“描边”为灰色、“描边宽度”为 8 点、“描边类型”为点，在画面中按住 Shift 键拖动鼠标绘制正圆，如图 4-68 所示。

图 4-67

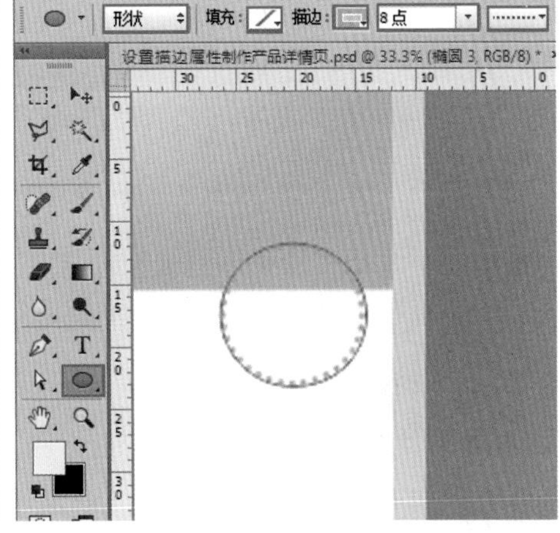

图 4-68

STEP 04 单击工具箱中的“矩形工具”按钮，在选项栏中设置“绘制模式”为“形状”、“填充”为灰色，在画面中按住鼠标左键拖曳绘制一个细长的矩形作为分界线，如图 4-69 所示。用同样的方法绘制另外两个纵向的细长矩形，作为纵向的分界线，如图 4-70 所示。

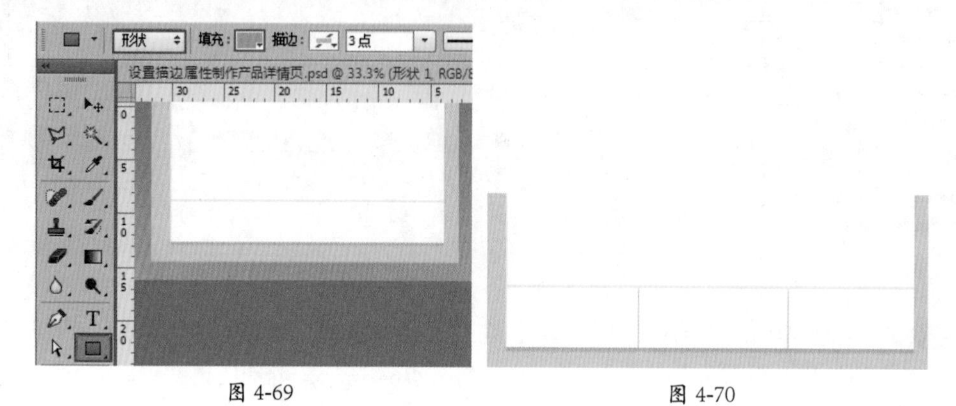

图 4-69　　图 4-70

STEP 05 单击工具箱中的“椭圆工具”按钮，在选项栏中设置“绘制模式”为“形状”、“填充”为红色，在画面上方按住鼠标左键的同时按住 Shift 键拖曳绘制正圆，如图 4-71 所示。继续使用“椭圆工具”在画面上方绘制正圆，在选项栏中更改“绘制模式”为“形状”、“填充”为无颜色、“描边”为白色、“描边宽度”为 12 点、“描边类型”为点，如图 4-72 所示。

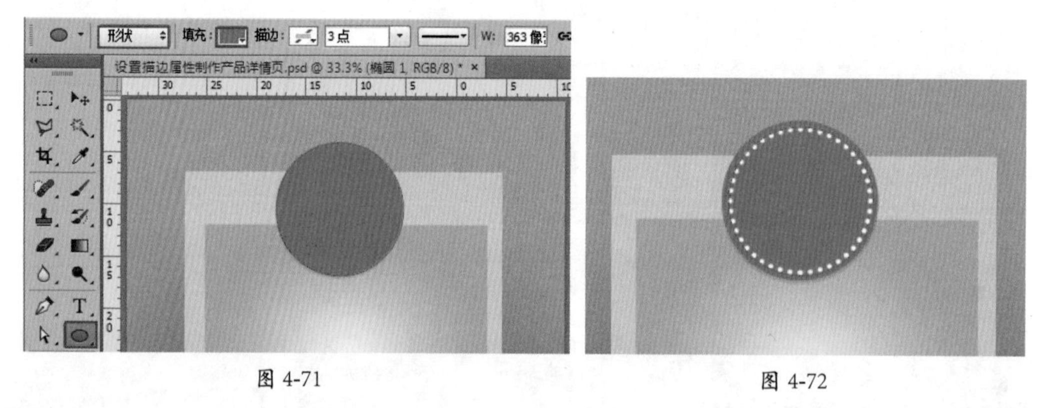

图 4-71　　图 4-72

STEP 06 单击工具箱中的“横排文字工具”按钮，在选项栏中设置“字体”“字号”“文字颜色”，在画面中单击并输入文字，如图 4-73 所示。用同样的方法在画面中继续输入文字，如图 4-74 所示。

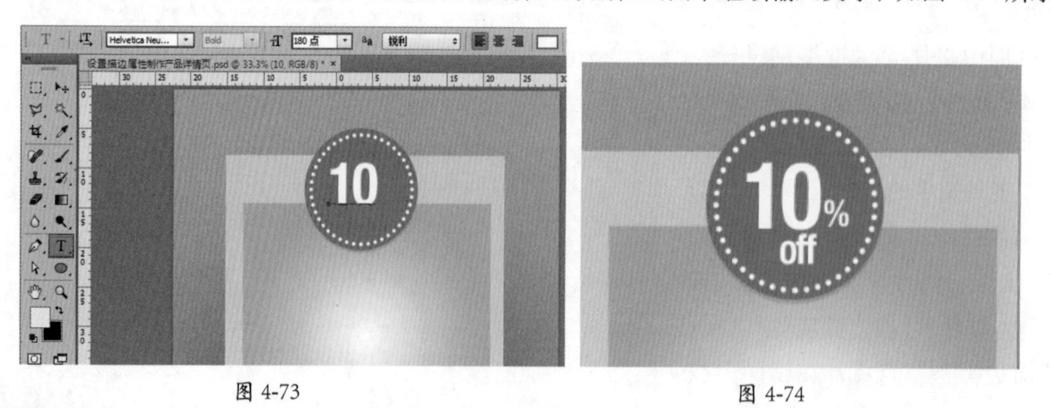

图 4-73　　图 4-74

STEP 07 继续使用“横排文字工具”，在选项栏中设置“字体”“字号”，设置“填充”为黑灰色，在画面中间位置单击输入标题文字，如图 4-75 所示。用同样的方法在标题文字下方继续输入几行文字，如图 4-76 所示。

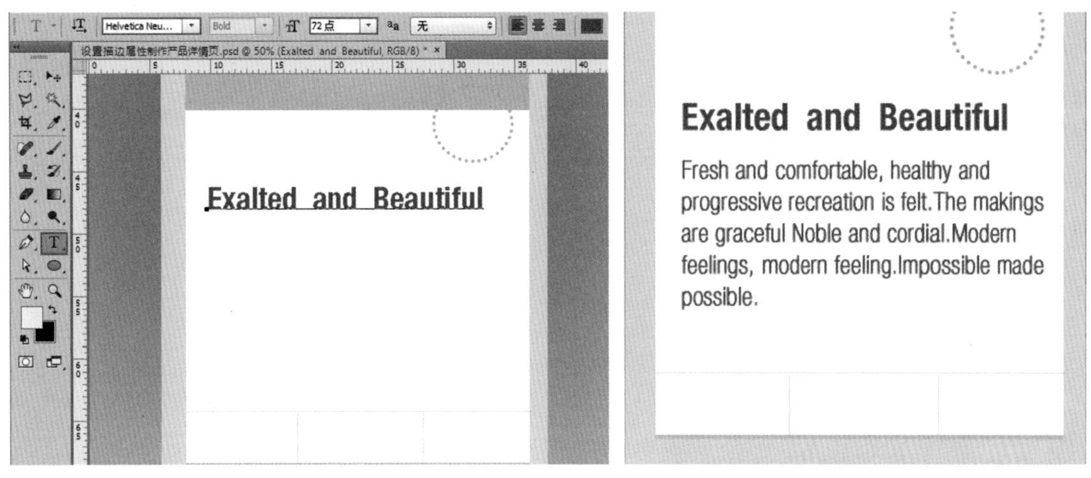

图 4-75　　　　　图 4-76

STEP 08 执行“文件 > 置入”菜单命令，在“置入”对话框中选择素材“1.jpg”，单击“置入”按钮，如图 4-77 所示。在画面中将素材调整到适当位置，按 Enter 键完成置入，并栅格化，如图 4-78 所示。用同样的方法置入其他素材，如图 4-79 所示。

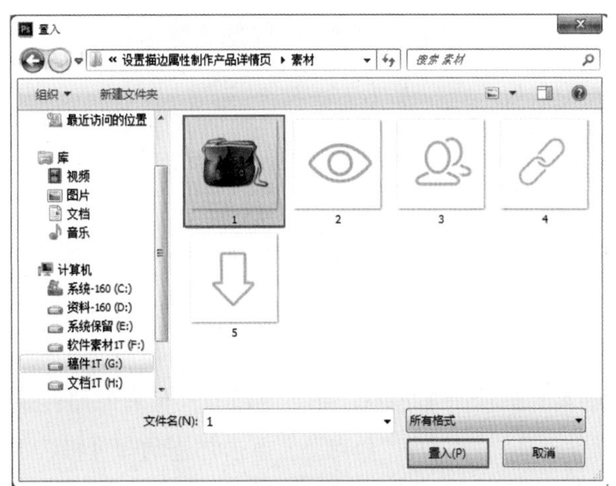

图 4-77　　　　　图 4-78　　　　　图 4-79

4.2 调整路径形态

当我们使用“钢笔工具”绘制路径或者形状时，很难一次性绘制出完全准确而美观的图形，所以通常都会在绘制完成后对路径的形态进行调整。由于路径是由大量的锚点和锚点之间的线段构成的，调整锚点的位置或者形态都会影响路径的形态，所以对路径形态的调整往往都是对锚点的调整。

4.2.1 添加锚点工具

当路径上的锚点不够用，无法对路径进行精细编辑的时候自然就需要添加锚点，使用钢笔工具组中的“添加锚点工具”，在路径上单击即可添加新的锚点，如图 4-80 和图 4-81 所示。

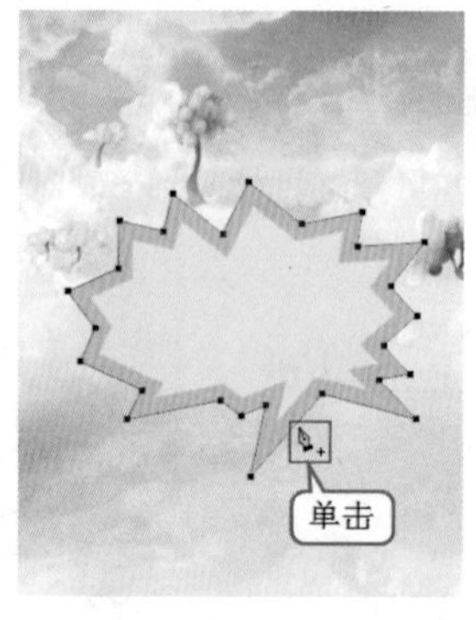

图 4-80

图 4-81

4.2.2 删除锚点工具

锚点会影响路径，如果有多余的锚点，我们可以使用“删除锚点工具”删除多余锚点。单击工具箱中的“删除锚点工具”按钮，将鼠标指针放在要删除的锚点上，单击即可删除锚点，如图 4-82 和图 4-83 所示。

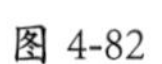

图 4-82

图 4-83

4.2.3 转换点工具

路径的锚点分为角点和平滑点。“角点”位置的路径是尖角的，而“平滑点”位置的路径是圆滑的，如图 4-84 所示。选择工具箱中的“转换点工具”，在“角点”上单击并拖动即可将“角点”转换为“平滑点”，同时能够看到路径发生了变化，如图 4-85 所示。用“转换点工具”在“平滑点”上单击，可以将“平滑点”转换为“角点”，如图 4-86 所示。

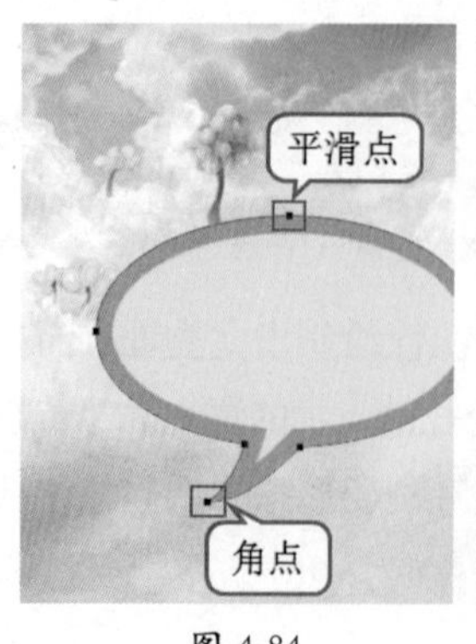

图 4-84

图 4-85

图 4-86

4.2.4 选择路径

单击工具箱中的“路径选择工具”按钮，在路径上单击即可选中路径。如果想要选择多个路径可以按住 Shift 键单击加选路径。在选项栏中通过设置还可以移动、组合、对齐和分布路径，如图 4-87 所示。

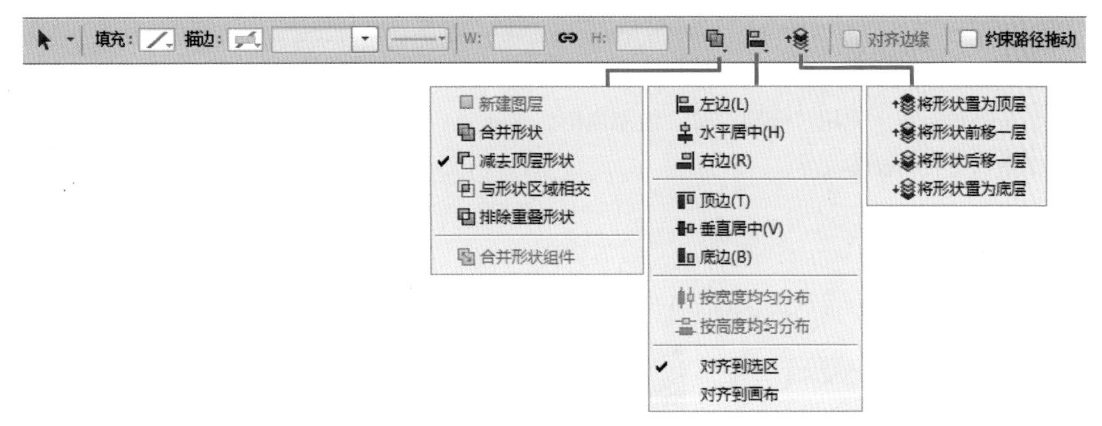

图 4-87

★ 路径运算：选择两个或多个路径时，在工具选项栏中单击运算按钮，会产生相应的交叉结果。具体方法将在下一章节讲解。

★ 路径对齐方式：与图层对象相同，路径对象也可以进行对齐与分布操作。使用“路径选择工具”选择多个路径，在选项栏中单击“路径对齐方式”按钮，在弹出的菜单中可以对所选路径进行对齐或分布。

★ 路径排列：如果想要调整路径的上下堆叠顺序，可以选中路径后单击属性栏中的“路径排列方法”按钮，在下拉列表框中执行相关命令。

4.2.5 选择路径上的锚点

使用“直接选择工具”可以选择路径上的锚点。单击工具箱中的“直接选择工具”按钮，然后在锚点上单击，当锚点变为黑色后即表示被选中，如图 4-88 所示。选中锚点之后可以进行移动锚点、调整方向线等操作，这也就实现了调整路径形态的目的，如图 4-89 所示。

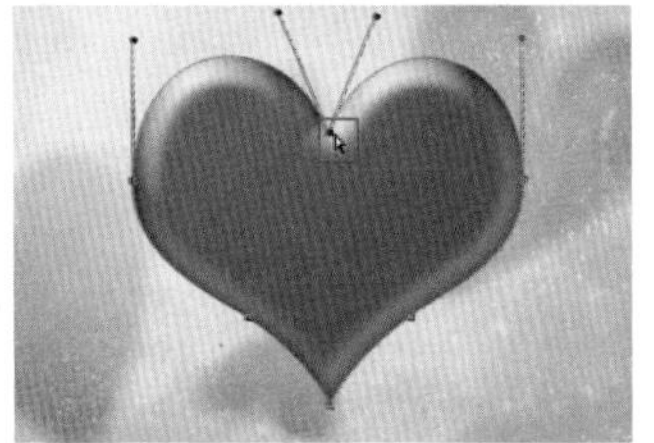

图 4-88

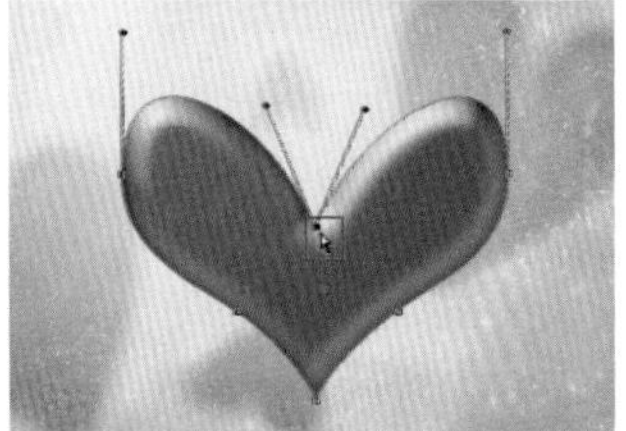

图 4-89

4.2.6 操作练习：使用“圆角矩形工具”与“椭圆工具”制作许可按钮

案例文件	使用“圆角矩形工具”与“圆形工具”制作许可按钮.psd
视频教学	使用“圆角矩形工具”与“圆形工具”制作许可按钮.flv

难易指数	★★★★★
技术要点	圆角矩形工具、椭圆工具、矩形工具

案例效果（如图 4-90 所示）

思路剖析（如图 4-91~ 图 4-93 所示）

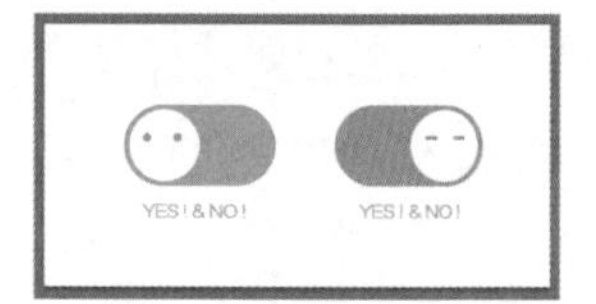

图 4-90

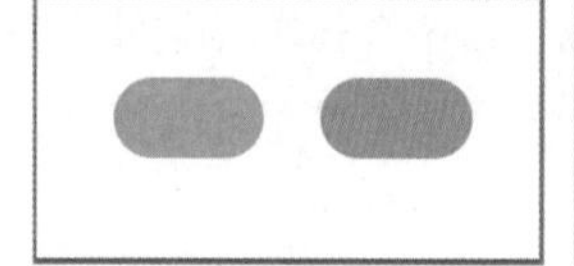

图 4-91

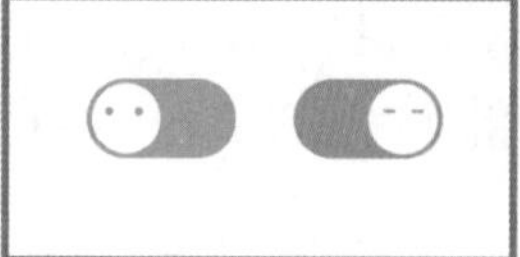

图 4-92

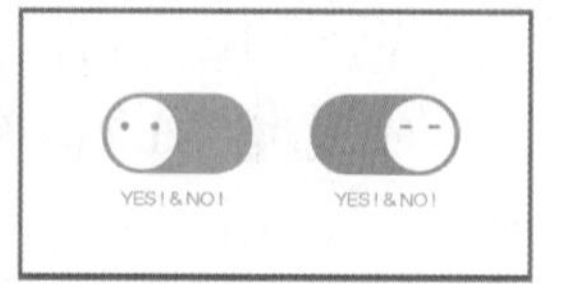

图 4-93

①创建圆角矩形作为按钮基本形状。

②在圆角矩形上使用“椭圆工具”绘制圆形。

③添加适合的文本文字。

应用拓展

优秀的按钮设计作品欣赏，如图 4-94~ 图 4-96 所示。

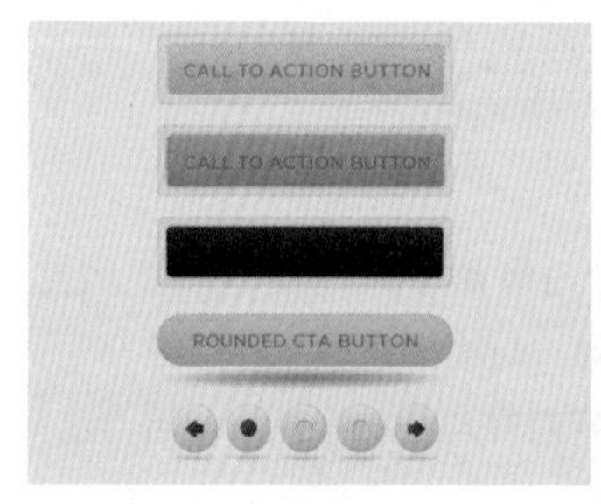

图 4-94

图 4-95

图 4-96

操作步骤

STEP 01 执行“文件 > 新建”菜单命令，设置文件“宽度”为 600 像素、“高度”为 300 像素、“分辨率”为 72 像素 / 英寸、“颜色模式”为“RGB 颜色”、“背景内容”为“白色”，如图 4-97 所示。

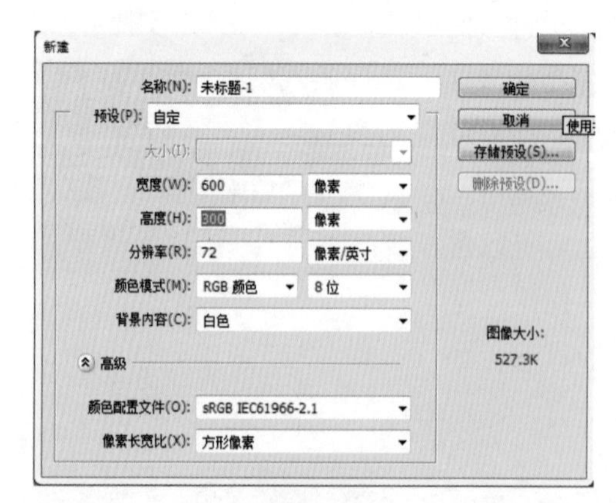

图 4-97

STEP 02 单击工具箱中的“圆角矩形工具”按钮，在选项栏中设置“绘制模式”为“形状”、“填充”为粉色、“半径”为 40 像素，在画面中按住鼠标左键拖动绘制圆角矩形，如图 4-98 所示。效果如图 4-99 所示。

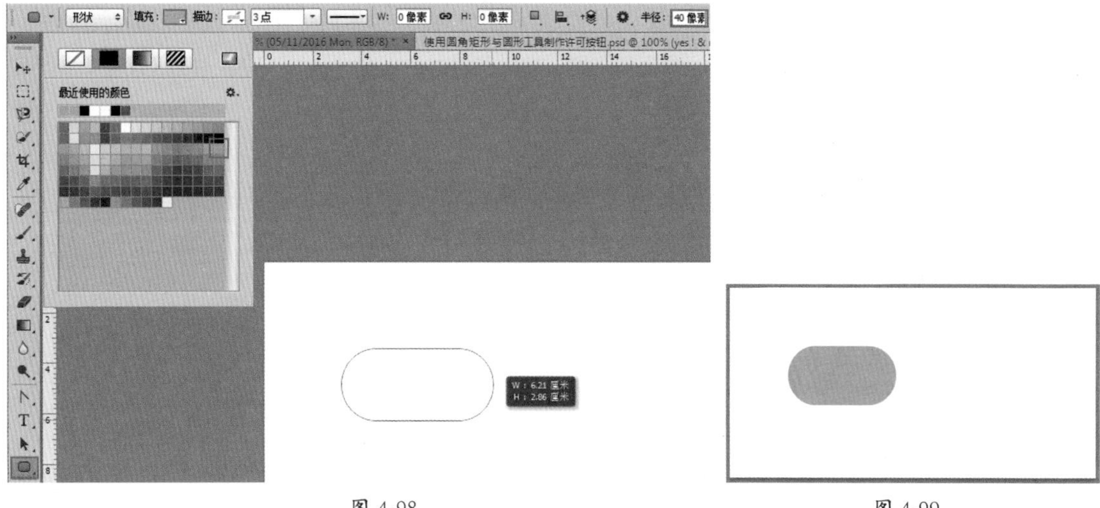

图 4-98　　图 4-99

STEP 03 单击工具箱中的“椭圆工具”按钮，在选项栏中设置“绘制模式”为“形状”、“填充”为白色，按住 Shift 键和鼠标左键拖动绘制正圆形，如图 4-100 所示。继续使用工具箱中的“椭圆工具”，在选项栏中设置绘制模式为“形状”、“填充”为粉色，按住 Shift 键和鼠标左键拖动绘制两个圆形，如图 4-101 所示。

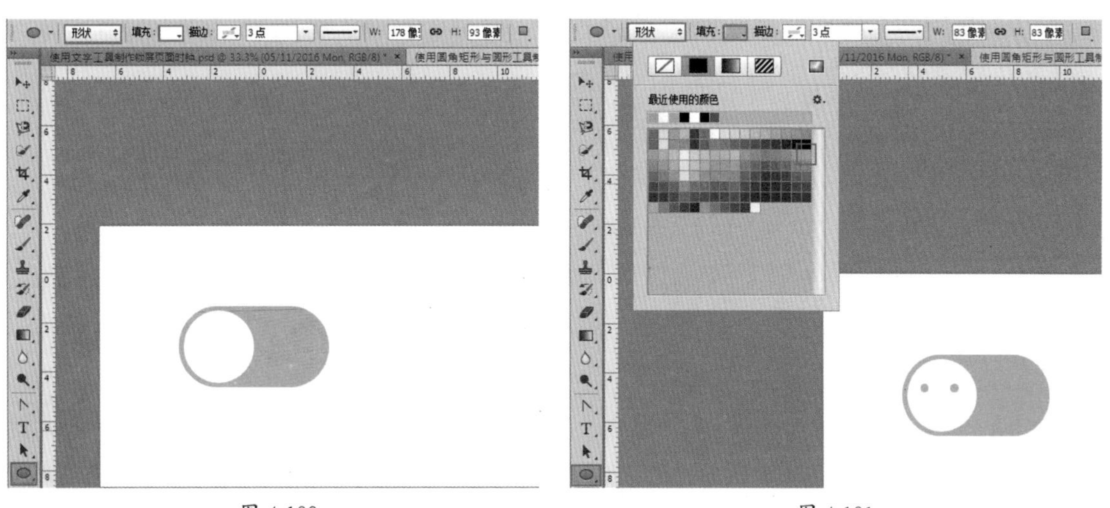

图 4-100　　图 4-101

STEP 04 先选择粉色圆角矩形图层，然后按住 Ctrl 键单击白色圆形图层进行加选，右击执行“复制图层”菜单命令，如图 4-102 所示。在弹出的对话框中单击“确定”按钮完成复制，如图 4-103 所示。

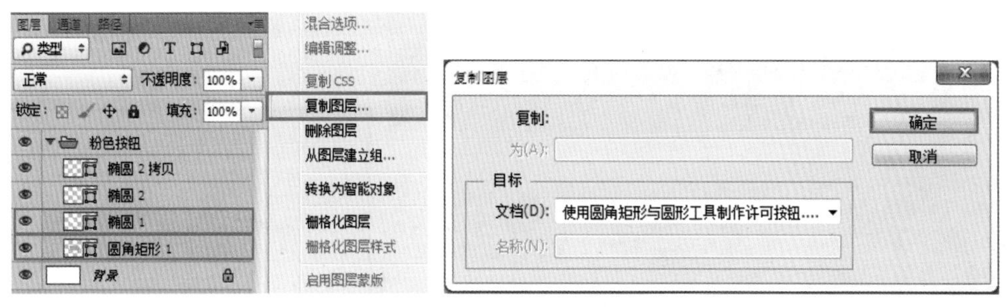

图 4-102　　图 4-103

STEP 05 选择复制的所有图层，按Ctrl+T快捷键调出定界框，再右击执行“水平翻转”命令，如图4-104所示。按住鼠标左键拖动到指定位置，在选项栏中单击“提交变换”按钮或按Enter键完成变换，如图4-105所示。

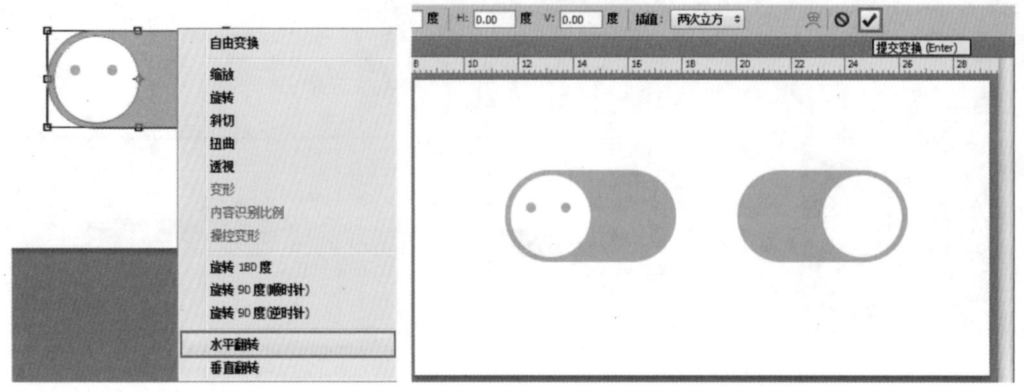

图 4-104　　图 4-105

STEP 06 在“图层”面板中选择粉色圆角矩形所在的拷贝图层，如图4-106所示。单击工具箱中的任何一个“形状工具”按钮，在其选项栏中更改“填充”为灰色，如图4-107所示。

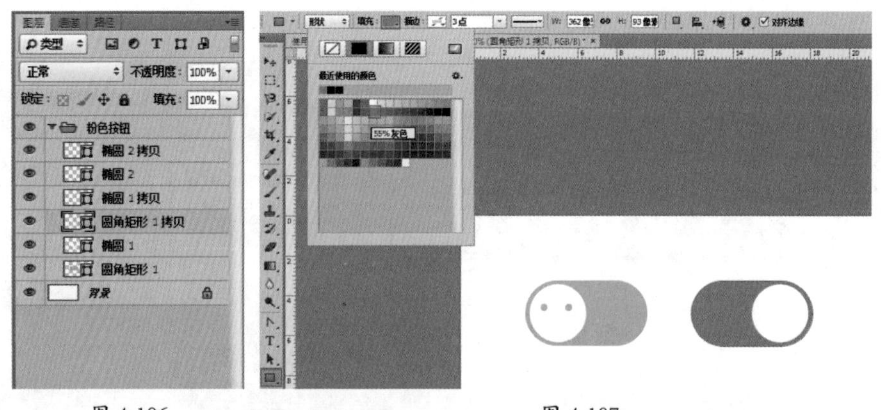

图 4-106　　图 4-107

STEP 07 在工具箱中单击“矩形工具”按钮，在其选项栏中设置“填充”为灰色，按住鼠标左键拖动绘制一个矩形，如图4-108所示。在“图层”面板中选中矩形1图层并拖动到“创建新图层”按钮位置进行复制。将复制图层中的矩形移动到适当位置，如图4-109所示。

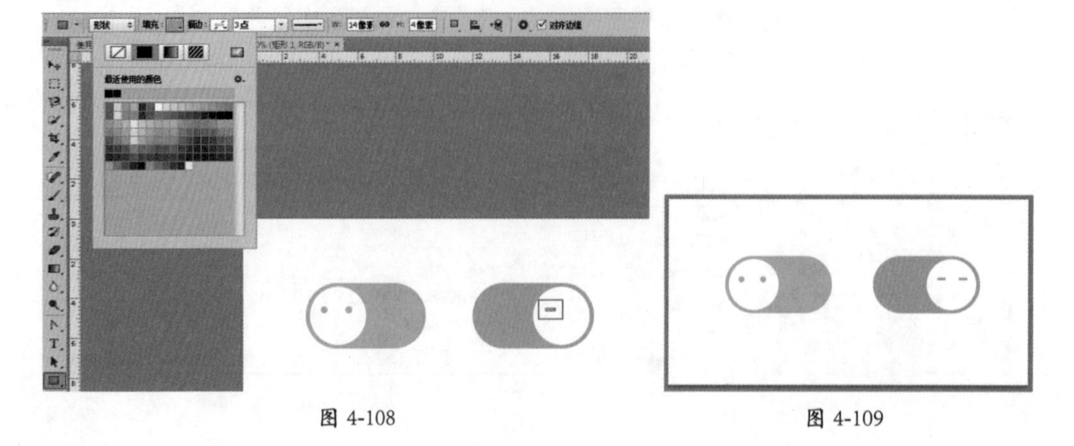

图 4-108　　图 4-109

STEP 08 单击工具箱中的“横排文字工具”按钮，在其选项栏中设置合适的“字体”“字号”“文本颜色”，在画面中单击输入两组文字，最终效果如图 4-110 所示。

图 4-110

4.3 路径的基本操作

在 Photoshop 中，路径对象不仅可以进行形态上的编辑，还可以进行复制、删除、移动、分布与对齐等操作。

4.3.1 路径的变换

路径也可以进行自由变换，变换之前，首先使用“路径选择工具”选择需要变换的路径，然后执行“编辑 > 自由变换路径”菜单命令或使用 Ctrl+T 快捷键调出定界框，如图 4-111 所示。接着可以进行变换操作，之后按键盘上的 Enter 键完成变换，如图 4-112 所示。

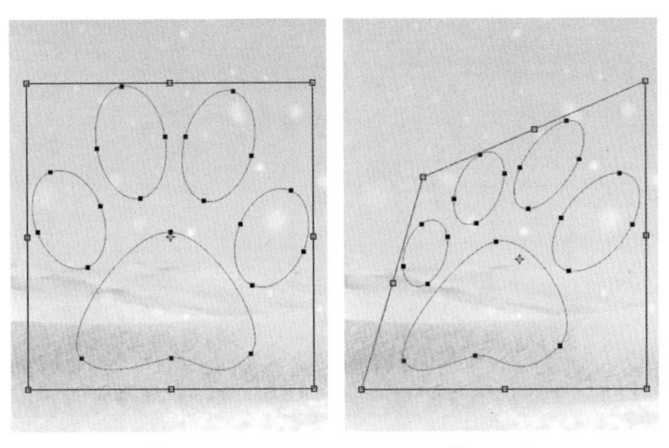

图 4-111　　图 4-112

技巧提示　存储路径

在 Photoshop 中直接绘制的路径为临时路径，要想将路径存储以备以后使用，可以在“路径”面板中，将临时路径拖曳到“创建新路径”按钮上，该路径就会转换为工作路径，被存储在“路径”面板中。

4.3.2 路径运算

选区可以进行运算，路径同样可以进行运算。首先绘制一个形状，如图 4-113 所示。在默认状态下，选项栏中的“路径操作”按钮为“新建图层”。单击该按钮，在下拉菜单中选择一种运算方式，如图 4-114 所示。如图 4-115 所示为采用不同运算方式产生的运算效果。

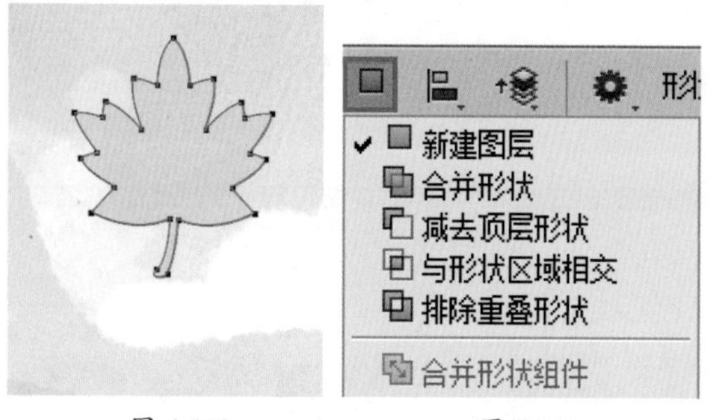

图 4-113　　图 4-114

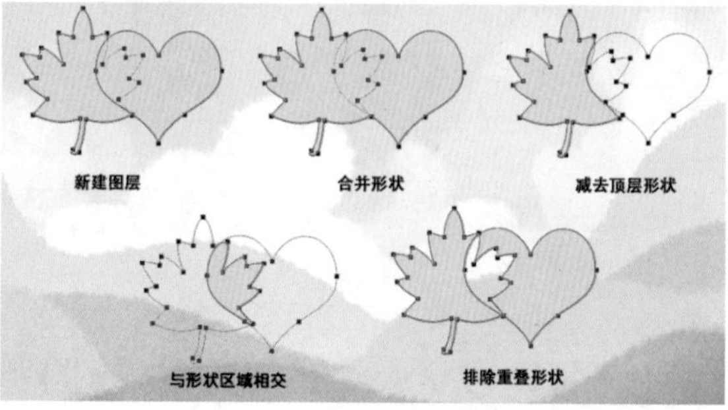

图 4-115

4.3.3 操作练习：使用“形状工具”与“路径运算”制作引导页

案例文件	使用“形状工具”与“路径运算”制作引导页 .psd
视频教学	使用“形状工具”与“路径运算”制作引导页 .flv

难易指数	
技术要点	形状工具、路径运算

案例效果（如图 4-116 所示）

思路剖析（如图 4-117~ 图 4-119 所示）

图 4-116

图 4-117

图 4-118

图 4-119

①为背景图层填充蓝色，使用“椭圆工具”绘制不同颜色的圆形。

②使用“椭圆工具”绘制多个圆形形状，并配合图形运算制作云朵。

③使用“横排文字工具”输入文字并置入素材。

应用拓展

APP 引导页面设计效果欣赏，如图 4-120~ 图 4-122 所示。

图 4-120

图 4-121

图 4-122

操作步骤

STEP 01 执行“文件 > 新建”菜单命令，在“新建”对话框中，设置文件“宽度”为 1242 像素、“高度”为 2208 像素、“分辨率”为 72 像素 / 英寸、“颜色模式”为“RGB 颜色”、“背景内容”为“白色”，如图 4-123 所示。单击“前景色”按钮，在弹出的“拾色器（前景色）”对话框中设置颜色为蓝色，单击“确定”按钮完成设置，如图 4-124 所示。使用前景色 Alt+Delete 快捷键填充画布为蓝色，如图 4-125 所示。

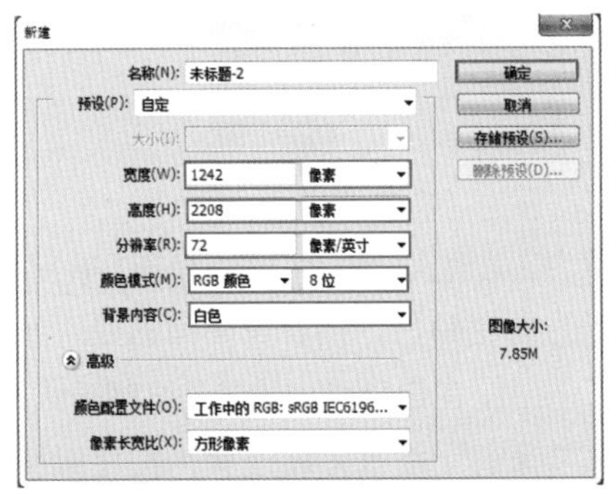

图 4-123

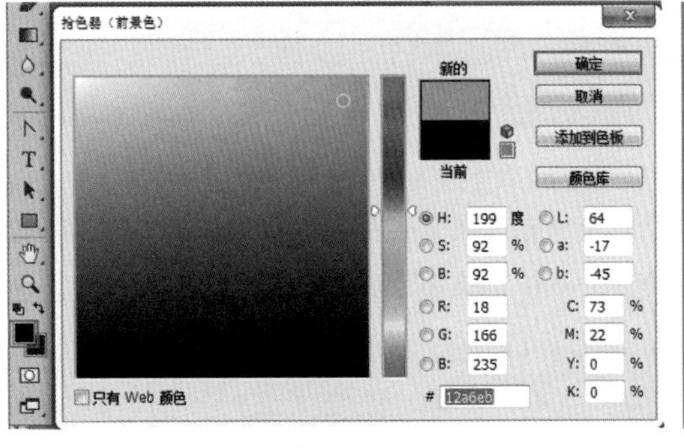

图 4-124

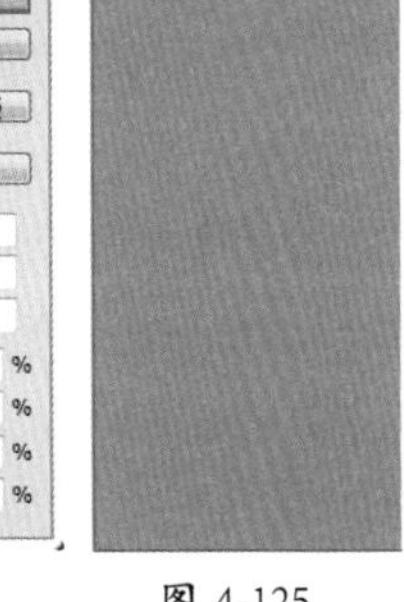
图 4-125

STEP 02 单击工具箱中的“椭圆工具”按钮，在选项栏中设置“绘制模式”为“形状”，单击“填充”按钮，在下拉面板中选择“填充”为红色，在相应位置按住 Shift 键和鼠标左键拖曳绘制圆形，如图 4-126 所示。

STEP 03 在“图层”面板中选中形状图层并拖动到“创建新图层”按钮上，进行复制，如图 4-127 所示。选择拷贝的图层，然后选择工具箱中的“椭圆工具”，在选项栏中设置“填充”为绿色，如图 4-128 所示。用同样的方法制作蓝色正圆，如图 4-129 所示。

图 4-126

图 4-127

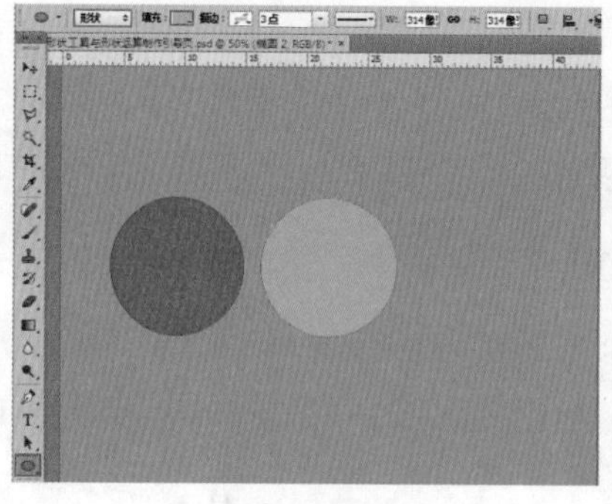
图 4-128

图 4-129

STEP 04 单击工具箱中的“钢笔工具”按钮，在选项栏中设置“绘制模式”为“形状”，单击“填充”按钮，在下拉面板中选择“填充”为白色，在画面中绘制形状，如图 4-130 所示。继续使用“钢笔工具”，单击“新建图层”按钮后将选项栏中的形状填充类型改为蓝色，在右侧白色图形下方绘制三角形，如图 4-131 所示。

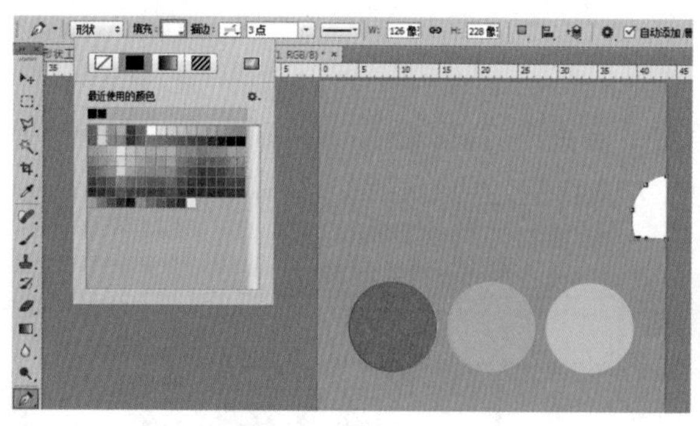
图 4-130

图 4-131

STEP 05 单击工具箱中的“钢笔工具”按钮，在选项栏中设置“绘制模式”为“形状”，单击“填充”按钮，在下拉面板中单击“渐变”按钮，然后编辑一个蓝色系的渐变颜色。接着在画面的左下角绘制一个三角形，如图 4-132 所示。单击工具箱中的“椭圆工具”按钮，在选项栏中设置“绘制模式”为“形状”，单击“填充”按钮，设置“填充”为白色，单击“确定”按钮完成设置，按住鼠标左键并拖动绘制圆形，然后在选项栏中单击“路径操作”按钮，设置为“合并形状”，再绘制椭圆，用同样的方法依次绘制两个椭圆，如图 4-133 所示。

图 4-132

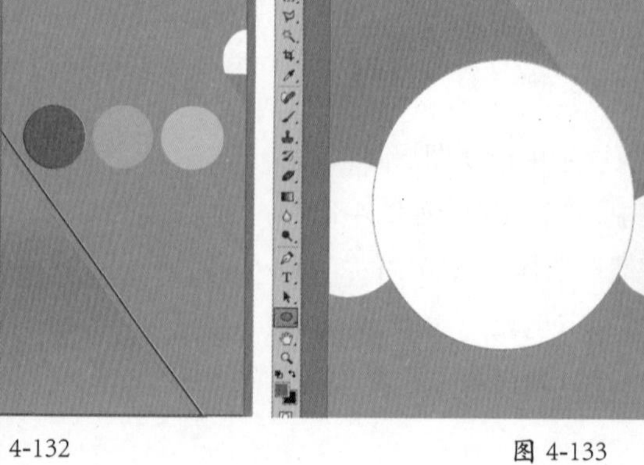
图 4-133

STEP 06 继续在当前图层操作，在选项栏中单击“路径操作”按钮，设置为“减去顶层形状”，单击工具箱中的“矩形工具”按钮，在白色图形的下方绘制矩形，如图 4-134 所示。

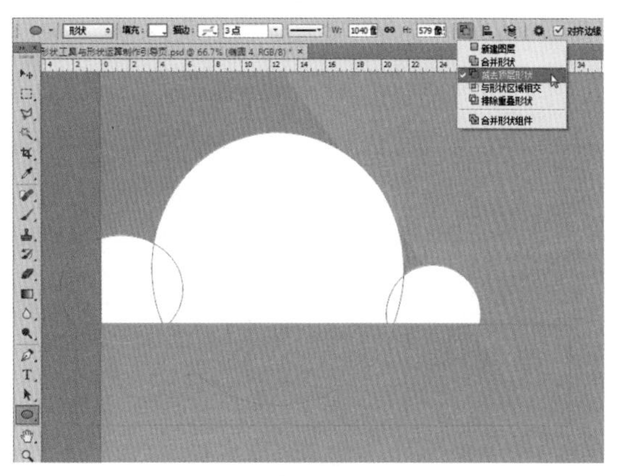

图 4-134

STEP 07 再次使用“椭圆工具”，在云朵图形下方绘制深蓝色正圆，并进行复制，如图 4-135 所示。在“图层”面板中按住 Ctrl 键选中多个深蓝色正圆图层，在选项栏中单击“垂直居中对齐”按钮，接着单击“水平居中分布”按钮，如图 4-136 所示。

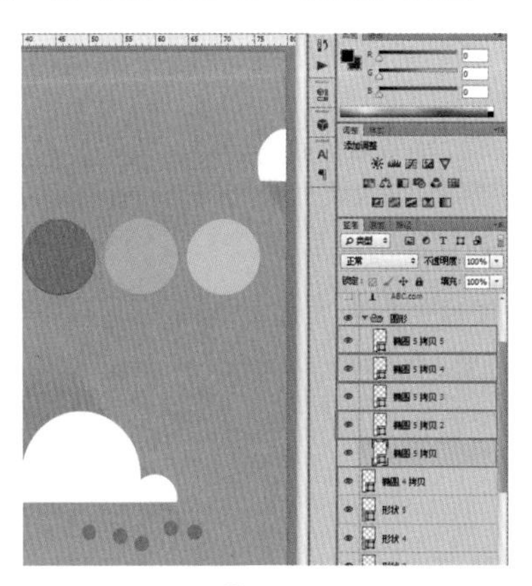

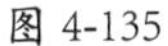

图 4-135

图 4-136

STEP 08 在“图层”面板中选择一个椭圆图层，在工具箱中单击“椭圆工具”按钮，设置选项栏中的“填充”为白色，如图 4-137 所示。在工具箱中单击“横排文字工具”按钮，设置适合的“字体”“字号”，设置“填充”为白色，在画面中单击并输入文字，如图 4-138 所示。

图 4-137

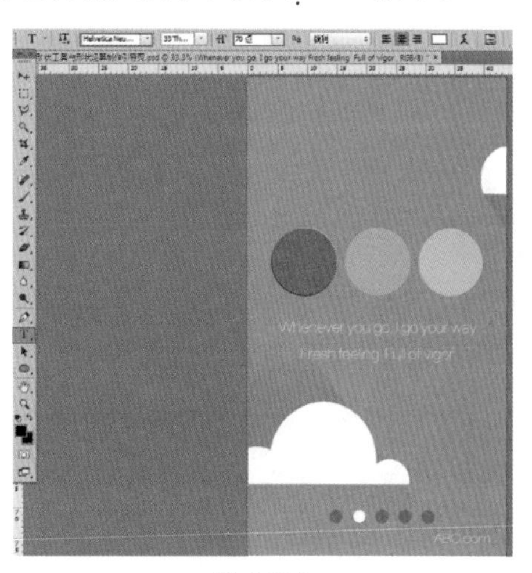

图 4-138

STEP 09 执行“文件 > 置入”菜单命令，在打开的“置入”对话框中单击选择素材“1.png”，单击“置入”按钮，如图 4-139 所示。将素材调整到合适位置，按 Enter 键完成置入，如图 4-140 所示。

图 4-139

图 4-140

4.3.4 将路径转换为选区

绘制路径的目的往往是用于抠图或填充颜色。当路径绘制完成后，按 Ctrl+Enter 快捷键即可得到选区。也可以在路径上方右击，执行“建立选区”菜单命令，如图 4-141 所示。然后在弹出的“建立选区”对话框中可以进行选区“羽化”的设置，如果想要得到精确的选区，将羽化半径设置为 0 即可。要想得到边缘模糊的选区，则可以设置一定的羽化数值，如图 4-142 所示。设置完毕后，单击“确定”按钮可以得到选区，如图 4-143 所示。

图 4-141

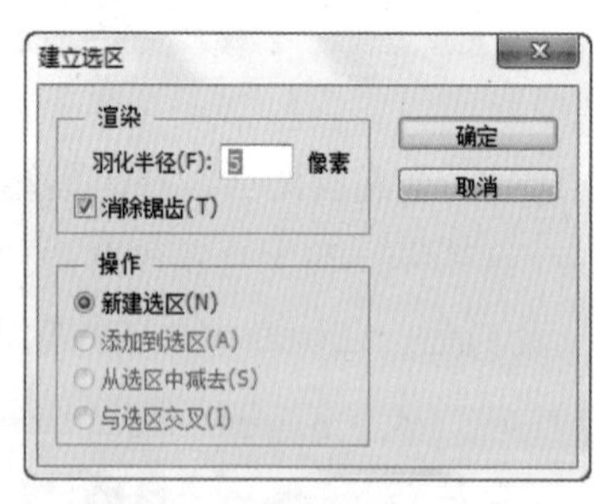

图 4-142

图 4-143

技巧提示 将路径转换为选区

使用 Ctrl+Enter 快捷键可以直接将路径转换为选区。

4.3.5 操作练习：使用“钢笔工具”抠图制作购物 APP 启动页面

案例文件	使用“钢笔工具”抠图制作购物 APP 启动页面 .psd	难易指数	★★★★★
视频教学	使用“钢笔工具”抠图制作购物 APP 启动页面 .flv	技术要点	钢笔工具、图层蒙版

案例效果（如图 4-144 所示）

思路剖析（如图 4-145~图 4-147 所示）

图 4-144

图 4-145

图 4-146

图 4-147

①打开背景素材，置入人物素材并栅格化。

②使用“钢笔工具”绘制人物路径，转换为选区。

③为图层添加“图层蒙版”，隐藏人物背景，完成合成。

应用拓展

优秀的 APP 启动页面设计欣赏，如图 4-148~ 图 4-150 所示。

图 4-148

图 4-149

图 4-150

操作步骤

STEP 01 执行“文件 > 打开”菜单命令，或按 Ctrl+O 快捷键，在弹出的“打开”对话框中单击选择素材“2.jpg”，再单击“打开”按钮，如图 4-151 和图 4-152 所示。

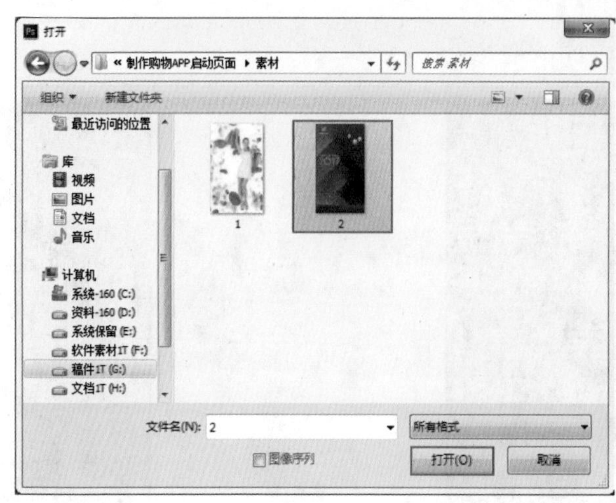

图 4-151

图 4-152

STEP 02 执行“文件 > 置入”菜单命令，在打开的“置入”对话框中单击选择素材“1.jpg”，再单击“置入”按钮，如图 4-153 所示。将人物素材调整到合适大小，然后按 Enter 键完成置入，选择素材图层，执行“图层 > 栅格化 > 智能对象”菜单命令，将该图层栅格化为普通图层，如图 4-154 所示。

STEP 03 单击工具箱中的“钢笔工具”按钮，在选项栏中设置“绘制模式”为“路径”，在画面中按住鼠标左键沿人物边缘拖曳绘制路径，如图 4-155 所示。

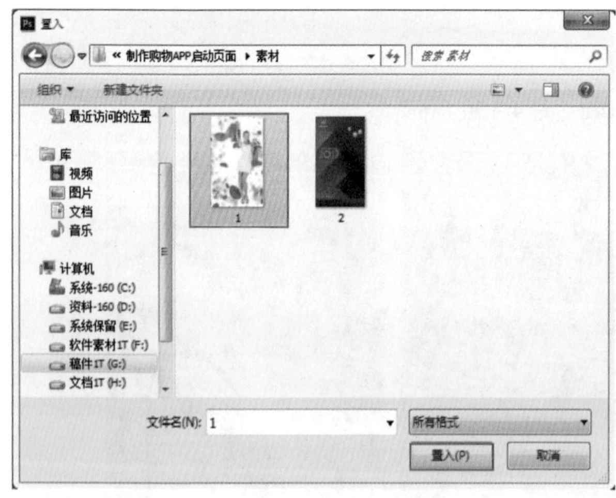

图 4-153

图 4-154

图 4-155

STEP 04 在工具箱中单击“直接选择工具”按钮，框选人物头上的“锚点”，将“锚点”拖曳到人物边缘上，如图 4-156 所示。接着单击“转换点工具”按钮，将鼠标指针移动到锚点上，拖曳锚点使路径完全符合人物轮廓，如图 4-157 所示。

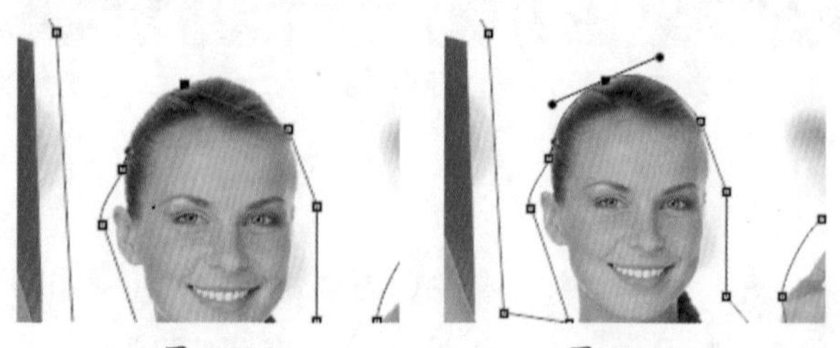

图 4-156　　图 4-157

STEP 05 用同样的方法调整其他锚点，如图 4-158 所示。按 Ctrl+Enter 快捷键将路径转换为选区，如图 4-159 所示。

图 4-158　　图 4-159

STEP 06 选中人物图层，在“图层”面板中单击“创建图层蒙版”按钮，如图 4-160 所示。使选区以外的部分隐藏，如图 4-161 所示。

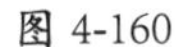

图 4-160　　图 4-161

4.3.6　填充路径

路径也能够进行填充，但是如果修改路径的形态，填充的位置不会随着路径的改变而改变。

STEP 01 先绘制路径，在使用矢量工具的状态下右击，执行“填充路径”菜单命令，如图 4-162 所示。打开“填充路径”对话框，如图 4-163 所示。

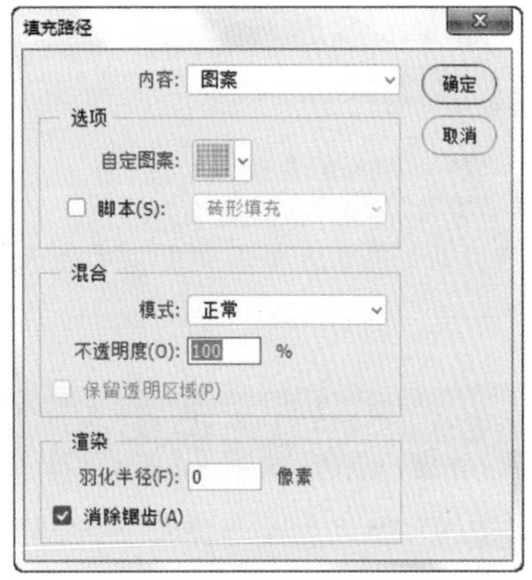

图 4-162　　图 4-163

STEP 02 在“填充路径”对话框中可以对填充内容进行设置，这里包含多种类型的填充内容，并且可以设置当前填充内容的“混合模式”以及“不透明度”等属性，如图 4-164 所示。可以尝试使用“颜色”与“图案”填充路径，效果如图 4-165 和图 4-166 所示。

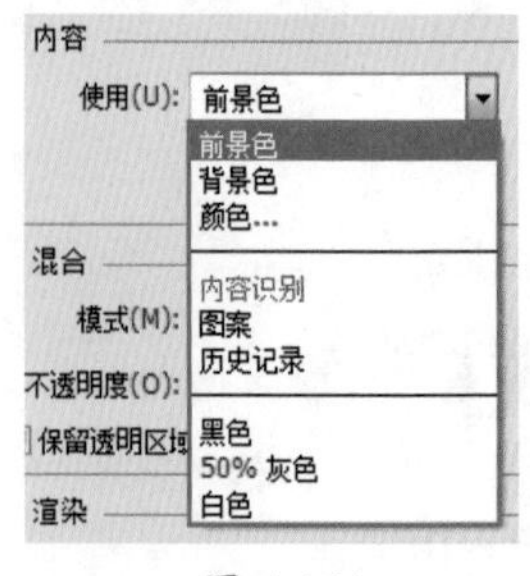

图 4-164

图 4-165

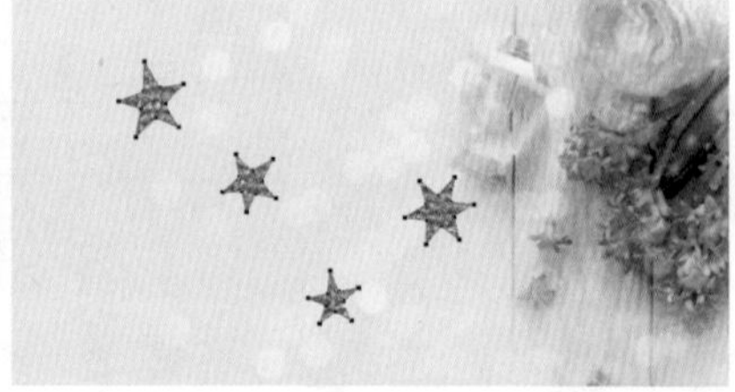

图 4-166

4.3.7 描边路径

描边路径是非常常用的功能，例如，要想绘制一条平滑的曲线光带效果，如果使用“画笔工具”进行绘制，肯定不会达到令人满意的效果。若使用“描边路径”命令制作起来就非常简单了，先使用“钢笔工具”绘制路径，然后以“画笔工具”进行描边，这样制作的光带效果就比较自然。

要想使用“画笔工具”进行描边，需要设置合适的前景色，设置画笔的“笔尖”以及“粗细”等参数。选择“钢笔工具”绘制路径，然后右击执行“描边路径”菜单命令，如图 4-167 所示。在打开的“描边路径”对话框中选择合适的工具，如图 4-168 所示。单击“确定”按钮后即可用设置好的工具对路径进行描边，如图 4-169 所示。

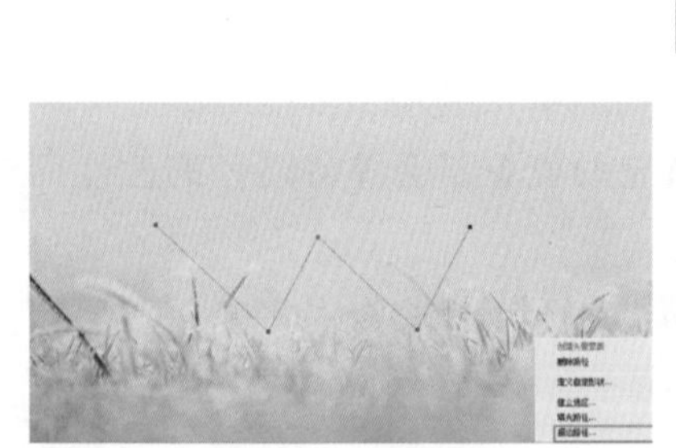

图 4-167

图 4-168

图 4-169

技巧提示 快速为路径描边

设置好画笔的参数后，在使用画笔的状态下按 Enter 键可以直接为路径描边。

4.3.8 创建与使用矢量蒙版

“矢量蒙版”是通过矢量路径来控制图层的显示与隐藏的，矢量路径内部的图像显示，矢量路径外部的图像隐藏。

STEP 01 选择图层，使用矢量工具绘制一个闭合路径，如图 4-170 所示。执行“图层 > 矢量蒙版 > 当前路径”菜单命令，即可为该图层添加矢量蒙版，路径内部的图像显示，路径外部的图像隐藏，如图 4-171 所示。此时矢量蒙版如图 4-172 所示。

图 4-170

图 4-171

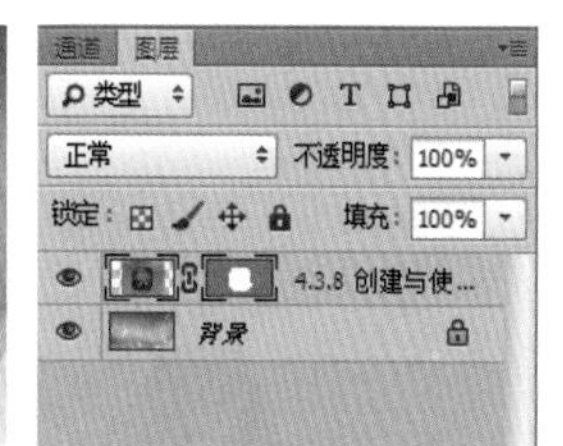

图 4-172

STEP 02 选中矢量蒙版，使用钢笔、形状等矢量工具可以对矢量蒙版中的路径进行形状的调整或者添加，如图 4-173 所示。图像效果如图 4-174 所示。

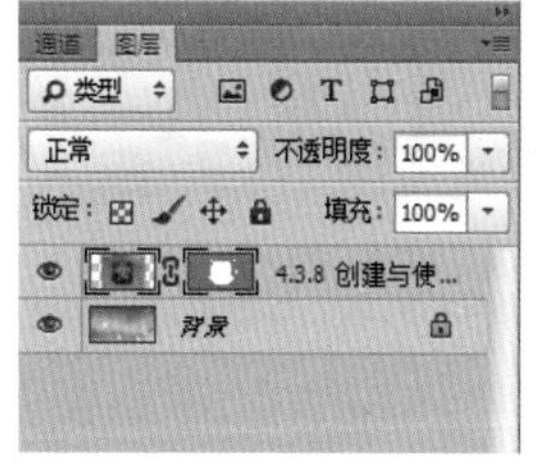

图 4-173

图 4-174

技巧提示　矢量蒙版的编辑

◆ 删除矢量蒙版：在蒙版缩略图上右击，然后在弹出的快捷菜单中选择“删除矢量蒙版”命令即可删除矢量蒙版。

◆ 栅格化矢量蒙版：在 Photoshop 中可以将矢量蒙版转换为图层蒙版，这个过程就是栅格化。要将矢量蒙版转换为图层蒙版，只需在蒙版缩略图上右击，然后在弹出的快捷菜单中选择“栅格化矢量蒙版”命令。

◆ 链接矢量蒙版：图层与矢量蒙版在默认情况下是链接在一起的（链接处有一个图标）。这样可以保证当对图层执行移动或变换时，矢量蒙版会随之变换。如果要取消链接，可以单击图标；需要恢复链接时，只需再次单击链接按钮即可。

4.3.9 操作练习：使用“矢量工具”制作活动标志

案例文件	使用“矢量工具”制作活动标志.psd	难易指数	★★★★★
视频教学	使用“矢量工具”制作活动标志.flv	技术要点	自定形状工具、剪贴蒙版

案例效果（如图 4-175 所示）

思路剖析（如图 4-176~图 4-178 所示）

图 4-175

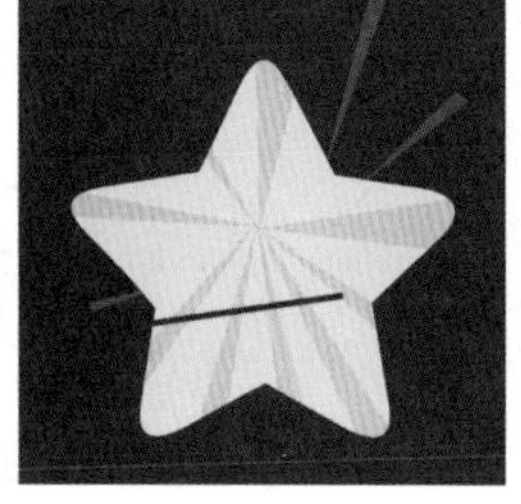

图 4-176

图 4-177

图 4-178

①使用“自定形状工具”与“钢笔工具”等矢量工具绘制活动标志主体部分。

②应用“创建剪贴蒙版”赋予五角星纹理。

③使用“横排文字工具”创建文本。

应用拓展

活动标志效果欣赏，如图 4-179~ 图 4-181 所示。

图 4-179

图 4-180

图 4-181

操作步骤

STEP 01 执行“文件 > 新建”菜单命令，在“新建”对话框中设置文件“宽度”为 1500 像素、“高度”为 1500 像素、“分辨率”为 72 像素 / 英寸、“颜色模式”为“RGB 颜色”、“背景内容”为“白色”，如图 4-182 所示。单击“前景色”按钮，在弹出的“拾色器（前景色）”对话框中设置颜色为深蓝色，单击“确定”按钮完成设置，如图 4-183 所示。使用前景色 Alt+Delete 快捷键填充画布为深蓝色，如图 4-184 所示。

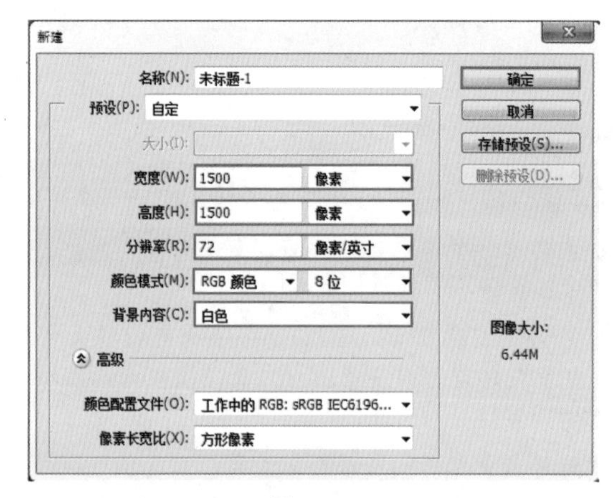

图 4-182

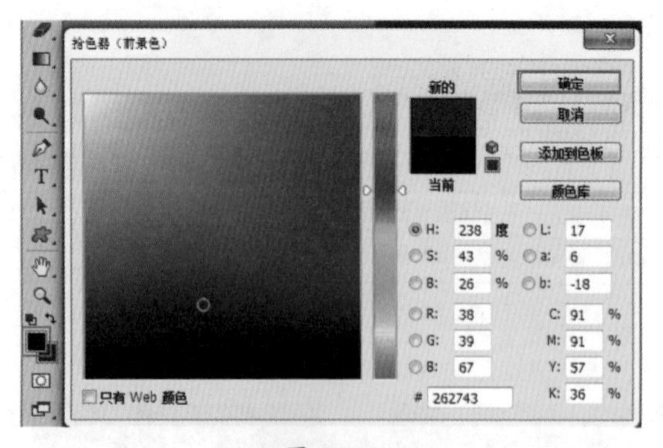

图 4-183

图 4-184

STEP 02 单击工具箱中的“自定形状工具”按钮，在选项栏中设置“形状”为五角星，如图 4-185 所示。在画面中按住鼠标左键并拖动，完成五角星的绘制，如图 4-186 所示。在工具箱中选择“转换点工具”，拖动五角星的一角，改变五角星的形状，如图 4-187 所示。用同样的方法拖动其他角。

图 4-185

图 4-186

图 4-187

STEP 03 执行“文件 > 置入”菜单命令，在打开的“置入”对话框中单击选择素材“1.png”，单击“置入”按钮，如图 4-188 所示。将素材旋转调整到合适位置，按 Enter 键完成置入。执行“图层 > 栅格化 > 智能对象”菜单命令，如图 4-189 所示。在“图层”面板中选择素材“1.jpg”，右击该图层，执行“创建剪贴蒙版”菜单命令，如图 4-190 所示。

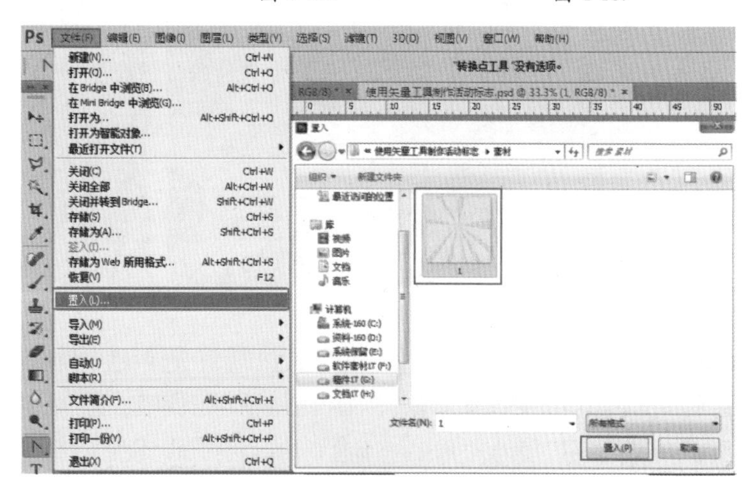

图 4-188

图 4-189

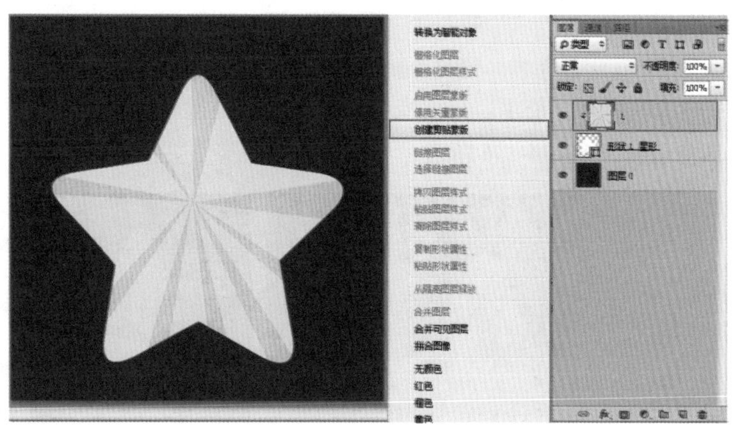

图 4-190

STEP 04 单击工具箱中的“矩形工具”按钮，在选项栏中设置“绘制模式”为“形状”，单击“填充”按钮，在下拉面板中设置“填充”为蓝色，在星形的中下部按住鼠标左键拖曳绘制矩形，如图 4-191 所示。按 Ctrl+T 快捷键调出定界框，然后将矩形旋转一定角度，按 Enter 键完成变换，如图 4-192 所示。

图 4-191

图 4-192

STEP 05 单击工具箱中的“钢笔工具”按钮，在选项栏中设置“绘制模式”为“形状”，单击“填充”按钮，在下拉面板中设置“填充”为黄色，使用“钢笔工具”在画面右上角绘制三角形，如图 4-193 所示。在“图层”面板中选中刚刚绘制的形状图层，设置“不透明度”为 30%，如图 4-194 所示。

图 4-193

图 4-194

STEP 06 在“图层”面板中选中三角形图层，将其拖曳到“创建新图层”按钮上进行复制，如图 4-195 所示。使用“自由变换”Ctrl+T 快捷键调出定界框，进行适当的旋转、缩放，并拖动到适当位置，如图 4-196 所示。用同样的方法制作另外一个三角形，如图 4-197 所示。

图 4-195

图 4-196

图 4-197

STEP 07 单击工具箱中的“钢笔工具”按钮，在选项栏中设置“绘制模式”为“形状”，单击“填充”按钮，在下拉面板中设置“填充”为橘红色，然后用“钢笔工具”在画面中绘制形状，如图 4-198 所示。

STEP 08 单击“横排文字工具”按钮，设置适合的“字体”“字号”，设置“填充”为白色，在画面中输入文字，如图 4-199 所示。用同样的方法输入右侧的文字，如图 4-200 所示。

图 4-198

图 4-199

图 4-200

STEP 09 按住 Ctrl 键单击加选 3 个文字图层，按 Ctrl+T 快捷键调出定界框，然后进行适当的旋转，如图 4-201 所示。继续使用“横排文字工具”输入相应的文字，效果如图 4-202 所示。

图 4-201

图 4-202

STEP 10 单击工具箱中的“矩形工具”按钮，在选项栏中设置“绘制模式”为“形状”，单击“填充”按钮，设置“填充”为灰色，拖动绘制圆形，如图 4-203 所示。使用 Ctrl+T 快捷键对矩形进行“自由变换”，将矩形旋转一定角度，按 Enter 键完成变换，如图 4-204 所示。

图 4-203

图 4-204

STEP 11 再次绘制一个稍小一些的五角星，然后将其移动到合适位置并适当旋转。如图 4-205 所示。使用同样的方法再次复制一个五角星，并移动到合适位置，如图 4-206 所示。

图 4-205

图 4-206

4.4 使用文字工具

在 UI 设计中，文字是必不可少的设计元素。Photoshop 能够创建多种文字类型，如点文字、段落文字、区域文字、路径文字等。要想创建这些文字就需要用到文字工具组中的“横排文字工具”和“直排文字工具”，如图 4-207 所示。

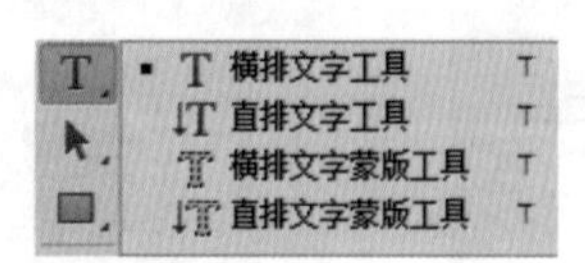

图 4-207

4.4.1 认识文字工具

在文字工具选项栏中，可以对文字进行最基础参数的设置。“横排文字工具”与“直排文字工具”的选项栏参数基本相同，单击工具箱中的“横排文字工具”按钮，其选项栏如图 4-208 所示。

图 4-208

★ 切换文本取向：在选项栏中单击“切换文本取向”按钮，可以将横向排列的文字更改为直向排列的文字，也可以执行“类型 > 取向 > 水平 / 垂直”菜单命令。如图 4-209 所示为横排文字效果，如图 4-210 所示为直排文字效果。

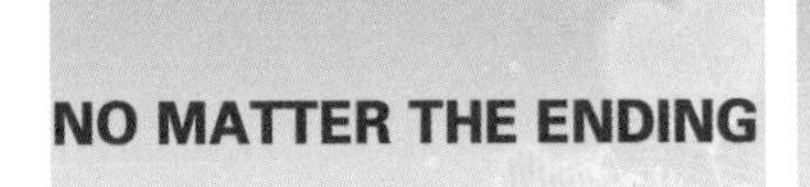

图 4-209

图 4-210

★ 设置字体系列：在选项栏中单击“设置字体系列”下拉箭头，可以在下拉列表框中选择合适的字体。如图 4-211 和图 4-212 所示为不同字体的效果。

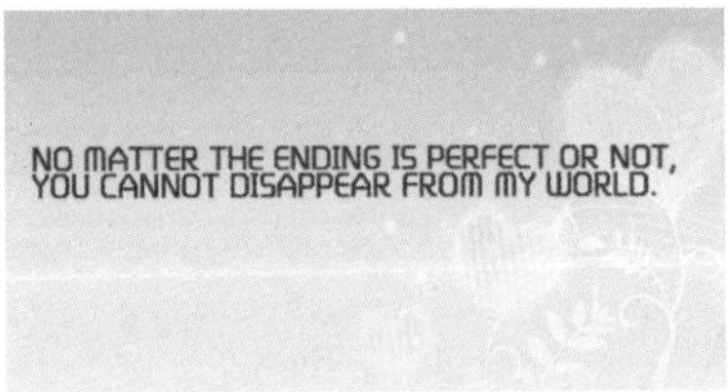

图 4-211

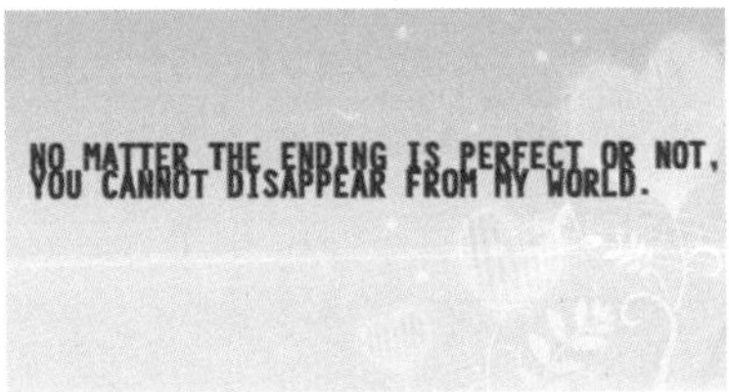

图 4-212

★ 设置字体大小：输入文字以后，如果要更改字体的大小，可以直接在选项栏中输入数值，也可以在下拉列表中选择预设的字体大小。若要改变部分字符的大小，则需要选中要更改的字符后进行设置。如图 4-213 所示为设置文字大小为 15 点的效果，如图 4-214 所示为设置文字大小为 35 点的效果。

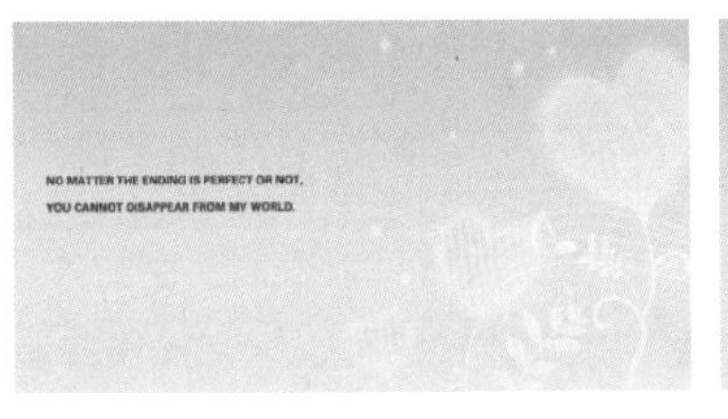

图 4-213

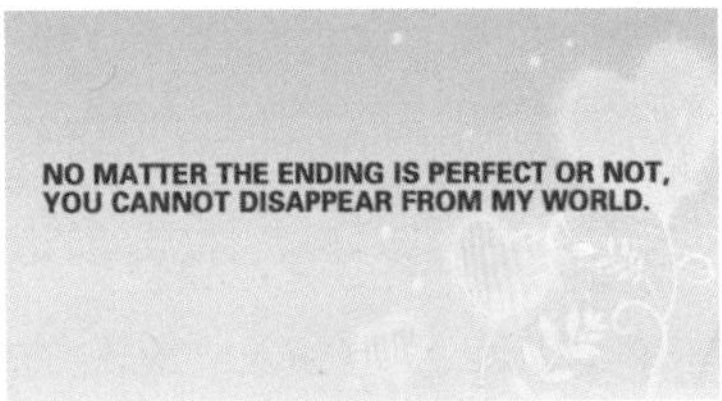

图 4-214

★ 消除锯齿：输入文字以后，可以在选项栏中为文字指定一种消除锯齿的方式。选择“无”方式时，Photoshop 不会应用消除锯齿；选择“锐利”方式时，文字的边缘最为锐利；选择“犀利”方式时，文字的边缘就比较锐利；选择“浑厚”方式时，文字会变粗一些；选择“平滑”方式时，文字的边缘会非常平滑。

★ 设置文本对齐：用来设置选中文字的对方方式。如图 4-215 所示为“左对齐文本”效果；如图 4-216 所示为“居中对齐文本”效果；如图 4-217 所示为“右对齐文本”效果。

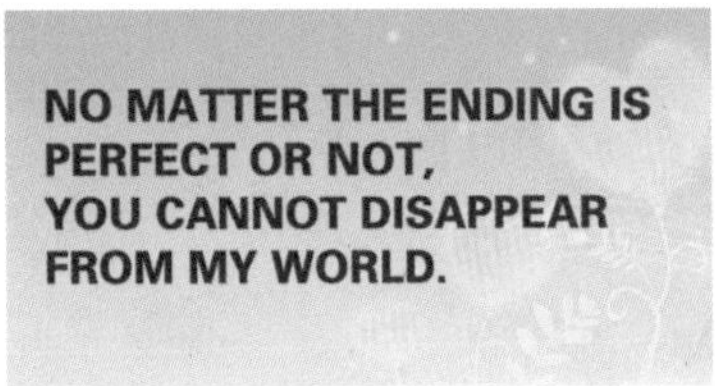

图 4-215

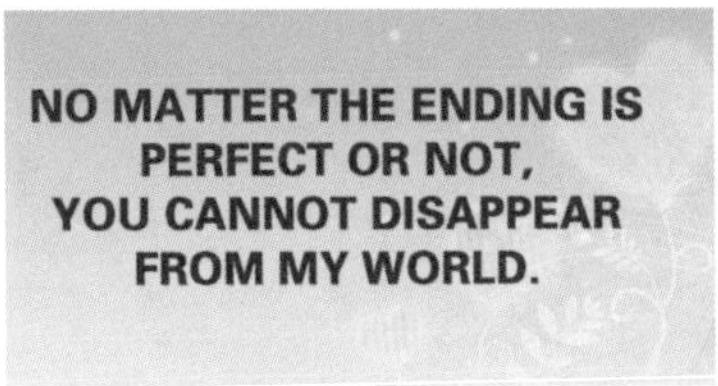

图 4-216

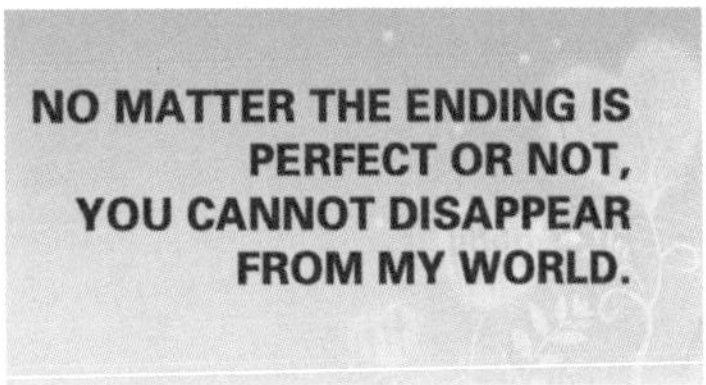

图 4-217

★ 设置文本颜色：输入文本时，文本颜色默认为前景色。选中文字，单击属性栏中的“设置文本颜色”按钮，在打开的“拾色器（文本颜色）”对话框中可以设置颜色，如图 4-218 所示。设置完成后单击“确定”按钮，即可为文本更改颜色，如图 4-219 所示。

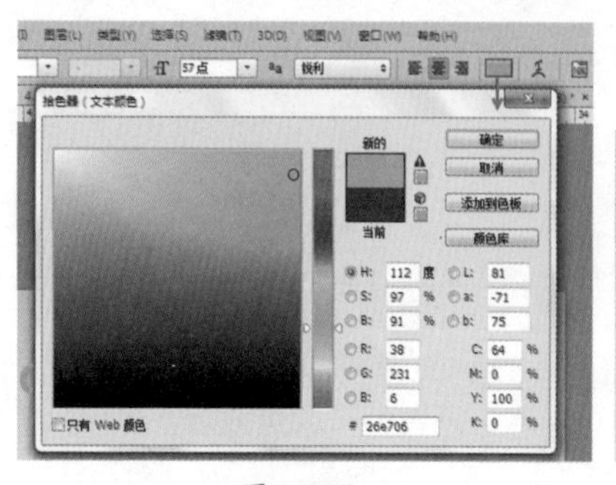

图 4-218

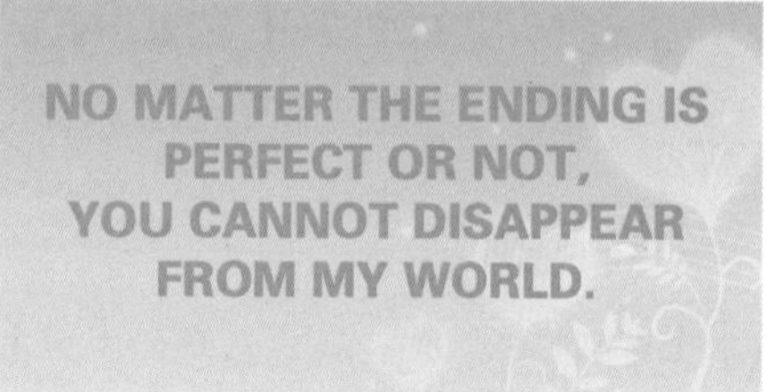

图 4-219

★ 创建文字变形：输入文字以后，在文字工具的选项栏中单击“创建文字变形”按钮，可以打开“变形文字”对话框，如图 4-220 所示，从中可以为文本设置变形效果。如图 4-221 所示为不同的变形文字效果。

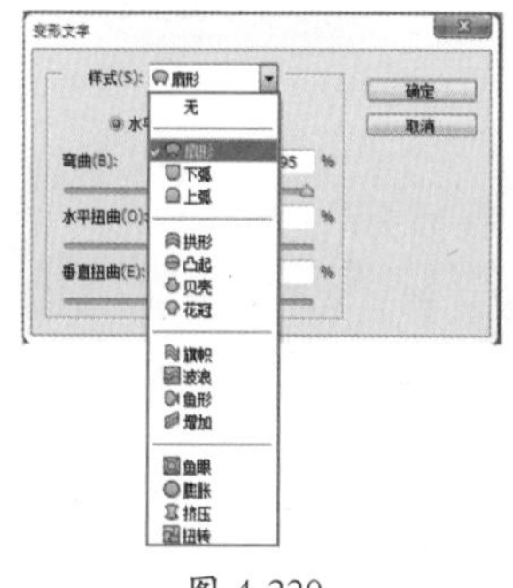

图 4-220

图 4-221

★ 切换字符和“段落”面板：单击该按钮即可打开字符和段落面板。

★ 取消所有当前编辑：在创建或编辑文字时，单击该按钮可以取消文字操作状态。

★ 提交所有当前编辑：文字输入或编辑完成后，单击该按钮可以提交操作并退出文字编辑状态。

4.4.2 创建点文字

当输入较少文字时，我们可以创建点文字。点文字可以通过按 Enter 键进行换行。

STEP 01 单击工具箱中的“横排文字工具”按钮，在选项栏中设置合适的“字体”“字号”“颜色”，然后在画面中单击，如图 4-222 所示。输入文字，如图 4-223 所示。一行输入结束后需要按 Enter 键开始下一行文字的输入，如图 4-224 所示。

图 4-222

I want it to go Finally,

图 4-223

图 4-224

STEP 02 “直排文字工具”与“横排文字工具”的使用方法一致。选择“直排文字工具”，在选项栏中设置合适的“字体”“字号”“颜色”，然后在画面中单击，接着输入文字，此时文字呈纵向排列，如图 4-225 所示。按 Enter 键可以进行换行，如图 4-226 所示。

图 4-225

图 4-226

STEP 03 输入完成的文字还可以再次编辑，使用“横排文字工具”在文字上方单击插入光标，如图 4-227 所示。接着按住鼠标左键拖曳，鼠标指针经过的位置文字将会被选中，呈现出高亮显示，如图 4-228 所示。选中文字后可以在选项栏中设置“字体”“字号”“颜色”等参数，如图 4-229 所示。

图 4-227

图 4-228

图 4-229

STEP 04 文字调整完成后，单击选项栏中的“提交当前所有编辑”按钮，完成文字的编辑。

4.4.3 操作练习：使用“文字工具”制作锁屏页面时钟

案例文件	使用“文字工具”制作锁屏页面时钟.psd	难易指数	★★★★★
视频教学	使用“文字工具”制作锁屏页面时钟.flv	技术要点	文字工具

案例效果（如图 4-230 所示）

思路剖析（如图 4-231~ 图 4-233 所示）

图 4-230

图 4-231

图 4-232

图 4-233

①打开背景素材。

②使用“横排文字工具”输入时间文字。

③置入图标素材。

应用拓展

优秀锁屏页面时钟设计方案欣赏，如图 4-234 和图 4-235 所示。

图 4-234

图 4-235

操作步骤

STEP 01 执行“文件 > 新建”菜单命令，设置文件“宽度”为 1242 像素、“高度”为 2208 像素、“分辨率”为 72 像素 / 英寸、“颜色模式”为“RGB 颜色”、“背景内容”为“白色”，如图 4-236 所示。执行“文件 > 置入”菜单命令，在打开的“置入”对话框中选择素材“1.jpg”，单击“置入”按钮。将素材放置在合适的位置，按 Enter 键完成置入，如图 4-237 所示。

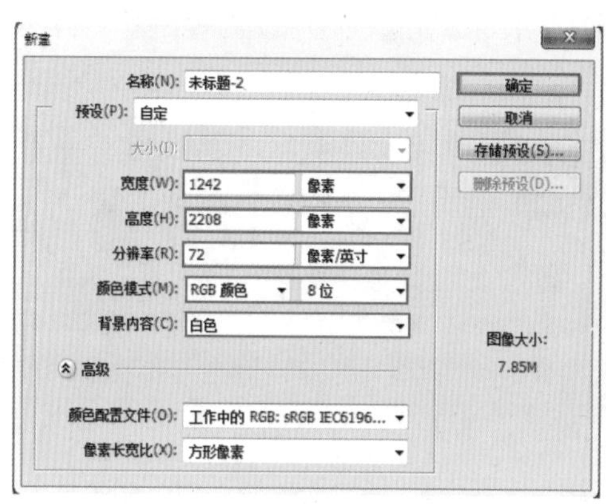

图 4-236

图 4-237

STEP 02 单击“横排文字工具”按钮，在选项栏中设置合适的“字体”“字号”“颜色”，然后在画面中单击插入光标，如图 4-238 所示。接着在画面中输入文字，如图 4-239 所示。

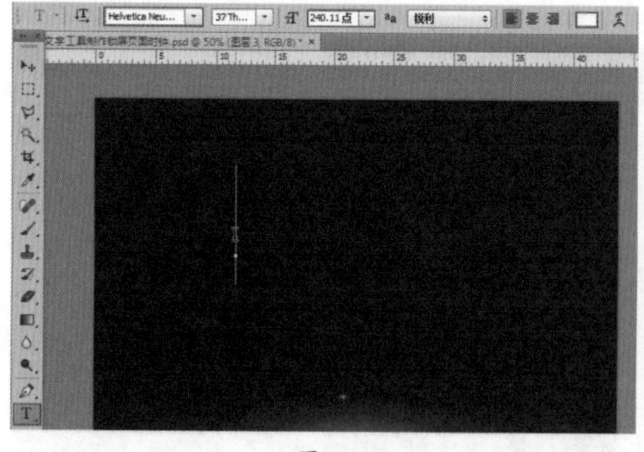

图 4-238

图 4-239

STEP 03 使用同样的方法在画面中输入其他文字，输入之前在选项栏中更改字体、字号，如图 4-240 所示。执行“文件 > 置入”菜单命令，在打开的“置入”对话框中选择素材，单击“置入”按钮。将素材放置在合适的位置，按 Enter 键完成置入，如图 4-241 所示。

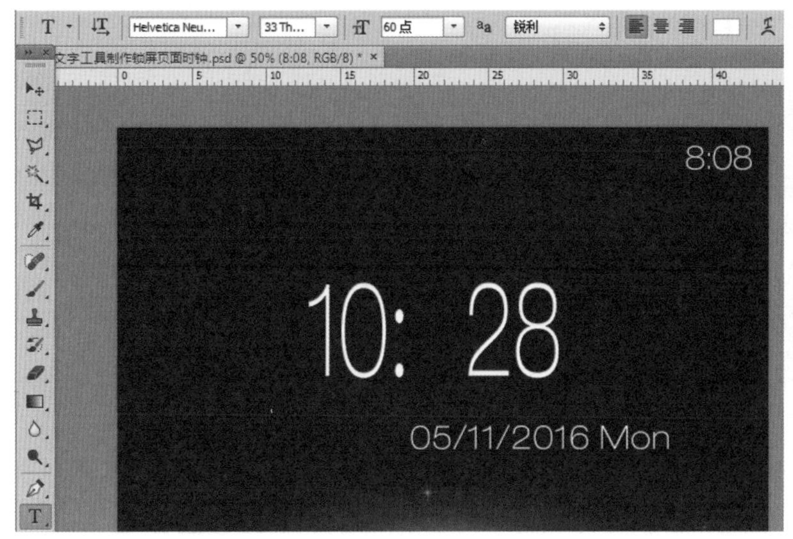

图 4-240

图 4-241

4.4.4 操作练习：使用“直排文字工具”制作中式水墨感欢迎页面

案例文件	使用“直排文字工具”制作中式水墨感欢迎页面 .psd
视频教学	使用“直排文字工具”制作中式水墨感欢迎页面 .flv

难易指数	★★★★★
技术要点	直排文字工具、图层蒙版

案例效果（如图 4-242 所示）

思路剖析（如图 4-243~ 图 4-245 所示）

图 4-242

图 4-243

图 4-244

图 4-245

①使用“黑白”调整图层对素材进行黑白化处理。

②使用“图层蒙版”使素材融入背景色的处理。

③使用“直排文字工具”添加文字。

应用拓展

优秀 UI 设计作品欣赏，如图 4-246~ 图 4-248 所示。

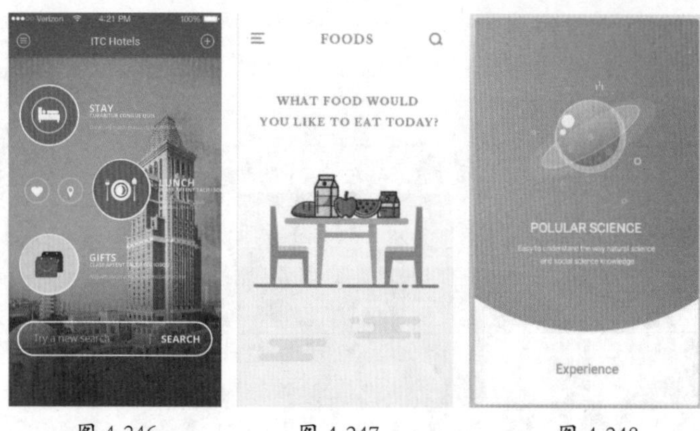

图 4-246　　图 4-247　　图 4-248

操作步骤

STEP 01 执行“文件 > 新建”菜单命令，在“新建”对话框中设置文件“宽度”为 1242 像素、“高度”为 2208 像素、“分辨率”为 72 像素 / 英寸、“颜色模式”为“RGB 颜色”、“背景内容”为“白色”，如图 4-249 所示。单击工具箱中的“渐变工具”按钮，在选项栏中单击“渐变色条”按钮，在弹出的“渐变编辑器”对话框中编辑一个灰色色系渐变，如图 4-250 所示。单击“确定”按钮完成编辑后，设置“渐变类型”为“实底”。在画面中按住鼠标左键拖曳填充渐变颜色，如图 4-251 所示。

图 4-249

图 4-250

图 4-251

STEP 02 执行“文件 > 置入”菜单命令，在打开的“置入”对话框中单击选择素材“1.jpg”，单击“置入”按钮，如图 4-252 所示。将素材移动到画面下方位置，按 Enter 键完成置入，接着执行“图层 > 栅格化 > 智能对象”菜单命令，如图 4-253 所示。

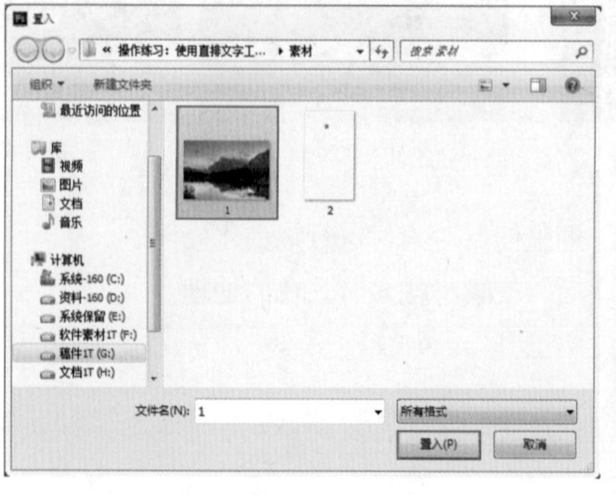

图 4-252

图 4-253

STEP 03 选择素材图层，执行“图层 > 图层蒙版 > 显示全部”菜单命令，单击“图层蒙版缩略图”按钮，单击工具箱中的“画笔工具”按钮，在选项栏中单击“画笔预设”按钮，设置“大小”为 200 像素、“硬度”为 0%，如图 4-254 所示。将前景色设置为黑色，使用“画笔工具”涂抹素材中天空的位置，使其与背景过渡变得柔和，如图 4-255 所示。

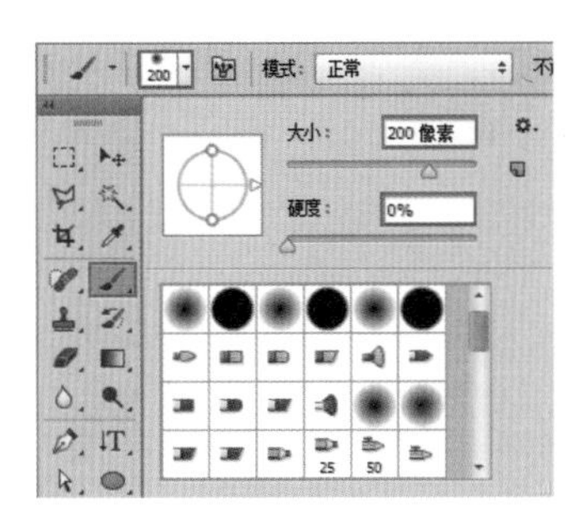

图 4-254

图 4-255

STEP 04 执行“图层 > 新建调整图层 > 黑白”菜单命令，在“属性”面板中设置“红色”为 85、“黄色”为 48、“绿色”为 40、“青色”为 60、“蓝色”为 44、“洋红”为 80，如图 4-256 所示。效果如图 4-257 所示。

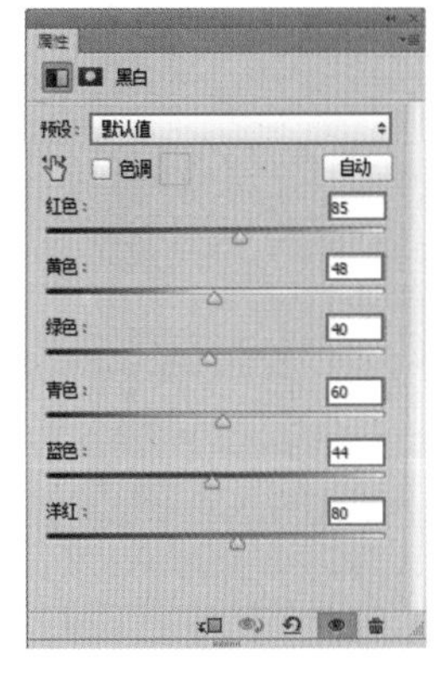

图 4-256

图 4-257

STEP 05 单击工具箱中的“直排文字工具”按钮，在选项栏中设置“字体”“字号”，设置“文本颜色”为黑色，在画面中间位置单击插入光标，如图 4-258 所示。接着输入文字，如图 4-259 所示。

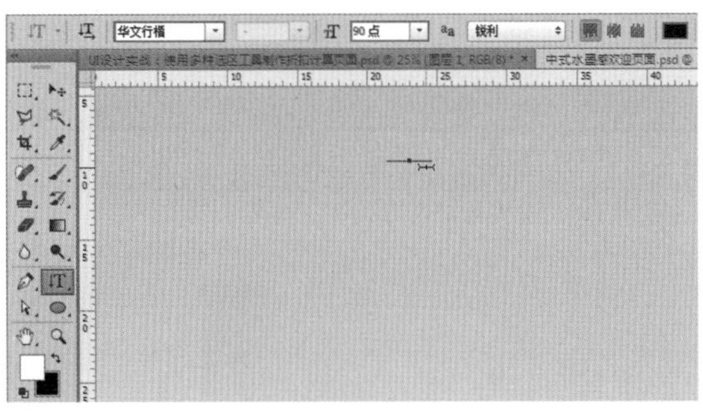

图 4-258

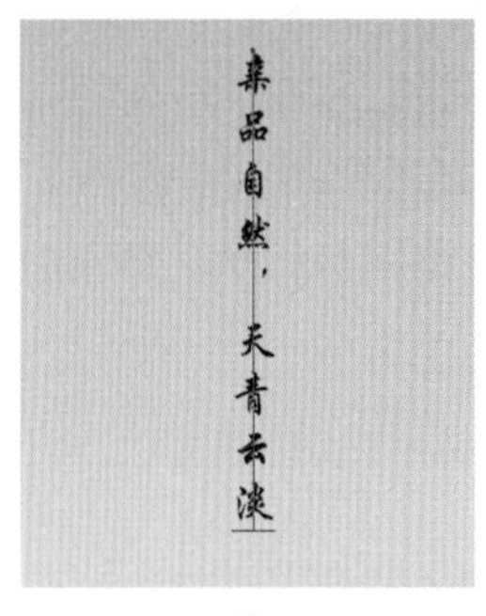
图 4-259

STEP 06 在选项栏中设置更小的字体（注意此时不要选中之前的文字图层），然后继续输入其他文字，如图 4-260 所示。最后置入印章素材，并将其移动到画面文字上方位置，按 Enter 键完成置入。执行“图层 > 栅格化 > 智能对象”菜单命令，最终效果如图 4-261 所示。

图 4-260

图 4-261

4.4.5 创建段落文字

段落文字常用于输入大量文字，在输入文字的过程中无须进行换行，当文字输入文本框边界时会自动换行，非常便于管理。

STEP 01 单击工具箱中的“横排文字工具”按钮T，在选项栏中设置文字属性，然后在操作界面中按住鼠标左键拖曳创建文本框，如图 4-262 所示。文本框绘制完成后，在文本框中输入文字，效果如图 4-263 所示。

图 4-262

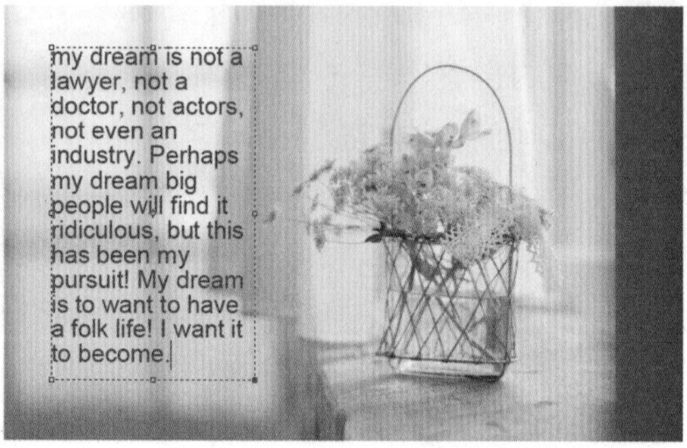

图 4-263

技巧提示　文字溢出

当文本框内有无法完全显示的文字时，这部分隐藏的字符被称为“溢出”。此时文本框右下角的控制点会变为⊞形状，拖曳控制点调整文本框的大小，即可显示溢出的文字。

STEP 02 文字输入完成后，单击选项栏中的“提交所有当前编辑”按钮✓。如果想要对段落文本的显示形态进行调整，可以在使用文字工具的状态下，单击段落文本，使段落文本框显示出来。按住鼠标左键并拖动，即可调整文本框的大小，如图 4-264 所示。

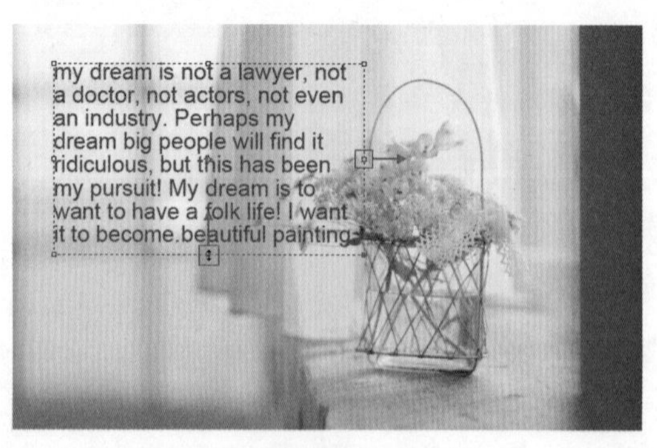

图 4-264

技巧提示　点文本和段落文本的相互转换

选择点文本，执行“类型 > 转换为段落文本”菜单命令，可以将点文本转换为段落文本。选择段落文本，执行“类型 > 转换为点文本”菜单命令，可以将段落文本转换为点文本。

4.4.6 创建路径文字

要按照特殊的路线分布文字时，可以使用路径文字。路径文字是一种可以按照路径形态进行排列的文字对象，所以路径文字常常用于制作不规则排列的文字效果。

STEP 01 绘制一段路径，然后将文字工具移动到路径上，鼠标指针变为形状，如图 4-265 所示。在路径上单击插入光标，接着输入文字，输入的文字会沿着路径进行排列，如图 4-266 所示。

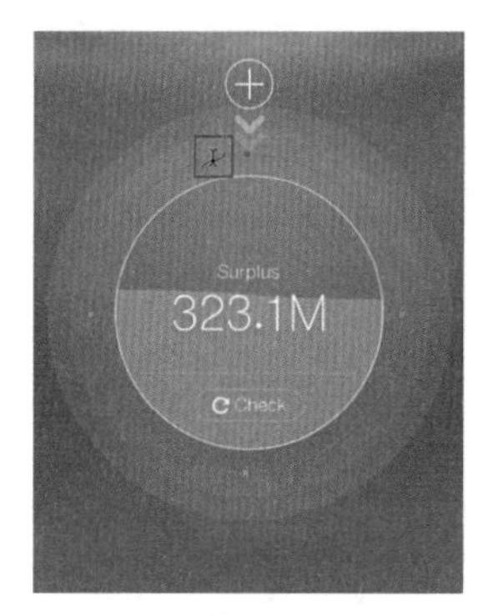

图 4-265

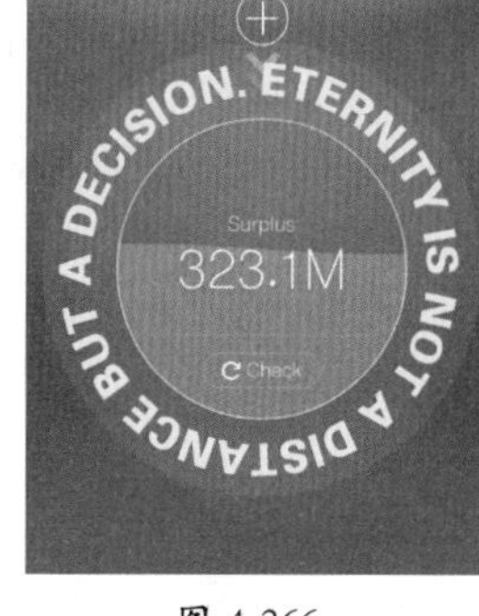

图 4-266

STEP 02 如果改变路径的形态，那么文字的排列走向也会发生改变。文字输入完成后按住 Ctrl 键鼠标指针变为形状，然后按住鼠标左键拖曳即可调整路径的位置，如图 4-267 和图 4-268 所示。

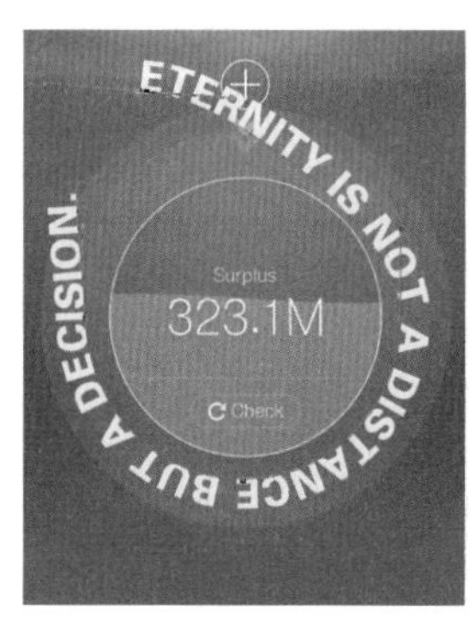

图 4-267

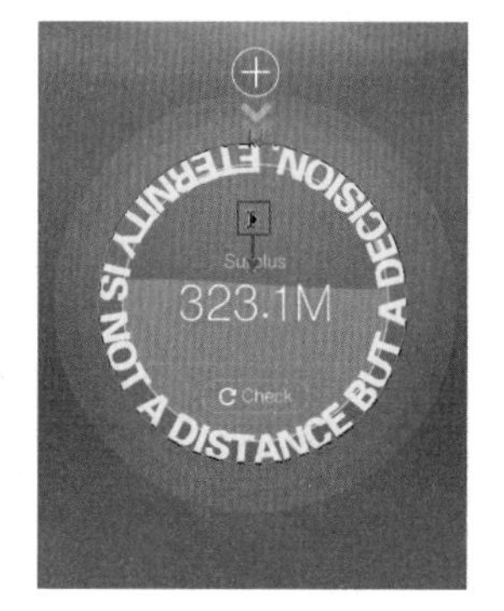

图 4-268

4.4.7 创建区域文字

段落文本的文本框只能是矩形，若要在一个特定形状中输入文字，我们可以先使用“钢笔工具”绘制闭合路径，然后在路径内输入文字，这种文字类型称为区域文字。

首先绘制一个闭合路径，这个路径的形状就是文字的外轮廓。选择“横排文字工具”，在选项栏中设置合适的字体、字号，接着将鼠标指针移动至路径内部，指针会变为形状，如图 4-269 所示。单击，在路径内会出现闪烁的光标，如图 4-270 所示。接着继续输入文字，文字就会出现在路径的内部，如图 4-271 所示。

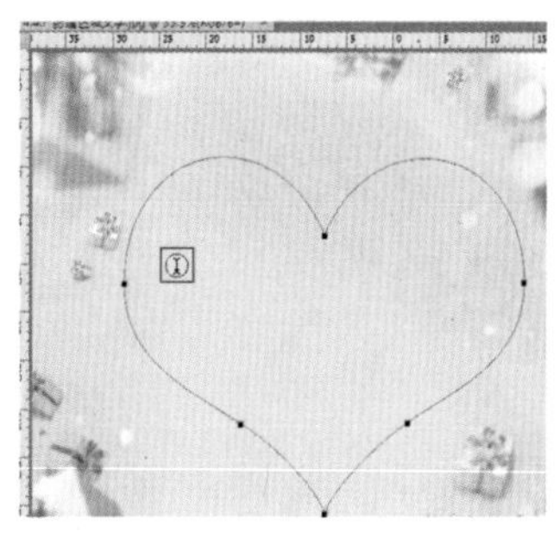

图 4-269

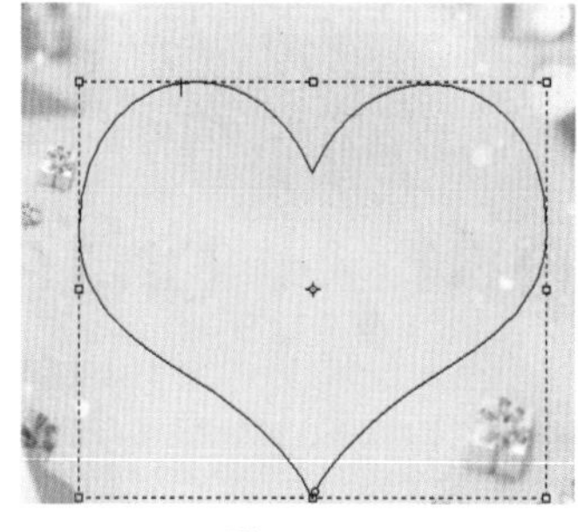

图 4-270

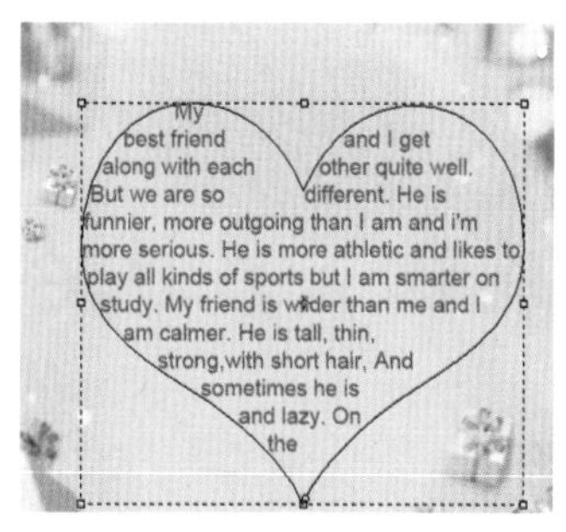

图 4-271

4.5 编辑文字对象的属性

在文字工具选项栏中可以对文字进行最基本的设置，但是如果要对“行间距”“字间距”进行调整，就要用到“字符”面板或“段落”面板。

4.5.1 使用“字符”面板编辑文字属性

执行“窗口 > 字符”菜单命令，或者在选择文字工具的状态下，单击选项栏中的“面板”按钮，就可以打开“字符”面板，如图 4-272 所示。

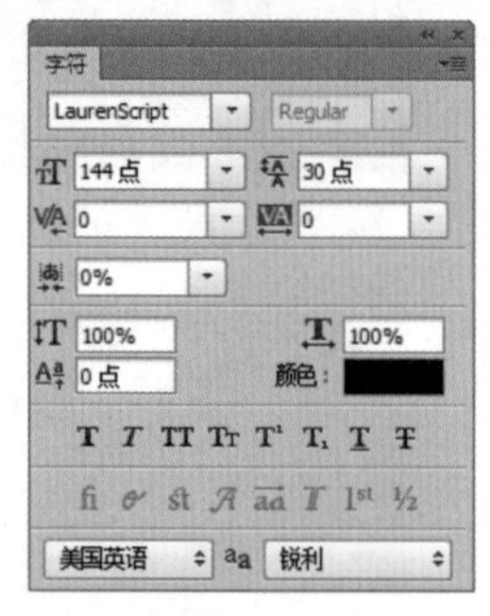

图 4-272

★ 设置行距：行距就是上一行文字基线与下一行文字基线之间的距离。选择需要调整的文字图层，然后在“设置行距”数值框中输入行距数值或在其下拉列表中选择预设的行距值。如图 4-273 所示为“设置行距”为 50 点的效果；如图 4-274 所示为“设置行距”为 100 点的效果。

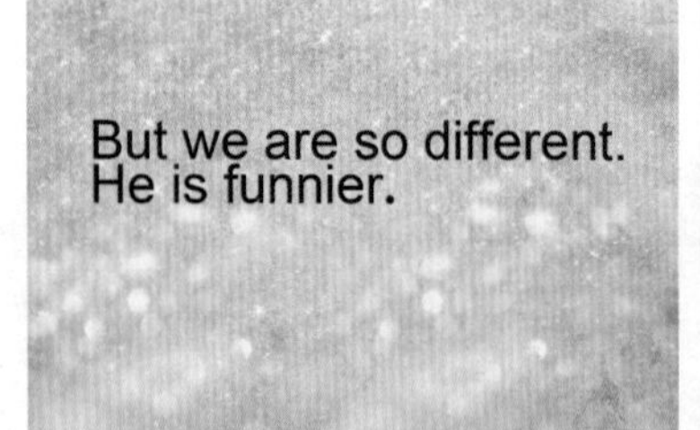

图 4-273　　图 4-274

★ 字距微调：用于微调两个字符之间的字距。在设置时先要将光标插入需要进行字距微调的两个字符之间，然后在数值框中输入所需的字距微调数值。输入正值时，字距会扩大，如图 4-275 所示；输入负值时，字距会缩小，如图 4-276 所示。

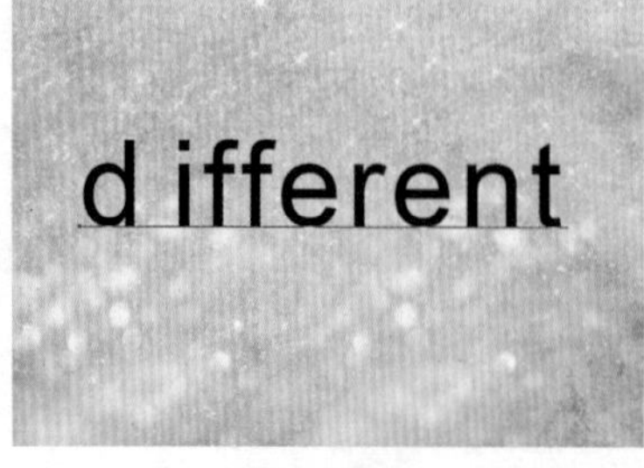

图 4-275

图 4-276

★ 字距调整：用于设置文字的字符间距。输入负值时，字距会缩小，如图 4-277 所示。输入正值时，字距会扩大，如图 4-278 所示。

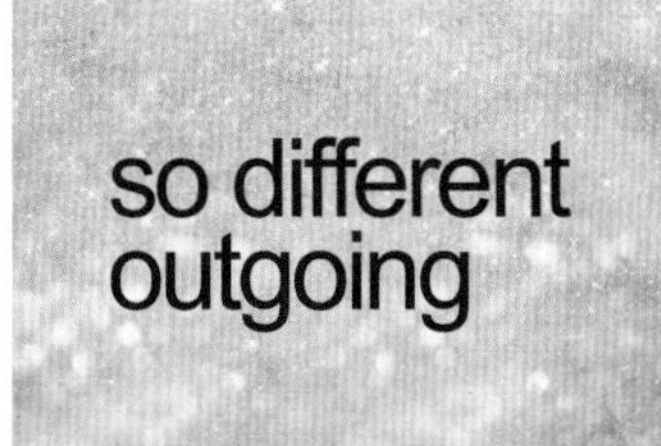

图 4-277 　　图 4-278

★ 比例间距：按指定的百分比来减少字符周围的空间。因此，字符本身并不会被伸展或挤压，而是字符之间的间距被伸展或挤压了。如图 4-279 所示为比例间距为 0 时的文字效果；如图 4-280 所示为比例间距为 100% 时的文字效果。

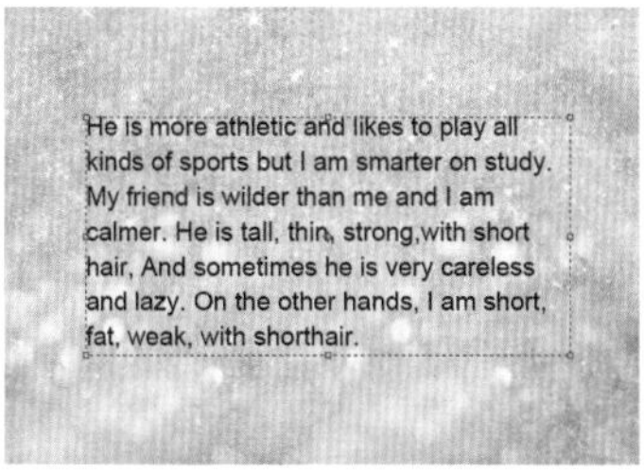

图 4-279 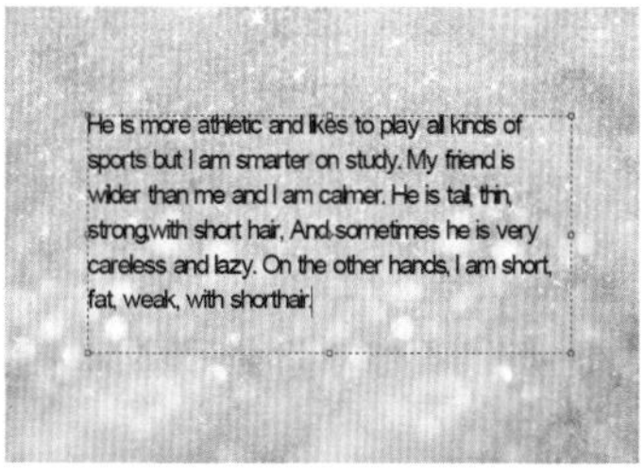　　图 4-280

★ 垂直缩放 / 水平缩放：用于设置文字的垂直缩放或水平缩放比例，以调整文字的高度或宽度。如图 4-281 所示为垂直缩放和水平缩放 100% 时的文字效果；如图 4-282 所示为垂直缩放 150%、水平缩放 100% 时的文字效果；如图 4-283 所示为垂直缩放 100%、水平缩放 150% 时的文字效果。

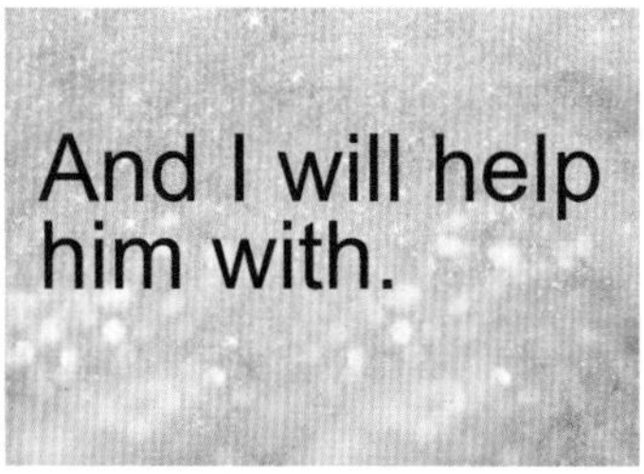

图 4-281 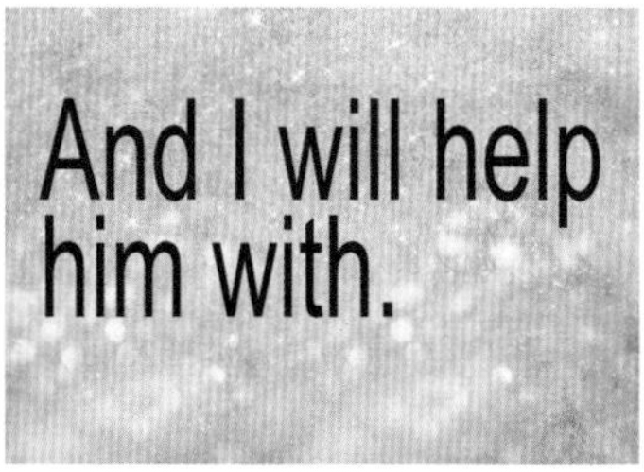　　图 4-282 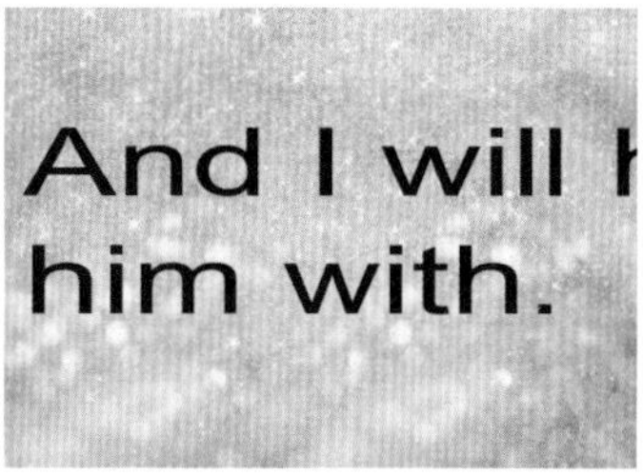　　图 4-283

★ 基线偏移：用来设置文字与文字基线之间的距离。输入正值时，文字会上移，如图 4-284 所示。输入负值时，文字会下移，如图 4-285 所示。

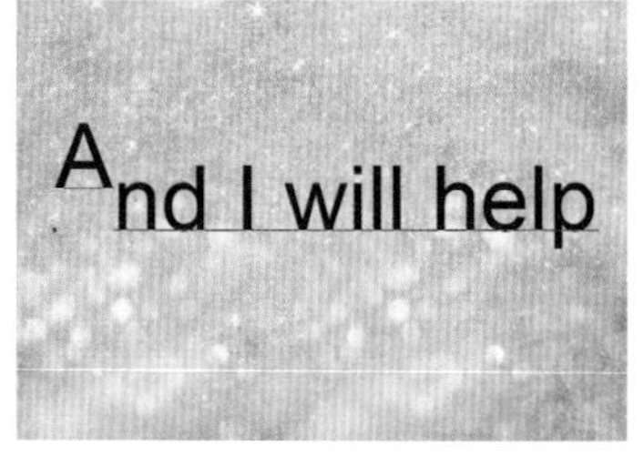

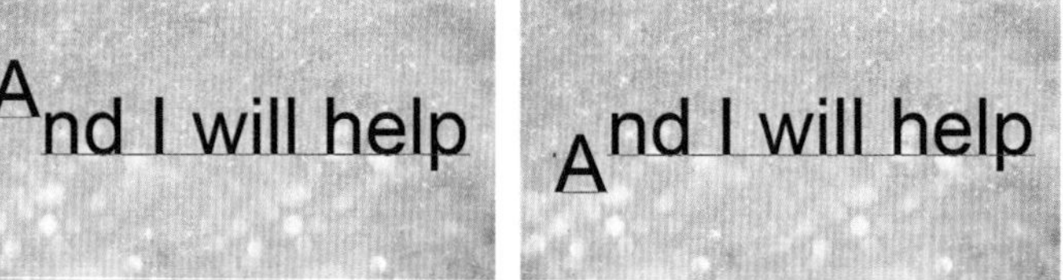

图 4-284　　图 4-285

★ 文字样式 T *T* TT Tт T¹ T₁ T̲ T̶：设置文字的效果，共有仿粗体、仿斜体、全部大写字母、小型大写字母、上标、下标、下画线和删除线 8 种。

★ Open Type 功能 fi ℴ st 𝒜 aa T 1st ½：分别为标准连字fi、上下文替代字ℴ、自由连字st、花饰字𝒜、文体替代字aa、标题替代字T、序数字1st、分数字½。

4.5.2 使用“段落”面板编辑段落属性

在“段落”面板中可以对段落文字的对齐方式、缩进、连字选项进行设置。执行“窗口 > 段落”菜单命令，可以打开“段落”面板，如图 4-286 所示。

图 4-286

★ 左对齐文本：文字左对齐，段落右端参差不齐，如图 4-287 所示。

★ 居中对齐文本：文字居中对齐，段落两端参差不齐，如图 4-288 所示。

★ 右对齐文本：文字右对齐，段落左端参差不齐，如图 4-289 所示。

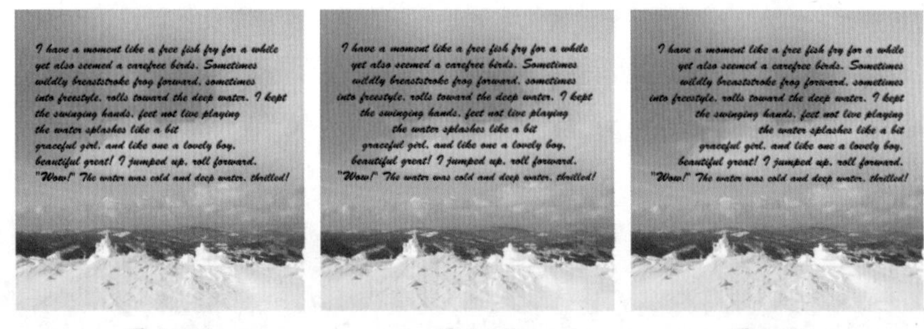

图 4-287　　图 4-288　　图 4-289

★ 最后一行左对齐：最后一行左对齐，其他行左右两端强制对齐，如图 4-290 所示。

★ 最后一行居中对齐：最后一行居中对齐，其他行左右两端强制对齐，如图 4-291 所示。

★ 最后一行右对齐：最后一行右对齐，其他行左右两端强制对齐，如图 4-292 所示。

★ 全部对齐：在字符间添加额外的间距，使文本左右两端强制对齐，如图 4-293 所示。

图 4-290　　图 4-291　　图 4-292　　图 4-293

技巧提示　直排文字的对齐方式

使用“直排文字工具”创建的文字对象，其对齐方式的按钮有所不同，为顶对齐文本，为居中对齐文本，为底对齐文本。

- ★ 左缩进：用于设置段落文本向右（横排文字）或向下（直排文字）的缩进量。如图 4-294 所示是设置“左缩进”为 20 点时的段落效果。
- ★ 右缩进：用于设置段落文本向左（横排文字）或向上（直排文字）的缩进量。如图 4-295 所示是设置“右缩进”为 50 点时的段落效果。
- ★ 首行缩进：用于设置段落文本中每个段落的第 1 行文字向右（横排文字）或第 1 列文字向下（直排文字）的缩进量。如图 4-296 所示是设置“首行缩进”为 100 点时的段落效果。

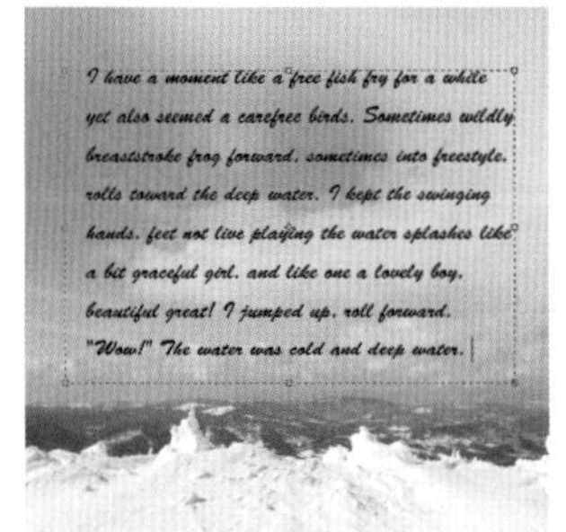

图 4-294

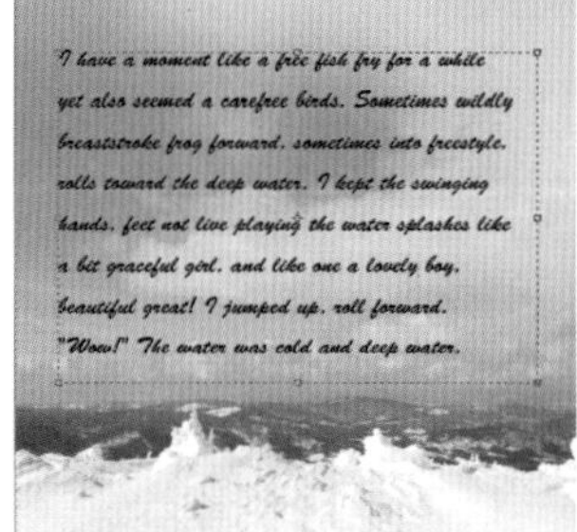

图 4-295

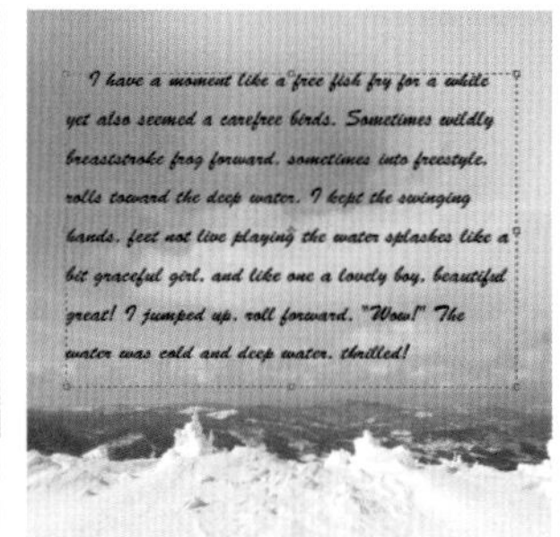

图 4-296

- ★ 段前添加空格：设置光标所在段落与前一个段落之间的间隔距离。如图 4-297 所示是设置“段前添加空格”为 100 点时的段落效果。
- ★ 段后添加空格：设置当前段落与另外一个段落之间的间隔距离。如图 4-298 所示是设置“段后添加空格”为 100 点时的段落效果。

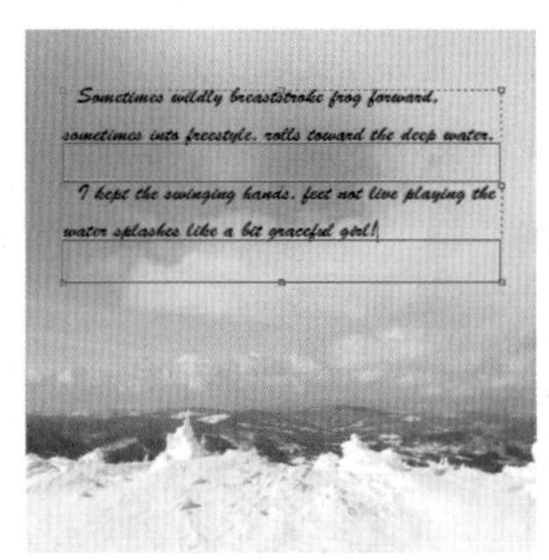

图 4-297

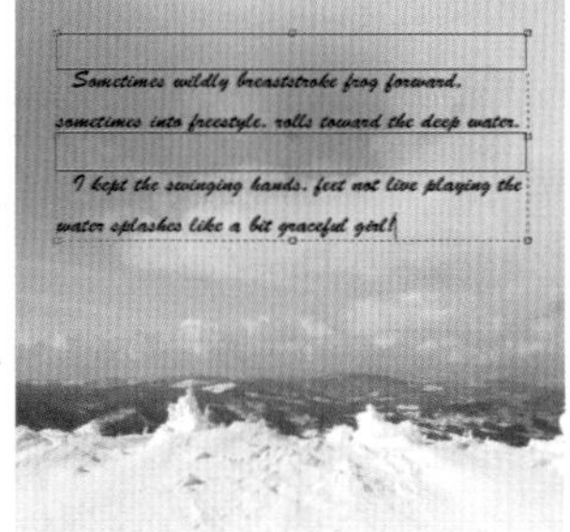

图 4-298

- ★ 避头尾法则设置：不能出现在一行的开头或结尾的字符称为避头尾字符。Photoshop 提供了基于标准 JIS 的宽松和严格的避头尾集，宽松的避头尾设置忽略长元音字符和小平假名字符。选择“JIS 宽松”或“JIS 严格”选项时，可以防止在一行的开头或结尾出现不能使用的字母。
- ★ 间距组合设置：用于设置日语字符、罗马字符、标点和特殊字符在行开头、行结尾和数字的间距编排方式。选择“间距组合 1”选项，可以对标点使用半角间距；选择“间距组合 2”选项，可以对行中除最后一个字符外的大多数字符使用全角间距；选择“间距组合 3”选项，可以对行中的大多数字符和最后一个字符使用全角间距；选择“间距组合 4”选项，可以对所有字符使用全角间距。

★ 连字：勾选“连字”选项后，在输入英文单词时，如果段落文本框的宽度不够，英文单词将自动换行，并在单词之间用连字符连接起来。

4.5.3 将文字栅格化为普通图层

创建文字后会自动生成文字图层，基于文字图层可以对文字属性进行更改，例如，更改文字的字号、字体等。但是文字图层属于一种特殊图层，无法进行一些特定的编辑，例如，使用“画笔工具”在文字上进行绘制，或使用橡皮擦工具进行擦除等操作。若将文字图层栅格化，文字图层将会转换为普通图层，变为普通图层后，文字部分就变为了像素，不在具备文字属性。在文字图层上右击，在弹出的快捷菜单中执行“栅格化文字”菜单命令，如图 4-299 所示，就可以将文字图层转换为普通图层，如图 4-300 所示。

图 4-299

图 4-300

4.5.4 将文字图层转换为形状图层

在制作创意文字时，可以先输入文字，然后将文字图层转换为形状图层，即可在此基础上对文字进行编辑、变形。选择文字图层，在文字图层上右击，在弹出的快捷菜单中执行“转换为形状”菜单命令，如图 4-301 所示。此时文字图层变为了矢量的形状图层，如图 4-302 所示，接着就可以使用“钢笔工具组”“选择工具组”中的工具编辑文字的形态了。

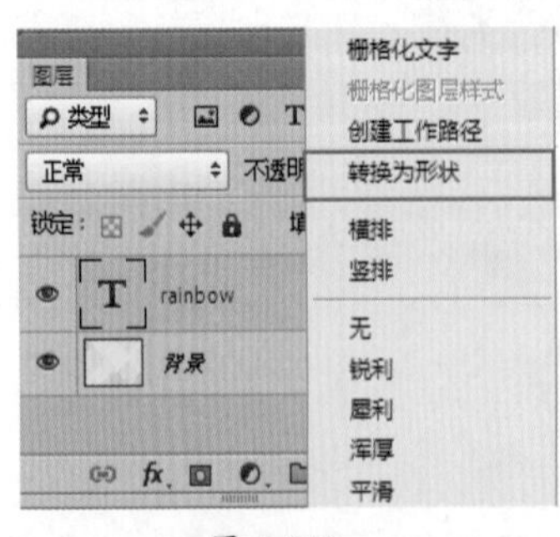

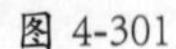
图 4-301

图 4-302

4.5.5 创建文字的工作路径

创建文字的工作路径可以对文字进行修改编辑。选中文字图层，如图 4-303 所示。在文字图层上右击，执行“创建工作路径”菜单命令，即可得到文字的路径，如图 4-304 所示。

图 4-303

图 4-304

4.6 UI 设计实战：天气时钟小组件界面设计

案例文件	天气时钟小组件界面设计 .psd	难易指数	★★★★★
视频教学	天气时钟小组件界面设计 .flv	技术要点	圆角矩形工具、钢笔工具、横排文字工具、图层样式

案例效果（如图 4-305 所示）

图 4-305

思路剖析（如图 4-306~ 图 4-308 所示）

图 4-306

图 4-307

图 4-308

①使用“圆角矩形工具”绘制渐变的圆角矩形作为小组件基本图形。

②使用“钢笔工具”绘制云朵、雨点、太阳、音乐符。

③添加适当的文字和素材图片。

应用拓展

天气时钟小组件 UI 设计方案欣赏，如图 4-309~ 图 4-311 所示。

图 4-309

图 4-310

图 4-311

操作步骤

STEP 01 执行“文件 > 新建”菜单命令，在“新建”对话框中，设置文件“宽度”为 1800 像素、“高度”为 1178 像素、“分辨率”为 72 像素 / 英寸、“颜色模式”为“RGB 颜色”、“背景内容”为“白色”，如图 4-312 所示。在工具箱中单击“渐变工具”按钮，接着单击选项栏中的“可编辑渐变”图标，在弹出的“渐变编辑器”对话框中编辑一个灰色系的渐变，单击“确定”按钮完成编辑，如图 4-313 所示。在画面中按住鼠标左键拖动填充渐变，如图 4-314 所示。

图 4-312

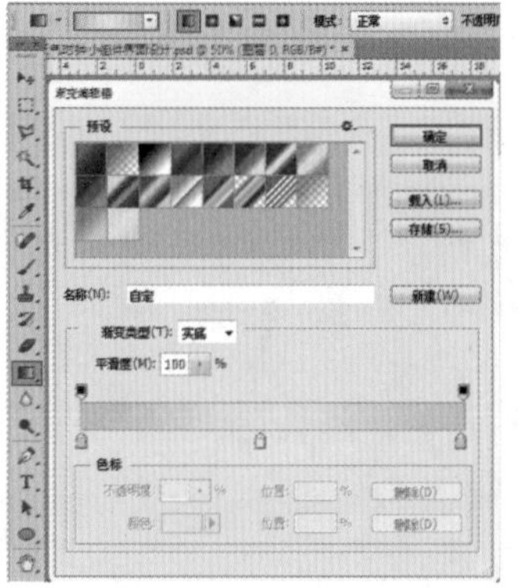

图 4-313

图 4-314

STEP 02 新建图层，单击工具箱中的“圆角矩形工具”按钮，在选项栏中设置“绘制模式”为“形状”，单击“填充”按钮，在下拉面板中单击“渐变”按钮，然后编辑一个蓝色系的渐变颜色，“半径”为 40 像素。在画面的中间位置绘制一个圆角矩形，如图 4-315 所示。

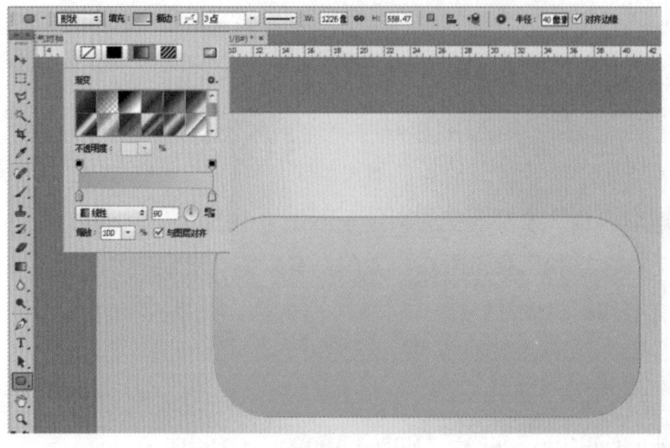

图 4-315

STEP 03 在“图层”面板中选择蓝色圆角矩形图层，执行“图层 > 图层样式 > 内发光”菜单命令，设置“混合模式”为滤色、“不透明度”为 60%、“发光颜色”为蓝色、“大小”为 18 像素、“范围”为 50%，如图 4-316 所示。选择“投影”样式，设置“混合模式”为正片叠底、“阴影颜色”为深灰色、“不透明度”为 15%、“角度”为 120 度、“距离”为 6 像素、“大小”为 1 像素，单击“确定”按钮完成设置，如图 4-317 所示。效果如图 4-318 所示。

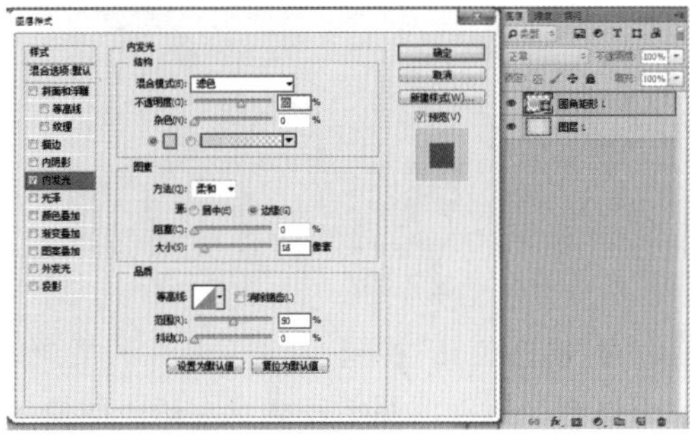

图 4-136

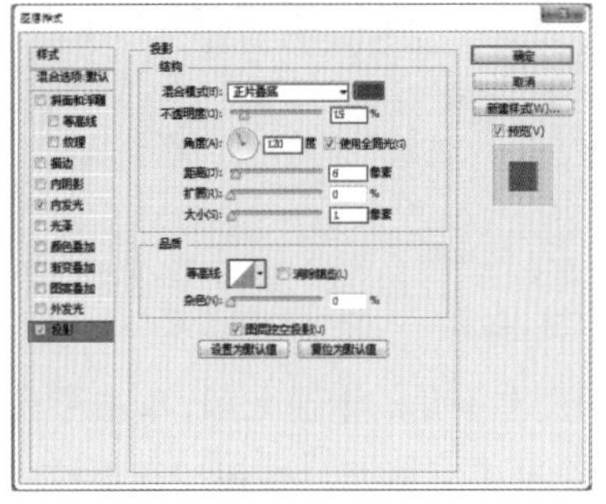

图 4-137

图 4-138

STEP 04 新建图层，单击工具箱中的“矩形工具”按钮，在选项栏中设置“绘制模式”为“形状”，单击“填充”按钮，在下拉面板中设置“填充”为灰色，在相应位置按住鼠标左键拖曳绘制矩形作为分割线，如图 4-319 所示。在“图层”面板中单击选中灰色矩形所在图层，将“混合模式”设置为柔光，如图 4-320 所示。

图 4-319

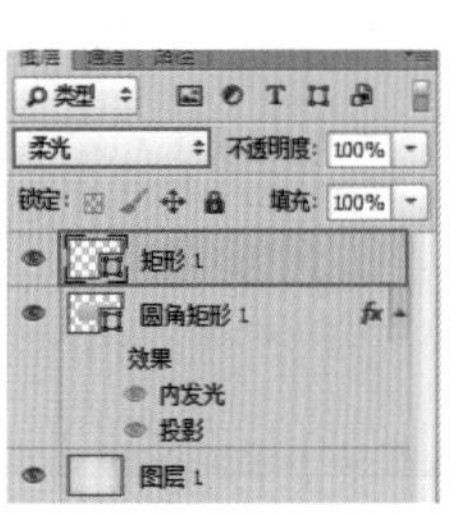

图 4-320

STEP 05 在“图层”面板中双击“矩形 1”图层，弹出“图层样式”对话框，选择“投影”样式，设置“混合模式”为正片叠底、“阴影颜色”为灰蓝色、“不透明度”为 15%、“角度”为 120 度、“距离”为 3 像素、“大小”为 1 像素，单击“确定”按钮完成设置，如图 4-321 所示。效果如图 4-322 所示。

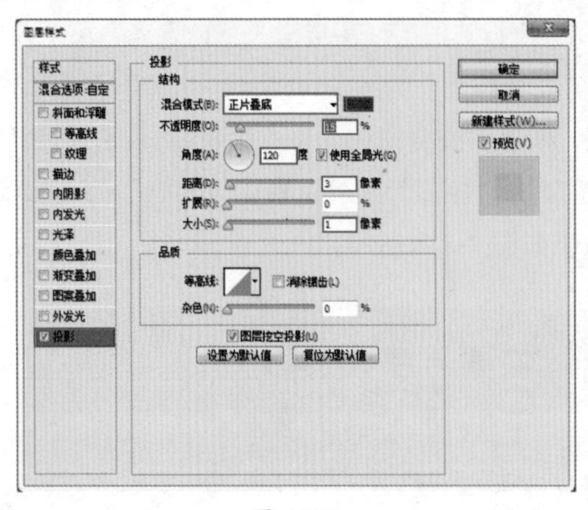

图 4-321

图 4-322

STEP 06 绘制位于画面左下角的卡通太阳，单击工具箱中的“椭圆工具”按钮，在选项栏中设置“绘制模式”为“形状”，单击“填充”按钮，在下拉面板中设置“填充”为淡黄色，在相应位置按住 Shift 键拖动鼠标绘制圆形，如图 4-323 所示。接着绘制太阳的“红脸蛋”，继续使用“椭圆工具”，单击“填充”按钮，在下拉面板中设置“填充”为粉色系渐变，在相应位置按住 Shift 键拖动鼠标绘制圆形，如图 4-324 所示。在“图层”面板中选中圆形图层，然后将其拖曳到“创建新图层”按钮上进行复制，并移动到右侧脸颊处，如图 4-325 所示。

图 4-323

图 4-324

图 4-325

STEP 07 绘制太阳的“眼睛”，选择“椭圆工具”，单击“填充”按钮，在下拉面板中设置“填充”为黑色，在相应位置按住 Shift 键拖动鼠标绘制圆形，如图 4-326 所示。在“图层”面板中选中圆形图层，然后将其拖曳到“创建新图层”按钮上进行复制，如图 4-327 所示。

图 4-326

图 4-327

STEP 08 新建图层，单击工具箱中的“钢笔工具”按钮，在选项栏中设置“绘制模式”为“形状”，单击“填充”按钮，在下拉面板中单击“渐变”按钮，然后编辑一个浅蓝色系的渐变颜色，接着在画面的右上角绘制一个云朵，如图 4-328 所示。选中云图层，执行“图层 > 图层样式 > 内发光”菜单命令，设置“混合模式”为滤色、“不透明度”为 75%、“发光颜色”为黄色、“大小”为 18 像素、“范围”为 50%，单击“确定”按钮完成图层样式设置，如图 4-329 所示。

图 4-328

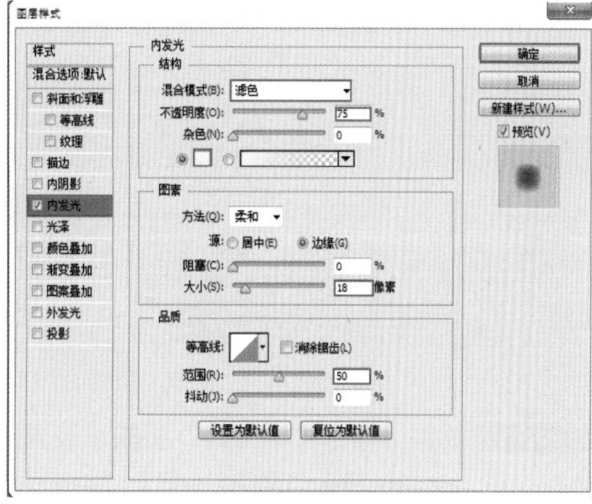

图 4-329

STEP 09 在“图层”面板中选中云图层，然后将其拖曳到“创建新图层”按钮上进行复制，如图 4-330 所示。按 Ctrl+T 快捷键调出定界框，适当进行缩放，并拖动到合适位置，如图 4-331 所示。用同样的方法依次制作其他云朵，如图 4-332 所示。

图 4-330

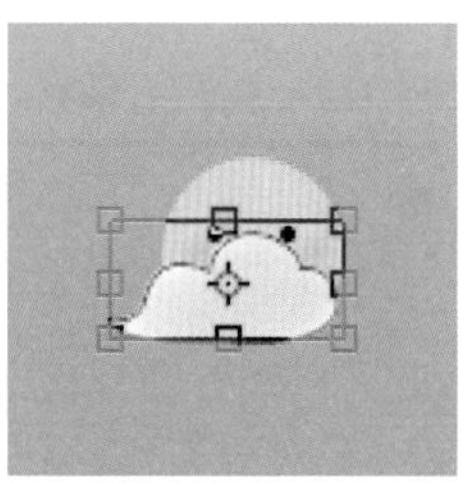

图 4-331

图 4-332

STEP 10 单击工具箱中的“自定形状工具”按钮，在选项栏中设置“绘制模式”为“形状”、“填充”为白色、“形状”为音符，在画面中按住鼠标左键进行拖动，完成音符的绘制，如图 4-333 所示。新建图层，单击工具箱中的“钢笔工具”按钮，在选项栏中设置“绘制模式”为“形状”，单击“填充”按钮，在下拉面板中设置“填充”为浅蓝色，接着在画面的右上角绘制一个雨滴，如图 4-334 所示。

图 4-333

图 4-334

STEP 11 在“图层”面板中选中雨滴图层，将其拖曳到“创建新图层”按钮上进行复制，按 Ctrl+T 快捷键调出定界框，适当进行缩放，并拖动到适当位置，如图 4-335 所示。用同样的方法依次制作其他雨滴，如图 4-336 所示。

图 4-335　　图 4-336

STEP 12 单击“横排文字工具”按钮，设置适合的“字体”“字号”，设置“填充”为白色，在画面中单击并输入文字，如图 4-337 所示。

图 4-337

STEP 13 执行“文件 > 置入”菜单命令，在打开的“置入”对话框中单击选择卡通素材，单击“置入”按钮，如图 4-338 所示。将素材放置在适当的位置，按 Enter 键完成置入，如图 4-339 所示。

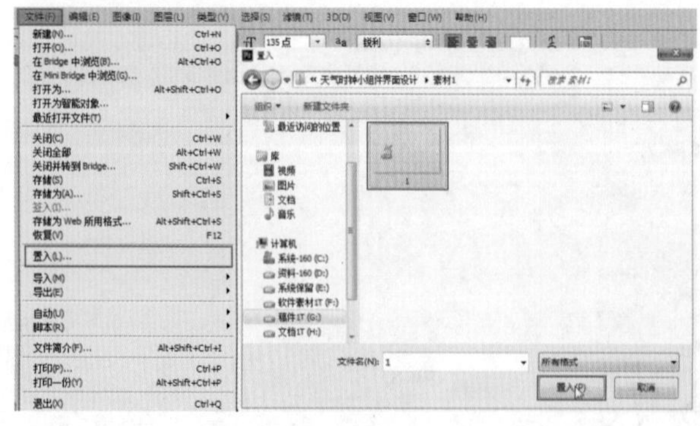

图 4-338　　图 4-339

第5章

CHAPTER FIVE

图像编辑

本章概述

本章将介绍修饰、绘图与调色等常用图像编辑功能。在Photoshop中，无论使用“画笔工具”“文字工具” “渐变工具”还是使用“填充”命令制作界面时，都需要进行颜色的设置。除了在画面中添加各种颜色的元素外，对图像进行调色处理也是Photoshop的核心功能，调色技术既可以校正错误的色彩，也可以创造新的色彩风格。

本章要点

- 设置前景色、背景色的方法
- 画笔工具与“画笔”面板的设置与应用
- 照片修饰工具的应用
- 调色技术

佳作欣赏

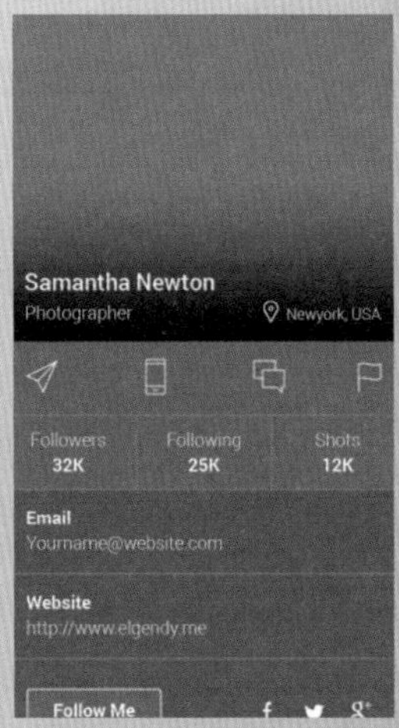

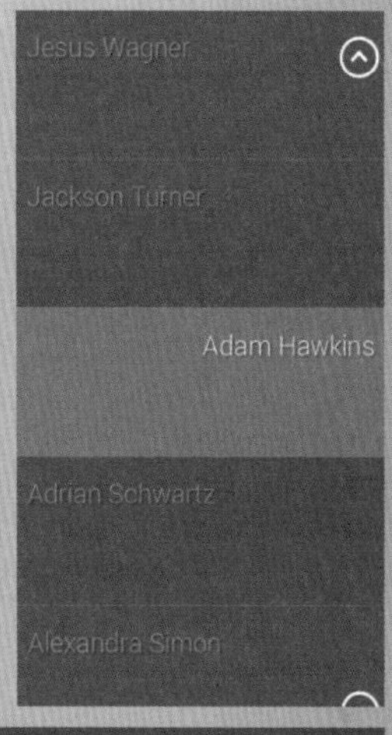

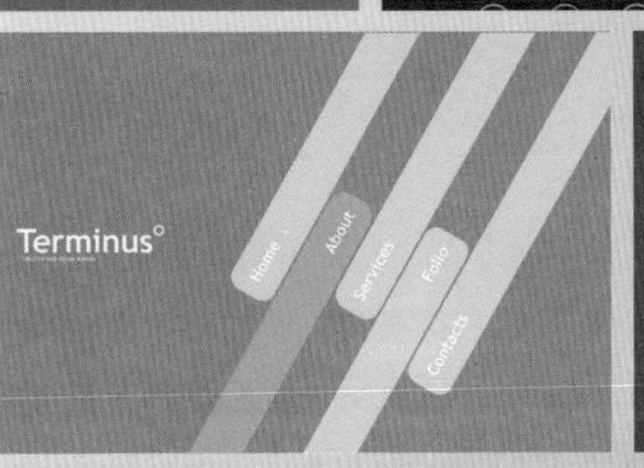

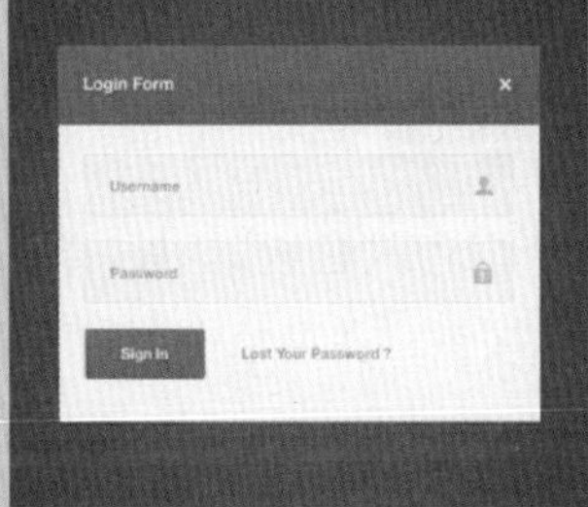

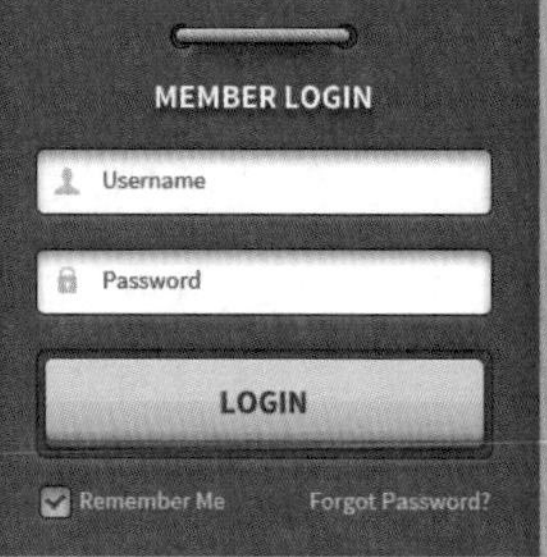

5.1 颜色的设置

Photoshop 中提供了颜色的多种设置方法，既可以在“拾色器”中选择合适的颜色，也可以从图像中选取颜色进行使用。当我们使用“画笔工具”“渐变工具”“文字工具”等工具时，以及进行填充、描边选区、修改蒙版等操作时都需要设置颜色。

5.1.1 前景色与背景色

设置“前景色”与“背景色”的常用方法就是通过“颜色控制组件”进行设置。颜色控制组件位于工具箱的底部，是由“前景色 / 背景色”设置按钮、“切换前景色和背景色”按钮（用于切换所设置的前景色和背景色，快捷键为 X）和“默认前景色和背景色”按钮（用于恢复默认的前景色和背景色，快捷键为 D）组成，如图 5-1 所示。前景色与背景色的用途不同，前景色主要用于绘制，而背景色常用于辅助画笔的动态颜色设置、渐变以及滤镜等功能的使用。

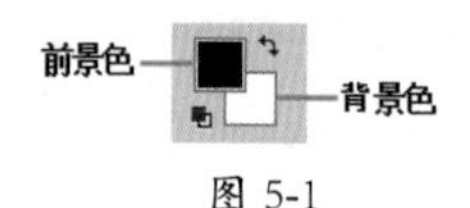

图 5-1

单击前景色 / 背景色按钮即可弹出“拾色器”对话框，首先滑动颜色滑块选择一个合适的色相，接着在色域中单击或拖曳选择合适的颜色。也可以输入特定的颜色值来获取精确颜色，可以选择用 HSB、RGB、Lab 和 CMYK4 种颜色模式来指定颜色，如图 5-2 所示。单击工具箱中的“吸管工具”按钮，将鼠标指针移动至画面中，当指针变为“吸管工具”时，单击拾取画面中的颜色，也可设置前景色 / 背景色，如图 5-3 所示。

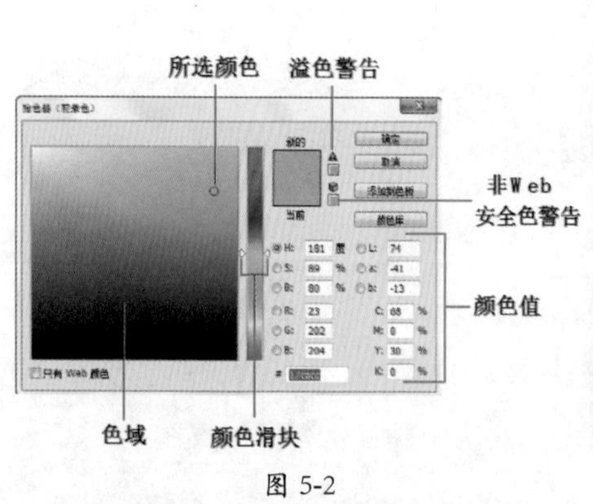

图 5-2

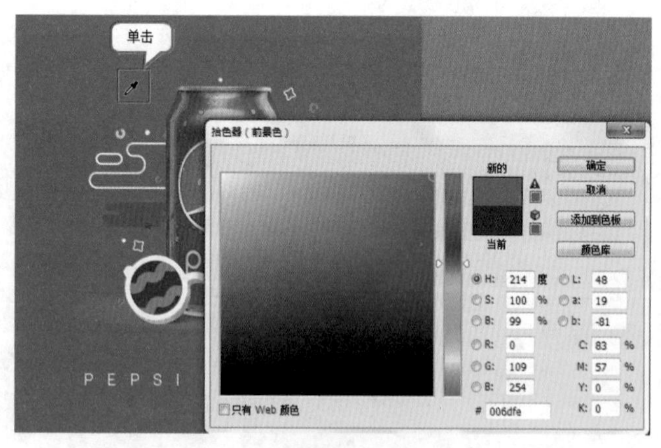

图 5-3

5.1.2 “色板”面板

执行“窗口 > 色板”菜单命令，打开“色板”面板，单击“色板”上的色块即可将其设置为前景色，如图 5-4 所示。单击面板的菜单按钮，在菜单中可以看到大量的色板类型。不同的浏览器都有自己的调色板，在设计计算机客户端的网站页面时，为了让颜色在不同浏览器中的颜色看起来是一样的，需要使用 Web 安全颜色。在 Photoshop 中的“色板”面板中就可以选择 Web 安全颜色，以免发生溢色的情况，如图 5-5 所示。

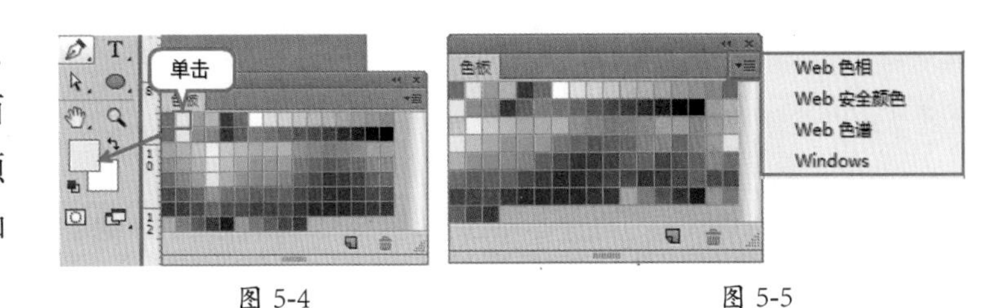

图 5-4　　图 5-5

5.1.3 吸管工具

Photoshop 中的“吸管工具”可用来拾取图像中任意位置的颜色。单击“吸管工具”按钮，在画面中单击拾取的颜色将其作为前景色，如图 5-6 所示。按住 Alt 键单击，拾取颜色将其作为背景色，如图 5-7 所示。在制图的过程中，若有优秀的案例或配色方案，就可以使用“吸管工具”拾取漂亮的颜色，直接进行制图。

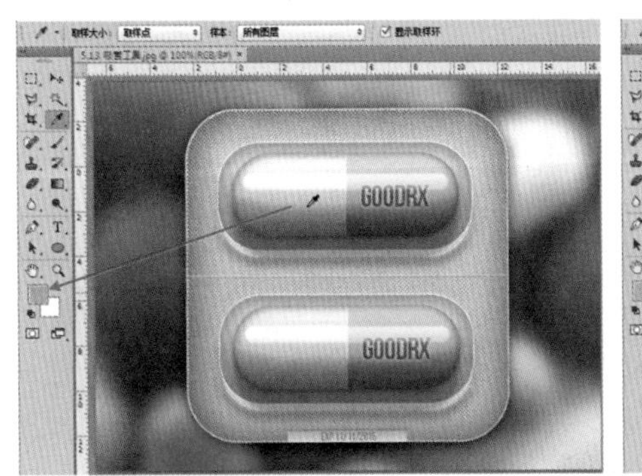

图 5-6

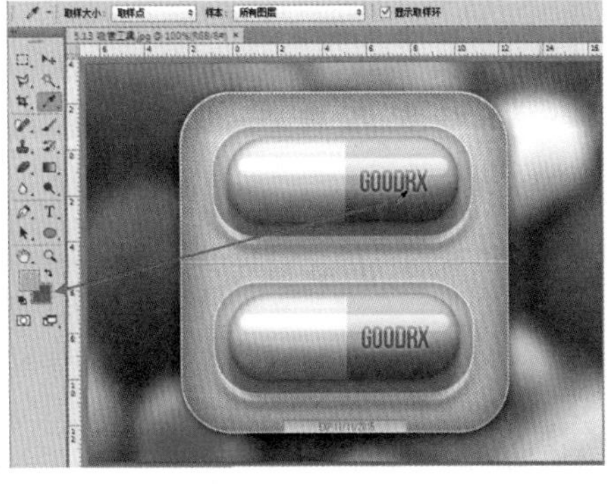

图 5-7

5.2 绘画工具

Photoshop 中有非常强大的绘画工具，这类工具都是通过调整画笔笔尖的大小以及形态进行编辑的。本节主要讲解 3 个工具组中的工具，分别是画笔工具组、橡皮擦工具组和图章工具组，如图 5-8~ 图 5-10 所示。

图 5-8　　图 5-9　　图 5-10

5.2.1 画笔工具

在 Photoshop 中，“画笔工具”是最常用的工具之一，可以使用前景色绘制出各种线条，也可以使用不同形状的笔尖绘制出特殊效果，还可以在“图层蒙版”中绘制。在 UI 制作中，可以使用“画笔工具”绘制高光、阴影等效果。“画笔工具”的功能非常丰富，配合“画笔”面板使用能够绘制出更加丰富的效果，关于“画笔”面板的功能将在后面的章节中进行学习。

单击工具箱中的“画笔工具”按钮，在选项栏中单击打开“画笔预设选取器”对话框，设置笔尖类型以及大小。在选项栏中还可以进行不透明度以及模式的设置。设置完毕后，在画面中按住鼠标左键拖动即可使用前景色绘制出线条，如图 5-11 所示。

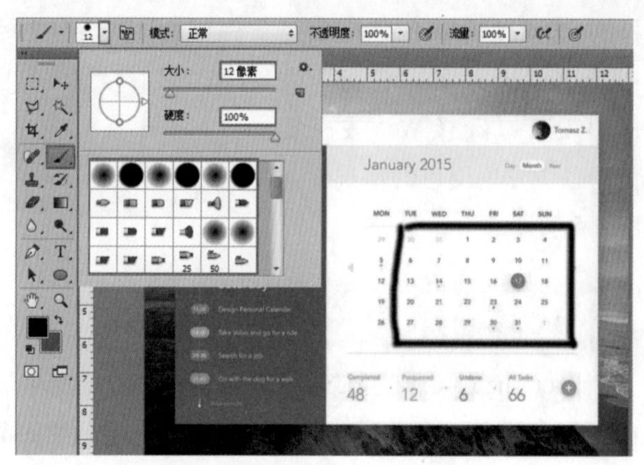
图 5-11

★ 画笔大小：单击倒三角形图标，可以打开“画笔预设选取器”对话框，在这里可以选择笔尖，设置画笔的大小和硬度。

★ 模式：设置绘画颜色与下面现有像素的混合方法。

★ 不透明度：设置画笔绘制的颜色的不透明度。数值越大，笔迹的不透明度越高；数值越小，笔迹的不透明度越低。

★ 流量：设置当将鼠标指针移到某个区域上方时应用颜色的速率。在某个区域上方进行绘画时，如果一直按住鼠标左键，颜色量将根据流动速率增大，直至达到“不透明度”设置。

★ 启用喷枪模式：激活该按钮以后，可以启用喷枪功能，Photoshop 会根据按住鼠标左键的时间来确定画笔笔迹的填充数量。例如，关闭喷枪功能时，每单击一次会绘制一个笔迹；而启用喷枪功能以后，按住鼠标左键不放，即可持续绘制笔迹。

★ 绘图板压力控制大小：使用压感笔压力可以覆盖“画笔”面板中的不透明度和大小设置。

5.2.2 操作练习：使用“画笔工具”制作质感标志

案例文件	使用“画笔工具”制作质感标志 .psd
视频教学	使用“画笔工具”制作质感标志 .flv

难易指数	★★★★★
技术要点	画笔工具、图层样式

案例效果（如图 5-12 所示）

思路剖析（如图 5-13~图 5-15 所示）

图 5-12

图 5-13

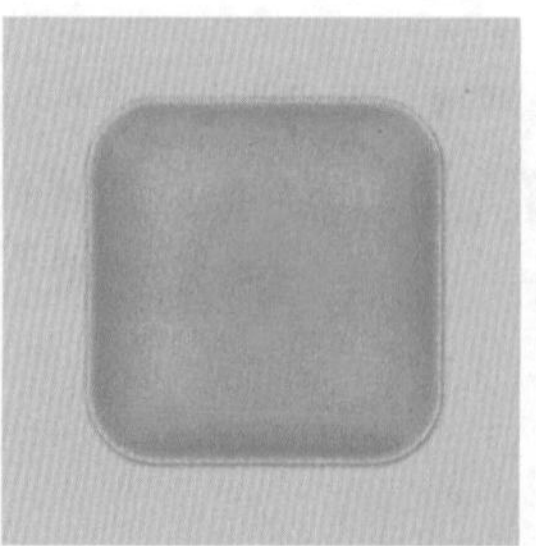
图 5-14

图 5-15

①使用“圆角矩形工具”绘制圆角矩形。

②使用“画笔工具”在按钮上绘制，增强标志的质感。

③使用“横排文字工具”与“图层样式”制作标志上的文字。

应用拓展

优秀的标志设计作品欣赏，如图 5-16~ 图 5-18 所示。

图 5-16

图 5-17

图 5-18

操作步骤

STEP 01 执行“文件>新建”菜单命令，在“新建”对话框中，设置文件的“宽度”为1500像素、“高度”为 1500 像素、“分辨率”为 72 像素 / 英寸、“颜色模式”为“RGB 颜色”、“背景内容”为“白色”，如图 5-19 所示。单击“前景色”按钮，在弹出的“拾色器 (前景色)”对话框中设置颜色为粉色，单击“确定”按钮完成设置，如图 5-20 所示。使用前景色按 Alt+Delete 快捷键填充画布为粉色，如图 5-21 所示。

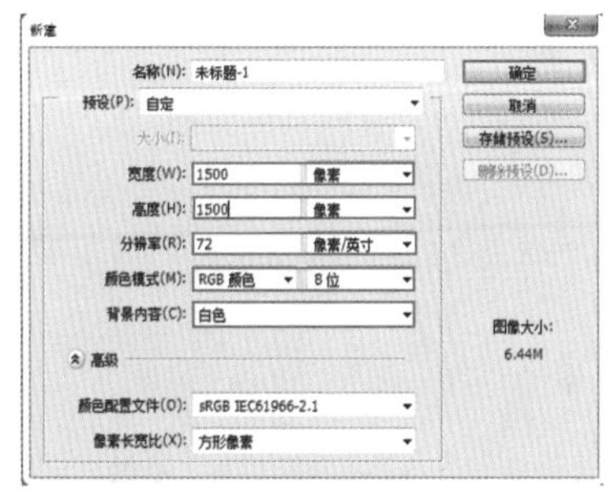

图 5-19

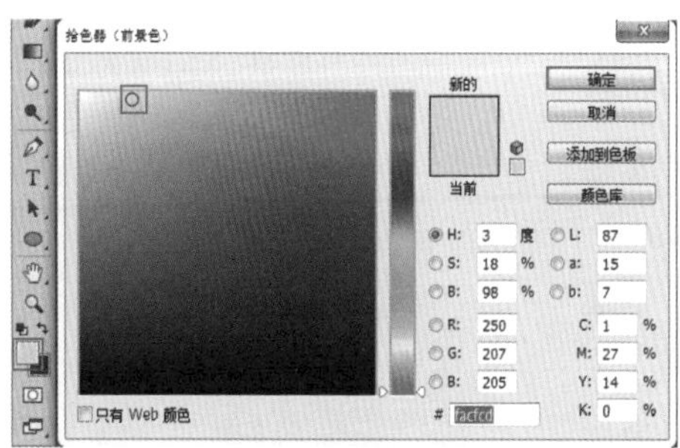

图 5-20

图 5-21

STEP 02 单击工具箱中的“圆角矩形工具”按钮，在选项栏中设置“绘制模式”为“形状”、设置“填充”为粉色、“半径”为 40 像素，接着在画面的中间位置按住 Shift 键拖动鼠标绘制一个圆角矩形，如图 5-22 所示。

STEP 03 在“图层”面板中选择圆角矩形图层，执行“图层>图层样式>内发光”菜单命令，设置“混合模式”为变亮、“不透明度”为 74%、“发光颜色”为粉色、“阻塞”为 13%、“大小”为 38 像素、“范围”为 50%，如图 5-23 所示。在左侧列表中单击勾选“光泽”样式，设置“混合模式”为正片叠底、“阴影颜色”为白色、“不透明度”为 50%、“角度”为 19 度、“距离”为 11 像素、“大小”为 14 像素，单击“确定”按钮完成设置，如图 5-24 所示。

图 5-22

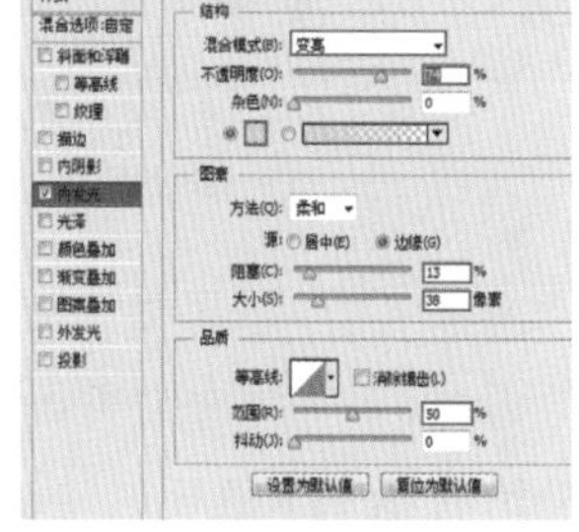

图 5-23

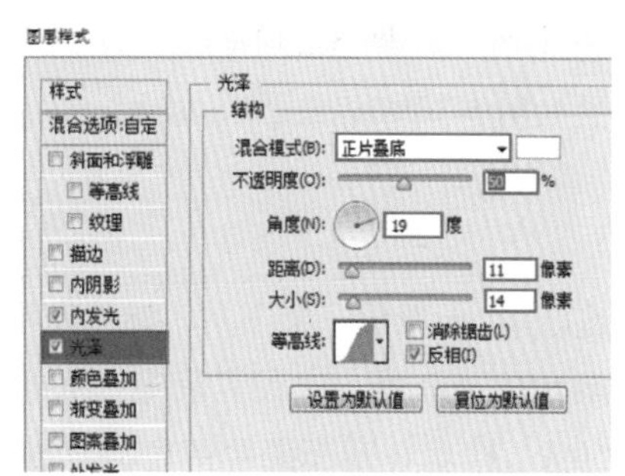

图 5-24

STEP 04 继续在左侧列表中单击勾选“投影”样式，设置“混合模式”为正常、“阴影颜色”

为深红色、“不透明度”为48%、“角度”为120度、“距离”为3像素、“扩展”为12%、“大小”18像素，单击“确定”按钮完成设置，如图5-25所示。效果如图5-26所示。

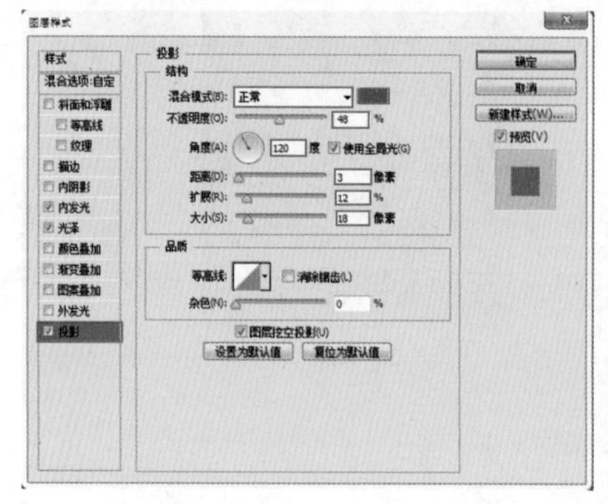

图 5-25

图 5-26

STEP 05 新建一个图层，单击工具箱中的“画笔工具”按钮，设置“前景色”为白色，在选项栏中的“画笔预设选取器”中设置画笔“大小”为200、“硬度”为0、“模式”为正常、“不透明度”为50%，然后在粉色的圆角矩形上按住Shift键拖动鼠标（使用“画笔工具”时按住Shift键可以绘制水平、垂直以及斜45°的线条），绘制一段直线，如图5-27所示。继续进行绘制，如图5-28所示。

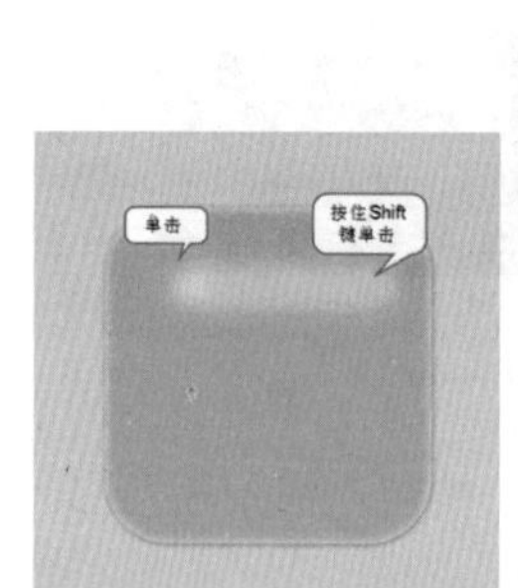

图 5-27

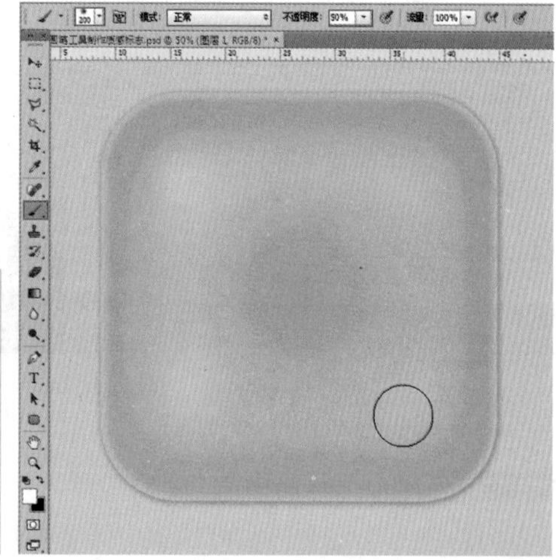

图 5-28

STEP 06 绘制完成后，在“图层”面板中设置“不透明度”为53%，如图5-29所示。效果如图5-30所示。

图 5-29

图 5-30

STEP 07 新建一个图层，继续使用“画笔工具”，设置“前景色”为暗粉色，在选项栏中的“画笔预设选取器”中设置画笔“大小”为200、“硬度”为0、“模式”为正常、“不透明度”为50%，接着在画面的中间位置按住Shift键绘制半透明的暗粉色笔触，如图5-31所示。按住Ctrl键加选两个半透明图层，执行“图层>创建剪贴蒙版”菜单命令，使超出圆角矩形的部分全部隐藏，如图5-32所示。效果如图5-33所示。

图 5-31

图 5-32

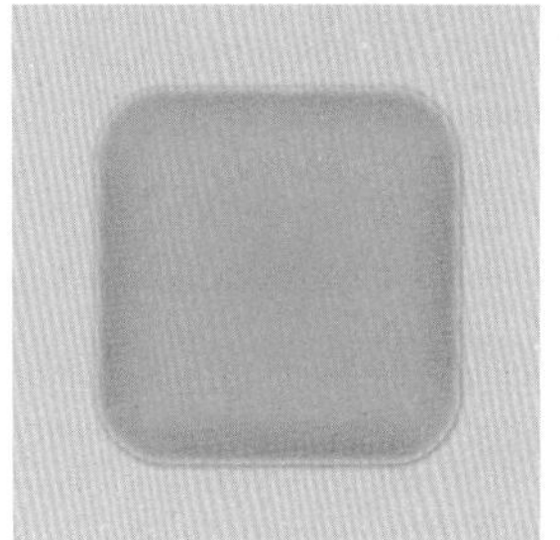

图 5-33

STEP 08 单击“横排文字工具”按钮，设置合适的“字体”“字号”，设置“填充”为白色，在画面中单击并输入文字，如图 5-34 所示。选择文本图层，执行“图层 > 图层样式 > 投影”菜单命令，设置“混合模式”为正片叠底、“阴影颜色”为深红色、“不透明度”为 40%、“角度”为 120 度、“距离”为 9 像素、“扩展”为 3%、“大小”为 2 像素，单击“确定”按钮完成设置，如图 5-35 所示。效果如图 5-36 所示。

图 5-34

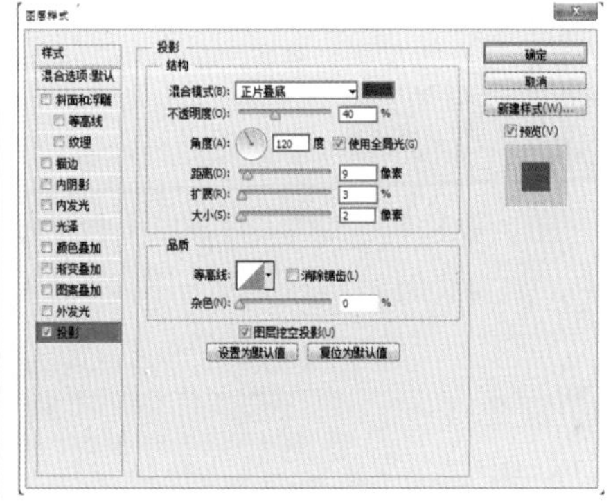

图 5-35

图 5-36

STEP 09 单击工具箱中的“钢笔工具”按钮，在选项栏中设置“绘制模式”为“路径”，接着在文字右侧绘制一个感叹号，按 Ctrl+Enter 快捷键将路径转换为选区。设置“前景色”为白色，按 Alt+Delete 快捷键为选区填充前景色，如图 5-37 所示。右击文本图层，执行“拷贝图层样式”菜单命令，接着在形状图层上右击执行“粘贴图层样式”菜单命令，如图 5-38 所示。效果如图 5-39 所示。

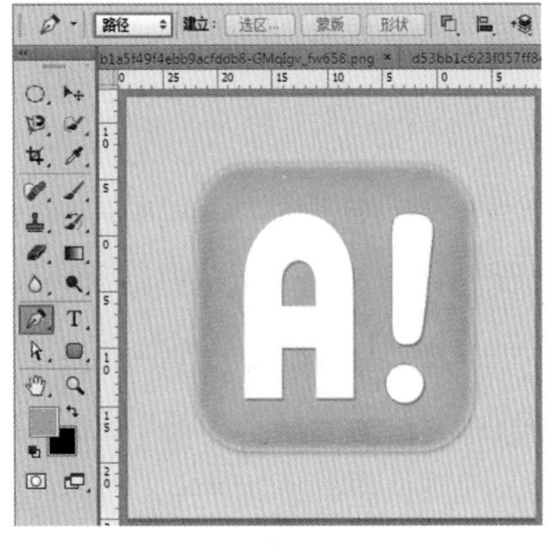

图 5-37

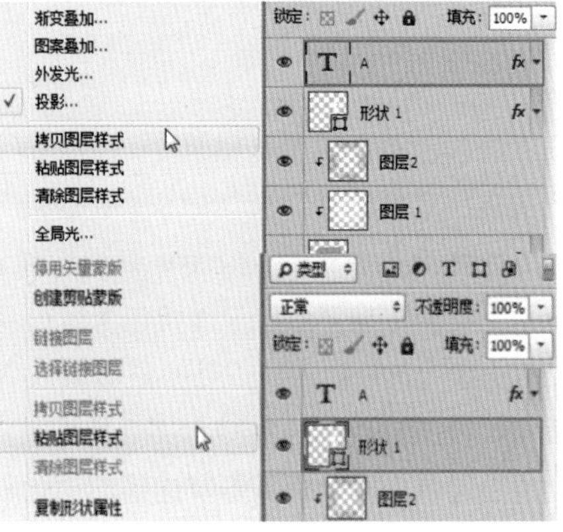

图 5-38

图 5-39

5.2.3 铅笔工具

"铅笔工具"主要用来绘制硬边的线条，较为擅长绘制像素画。它与"画笔工具"的使用方法基本相同，单击工具箱中的"铅笔工具"按钮，设置合适的前景色，然后在选项栏中的"画笔预设选取器"中设置合适的笔尖以及笔尖大小，然后在画面中拖曳即可绘制出较硬的线条，如图5-40所示。

图 5-40

5.2.4 颜色替换工具

"颜色替换工具"是一款比较"初级"的调色工具，它通过手动涂抹的方式进行颜色的调整。例如，在UI设计过程中，需要将画面局部更改为不同的配色方案时，不妨使用"颜色替换工具"进行颜色的调整。

单击工具箱中的"颜色替换工具"按钮，在选项栏中设置合适的"笔尖大小""模式""限制"以及"容差"，设置合适的前景色，将鼠标指针移动到需要替换颜色的区域进行涂抹，被涂抹的区域颜色会发生变化，如图5-41所示。效果如图5-42所示。

图 5-41

图 5-42

★ 模式：选择替换颜色的模式，包括"色相""饱和度""颜色"和"明度"。当选择"颜色"模式时，可以同时替换色相、饱和度和明度。

★ 取样：用来设置颜色的取样方式。激活"取样：连续"按钮后，在拖曳鼠标时，可以对颜色进行取样；激活"取样：一次"按钮后，只替换包含第1次单击的颜色区域中的目标颜色；激活"取样：背景色板"按钮后，只替换包含当前背景色的区域。

★ 限制：当选择"不连续"选项时，可以替换鼠标指针所到任意位置的样本颜色；当选择"连续"选项时，只替换与鼠标指针所到位置颜色接近的颜色；当选择"查找边缘"选项时，可以替换包含样本颜色的连接区域，同时保留形状边缘的锐化程度。

★ 容差：选取颜色时所设置的选取范围，容差值越大，选取的范围也就越大。

5.2.5 混合器画笔工具

“混合器画笔工具” 可以将特定颜色与图像像素进行混合，是一款用于模拟绘画效果的工具。这个工具可以让不懂绘画的人也能轻松制作出漂亮的画面，具有绘画功底的人则可以“如虎添翼”。

单击工具箱中的“混合器画笔工具”按钮，在选项栏中可以调节笔触的颜色、潮湿度、混合颜色等，如图 5-43 所示。设置完毕后，在画面中进行涂抹，即可使画面产生手绘感的效果，如图 5-44 所示。

图 5-43

图 5-44

★ “每次描边后载入画笔”和“每次描边后清理画笔”：用于控制每一笔涂抹结束后对画笔是否更新和清理。类似于画家在绘画时，一笔过后是否将画笔在水中清洗的选项。

★ 潮湿：控制画笔从画布拾取的油彩量。较高的设置会产生较长的绘画条痕。

★ 载入：设置画笔上的油彩量。载入速率较低时，绘画描边干燥的速度会更快。

★ 混合：控制画布油彩量与画笔上的油彩量的比例。当混合比例为 100% 时，所有油彩将从画布中拾取；当混合比例为 0 时，所有油彩都来自储槽。

5.2.6 橡皮擦工具

“橡皮擦工具” 是一种用于擦除图像的工具。“橡皮擦工具”能够以涂抹的方式将鼠标指针经过的区域像素更改为背景色或透明。例如，一张图片中，画面中的主体物是我们需要的，而背景是我们不需要的，这时就可以使用“橡皮擦工具”擦除背景，保留主体物。

使用“橡皮擦工具”时会遇到两种情况，一种是选择普通图层；另一种是选择背景图层。当选择普通图层时，在选项栏中设置合适的笔尖大小，然后在画面中按住鼠标左键拖曳，鼠标指针经过的位置像素就会被擦除，变为透明，如图 5-45 所示。如果选择背景图层，则被擦除的区域将更改为背景色，如图 5-46 所示。

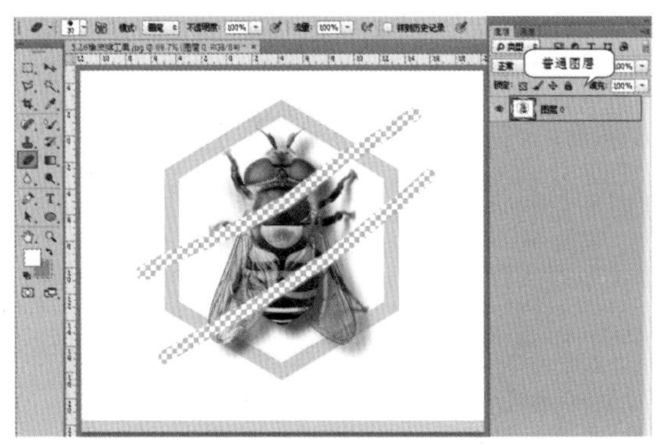

图 5-45

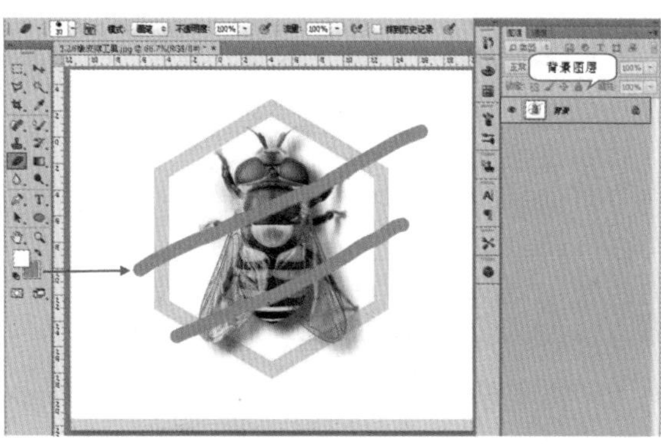

图 5-46

技巧提示 橡皮擦的类型

在“橡皮擦工具”选项栏中，从“模式”列表中可以选择橡皮擦的种类。“画笔”和“铅笔”模式可将橡皮擦设置为像画笔工具和铅笔工具一样。“块”是指具有硬边缘和固定大小的方形，这种方式的橡皮擦无法进行不透明度或流量的设置。

5.2.7 背景橡皮擦工具

“背景橡皮擦工具”是一种智能化的擦除工具。它可以自动采集画笔中心的色样，同时删除在画笔内出现的这种颜色，使擦除区域成为透明区域。Photoshop为我们提供了3种取样方式，不同的取样方式所选取的擦除图像的颜色范围不同。

单击工具箱中的“背景橡皮擦工具”按钮，将鼠标指针移动到画面中，指针会呈现出中心带有“十”字⊙的圆形效果，圆形表示当前工具的作用范围，而圆形中心的“十”字则表示在擦除过程中自动采集颜色的位置。在涂抹过程中会自动擦除圆形画笔范围内出现的与色样颜色相近的区域，如图5-47所示。擦除效果如图5-48所示。

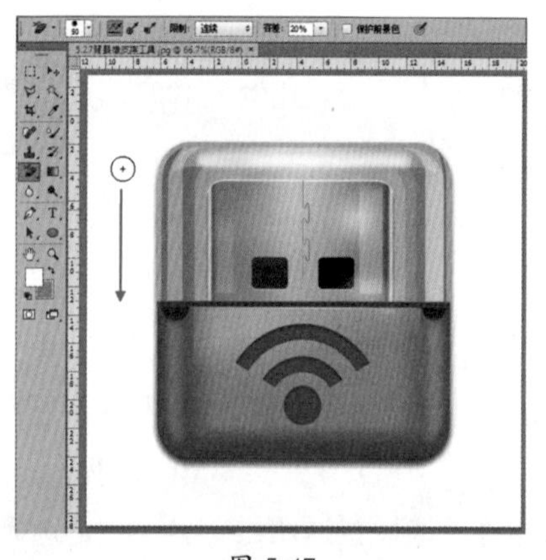

图 5-47

图 5-48

★ 取样：用来设置取样的方式。激活“取样：连续”按钮，可以擦除鼠标经过的所有区域；激活“取样：一次”按钮，只擦除包含鼠标第1次单击处颜色的图像；激活“取样：背景色板”按钮，只擦除包含背景色的图像。

★ 限制：设置擦除图像时的限制模式。“不连续”抹除画笔所到任意位置的样本颜色；“连续”抹除包含样本颜色并且相互连接的区域；“查找边缘”抹除包含样本颜色的连接区域，同时更好地保留形状边缘的锐化程度。

★ 保护前景色：勾选该项以后，可以防止擦除与前景色匹配的区域。

5.2.8 魔术橡皮擦工具

“魔术橡皮擦工具”也是一款基于颜色的智能化擦除工具，它与“背景橡皮擦工具”的工作原理不同，可以通过单击的方式将颜色相近的区域直接擦除。

单击工具箱中的“魔术橡皮擦工具”按钮，在选项栏中先设置“容差”数值，该参数用来控制选择相近颜色的范围，然后取消勾选“连续”选项，接着在需要擦除的位置单击，如图 5-49 所示。随即画面中相同颜色的像素就会被擦除，如图 5-50 所示。

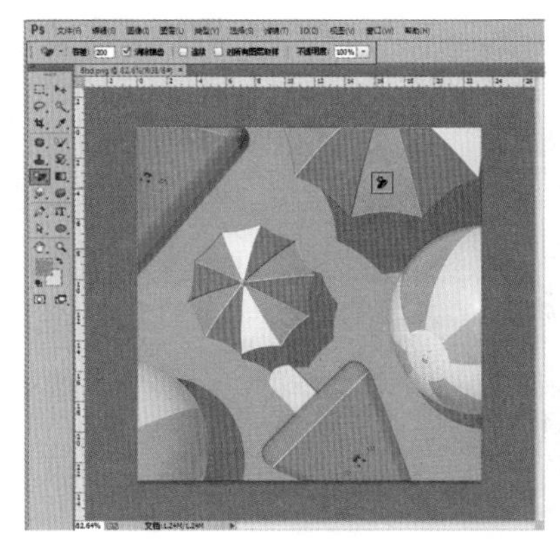

图 5-49

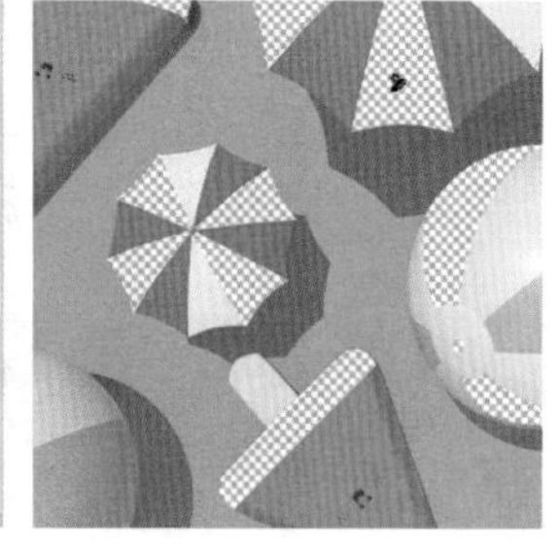

图 5-50

技巧提示　“连续”选项的作用

勾选“连续”选项时，只擦除与单击点像素邻近的像素。关闭该选项时，可以擦除图像中或所有相似的像素。

5.2.9 操作练习：使用“魔术橡皮擦工具”去除照片背景

案例文件	使用“魔术橡皮擦工具”去除照片背景.psd	难易指数	★★★★★
视频教学	使用“魔术橡皮擦工具”去除照片背景.flv	技术要点	魔术橡皮擦工具

案例效果（如图 5-51 所示）　思路剖析（如图 5-52~ 图 5-55 所示）

图 5-51

图 5-52

图 5-53

图 5-54

图 5-55

①打开背景素材，置入人物素材并栅格化。

②使用“魔术橡皮擦工具”擦除人物背景。

③置入前景素材。

应用拓展

优秀 UI 设计作品欣赏，如图 5-56~ 图 5-58 所示。

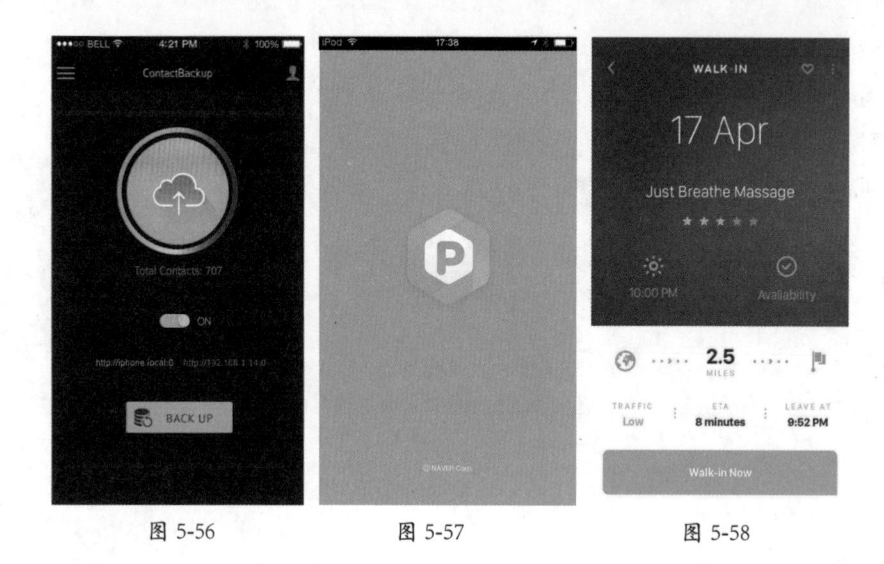

图 5-56　　图 5-57　　图 5-58

操作步骤

STEP 01 执行“文件 > 打开”菜单命令，或按Ctrl+O快捷键，在弹出的“打开”对话框中单击选择素材“1.jpg”，单击“打开”按钮，如图 5-59 所示。素材效果如图 5-60 所示。

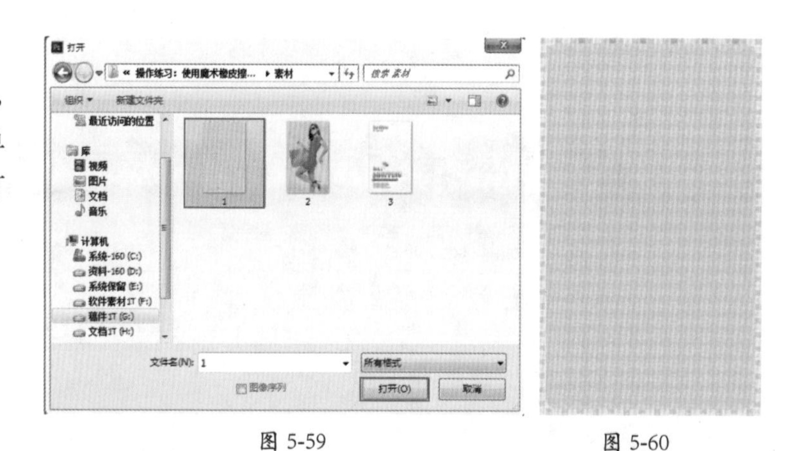

图 5-59　　图 5-60

STEP 02 执行“文件 > 置入”菜单命令，在弹出的“置入”对话框中单击选择素材“2.jpg”，单击“置入”按钮，如图 5-61 所示。按 Enter 键完成置入，在“图层”面板中选择素材图层，执行“图层 > 栅格化 > 智能对象”菜单命令，将该图层栅格化为普通图层，如图 5-62 所示。

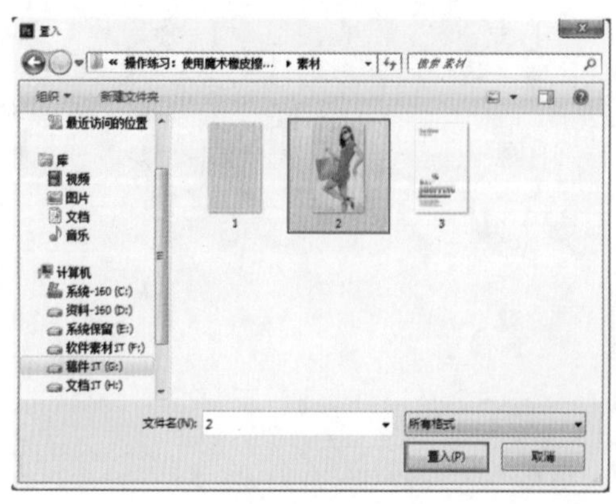

图 5-61　　图 5-62

STEP 03 单击工具箱中的“魔术橡皮擦工具”按钮，在选项栏中设置“容差”为32，勾选“消除锯齿”选项，勾选“连续”选项，设置“不透明度”为 100%，接着在画面中单击人物背景区域，如图 5-63 所示。画面中单击的连续区域被擦除，如图 5-64 所示。继续单击画面中的背景区域进行擦除，效果如图 5-65 所示。

图 5-63　　图 5-64　　图 5-65

STEP 04 单击工具箱中的“橡皮擦工具”按钮，在画面的右下角位置按住鼠标左键拖曳进行擦除，如图 5-66 所示。抠图效果如图 5-67 所示。

STEP 05 执行“文件 > 置入”菜单命令，在打开的“置入”对话框中单击选择素材“3.jpg”，单击“置入”按钮，如图 5-68 所示。按 Enter 键完成置入，在“图层”面板中选择素材图层，执行“图层 > 栅格化 > 智能对象”菜单命令，将该图层栅格化为普通图层，如图 5-69 所示。

图 5-66　　图 5-67　　图 5-68　　图 5-69

5.2.10 图案图章工具

“图案图章工具”是通过涂抹的方式绘制预先选择的图案的。单击“图案图章工具”按钮，在选项栏中设置合适的笔尖大小，还可以对“模式”“不透明度”以及“流量”进行设置，然后在图案列表中选择合适的图案。在画面中按住鼠标左键进行涂抹，如图 5-70 所示。接着继续进行涂抹，效果如图 5-71 所示。

图 5-70　　图 5-71

5.3 “画笔”面板

前面的讲解中提到“画笔工具”的功能十分强大，正是因为“画笔工具”可以配合“画笔”面板使用。不仅如此，工具箱中的很多工具都能配合“画笔”面板一同使用。

执行“窗口＞画笔”菜单命令，打开“画笔”面板，如图 5-72 所示。在“画笔”面板左侧可以看到各种参数设置选项，单击选项名称即可切换到相应的选项卡。当画笔选项名称左侧图标为☑状态时，表示此选项为启用状态。若不需要启用该选项，单击即可取消勾选。

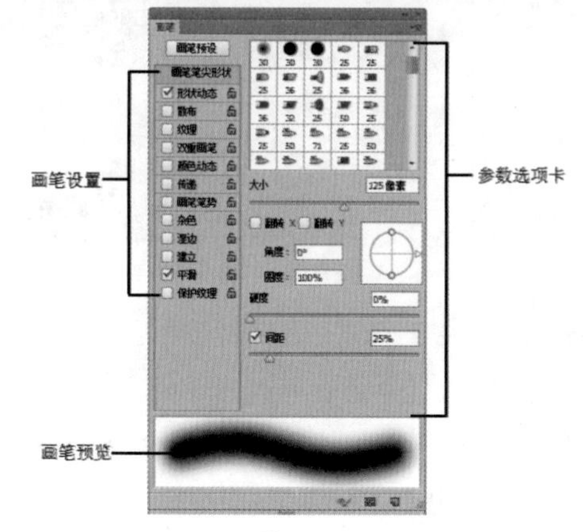

图 5-72

技巧提示　“画笔”面板的应用范围

在“画笔”面板中可以对画笔工具、铅笔工具、混合器画笔、橡皮擦工具、图章工具、加深工具、减淡工具、海绵工具、模糊工具、锐化工具、涂抹工具、历史记录画笔等多种画笔类工具的笔尖形状进行设置。

5.3.1 笔尖形状设置

在“画笔笔尖形状”选项卡中可以对画笔的大小、形状等基本属性进行设置。例如，在“画笔”面板中选择一个枫叶形状的画笔，设置画笔“大小”为 50 像素、“角度”为 0°、“圆度”为 100%、“间距”为 1%，在画面中按住鼠标左键并绘制，效果如图 5-73 所示。更改“间距”为 93%，可以看到笔触之间距离增大，可以看到每个枫叶的笔触，效果如图 5-74 所示。

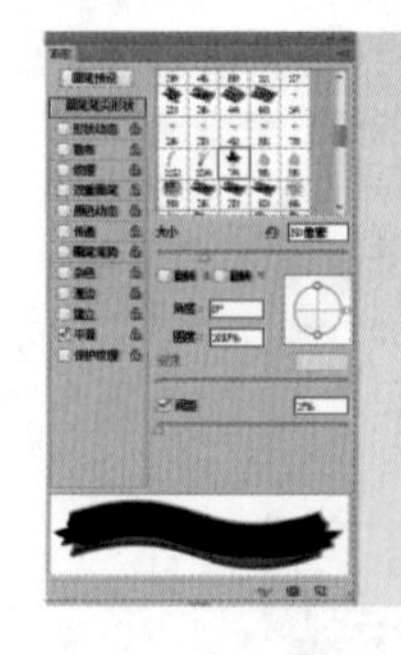

图 5-73

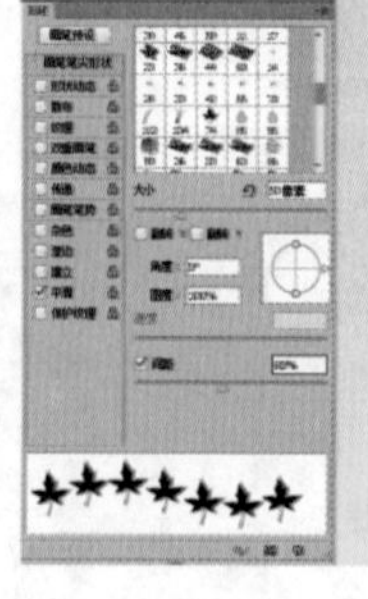

图 5-74

- ★ 大小：控制画笔的大小，可以直接输入像素值，也可以通过拖曳大小滑块来设置画笔大小。
- ★ 翻转 X/Y：将画笔笔尖在其 X 轴或 Y 轴上进行翻转。
- ★ 角度：指定椭圆画笔或样本画笔的长轴在水平方向旋转的角度。
- ★ 圆度：设置画笔短轴和长轴之间的比率。当“圆度”为 100% 时，表示圆形画笔；当“圆度”为 0 时，表示线性画笔；介于 0%~100% 之间的“圆度”，表示椭圆画笔（呈“压扁”状态）。

★ 硬度：控制画笔硬度中心的大小。数值越小，画笔的柔和度越高。

★ 间距：控制描边中两个画笔笔迹之间的距离。数值越高，笔迹之间的间距越大。

5.3.2 形状动态

在“画笔”面板左侧列表中单击“形状动态”启用该选项，进入“形状动态”的参数设置界面，在这里可以进行大小 / 角度 / 圆度的“抖动”设置，所谓“抖动”，就是指在一条连续绘制的笔触内包含不同大小 / 角度 / 圆度的笔触效果。

设置画笔“大小抖动”为 30%、“角度抖动”为 75%、“圆角抖动”为 75%、“最小圆度”为 25%，如图 5-75 所示。在画面中按住左键并绘制，可以得到大小不同、旋转角度不同的笔触，效果如图 5-76 所示。

图 5-75　　图 5-76

控制：在“控制”下拉列表中可以设置各类“抖动”的方式，其中，“关”选项表示不控制画笔笔迹的大小 / 角度 / 圆度的变换；“渐隐”选项是按照指定数量的步长在初始数值和最小数值之间渐隐画笔笔迹的大小 / 角度 / 圆度。

5.3.3 散布

在“画笔”面板左侧列表中启用“散布”选项，可以调整笔触与绘制路径之间的距离以及笔触的数目，使绘制效果呈现出不规则的扩散分布。例如，设置“散布”数值为 280%，如图 5-77 所示。在画面中按住左键并绘制，可以绘制分散的笔触效果，如图 5-78 所示。

图 5-77　　图 5-78

★ 散布 / 两轴：指定画笔笔迹在描边中的分散程度，该值越高，分散的范围越广。如果关闭两轴选项，那么散布只局限于竖直方向上的效果，看起来有高有低，但彼此在水平方向上的间距还是固定的。当勾选“两轴”选项时，画笔笔迹将以中心点为基准，向两侧分散。如果要设置画笔笔迹的分散方式，可以在下面的“控制”下拉列表中进行选择。

★ 数量：指定在每个间距间隔应用的画笔笔迹数量。数值越高，笔迹重复的数量越大。

★ 数量抖动：设置数量的随机性。如果要设置“数量抖动”的方式，可以在下面的“控制”下拉列表中进行选择。

5.3.4 纹理

在“画笔”面板左侧列表中勾选“纹理”选项，可以设置图案与笔触之间的叠加效果，使绘制的笔触带有纹理感。首先设置合适的图案，然后设置“缩放”为19%，该选项用来调整纹理的大小，接着设置“模式”为线性加深，该选项用来设置图案和画笔的混合模式，如图 5-79 所示。设置完成后在画面中按住鼠标左键并绘制，可以看到笔触上叠加了图案，如图 5-80 所示。

图 5-79

图 5-80

★ 设置纹理 / 反相：单击图案缩览图右侧的倒三角图标，可以在弹出的图案拾色器中选择一个图案，并将其设置为纹理。如果勾选“反相”选项，可以基于图案中的色调来反转纹理中的亮点和暗点。

★ 缩放：设置图案的缩放比例。数值越小，纹理越多。

★ 为每个笔尖设置纹理：将选定的纹理单独应用于画笔描边中的每个画笔笔迹，而不是作为整体应用于画笔描边。如果关闭“为每个笔尖设置纹理”选项，下面的“深度抖动”选项将不可用。

★ 模式：设置组合画笔和图案的混合模式。

★ 深度：设置油彩渗入纹理的深度。数值越大，渗入的越深。

★ 最小深度：当“深度抖动”下面的“控制”选项设置为“渐隐”“钢笔压力”“钢笔斜度”或“光笔轮”选项，并且勾选了“为每个笔尖设置纹理”选项时，“最小深度”选项用来设置油彩可渗入纹理的最小深度。

★ 深度抖动：当勾选“为每个笔尖设置纹理”选项时，“深度抖动”选项用来设置深度的改变方式。如果要指定如何控制画笔笔迹的深度变化，可以从下面的“控制”下拉列表中进行选择。

5.3.5 双重画笔

在“画笔”面板左侧列表中勾选“双重画笔”选项即可启用该功能，从而使绘制的线条呈现出两种画笔重叠的效果。在使用该功能之前，首先设置“画笔笔尖形状”主画笔参数属性，然后启用“双重画笔”选项，并从“双重画笔”选项中选择另外一个笔尖（即双重画笔）。首先在“双重画笔”界面选择合适的笔尖，然后设置笔尖的参数，如图 5-81 所示。接着在画面中按住鼠标左键并绘制，即可看到两种画笔结合的笔触效果。

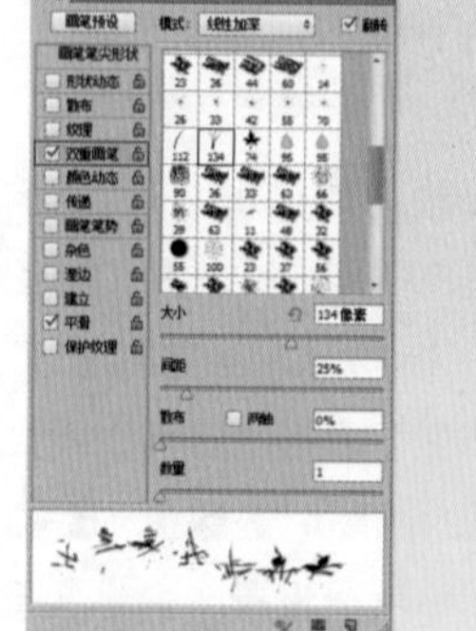

图 5-81

5.3.6 颜色动态

在“画笔”面板左侧列表中勾选“颜色动态”选项，可以通过设置前景 / 背景、色相、饱和度、亮度的抖动，在使用画笔绘制时一次性绘制出多种色彩。

首先设置合适的前景色与背景色，然后在“画笔”面板中勾选“应用每笔尖”选项，设置“前景 / 背景抖动”“色相抖动”“亮度抖动”，如图 5-82 所示。按住鼠标左键拖曳进行绘制，即可绘制出颜色变化丰富的笔触效果。如图 5-83 所示。

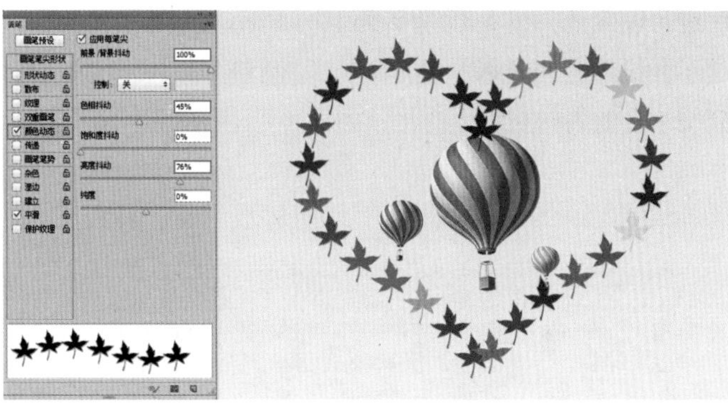

图 5-82　　　　图 5-83

★ 前景 / 背景抖动：用来指定前景色和背景色之间的油彩变化方式。数值越小，变化后的颜色越接近前景色；数值越大，变化后的颜色越接近背景色。如果要指定如何控制画笔笔迹的颜色变化，可以在下面的“控制”下拉列表中进行选择。

★ 色相抖动：设置颜色变化范围。数值越小，颜色越接近前景色；数值越大，色相变化越丰富。

★ 饱和度抖动：饱和度抖动会使颜色偏淡或偏浓，百分比越大变化范围越广，为随机选项。

★ 亮度抖动：亮度抖动会使图像偏亮或偏暗，百分比越大变化范围越广，为随机选项。数值越小，亮度越接近前景色；数值越大，颜色的亮度值越大。

★ 纯度：这个选项的效果类似于饱和度，用来整体地增加或降低色彩饱和度。数值越小，笔迹的颜色越接近于黑白色；数值越大，颜色饱和度越高。

5.3.7 传递

在“画笔”面板左侧列表中勾选“传递”选项，可以使画笔笔触随机地产生半透明效果。设置“不透明度抖动”为 79%，然后在画面中按住鼠标左键拖曳，即可绘制出半透明的笔触效果，如图 5-84 所示。

图 5-84

★ 不透明度抖动：指定画笔描边中油彩不透明度的变化方式，最高值是选项栏中指定的不透明度值。如果要指定如何控制画笔笔迹的不透明度变化，可以从下面的“控制”下拉列表中进行选择。

★ 流量抖动：用来设置画笔笔迹中油彩流量的变化程度。如果要指定如何控制画笔笔迹的流量变化，可以从下面的“控制”下拉列表中进行选择。

★ 湿度抖动：用来控制画笔笔迹中油彩湿度的变化程度。如果要指定如何控制画笔笔迹的湿度变化，可以从下面的“控制”下拉列表中进行选择。

★ 混合抖动：用来控制画笔笔迹中油彩混合的变化程度。如果要指定如何控制画笔笔迹的混合变化，可以从下面的“控制”下拉列表中进行选择。

5.3.8 画笔笔势

在“画笔”面板左侧列表中勾选“画笔笔势”选项，可以对“毛刷画笔”的角度、压力的变化进行设置。如图 5-85 所示为毛刷画笔，在使用毛刷画笔时画面左上角有个小缩览图，如图 5-86 所示。设置“倾斜 X”为 -53%、“倾斜 Y”为 -63%，接着按住鼠标左键拖曳进行绘制，可以看到笔触会随着转折发生变化，如图 5-87 所示。

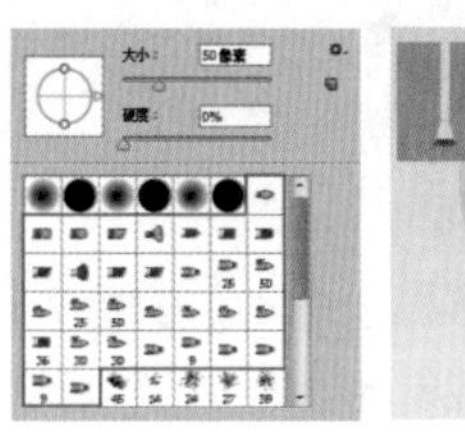

图 5-85

图 5-86

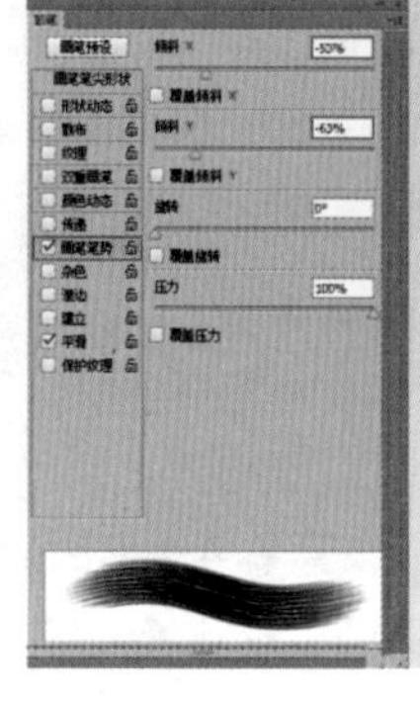

图 5-87

★ 倾斜 X/ 倾斜 Y：使笔尖沿 X 轴或 Y 轴倾斜。

★ 旋转：设置笔尖旋转效果。

★ 压力：压力数值越高绘制速度越快，线条效果越粗犷。

5.3.9 其他选项

在“画笔”面板左侧列表中还有“杂色”“湿边”“建立”“平滑”和“保护纹理”几个不需要进行参数设置的选项。单击勾选即可启用该选项。

★ 杂色：可以为画笔增加随机的杂色效果。当使用柔边画笔时，该选项最能出效果。

★ 湿边：沿画笔描边的边缘增大油彩量，从而创建出水彩效果。

★ 建立：将渐变色调应用于图像，同时模拟传统的喷枪技术。“画笔”面板中的“喷枪”选项与选项栏中的“喷枪”选项相对应。

★ 平滑：在画笔描边中生成更平滑的曲线。当使用压感笔进行快速绘画时，此选项最有效；但是它在描边渲染中可能会导致轻微的滞后。

★ 保护纹理：将相同的图案和缩放比例应用于具有纹理的所有画笔预设。勾选该选项后，在使用多个纹理画笔绘画时，可以模拟出一致的画布纹理。

5.3.10 操作练习：使用“画笔工具”与“画笔”面板制作星星

案例文件	使用“画笔工具”与“画笔”面板制作星星.psd	难易指数	★★★★★
视频教学	使用“画笔工具”与“画笔”面板制作星星.flv	技术要点	画笔工具、“画笔”面板、定义画笔预设

案例效果 (如图 5-88 所示)

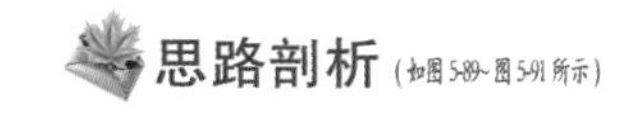

思路剖析 (如图 5-89~图 5-91 所示)

图 5-88

图 5-89

图 5-90

图 5-91

①使用“自定形状工具”绘制一个五角星，然后将五角星形状定义为画笔笔尖。

②使用“画笔”面板设置画笔的动态效果。

③使用“画笔工具”在画面中绘制大量的五角星。

应用拓展

使用“画笔工具”与“画笔”面板制作的作品欣赏，如图 5-92 和图 5-93 所示。

图 5-92

图 5-93

操作步骤

STEP 01 执行“文件 > 新建”菜单命令，在“新建”对话框中设置文件“宽度”为 1253 像素、“高度”为 894 像素，设置“分辨率”为 72 像素 / 英寸、“颜色模式”为 RGB 颜色、“背景内容”为透明，如图 5-94 所示。单击工具箱中的“自定形状工具”按钮，在选项栏中设置“工具模式”为像素，单击“填充”下拉按钮，在自定形状拾色器中选择五角星形状，设置前景色为黑色，在画面中按住鼠标左键拖曳绘制五角星形状，如图 5-95 所示。

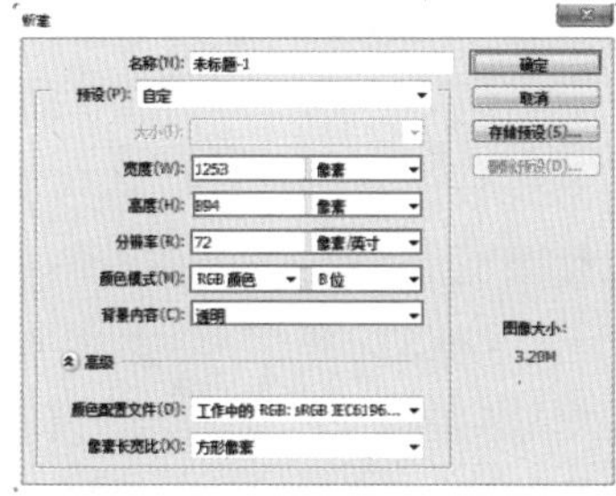

图 5-94

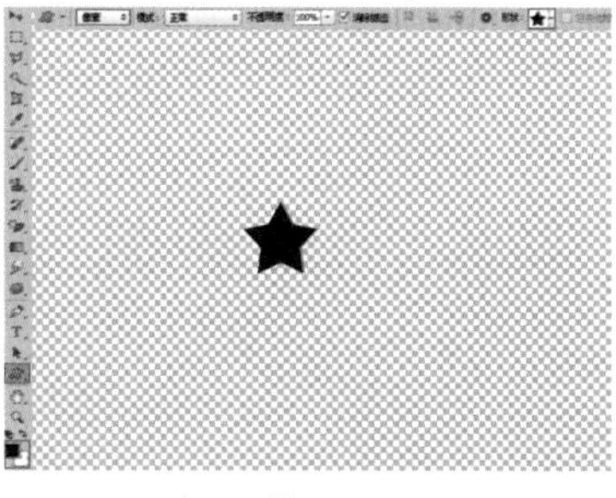

图 5-95

STEP 02 执行“编辑 > 定义画笔预设”菜单命令，在打开的“画笔名称”对话框中设置“名称”为 1，单击“确定”按钮完成设置，如图 5-96 所示。执行“文件 > 置入”菜单命令，在打开的“置入”对话框中单击选择素材“1.jpg”，单击“置入”按钮，并栅格化该素材，如图 5-97 所示。

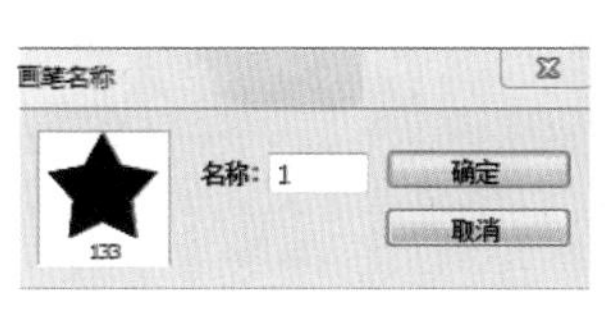

图 5-96

图 5-97

STEP 03 单击工具箱中的“画笔工具”按钮，设置前景色为黄色、背景色为白色，如图 5-98 所示。单击选项栏中的“切换画笔面板”按钮，在“画笔”面板中选择五角星画笔，设置“大小”为 30 像素、“间距”为 210%，如图 5-99 所示。

图 5-98

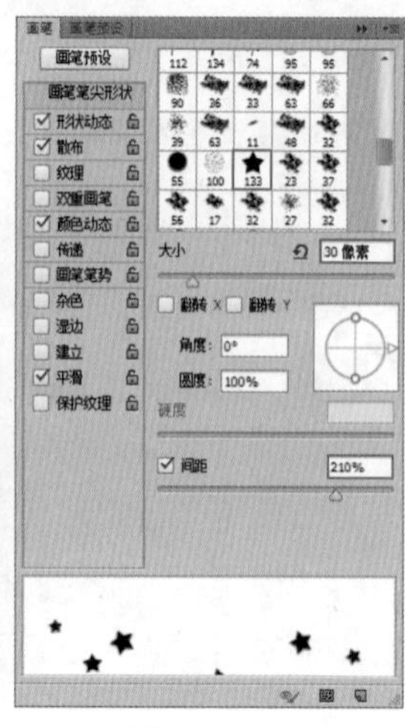

图 5-99

STEP 04 勾选“形状动态”选项，设置“大小抖动”为 60%、“角度抖动”为 100%，如图 5-100 所示。勾选“散布”选项，设置“散布”为 600%、“数量”为 1，如图 5-101 所示。勾选“颜色动态”选项，设置“前景 / 背景抖动”为 100%，如图 5-102 所示。

STEP 05 在画面中按住鼠标左键拖曳绘制，效果如图 5-103 所示。

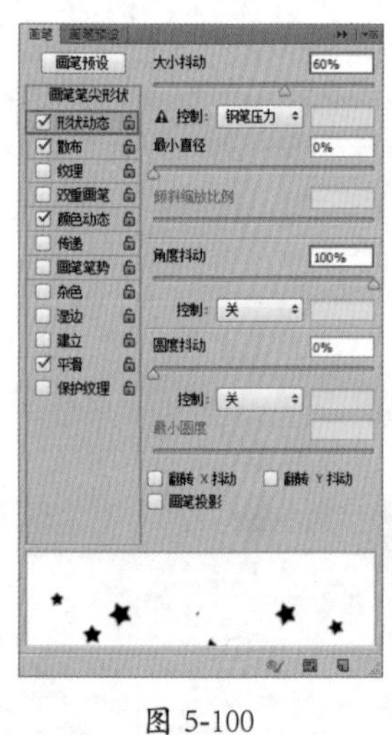

图 5-100

图 5-101

图 5-102

图 5-103

STEP 06 单击选项栏中的“画笔预设”按钮，在下拉面板中设置“大小”为 8 像素，如图 5-104 所示。在画面中按住鼠标左键拖曳可绘制一些稍小的星形，效果如图 5-105 所示。

STEP 07 继续单击选项栏中的“画笔预设”按钮，在下拉面板中设置“大小”为 50 像素，如图 5-106 所示。在画面中按住鼠标左键拖曳可绘制一些比较大的星形，效果如图 5-107 所示。

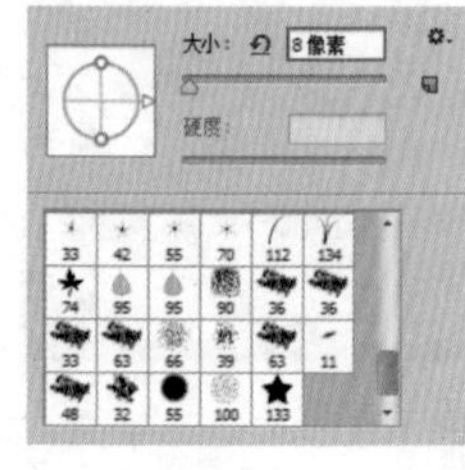

图 5-104

图 5-105

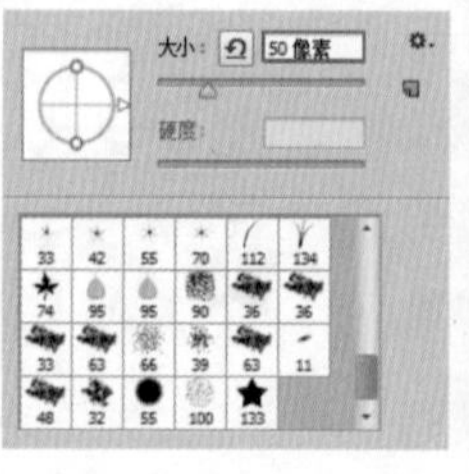

图 5-106

图 5-107

5.4 照片修饰工具

图像修饰也是 UI 设计师经常接触的工作之一。当我们拿到一张并不完美的图片时，就需要对它进行修改，例如，去除瑕疵、调整位置等。如果是人像，那么祛斑、祛痘这些操作都是很普遍的，接着就可以进行润色，例如，增加画面的颜色饱和度，进行模糊或者锐化。本节主要讲解 4 个工具组中的减淡加深工具组，如图 5-108 所示；模糊锐化工具组，如图 5-109 所示；修复工具组，如图 5-110 所示；图章工具组中的“仿制图章工具”，如图 5-111 所示。

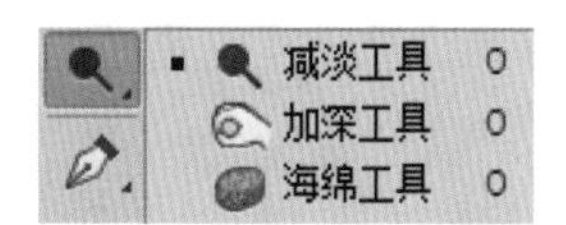

图 5-108

图 5-109

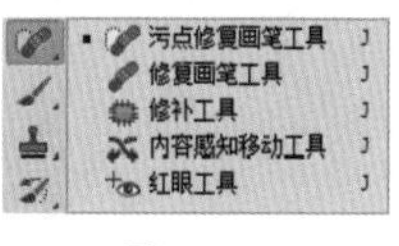

图 5-110

图 5-111

5.4.1 减淡工具

在学习“减淡工具”之前，首先考虑一个问题，当在一种颜色中添加白色会有什么样的结果？答案是颜色的色相没有变，但是颜色明度会提高，颜色会显得更加“浅”，也更加“亮”。使用“减淡工具”在画面中按住鼠标左键拖曳即可提高涂抹区域的亮度。在 UI 设计中，常会选用同类色的配色方案，这时不妨使用“减淡工具”在主色调的基础上进行涂抹调色，制作出同类配色的效果。

打开一张图片，如图 5-112 所示。单击工具箱中的“减淡工具”按钮，在选项栏中先设置合适的笔尖，然后设置“范围”，该选项用来选择减淡操作针对的色调区域是“中间调”还是“阴影”或是“高光”。例如，我们在这里要调整黄色位置的颜色，就设置“范围”为“高光”（因为这个颜色相对于整个画面中的其他颜色来说，属于比较亮的颜色）。之后设置“曝光度”选项，该选项可用于控制颜色减淡的强度，数值越大，在画面中涂抹时对画面减淡的程度也就越大。如果勾选“保护色调”选项，可以在使画面内容变亮的同时，保证色相不会更改。设置完成后在画面中涂抹，即可看到颜色减淡的效果，如图 5-113 和图 5-114 所示。

图 5-112

图 5-113

图 5-114

5.4.2 加深工具

“加深工具”与“减淡工具”的功能相反。使用“加深工具”在画面中涂抹可以对图像的局部进行加深处理。使用“加深工具”之前也需要在选项栏中选择合适的“范围”和“曝光度”参数，然后进行涂抹，如图 5-115 所示。加深效果如图 5-116 所示。

图 5-115

图 5-116

5.4.3 海绵工具

在学习“海绵工具”之前，需要了解“颜色饱和度”这一概念。颜色饱和度是色彩三要素之一，颜色饱和度越高，画面越鲜艳，视觉冲击力越强。反之，颜色饱和度越低，颜色越接近灰色。使用“海绵工具”可以增加或减少画面中颜色的饱和度，其使用方法和“减淡工具”相似。

打开一张图片，单击“海绵工具”按钮，如图 5-117 所示。在选项栏中设置工具模式，选择“加色”选项时，可以增加色彩的饱和度，如图 5-118 所示。选择“去色”选项时，可以降低色彩的饱和度，如图 5-119 所示。勾选“自然饱和度”选项时，可以在增加饱和度的同时防止颜色过度饱和而产生溢色现象。

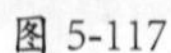

图 5-117

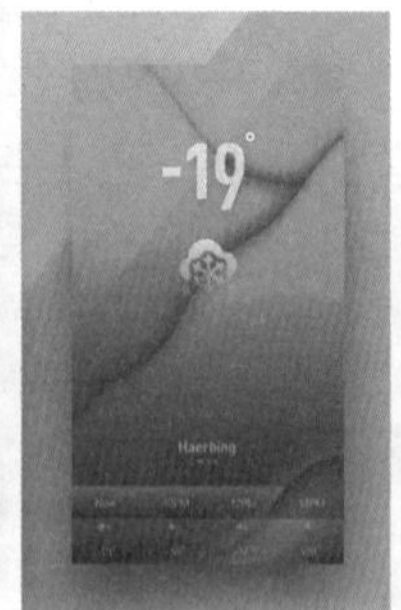

图 5-118

图 5-119

5.4.4 模糊工具

当我们看到“模糊工具”这个名字时就知道这个工具是用来做什么的了，没错，它就是用来进行模糊处理的。那么为什么要进行模糊处理呢，不都想要一张清晰度高的图像吗？事实上，恰当地运用模糊效果可以增加画面层次感，还可以起到强化主体物、隐藏瑕疵的作用。

单击工具箱中的“模糊工具”按钮，在选项栏中可以通过调整“强度”数值来设置模糊的强度，如图 5-120 所示。接着在画面中涂抹即可使局部变得更加模糊，涂抹的次数越多该区域就越模糊，如图 5-121 所示。使用“模糊工具”可以制作图像边缘虚化、景深的效果，或者对人像进行磨皮处理。

图 5-120

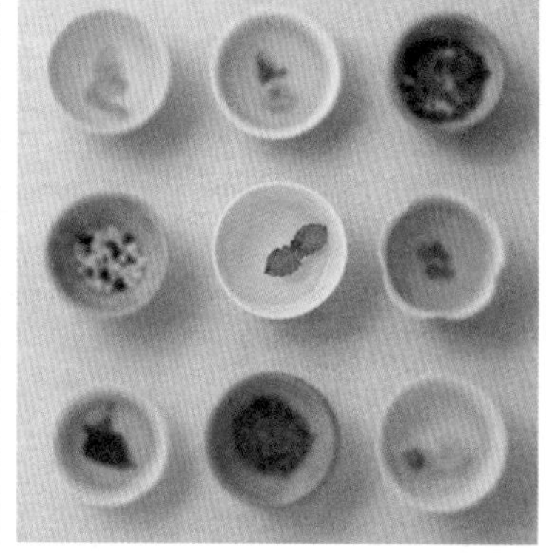

图 5-121

5.4.5 锐化工具

遇到清晰度不够的图像时，就需要进行适当的锐化。“锐化工具”△用于增强图像局部的清晰度。打开一张图片，单击工具箱中的“锐化工具”△，在选项栏中通过设置“强度”数值可以控制涂抹时画面锐化的强度。勾选“保护细节”选项后，在进行锐化处理时将对图像的细节进行保护，如图 5-122 所示。设置完成后，在需要锐化的位置涂抹，涂抹的次数越多锐化效果就越强，锐化效果如图 5-123 所示。

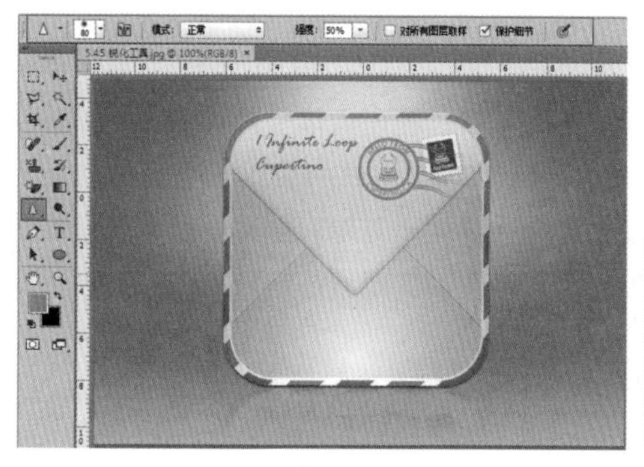

图 5-122

图 5-123

5.4.6 涂抹工具

“涂抹工具”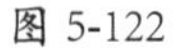可以模拟手指划过湿油漆时产生的效果。打开一张图片，单击工具箱中的“涂抹工具”按钮，在选项栏中先设置合适的画笔，然后通过“强度”数值来设置颜色展开的衰减程度，通过“模式”选项设置涂抹位置颜色的混合模式。若勾选“手指绘画”选项，可以使用前景色进行涂抹绘制，如图 5-124 所示。设置完成后，在画面中按住鼠标左键并拖动即可拾取鼠标单击处的颜色，并沿着拖曳的方向展开这种颜色，如图 5-125 所示。

图 5-124

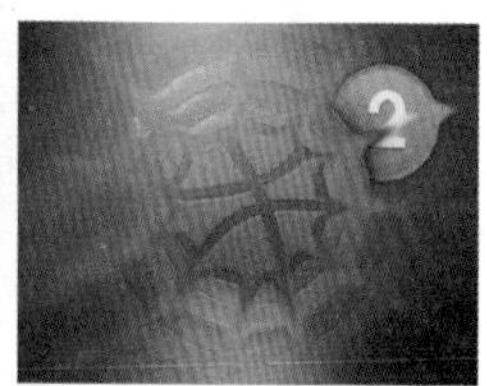

图 5-125

5.4.7 污点修复画笔工具

“污点修复画笔工具”是一款简单、有效的修复工具，常用于去除画面中较小的瑕疵。例如，去除面部不太密集的斑点、细纹。

单击工具箱中的“污点修复画笔工具”按钮，调整笔尖大小到刚好能够覆盖瑕疵处即可，然后在瑕疵上单击，或者按住鼠标左键拖动覆盖要修复的区域，松开鼠标后软件可以自动从所修饰区域的周围进行取样，用正确的内容填充瑕疵本身，如图 5-126 所示。去除污点后的效果如图 5-127 所示。

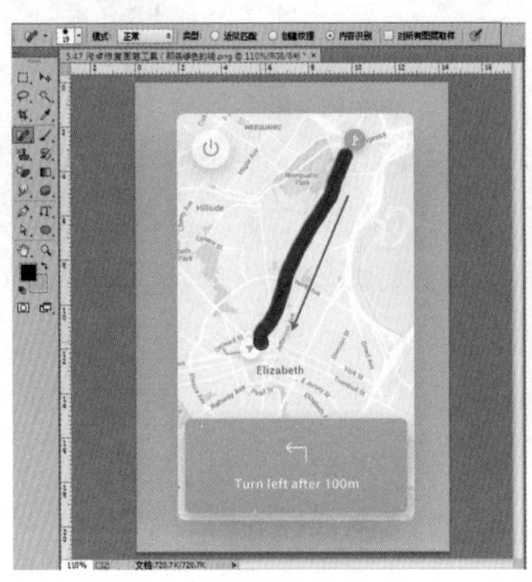

图 5-126

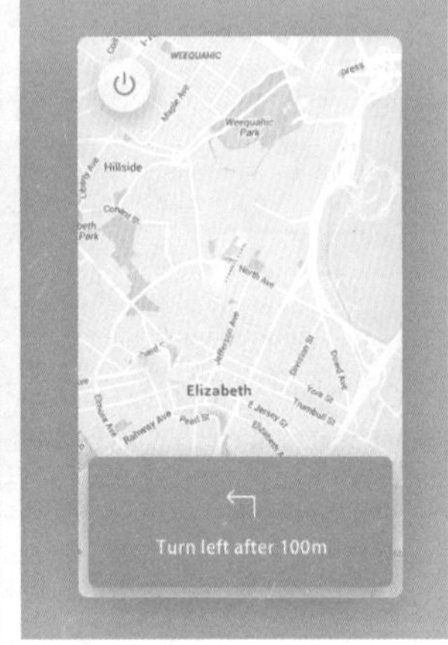

图 5-127

- ★ 模式：在设置修复图像的混合模式时，除“正常”“正片叠底”等常用模式以外，还有一个“替换”模式，该模式可以保留画笔描边边缘处的杂色、胶片颗粒和纹理。
- ★ 近似匹配：可以使用选区边缘周围的像素来查找要用作选定区域修补的图像区域。
- ★ 创建纹理：可以使用选区中的所有像素创建一个用于修复该区域的纹理。
- ★ 内容识别：可以使用选区周围的像素进行修复。

5.4.8 修复画笔工具

使用“修复画笔工具”时，首先需要在画面中取样，然后可以将样本像素的纹理、光照、透明度和阴影与要修复的像素进行匹配，使修复后的像素与源图像更好地融合，从而去除瑕疵。

单击工具箱中的“修复画笔工具”按钮，在选项栏中设置合适的画笔大小，按住 Alt 键进行取样，然后在需要修复的位置进行涂抹，如图 5-128 所示。修复后的图像效果如图 5-129 所示。

图 5-128

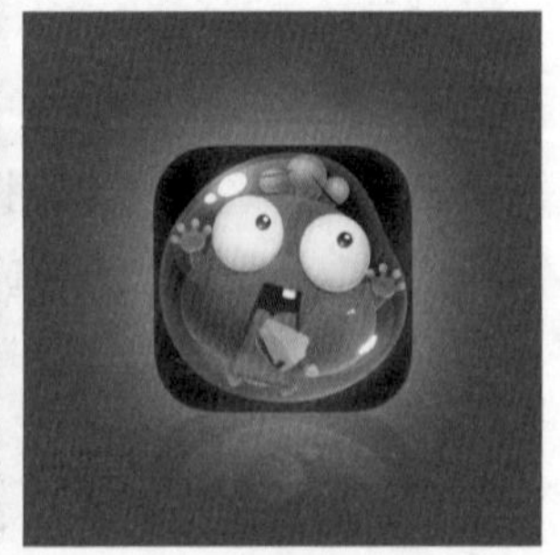

图 5-129

- ★ 源：设置用于修复像素的源。选择“取样”选项时，可以使用当前图像的像素来修复图像；选择“图案”选项时，可以使用某个图案作为取样点。
- ★ 对齐：勾选该选项，可以连续对像素进行取样，即使释放鼠标也不会丢失当前的取样点；关闭该选项，则会在每次停止并重新开始绘制时使用初始取样点中的样本像素。

5.4.9 修补工具

“修补工具” 可以使用图像中的部分内容覆盖修复特定区域。单击工具箱中的“修补工具”按钮，在画面中绘制出需要修补的区域，如图 5-130 所示。将鼠标指针定位到选区中，按住鼠标左键拖曳将其移动至可以替换修补区域的位置上，如图 5-131 所示。松开鼠标后即可进行自动修复，如图 5-132 所示。

图 5-130

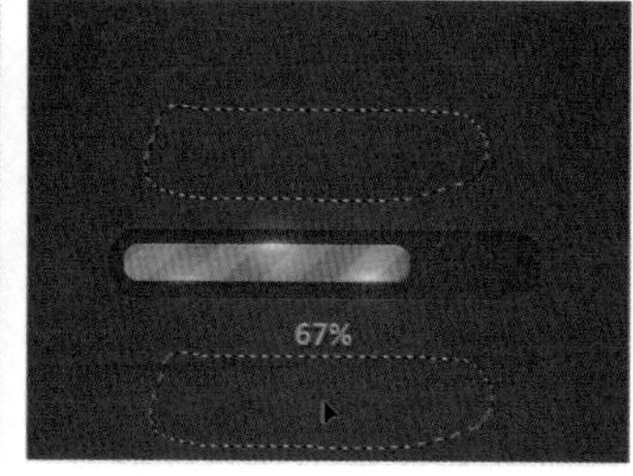

图 5-131

图 5-132

★ 修补：创建选区后，选择“源”选项时，将选区拖曳到要修补的区域，松开鼠标左键后，会用当前选区中的像素修补原来选中的像素；选择“目标”选项时，则会将选中的图像复制到目标区域。

★ 透明：勾选该选项，可以使修补的图像与原始图像产生透明的叠加效果，该选项适用于修补具有清晰分明的纯色背景或渐变背景的图像。

★ 使用图案：使用“修补工具”创建选区后，单击“使用图案”按钮，可以使用图案修补选区内的图像。

5.4.10 内容感知移动工具

“内容感知移动工具” 是一个非常神奇的移动工具，它可以将选区中的像素“移动”到其他位置，而原来位置将会被智能填充，并与周围像素融为一体。

单击工具箱中的“内容感知移动工具”按钮，在图像上按住鼠标左键绘制需要移动的区域，将鼠标指针放在区域内，如图 5-133 所示。按住鼠标左键向其他区域拖动，如图 5-134 所示。松开鼠标后，Photoshop 会自动将图像与四周的景物融合在一起，而原来的区域则会进行智能填充，如图 5-135 所示。

图 5-133

图 5-134

图 5-135

技巧提示 “内容感知移动工具”的模式

当选项栏中的模式设置为“移动”时，选择的对象将被移动。当设置为“扩展”时，选择移动的对象将被移动并复制，即原来位置的内容不会被删除，而新的位置还会出现该对象。

5.4.11 红眼工具

在光线较暗的环境中使用闪光灯进行拍照，经常会出现黑眼球变红的情况，也就是通常所说的“红眼”。单击工具箱中的“红眼工具”按钮，将鼠标指针移动到红眼处，如图 5-136 所示。单击即可去除红眼，如图 5-137 所示。

图 5-136

图 5-137

5.4.12 仿制图章工具

“仿制图章工具”可以对画面中的部分内容进行取样，以画笔绘制的方式，绘制到其他区域。“仿制图章工具”是较为方便的图像修饰工具，使用频率非常高。

打开一张图片，如图 5-138 所示，通过“仿制图章工具”去除画面中的飞机。单击工具箱中的“仿制图章工具”按钮，按住 Alt 键在画面中单击取样，如图 5-139 所示，然后在需要修复的地方按住鼠标左键进行涂抹，效果如图 5-140 所示。

图 5-138

图 5-139

图 5-140

5.5 填充

“填充”是指使画面整体或者局部覆盖上特定的颜色、图案或者渐变。在 Photoshop 中，不仅能够用快捷键进行填充，还可以用工具进行填充；不仅能够填充纯色，还可以填充渐变颜色与图案。

5.5.1 油漆桶工具

使用“油漆桶工具”可以快速为选区、整个画布或者是颜色相近的色块填充纯色或图案。单击“油漆桶工具”按钮，在选项栏中设置“填充内容”“混合模式”“不透明度”以及“容差”，如图 5-141 所示，接着在画面中单击即可进行填充，如图 5-142 所示。如果选择空白图层，则会对整个图层进行填充。

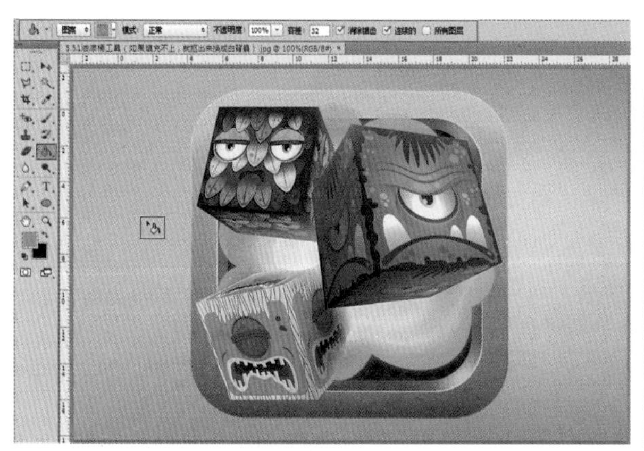

图 5-141

图 5-142

★ 填充内容：选择填充的模式，包含“前景”和“图案”两种模式。如果选择“前景”模式，则使用前景色进行填充；如果设置为“图案”模式，则需要在右侧图案列表中选择合适的图案。

★ 容差：用来定义必须填充的像素颜色的相似程度。设置较低的“容差”值会填充颜色范围内与鼠标单击处像素非常相似的像素；设置较高的“容差”值会填充更大范围的像素。

5.5.2 渐变工具

“渐变工具”用于创建多种颜色间的过渡效果。在 UI 设计中，需要进行纯色填充时，不妨以同类渐变色替代纯色填充。因为渐变颜色变化丰富，能够使画面更具层次感，如图 5-143 和图 5-144 所示。

图 5-143

图 5-144

“渐变工具”不仅可以填充图像，还可以对蒙版和通道进行填充。使用“渐变工具”有两个较为重要的知识点，一个是“渐变工具”的选项栏；另一个是“渐变编辑器”对话框。

1. “渐变工具”的选项栏

单击工具箱中的“渐变工具”按钮，其选项栏如图 5-145 所示。

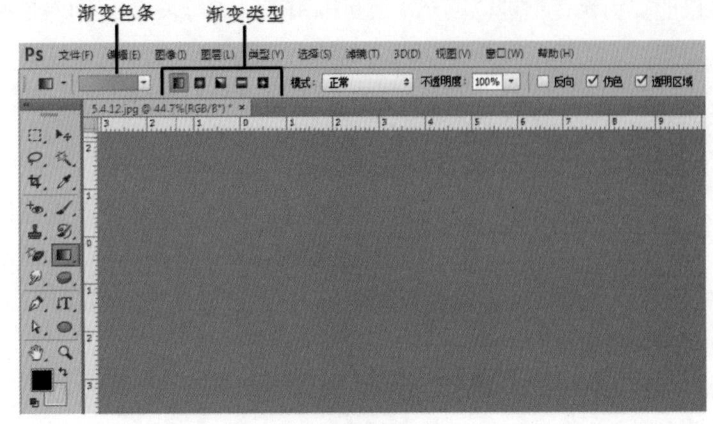

图 5-145

- ★ 渐变色条：单击颜色部分可以打开“渐变编辑器”；单击倒三角按钮，可以选择预设的渐变颜色。
- ★ 渐变类型：激活“线性渐变”按钮，可以以直线方式创建从起点到终点的渐变；激活“径向渐变”按钮，可以以圆形方式创建从起点到终点的渐变；激活“角度渐变”按钮，可以创建围绕起点以逆时针扫描方式的渐变；激活“对称渐变”按钮，可以使用均衡的线性渐变在起点的任意一侧创建渐变；激活“菱形渐变”按钮，可以以菱形方式从起点向外产生渐变，终点定义菱形的一个角。效果如图 5-146 所示。

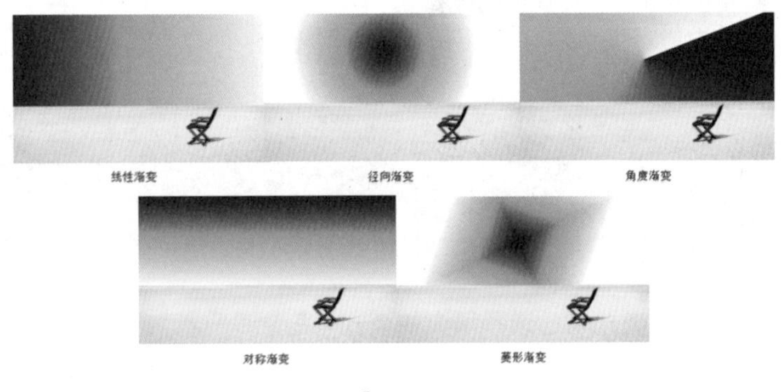

图 5-146

- ★ 反向：转换渐变中的颜色顺序，得到反方向的渐变结果。如图 5-147 和图 5-148 所示分别是正常渐变和反向渐变效果。

图 5-147　　图 5-148

- ★ 仿色：勾选该选项，可以使渐变效果更加平滑。主要用于防止打印时出现条带化现象，但在计算机屏幕上并不能明显地体现出来。

2. “渐变编辑器”的使用方法

在选项栏中单击“渐变色条”的颜色部分可以打开“渐变编辑器”对话框，在“渐变编辑器”对话框中可以编辑渐变颜色。

STEP 01 在“渐变编辑器”对话框的“预设”选项组中单击即可选择一种渐变效果，如图 5-149 所示。若要更改渐变的颜色，可以双击色条下的“色标”，在弹出的“拾色器”对话框中选择一种合适的颜色，如图 5-150 所示。

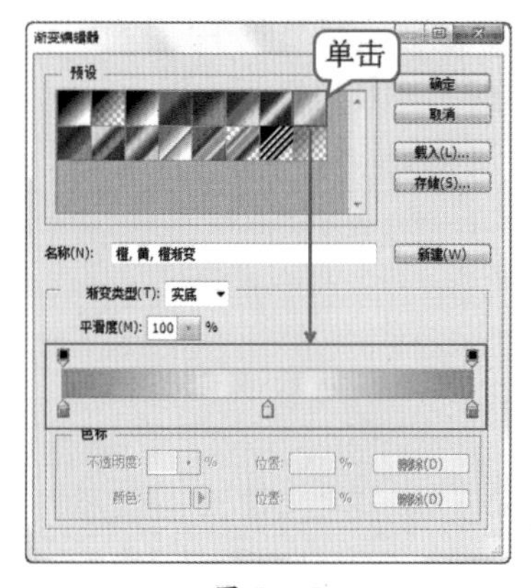

图 5-149

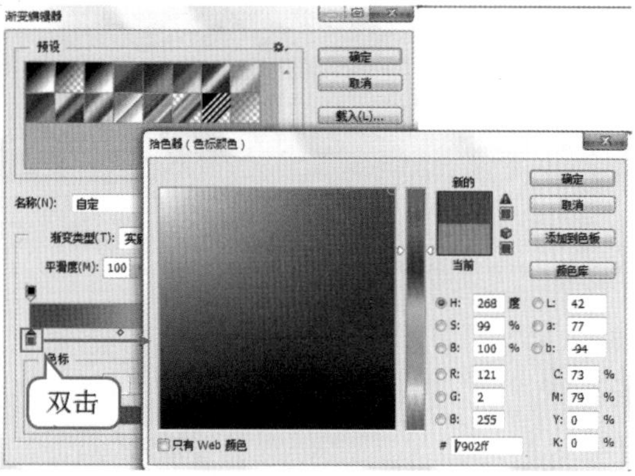

图 5-150

STEP 02 按住鼠标左键拖曳“色标”可以调整渐变颜色的变化，如图 5-151 所示。两个色标之间有一个滑块◆，拖曳滑块◆可以调整两个颜色之间过渡的效果，如图 5-152 所示。

图 5-151

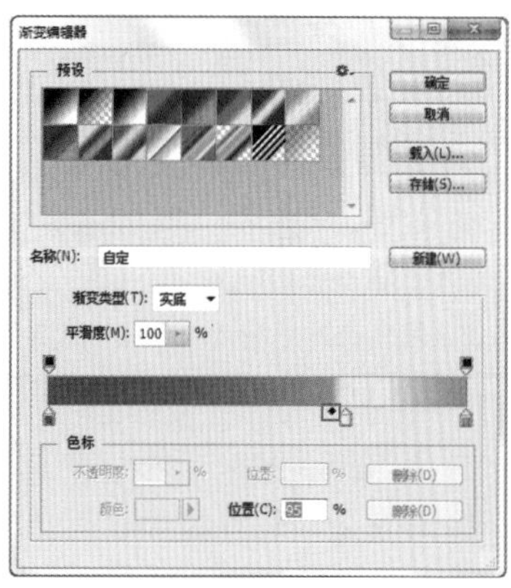

图 5-152

STEP 03 将鼠标指针移动到渐变色条的下方，指针变为形状后单击，即可添加色标，如图 5-153 所示。若要删除色标，可以单击需要删除的色标，然后按 Delete 键进行删除。若要制作半透明的渐变，可以单击选择渐变色条上方的色标，然后在“不透明度”选项中调整不透明度，如图 5-154 所示。

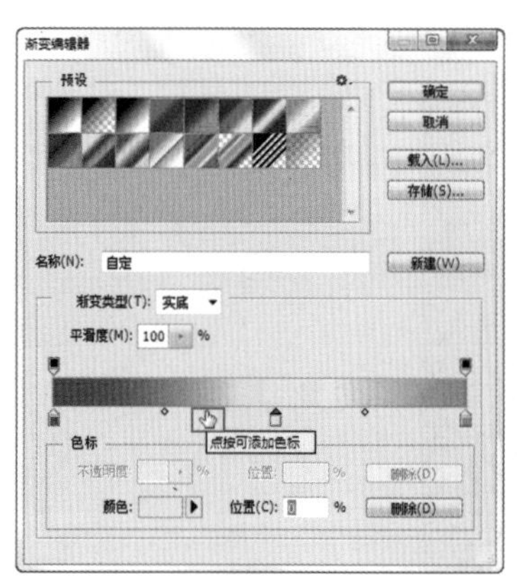

图 5-153

图 5-154

STEP 04 设置完成后，在画面中按住鼠标左键拖曳，如图 5-155 所示。松开鼠标后即可填充渐变颜色，如图 5-156 所示。

图 5-155

图 5-156

5.5.3 操作练习：使用“渐变工具”制作多彩壁纸

案例文件	使用“渐变工具”制作多彩壁纸.psd	难易指数	★★★★★
视频教学	使用“渐变工具”制作多彩壁纸.flv	技术要点	钢笔工具、渐变工具

案例效果（如图5-157所示） 思路剖析（如图5-158~图5-161所示）

图 5-157

图 5-158

图 5-159

图 5-160

图 5-161

①使用“钢笔工具”创建路径，然后将绘制的路径转换为选区。

②使用“渐变工具”为选区填充颜色。

③在适当位置添加时间、日期等文本。

应用拓展

优秀的UI设计方案欣赏，如图5-162~图5-164所示。

图 5-162

图 5-163

图 5-164

操作步骤

STEP 01 执行“文件>新建”菜单命令，设置文件“宽度”为1242像素、“高度”为2208像素、“分辨率”为72像素/英寸、“颜色模式”为“RGB颜色”、“背景内容”为“白色”，如图5-165所示。

STEP 02 单击工具箱中的“钢笔工具”按钮，在选项栏中设置“绘制模式”为“路径”，接着用“钢笔工具”在画面中绘制路径，如图5-166所示。绘制完成后按Ctrl+Enter快捷键将路径转换为选区，如图5-167所示。

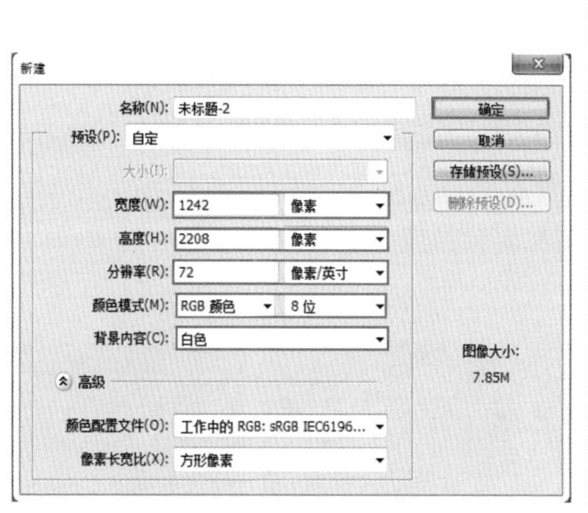

图 5-165

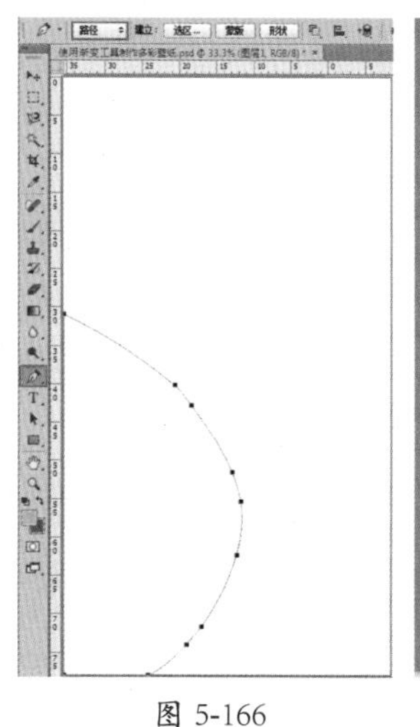

图 5-166

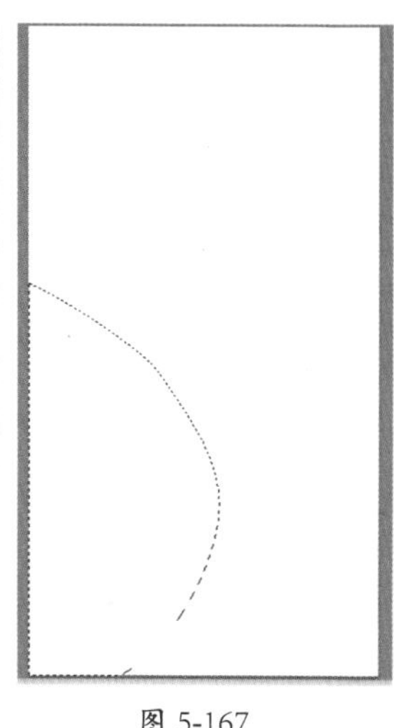

图 5-167

STEP 03 单击工具箱中的“渐变”按钮，在选项栏中单击渐变色条，弹出“渐变编辑器”对话框，如图 5-168 所示。在“渐变编辑器”对话框中双击第一个色标，弹出“拾色器（色标颜色）”对话框，选取需要的颜色单击“确定”按钮。再双击第二个色标，弹出“拾色器（色标颜色）”对话框，选取需要的颜色并单击“确定”按钮。两个色标的颜色设置完成后，在“渐变编辑器”中单击“确定”按钮，完成渐变颜色的编辑，如图 5-169 所示。

图 5-168

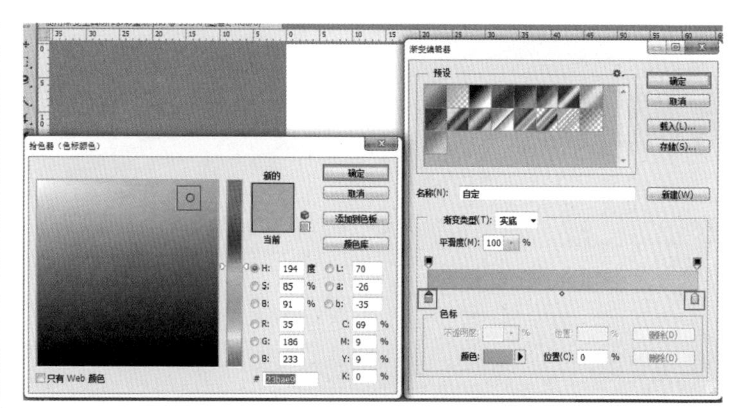

图 5-169

STEP 04 按住鼠标左键并拖动，使拖动鼠标形成的线与选区相交，完成渐变，如图 5-170 所示。在“图层”面板中单击“新建图层”按钮，创建“图层 2”，设置该图层的“不透明度”为 90%，如图 5-171 所示。按照上述方法在新建的图层中创建渐变图形，如图 5-172 所示。

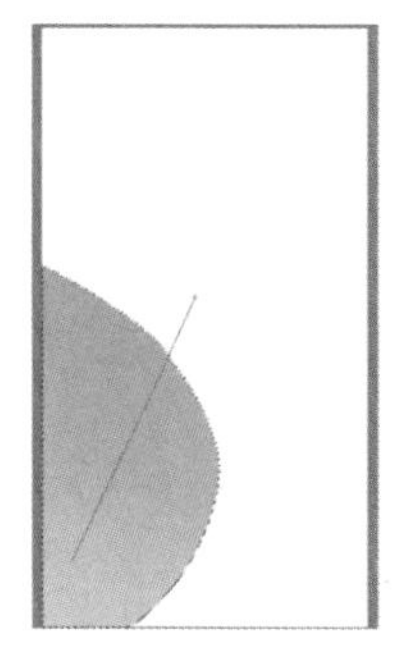

图 5-170

图 5-171

图 5-172

STEP 05 用同样的方法继续新建图层，使用“钢笔工具”绘制路径，转换为选区后填充渐变颜色。制作绿色渐变和橙色渐变图层，并设置这两个图层的“不透明度”为 90%，如图 5-173 和图 5-174 所示。

STEP 06 单击“横排文字工具”按钮，设置适合的“字体”“字号”，设置“填充”为白色，在画面中输入文字，如图 5-175 所示。执行“文件 > 置入”菜单命令，在打开的“置入”对话框中单击选择素材“1.png”，单击“置入”按钮。将图标素材放置在界面的右上角，按 Enter 键完成置入，最终效果如图 5-176 所示。

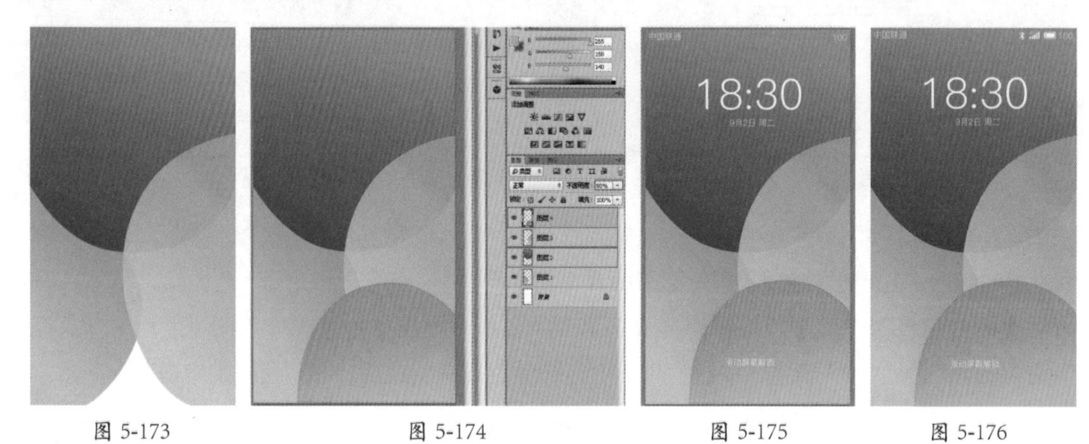

图 5-173　　图 5-174　　图 5-175　　图 5-176

5.5.4 填充

“填充”命令可以在整个画面或选区内填充纯色、图案、历史记录等内容。执行“编辑 > 填充”菜单命令或按 Shift+F5 快捷键，打开“填充”对话框，如图 5-177 所示。在这里首先需要设置填充的内容，在填充颜色或图案的同时也可以设置填充时的不透明度和混合模式。

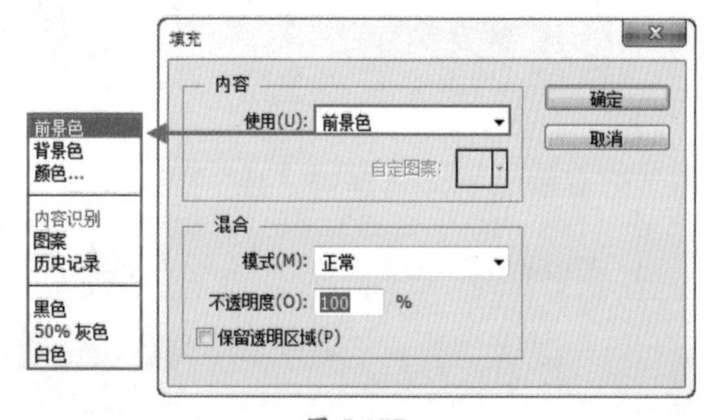

图 5-177

★ 内容：在下拉列表中可以选择填充的内容，包含前景色、背景色、颜色、内容识别、图案、历史记录、黑色、50% 灰色和白色。
★ 模式：用来设置填充内容的混合模式。
★ 不透明度：用来设置填充内容的不透明度。
★ 保留透明区域：勾选该选项，只填充图层中包含像素的区域，而透明区域不会被填充。

5.6 调色技术

作为专业的图像处理软件，Photoshop 的调色技术非常强大。在 Photoshop 中提供了多种调色命令以及两种使用命令的方法。首先执行“图像 > 调整”菜单命令，拉出子菜单中的命令，如图

5-178 所示。执行“图层 > 新建调整图层”命令，拉出子菜单中的命令，如图 5-179 所示。此时我们将两个菜单作一下对比，可以发现这些命令绝大部分是相同的，Photoshop 为什么要“多此一举”呢？跟着下面的操作，我们一同发现其中的秘密。

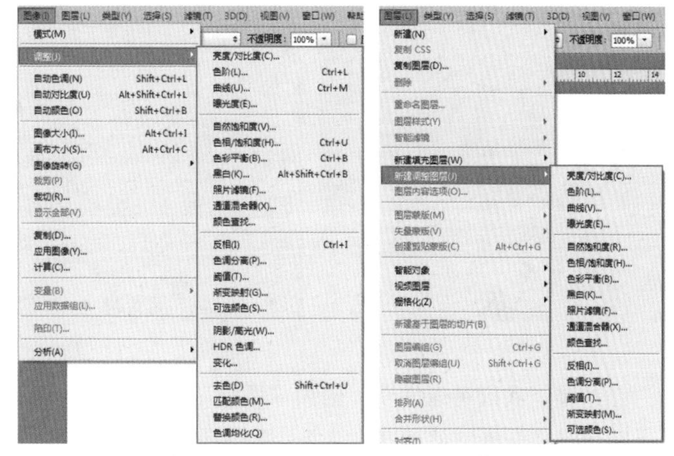

图 5-178　　图 5-179

STEP 01 打开一张图片，如图 5-180 所示。执行“图像 > 调整 > 色相 / 饱和度”菜单命令，弹出“色相 / 饱和度”对话框，在该对话框中调整任意参数后单击“确定”按钮，如图 5-181 所示。画面效果如图 5-182 所示。此时我们可以发现画面中的颜色、色调发生了变化，如果我们觉得效果不满意，可以进行“撤销”操作。但是如果操作的步骤太多，可能就无法还原到之前的效果了。

图 5-180

图 5-181

图 5-182

STEP 02 对图像执行“图层 > 新建调整图层 > 色相 / 饱和度”菜单命令，会弹出“属性”面板，在“属性”面板中可以看到与“色相 / 饱和度”对话框相同的参数选项，调整同样的参数，如图 5-183 所示。此时画面的效果也与图 5-182 相同，不同的是，在“图层”面板中会生成一个调整图层，如图 5-184 所示。

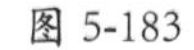

图 5-183　　图 5-184

STEP 03 调整图层与普通图层的属性相同，也可以显示 / 隐藏、删除、调整不透明度等，这就方便了我们显示或隐藏调色效果。而且调整图层还带有图层蒙版，使用黑色的画笔在蒙版中涂抹，可以隐藏画面中的调色效果，如图 5-185 所示。如果对调整的参数不满意，也无须撤销，只需双击调整图层的缩览图，再次打开“属性”面板，重新调整参数即可，如图 5-186 和图 5-187 所示。

图 5-185

图 5-186

图 5-187

经过操作我们可以发现，使用“调整”命令进行调色是直接作用于像素，一旦做出更改很难被还原。而“新建调整图层”命令，则是一种可以逆转、可以编辑的调色方式。在这里我们比较推荐使用“新建调整图层”的方式进行调色，因为会方便后期的调整、编辑工作。

5.6.1 自动调色

在“图像”菜单中提供了 3 个可以快速自动调整图像颜色的命令：“自动色调”“自动对比度”和“自动颜色”命令，如图 5-188 所示。这些命令会自动检测图像明暗以及偏色问题，无须设置参数就可以进行自动的校正。通常用于校正数码相片中明显的偏色、对比过低、颜色暗淡等常见问题。如图 5-189 所示为使用“自动色调”命令的效果；如图 5-190 所示为使用“自动对比度”命令的效果；如图 5-191 所示为使用“自动颜色”命令的效果。

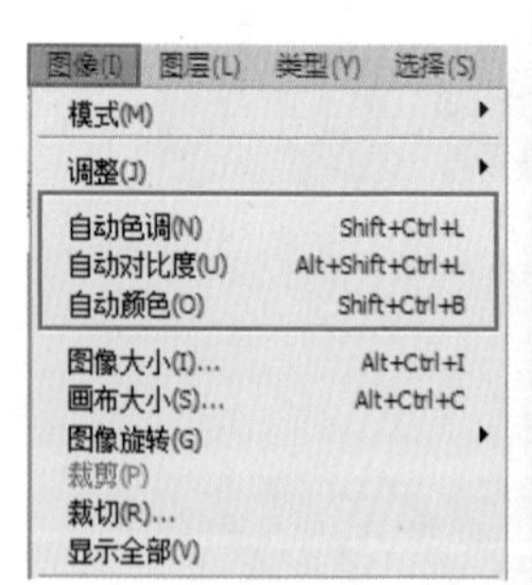

图 5-188

图 5-189

图 5-190

图 5-191

技巧提示 图像颜色模式

图像颜色模式是指将某种颜色表现为数字形式的模型，或者说是一种记录图像颜色的方式。执行“图像 > 模式”菜单命令，在子菜单中可以看到多种颜色模式：位图模式、灰度模式、双色调模式、索引颜色模式、RGB 颜色模式、CMYK 颜色模式、Lab 颜色模式和多通道模式。

在制作 UI 设计方案或者处理数码照片时，一般比较常用 RGB 颜色模式；涉及需要印刷的产品时，需要使用 CMYK 颜色模式；而 Lab 颜色模式是色域最宽的色彩模式，也是最接近真实世界颜色的一种色彩模式。

5.6.2 亮度 / 对比度

画面中的高光位置足够亮，而阴影位置足够暗，这样画面中的颜色才能有对比，在视觉上才能有一定的冲击力。“亮度 / 对比度”命令就能够调整图像的明暗程度和对比度。

打开一张图片，如图 5-192 所示。执行“图像 > 调整 > 亮度 / 对比度”菜单命令，打开“亮度 / 对比度”对话框，进行参数的设置，调整后单击“确定”按钮完成操作，如图 5-193 所示。此时画面效果如图 5-194 所示。

图 5-192

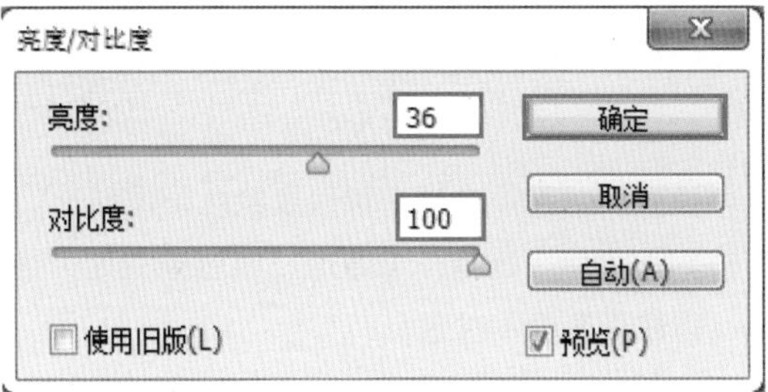

图 5-193

图 5-194

- ★ 亮度：用来设置图像的整体亮度。数值为负值时，表示降低图像的亮度，效果如图 5-195 所示。数值为正值时，表示提高图像的亮度，效果如图 5-196 所示。
- ★ 对比度：用于设置图像亮度对比的强烈程度。数值为负值时，表示降低对比度，效果如图 5-197 所示。数值为正值时，表示增加对比度，效果如图 5-198 所示。

图 5-195

图 5-196

图 5-197

图 5-198

5.6.3 色阶

“色阶”命令就是用直方图描述整张图片的明暗信息。在 Photoshop 中，通过“色阶”命令可以调整图像的阴影、中间调和高光的强度级别，从而校正图像的色调范围和色彩平衡。“色阶”命令不仅可以作用于整个图像，还可以作用于图像的某一范围或者各个通道、图层。

打开图片，如图 5-199 所示。执行“图像 > 调整 > 色阶”菜单命令或按 Ctrl+L 快捷键，打开“色阶”对话框，如图 5-200 所示。在这里可以通过调整输入色阶的数值或者输出色阶的数值，来更改画面的明暗效果，如图 5-201 所示。如果需要调整颜色，可以更改“通道”，并对某个通道进行调整，即可更改画面颜色。

图 5-199

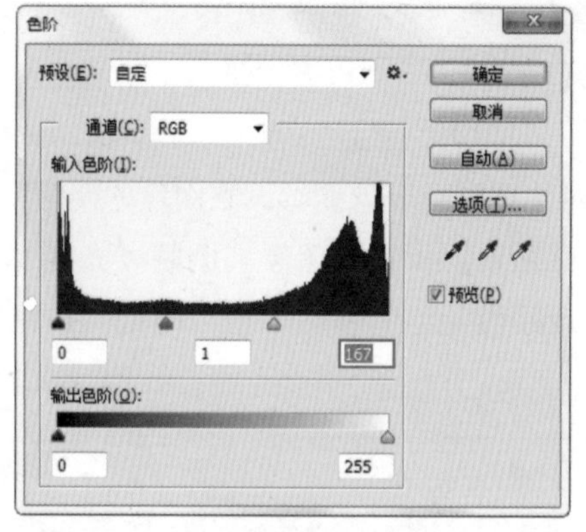

图 5-200

图 5-201

★ 预设：单击“预设”下拉列表，可以选择一种预设的色阶调整选项对图像进行调整。

★ 通道：在“通道”下拉列表中可以选择一个通道，通过控制这个通道的明暗程度，调整图像中这一通道颜色的含量，以校正图像的颜色。

★ 在图像中取样以设置黑场：使用该吸管在图像中单击取样，可以将单击点处的像素调整为黑色，同时图像中比单击点暗的像素也会变成黑色，如图 5-202 所示。

★ 在图像中取样以设置灰场：使用该吸管在图像中单击取样，可以根据单击点像素的亮度来调整其他中间调的平均亮度，如图 5-203 所示。

图 5-202

图 5-203

★ 在图像中取样以设置白场：使用该吸管在图像中单击取样，可以将单击点处的像素调整为白色，同时图像中比单击点亮的像素也会变成白色，如图 5-204 所示。

★ 输入色阶：可以通过拖曳滑块来调整图像的阴影、中间调和高光，也可以直接在对应的输入框中输入数值。

★ 例如，向左拖曳中间调滑块时，可

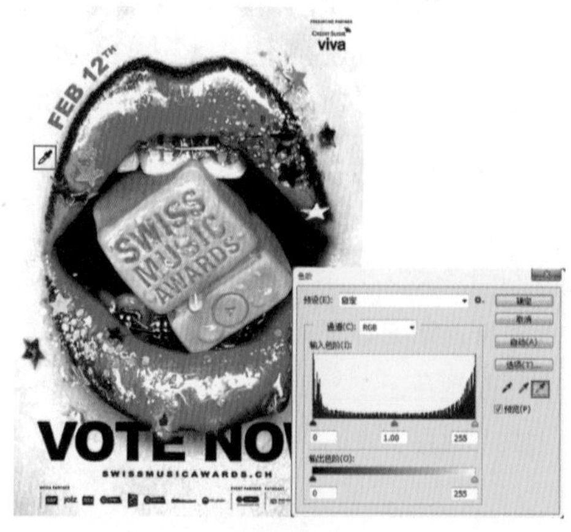

图 5-204

以使图像变亮，如图 5-205 所示；向右拖曳中间调滑块可以使图像变暗，如图 5-206 所示。

★ 输出色阶：可以设置图像的亮度范围，从而降低对比度，如图 5-207 和图 5-208 所示。

图 5-205

图 5-206

图 5-207

图 5-208

5.6.4 曲线

打开一张图片，如图 5-209 所示。执行“图像 > 调整 > 曲线”菜单命令或按 Ctrl+M 快捷键，打开“曲线”对话框。在倾斜的直线上单击即可添加控制点，然后进行拖曳调整曲线形状。在曲线上半部分添加控制点可以调整画面的亮部区域；在曲线下半部分添加控制点可以调整画面的暗部区域；在曲线中段添加控制点则可以调整画面的中间调区域。将控制点向左上角调整可以使画面变亮，将控制点向右下角调整则可以使画面变暗，如图 5-210 所示。

随着曲线形态的变化，画面的明暗以及对比度都会发生变化，如图 5-211 所示。要想调整画面颜色，就需要在“通道”列表中选择某个通道，然后进行曲线形状的调整。

图 5-209

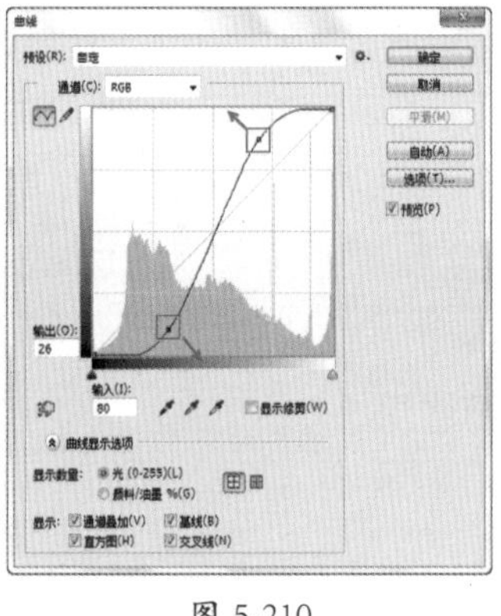

图 5-210

图 5-211

★ 预设：在“预设”下拉列表中共有 9 种曲线预设效果，选中即可自动生成调整效果。

★ 通道：在“通道”下拉列表中可以选择一个通道对图像进行调整，以校正图像的颜色。

★ 在曲线上单击并拖动可修改曲线：选择该工具以后，将鼠标指针放置在图像上，曲线上会出现一个圆圈，表示鼠标处的色调在曲线上的位置，拖曳鼠标左键可以添加控制点以调整图像的色调。向上调整表示提亮，向下调整则为压暗，如图 5-212 所示。

★ 编辑点以修改曲线：使用该工具在曲线上单击，可以添加新的控制点，通过拖曳控制点可以改变曲线的形状，从而达到调整图像的目的。如图 5-213 所示为调整曲线形状，如图 5-214 所示为调整曲线后的效果。

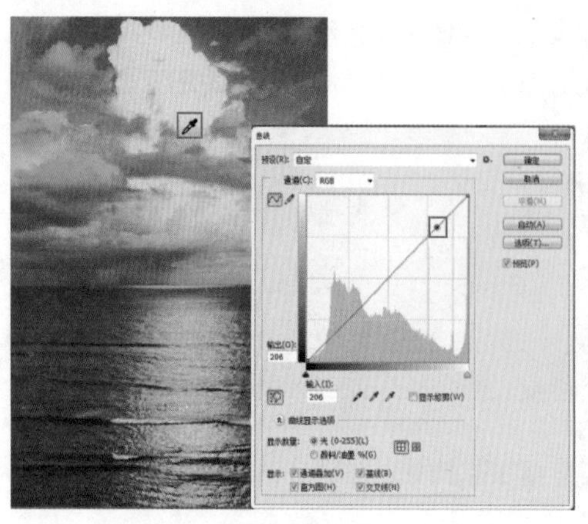

图 5-212　　图 5-213

图 5-214

★ 通过绘制来修改曲线：使用该工具可以以手绘的方式自由绘制曲线，绘制好曲线以后单击“编辑点以修改曲线”按钮，可以显示出曲线上的控制点。

★ 输入 / 输出：“输入”即“输入色阶”，显示的是调整前的像素值；“输出”即“输出色阶”，显示的是调整后的像素值。

5.6.5 曝光度

“曝光度”一词来源于摄影。当画面曝光度不足时，图像晦暗无力，画面沉闷；当画面曝光度过高时，图像泛白，画面高光部分无层次，色彩不饱和，整个画面像褪了色似的。在 Photoshop 中，可以通过“曝光度”命令校正图像常见的曝光过度和曝光不足的问题。

打开一张图片，如图 5-215 所示。执行“图像 > 调整 > 曝光度”菜单命令，打开“曝光度”对话框，调整参数，如图 5-216 所示。设置完成后，单击“确定”按钮，此时画面效果如图 5-217 所示。

图 5-215

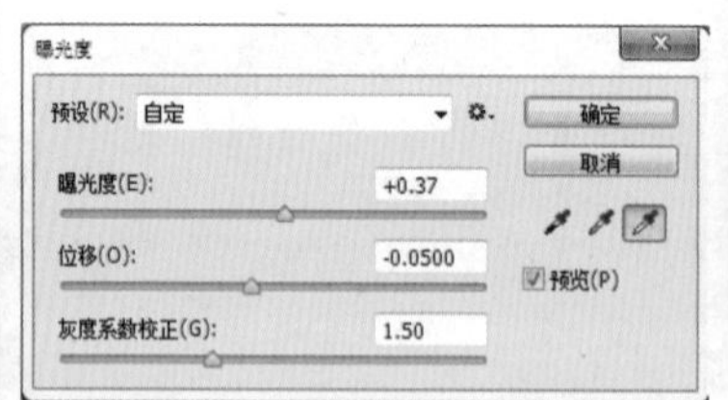

图 5-216

图 5-217

★ 预设：Photoshop 预设了 4 种曝光效果，分别是“减 1.0”“减 2.0”“加 1.0”和“加 2.0”。

★ 曝光度：调整画面的曝光度。向左拖曳滑块，可以降低曝光效果，如图 5-218 所示；向右拖曳滑块，可以增强曝光效果，如图 5-219 所示。

图 5-218

图 5-219

★ 位移：该选项主要对阴影和中间调起作用，可以使其变暗，但对高光基本不会产生影响。

★ 灰度系数校正：使用一种乘方函数来调整图像灰度系数，可以增加或减少画面的灰度系数。

5.6.6 自然饱和度

“饱和度”是指画面颜色的鲜艳程度。使用“自然饱和度”命令能够增强或减弱画面中颜色的饱和度，调整效果细腻、自然，不会造成因饱和度过高出现的溢色状况。

打开一张图片，如图 5-220 所示。执行“图像 > 调整 > 自然饱和度”菜单命令，打开“自然饱和度”对话框，调整“自然饱和度”和“饱和度”数值，如图 5-221 所示。设置完成后，单击“确定”按钮，此时画面效果如图 5-222 所示。

图 5-220

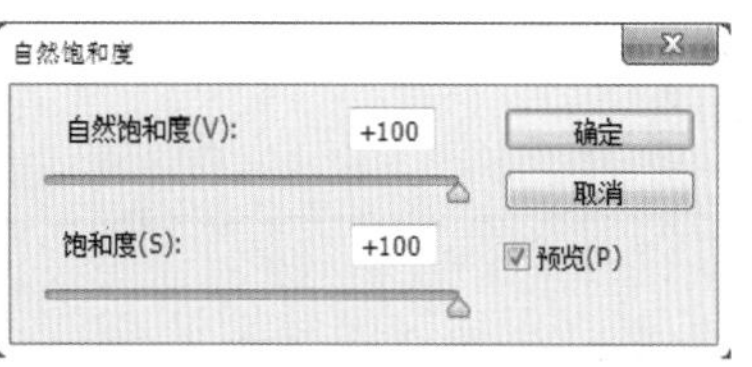

图 5-221

图 5-222

★ 自然饱和度：向左拖曳滑块，可以降低颜色的饱和度，如图 5-223 所示；向右拖曳滑块，可以增加颜色的饱和度，如图 5-224 所示。

★ 饱和度：向左拖曳滑块，可以增加所有颜色的饱和度，如图 5-225 所示；向右拖曳滑块，可以降低所有颜色的饱和度，如图 5-226 所示。

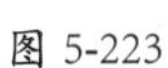

图 5-223

图 5-224

图 5-225

图 5-226

5.6.7 色相 / 饱和度

色彩三要素包括色相、明度与纯度。在 Photoshop 中，“色相 / 饱和度”命令就是用于调整的。“色相 / 饱和度”命令可以对画面整体进行颜色调整，还可以对画面中的某种颜色进行调整。

打开图片，如图 5-227 所示。执行“图像 > 调整 > 色相 / 饱和度”菜单命令或按 Ctrl+U 快捷键，打开“色相 / 饱和度”对话框，如图 5-228 所示。调整色相数值，画面效果如图 5-229 所示。

图 5-227

图 5-228

图 5-229

★ 预设：在下拉列表中提供了 8 种色相 / 饱和度预设，如图 5-230 所示。

★ “通道”下拉列表：在“通道”下拉列表中可以选择全图、红色、黄色、绿色、青色、蓝色和洋红通道进行调整。选择好通道以后，拖曳下面的“色相”“饱和度”和“明度”滑块，可以对该通道的色相、饱和度和明度进行调整。

图 5-230

★ 在图像上单击并拖动可修改饱和度：使用该工具在图像上单击设置取样点，如图 5-231 所示。按住鼠标左键向左拖曳鼠标可以降低图像的饱和度，如图 5-232 所示；向右拖拽可以增加图像的饱和度，如图 5-233 所示。

图 5-231

图 5-232

图 5-233

★ 着色：勾选该项以后，图像会整体偏向于单一的红色调，还可以通过拖曳 3 个滑块来调节图像的色调，如图 5-234 所示

图 5-234

5.6.8 色彩平衡

“色彩平衡”命令常用于校正图像的偏色情况，它的工作原理是通过“补色”校正偏色。我们还可以根据自己的喜好利用“色彩平衡”命令对画面进行调色。

打开一张图片，如图 5-235 所示。执行“图像 > 调整 > 色彩平衡”菜单命令，打开“色彩平衡”对话框，进行参数的设置，单击“确定”按钮，如图 5-236 所示。此时画面效果如图 5-237 所示。

图 5-235

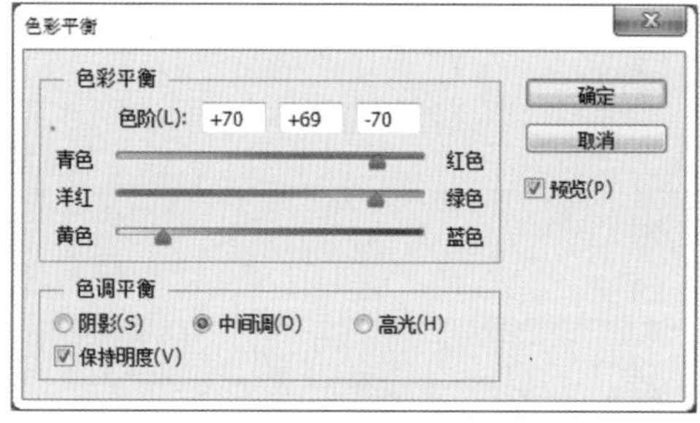

图 5-236

图 5-237

★ 色彩平衡：用于调整“青色 红色”“洋红 绿色”以及“黄色 蓝色”在图像中所占的比例，可以手动输入，也可以拖曳滑块来进行调整。比如，向左拖曳“黄色 蓝色”滑块，可以在图像中增加黄色，同时减少其补色 (蓝色)，如图 5-238 所示；反之，可以在图像中增加蓝色，同时减少其补色 (黄色)，如图 5-239 所示。

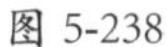

图 5-238

图 5-239

★ 色调平衡：选择调整色彩平衡的方式，包含“阴影”“中间调”和“高光”3 个选项。如图 5-240 所示为勾选“阴影”时的调色效果；如图 5-241 所示为勾选“中间调”时的调色效果；如图 5-242 所示为勾选“高光”时的调色效果。

图 5-240

图 5-241

图 5-242

★ 保持明度：如果勾选该选项，还可以保持图像的色调不变，以防止亮度值随着颜色的改变而改变。

5.6.9 黑白

“黑白”命令可以将画面中的颜色丢弃，使图像以黑白颜色显示。“黑白”命令的最大优势是它可以控制每一种色调转换为灰度时的明暗程度或者制作单色图像。

打开一张图片，如图 5-243 所示。执行“图像 > 调整 > 黑白”菜单命令或按 Alt+Shift+Ctrl+B 快捷键，打开“黑白”对话框，如图 5-244 所示。默认情况下，打开该对话框后图片会自动变为黑白色图片，效果如图 5-245 所示。

图 5-243

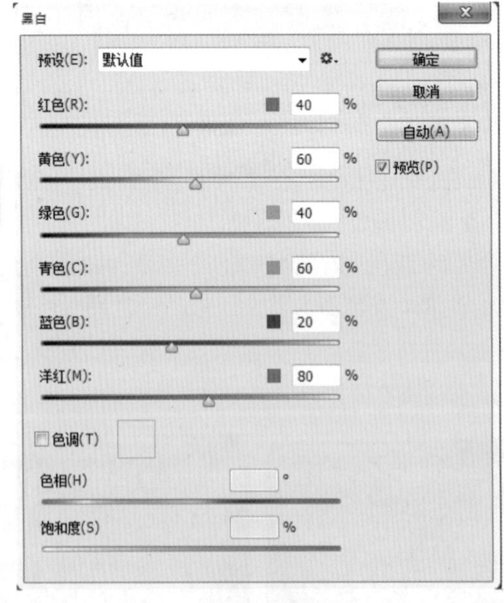

图 5-244

图 5-245

★ 预设：“预设”下拉列表中提供了 12 种颜色效果，可以直接选择相应的预设来创建黑白图像。

★ 颜色：这 6 个选项用来调整图像中特定颜色的灰色调。例如，在这张图像中，向左拖曳“红色”滑块，可以使由红色转换而来的灰度色变暗，如图 5-246 所示；向右拖曳“红色”滑块，则可以使灰度色变亮，如图 5-247 所示。

★ 色调：勾选“色调”选项，可以为黑色图像着色，以创建单色图像，另外，还可以调整单色图像的色相和饱和度。如图 5-248 和图 5-249 所示为设置不同色调的效果。

图 5-246

图 5-247

图 5-248

图 5-249

5.6.10　照片滤镜

“暖色调”与“冷色调”这两个词想必大家都不陌生。蓝色调通常给人寒冷、冰凉的感受，被称为冷色调；黄色或者红色为暖色调，给人温暖、和煦的感觉。“照片滤镜”命令可以轻松改变图像的“温度”。

打开一张图片，如图 5-250 所示。执行“图像 > 调整 > 照片滤镜”菜单命令，打开“照片滤镜”对话框，然后进行参数的设置，如图 5-251 所示。参数设置完成后单击“确定”按钮，效果如图 5-252 所示。

图 5-250

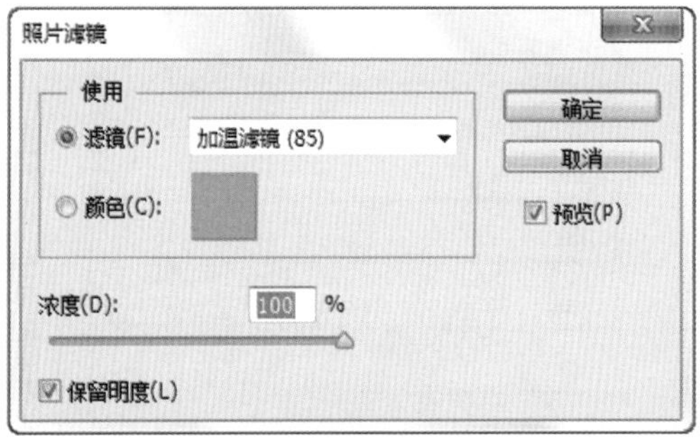

图 5-251

图 5-252

★ 滤镜：在“滤镜”下拉列表中可以选择一种预设的效果应用到图像中。如图 5-253 所示为加温滤镜（LBA）效果，如图 5-254 所示为冷却滤镜（80）效果。

★ 颜色：勾选“颜色”选项，可以自行设置滤镜颜色。如图 5-255 所示为“颜色”为青色的效果；如图 5-256 所示为“颜色”为洋红的效果。

图 5-253

图 5-254

图 5-255

图 5-256

★ 浓度：设置“浓度”数值可以调整滤镜颜色应用到图像中的颜色百分比。数值越高，应用到图像中的颜色浓度就越大，如图 5-257 所示；数值越低，应用到图像中的颜色浓度就越小，如图 5-258 所示。

图 5-257

图 5-258

★ 保留明度：勾选该选项，可以使图像的明度保持不变。

5.6.11 通道混合器

打开一张图片，如图 5-259 所示。执行“图像 > 调整 > 通道混合器”菜单命令，打开“通道混合器”对话框，参数设置完成后单击“确定”按钮，如图 5-260 所示。“通道混合器”命令是通过混合当前通道与其他通道的颜色像素来改变图像的颜色的。图像效果如图 5-261 所示。

图 5-259

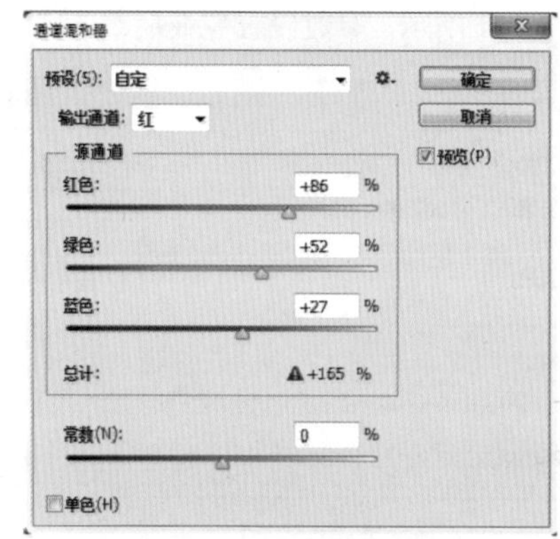

图 5-260

图 5-261

★ 预设：Photoshop 提供了 6 种制作黑白图像的预设效果。

★ 输出通道：在下拉列表中可以选择一种通道对图像的色调进行调整。如图 5-262 所示为设置通道为“绿色”的调色效果；如图 5-263 所示为设置通道为“蓝色”的调色效果。

图 5-262

图 5-263

★ 源通道：用来设置输出通道中源通道所占的百分比。

★ 总计：显示源通道的计数值。如果计数值大于 100%，则有可能丢失一些阴影和高光细节。

★ 常数：用来设置输出通道的灰度值，负值可以在通道中增加黑色，正值可以在通道中增加白色。

★ 单色：勾选该选项可以制作黑白图像。

5.6.12 颜色查找

“颜色查找”集合了预设的调色效果，操作方法非常简单。打开一张素材图片，如图 5-264 所示。执行“图像 > 调整 > 颜色查找”菜单命令，在弹出的对话框中可以选择 3 种用于颜色查找的方式：3DLUT 文件、摘要和设备链接。在每种方式的下拉列表中可以选择合适的类型，如图 5-265 所示。选择完成后可以看到图像整体色调发生了明显的变化，如图 5-266 所示。

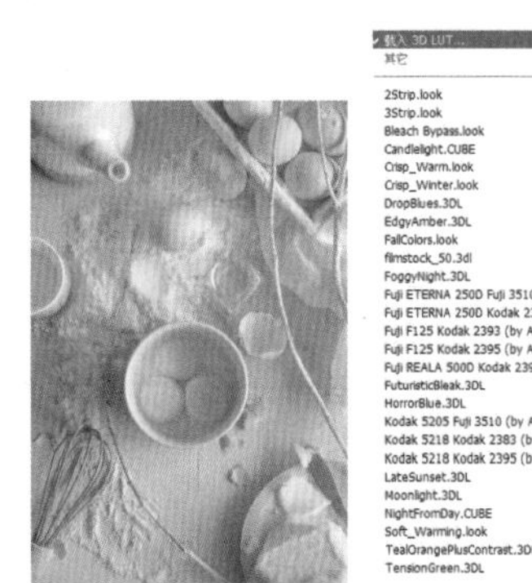

图 5-264

图 5-265

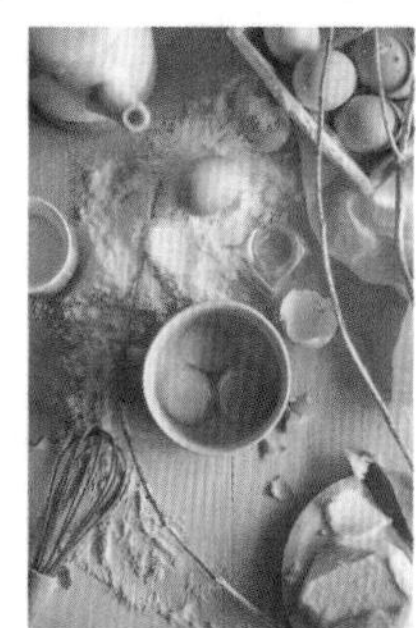

图 5-266

5.6.13 反相

“反相”就是将图像中的颜色转换为它的补色。例如，在使用通道抠图时就会时常将黑白两色进行反相，以达到获取选区的目的。打开一张图片，如图 5-267 所示。执行“图像 > 调整 > 反相”菜单命令或者使用 Ctrl+I 快捷键，即可得到“反相”效果，如图 5-268 所示。“反相”命令是可逆的过程，再次执行该命令可以得到原始效果。

图 5-267

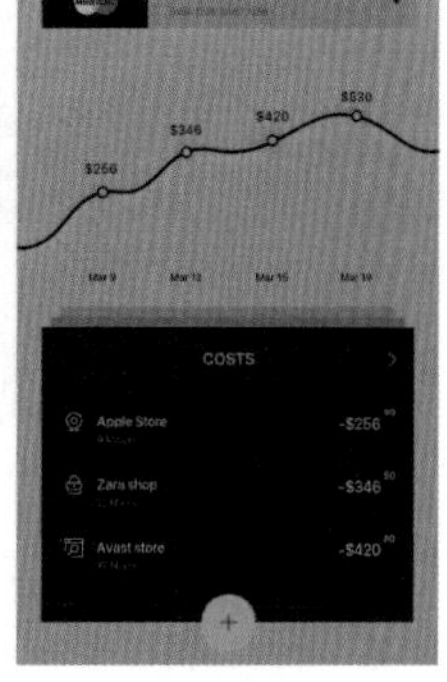

图 5-268

5.6.14 色调分离

“色调分离”命令可以按照指定的色阶数量减少图像的颜色，然后将其余的像素映射到最接近的匹配级别。

打开一张图片，如图 5-269 所示。执行“图像 > 调整 > 色调分离”菜单命令，在“色调分离”

对话框中可以进行“色阶”数量的设置。“色阶”值越小，分离的色调越多；“色阶”值越大，保留的图像细节就越多。设置完成后单击“确定”按钮，如图 5-270 所示。画面效果如图 5-271 所示。

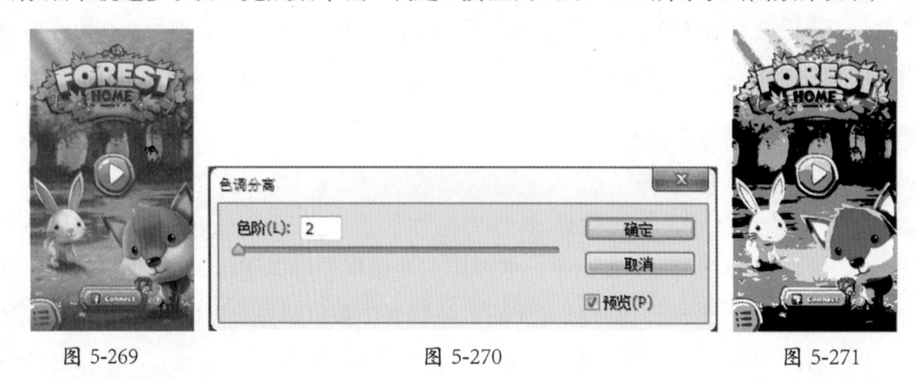

图 5-269　　图 5-270　　图 5-271

5.6.15 阈值

“阈值”命令常用于将彩色的图像转换为只有黑白两色的图像。在执行该命令后，所有比设置的阈值色阶亮的像素将转换为白色，而比阈值色阶暗的像素转换为黑色。

打开一个图片，如图 5-272 所示。执行“图像 > 调整 > 阈值”菜单命令，打开“阈值”对话框，然后拖曳滑块调整阈值色阶，当阈值越大时黑色像素分布就越广。设置完成后，单击“确定”按钮，如图 5-273 所示。画面效果如图 5-274 所示。

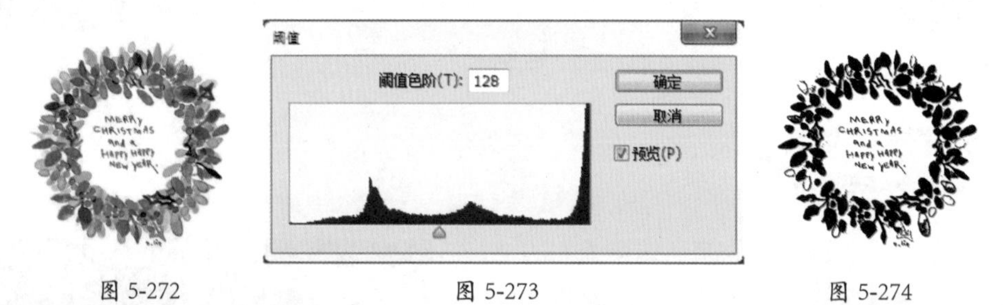

图 5-272　　图 5-273　　图 5-274

5.6.16 渐变映射

“渐变映射”命令可以根据图像的明暗关系将渐变颜色映射到图像中不同亮度的区域中。打开一张图片，如图 5-275 所示。执行“图像 > 调整 > 渐变映射”菜单命令，打开“渐变映射”对话框，单击渐变色条，在打开的“渐变编辑器”对话框中编辑一个合适的渐变颜色，如图 5-276 所示。设置完成后，单击“确定”按钮，此时画面颜色效果如图 5-277 所示。

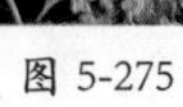

图 5-275

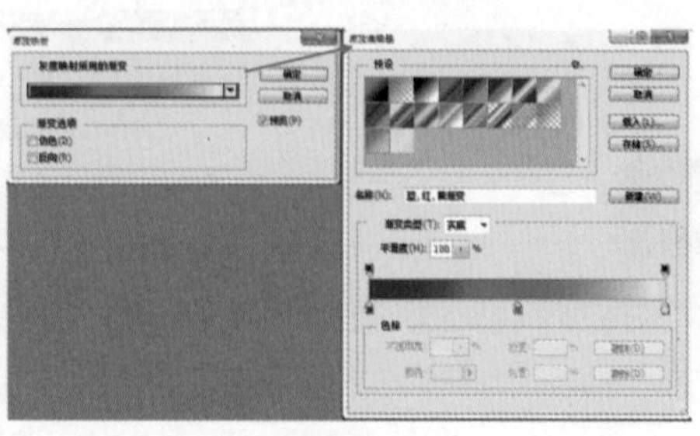

图 5-276

图 5-277

★ 仿色：勾选该选项，Photoshop 会添加一些随机的杂色来平滑渐变效果。

★ 反向：勾选该选项，可以反转渐变的填充方向，映射出的渐变效果也会发生变化。

5.6.17 可选颜色

“可选颜色”命令是非常常用的调色命令，使用该命令可以单独对图像中的红色、黄色、绿色、青色、蓝色、洋红、白色、中性色以及黑色各种颜色所占的百分比进行调整。打开一张图片，如图 5-278 所示。执行“图像 > 调整 > 可选颜色”菜单命令，打开“可选颜色”对话框，如图 5-279 所示。在“可选颜色”对话框中的“颜色”下拉列表中选中需要调整的颜色，然后拖动下方的滑块，控制各种颜色的百分比。设置完成后，单击“确定”按钮，效果如图 5-280 所示。

图 5-278

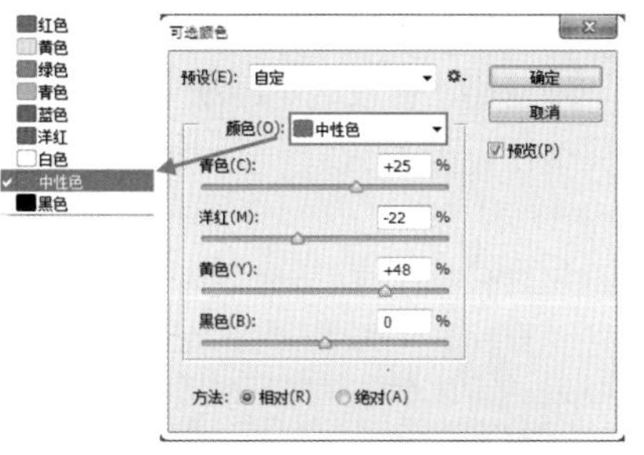

图 5-279

图 5-280

★ 颜色：在下拉列表中选择要修改的颜色，可以调整该颜色中青色、洋红、黄色和黑色所占的百分比。如图 5-281 所示为设置“颜色”为黑色的调色效果；如图 5-282 所示为设置“颜色”为中性色的调色效果。

图 5-281

图 5-282

★ 方法：选择“相对”方式，可以根据颜色总量的百分比来修改青色、洋红、黄色和黑色的数量；选择“绝对”方式，可以采用绝对值来调整颜色。

5.6.18 阴影 / 高光

“阴影 / 高光”命令也是一个用来调整画面明度的命令，使用该命令可以对画面中暗部区域和高光区域的明暗分别进行调整，常用于还原图像阴影区域过暗或高光区域过亮造成的细节损失问题。

打开一张图片，如图 5-283 所示。执行“图像 > 调整 > 阴影 / 高光”菜单命令，打开“阴影 / 高光”对话框，如图 5-284 所示。勾选“显示更多选项”后，可以显示“阴影 / 高光”的完整选项，如图 5-285 所示。

图 5-283

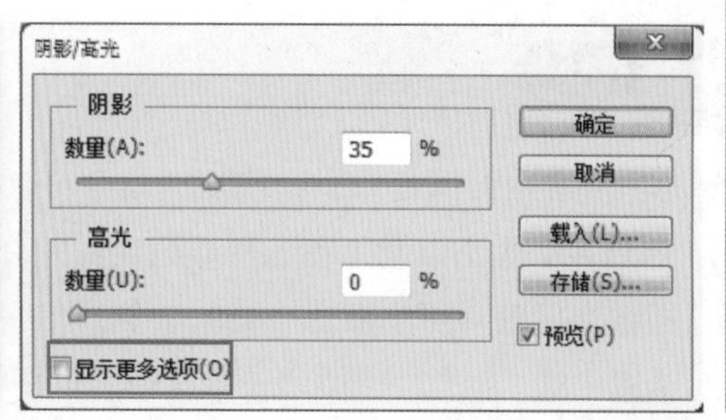

图 5-284

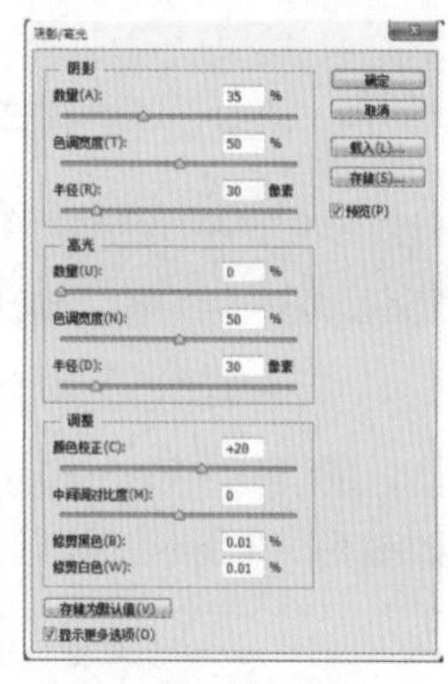

图 5-285

★ 阴影：“数量”选项用来控制阴影区域的亮度，值越大，阴影区域就越亮；“色调宽度”选项用来控制色调的修改范围，值越小，修改的范围就只针对较暗的区域；“半径”选项用来控制像素是在阴影中还是在高光中，如图 5-286 所示。修改效果如图 5-287 所示。

★ 高光：“数量”用来控制高光区域的黑暗程度，值越大，高光区域越暗；“色调宽度”选项用来控制色调的修改范围，值越小，修改的范围就会越针对较亮的区域；“半径”选项用来控制像素是在阴影中还是在高光中，如图 5-288 所示。修改效果如图 5-289 所示。

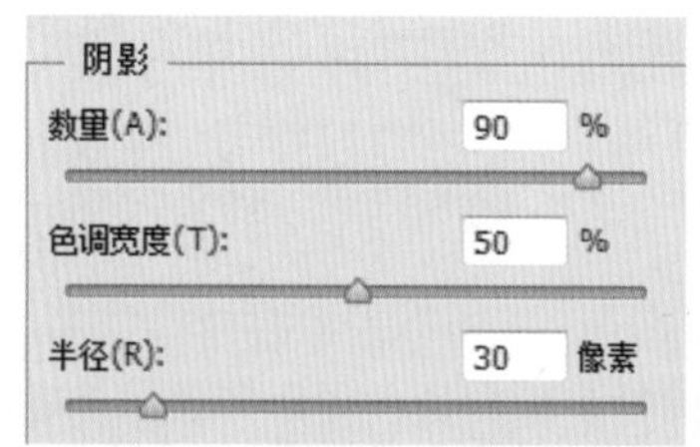

图 5-286

图 5-287

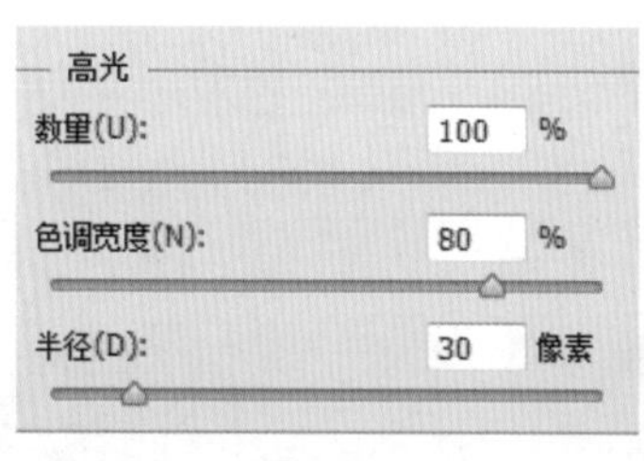

图 5-288

图 5-289

★ 调整：“颜色校正”选项用来调整已修改区域的颜色；“中间调对比度”选项用来调整中间调的对比度；“修剪黑色”和“修剪白色”决定了在图像中将多少阴影和高光剪到新的阴影中。

5.6.19 HDR 色调

HDR 全称为 High Dynamic Range，即高动态范围，其特点是：亮的地方可以非常亮，暗的地方可以非常暗，过渡区域的细节都很明显。“HDR 色调”命令常用于风景照片的处理。当拍摄风景照片时，明明看着非常漂亮，但是拍摄的照片无论是从色彩还是意境上都差了许多，这时我们就可以将图像制作成 HDR 风格。在 Photoshop 中有一个命令专门用来制作 HDR 效果。

打开图片，如图 5-290 所示。执行“图像 > 调整 >HDR 色调”菜单命令，打开“HDR 色调”对话框，在该对话框中可以使用预设选项，也可以自行设定参数，如图 5-291 所示。如图 5-292 所示为 HDR 色调效果。

图 5-290

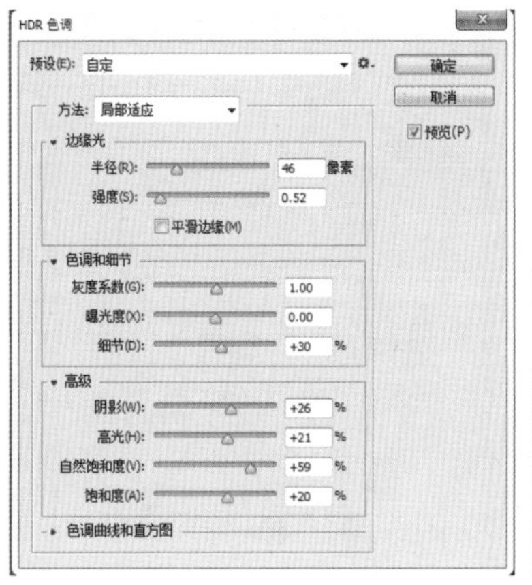

图 5-291

图 5-292

★ 边缘光：该选项组用于调整图像边缘光的强度。“强度”数值不同的对比效果如图 5-293 和图 5-294 所示。

图 5-293

图 5-294

★ 色调和细节：调节该选项组中的选项可以使图像的色调和细节更加丰富细腻。“细节”数值不同的画面效果对比如图 5-295 和图 5-296 所示。

图 5-295

图 5-296

5.6.20 变化

“变化”命令可以快速地更改图像的色彩倾向，是一个较为直观的调色方式。其操作方法也很简单，首先确定修改的范围是“阴影”“中间调”“高光”还是“饱和度”，接着单击图像缩览图即可调整颜色。

打开一张图片，如图 5-297 所示。执行“图像 > 调整 > 变化”菜单命令，打开“变化”对话框。单击各种调整缩略图，可以进行相应的调整，比如，单击“加深洋红”缩略图，可以应用一次加洋红色效果。在使用变化命令时，单击调整缩览图产生的效果是累积性的，如图 5-298 所示。如图 5-299 所示为使用“变化”命令制作的调色效果。

图 5-297

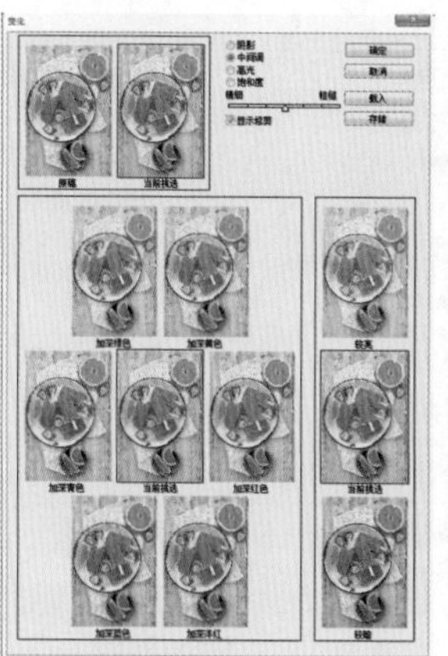

图 5-298

图 5-299

★ 饱和度 / 显示修剪：专门用于调节图像的饱和度。勾选“显示修剪”选项，可以警告超出饱和度范围的最高限度。

★ 精细 粗糙：该选项用来控制每次进行调整的量。特别注意，每移动一格，调整数量会双倍增加。

5.6.21 去色

使用“去色”命令可以快速将彩色图像变为黑白图像，可以在保留图像原始明度的前提下将色彩的饱和度改为 0，将图像变为没有颜色的灰度图像。打开一张图片，如图 5-300 所示。执行“图像 > 调整 > 去色”菜单命令，图像变为黑白效果，如图 5-301 所示。

图 5-300

图 5-301

5.6.22 匹配颜色

“匹配颜色”是指以一个素材图像颜色为样本，对另一个素材图像颜色进行匹配融合，使二者达到统一或者相似的色调效果。

STEP 01 打开一张色彩倾向较为明显的图片，如图 5-302 所示。置入一张图片并栅格化，如图 5-303 所示。

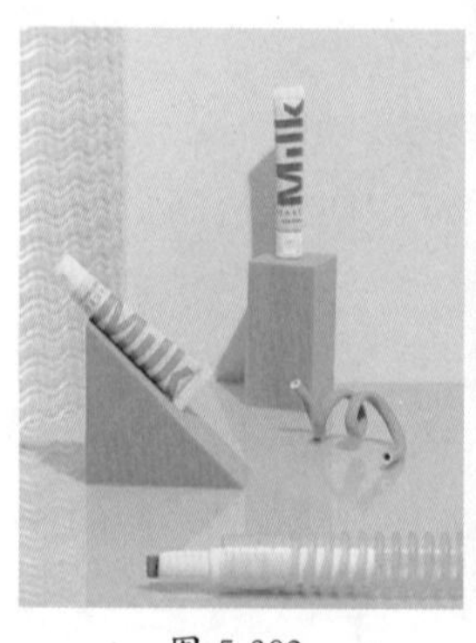

图 5-302

图 5-303

STEP 02 执行“图像 > 调整 > 匹配颜色”菜单命令，打开“匹配颜色”对话框。设置“源”为本文档，因为要将“人物”图层的颜色与“背景”图层的颜色进行匹配，所以需要首先设置“图层”为“背景”，接着通过设置“渐隐”的参数设置颜色的浓度，如图 5-304 所示。设置完成后，单击“确定”按钮，效果如图 5-305 所示。

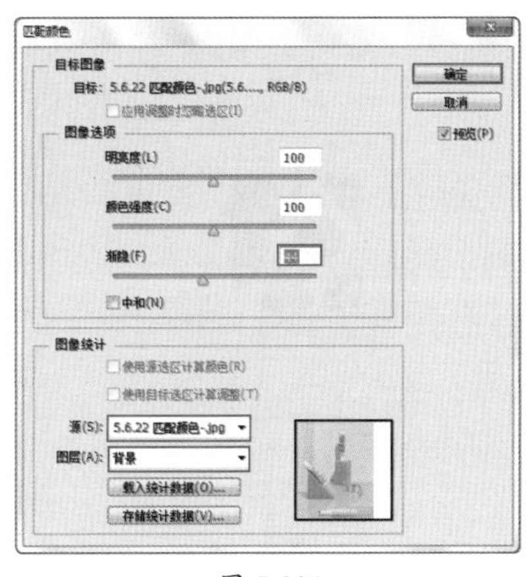

图 5-304

图 5-305

★ 目标：显示要修改的图像的名称以及颜色模式。

★ 应用调整时忽略选区：如果目标图像（即被修改的图像）中存在选区，勾选该选项，Photoshop 将忽视选区的存在，会将调整应用到整个图像。如果不勾选该选项，那么调整只针对选区内的图像。

★ 渐隐：该选项有点类似于图层蒙版，它决定了有多少源图像的颜色匹配到目标图像的颜色中。

★ 使用源选区计算颜色：该选项可以使用源图像中的选区图像的颜色来计算匹配颜色。

★ 使用目标选区计算调整：该选项可以使用目标图像中的选区图像的颜色来计算匹配颜色。

★ 源：该选项用来选择源图像，即将颜色匹配到目标图像的图像。

5.6.23 替换颜色

如果要更改画面中某个区域的颜色，以常规的方法是先建立选区，然后填充其他颜色。而使用“替换颜色”命令可以免去很多麻烦，可以通过在画面中单击拾取的方式，直接对图像中的指定颜色进行色相、饱和度以及明度的修改，从而达到替换某一颜色的目的。下面使用“替换颜色”命令为图像背景更改颜色。

STEP 01 打开图片，如图 5-306 所示。执行“对象 > 调整 > 替换颜色”菜单命令，打开“替换颜色”对话框，默认情况下，选择的是“吸管工具”，然后设置“颜色容差”数值，接着将鼠标指针移动到图像背景的位置单击拾取颜色，接着，“替换颜色”对话框中的缩览图发生了变化，在该缩览图中白色的区域代表被选中的颜色（也就是会被替换的部分），如图 5-307 所示。

图 5-306

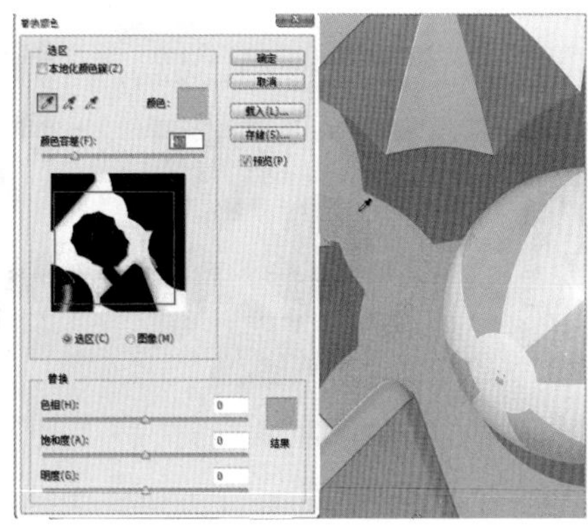

图 5-307

STEP 02 在“替换”选项中，通过更改“色相”“饱和度”和“明度”选项调整替换的颜色，通过“结果”选项观察替换颜色的效果，如图 5-308 所示。设置完成后，单击“确定”按钮，此时图像背景效果如图 5-309 所示。

图 5-308

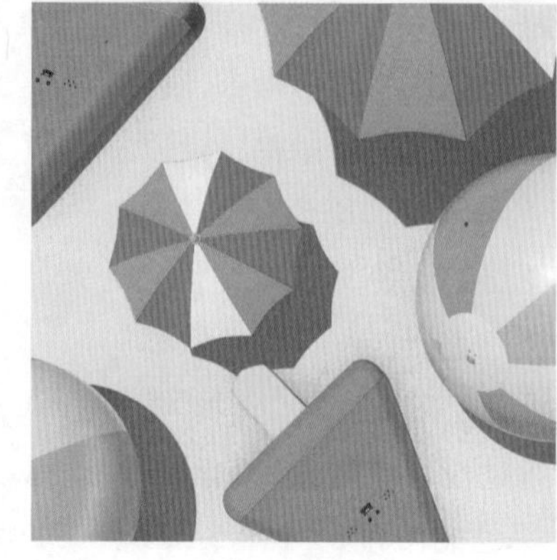

图 5-309

★ 本地化颜色簇：该选项主要用来在图像上同时选择多种颜色。

★ 吸管：利用“吸管工具”可以选中被替换的颜色。使用“吸管工具”在图像上单击，可以选中单击点处的颜色，同时在“选区”缩略图中也会显示出选中的颜色区域（白色代表选中的颜色，黑色代表未选中的颜色），如图 5-310 所示。使用“添加到取样工具”在图像上单击，可以将单击点处的颜色添加到选中的颜色中，如图 5-311 所示。使用“从取样中减去工具”在图像上单击，可以将单击点处的颜色从选定的颜色中减去。如图 5-312 所示。

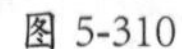

图 5-310

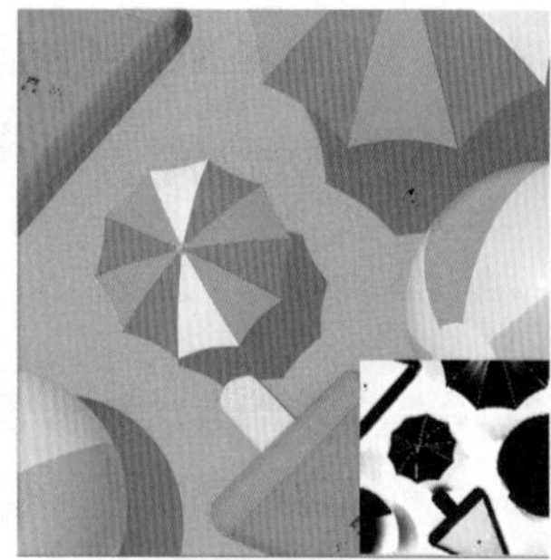

图 5-311

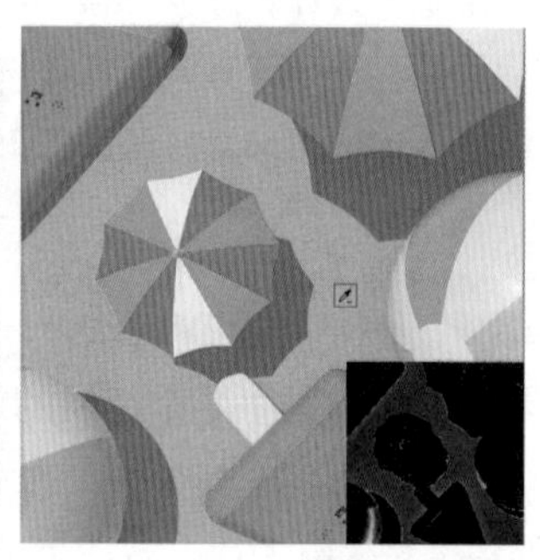

图 5-312

★ 颜色容差：该选项用来控制选中颜色的范围。数值越大，选中的颜色范围越广。如图 5-313 所示为“颜色容差”为 15 的效果，如图 5-314 所示为“颜色容差”为 80 的效果。

★ 选区 / 图像：选择“选区”方式，可以以蒙版方式进行显示，其中，白色表示选中的颜色，黑色表示未选中的颜色，灰色表示只选中了部分颜色，如图 5-315 所示；选择“图像”方式，则只显示图像，如图 5-316 所示。

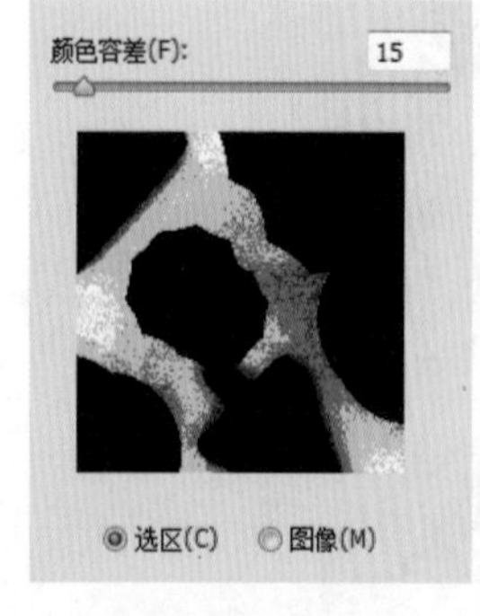

图 5-313

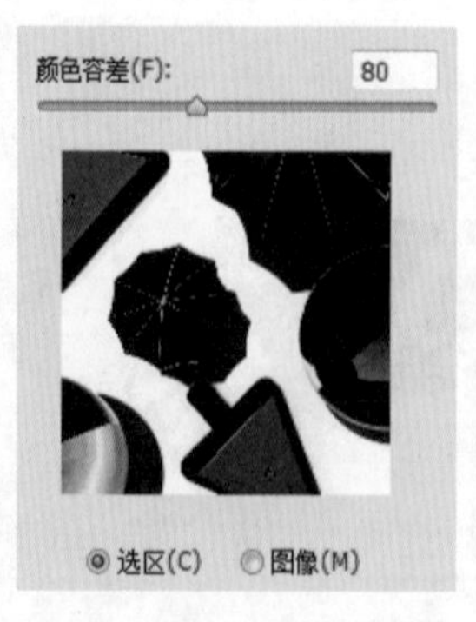

图 5-314

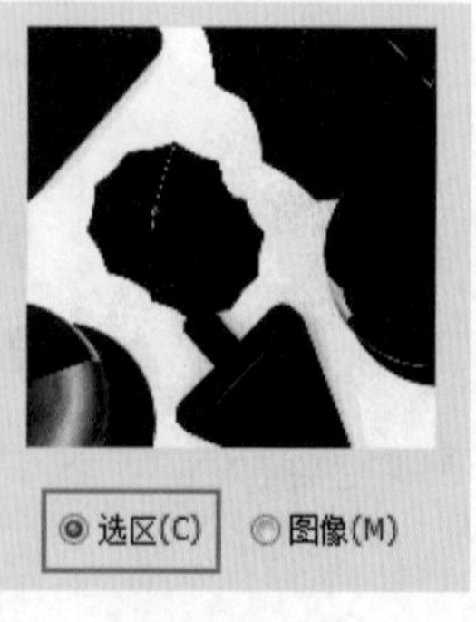

图 5-315

图 5-316

★ 替换：“替换”包括 3 个选项，这 3 个选项与“色相 / 饱和度”命令的 3 个选项相同，可以调整选定颜色的色相、饱和度和明度。调整完成后，画面选区部分即可变成替换的颜色。如图 5-317 所示为更改颜色的效果。

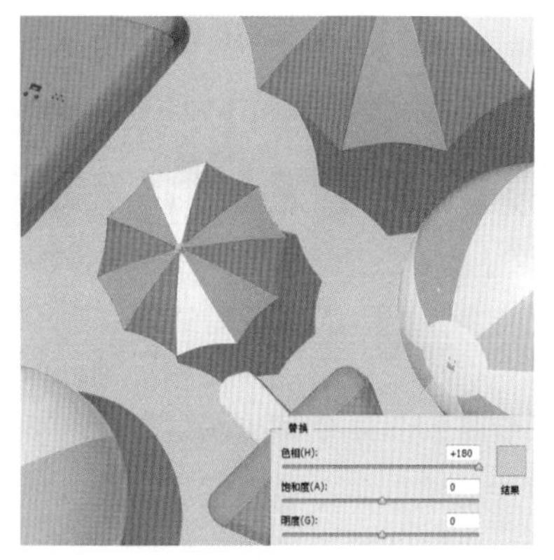

图 5-317

5.6.24 色调均化

可以重新分布像素的亮度值，将最亮的值调整为白色，将最暗的值调整为黑色，中间的值分布在整个灰度范围中，使它们更均匀地呈现所有范围的亮度级别。

STEP 01 打开一张图片，如图 5-318 所示。执行“图像 > 调整 > 色调均化”菜单命令，效果如图 5-319 所示。

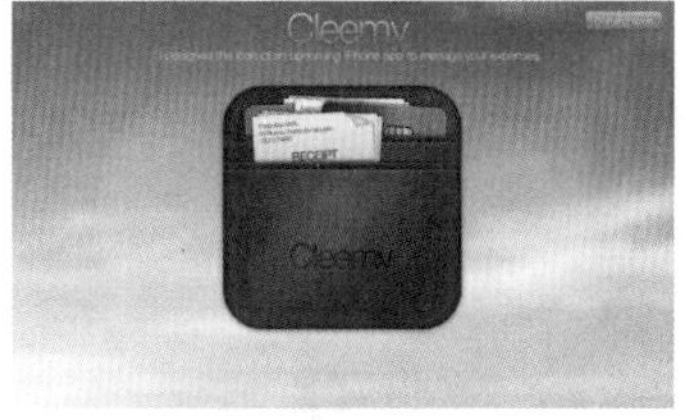

图 5-318　　图 5-319

STEP 02 如果图像中存在选区，如图 5-320 所示。执行“色调均化”命令后会弹出“色调均化”对话框，如图 5-321 所示。

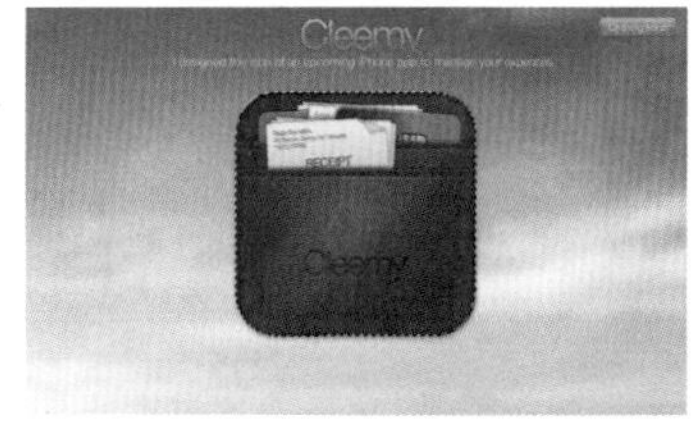

图 5-320　　图 5-321

STEP 03 若勾选“仅色调均化所选区域”，效果如图 5-322 所示。若勾选“基于所选区域色调均化整个图像”，效果如图 5-323 所示。

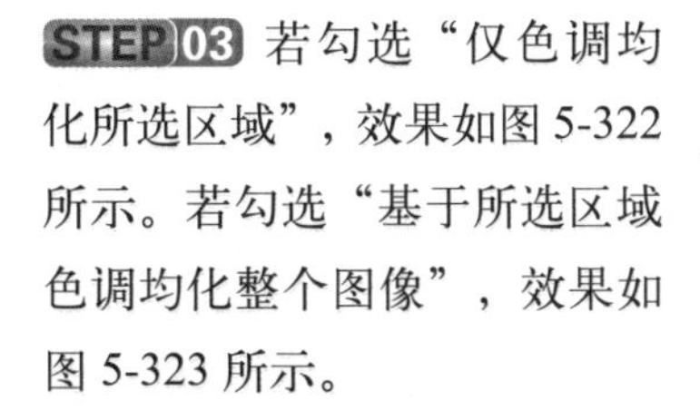

图 5-322

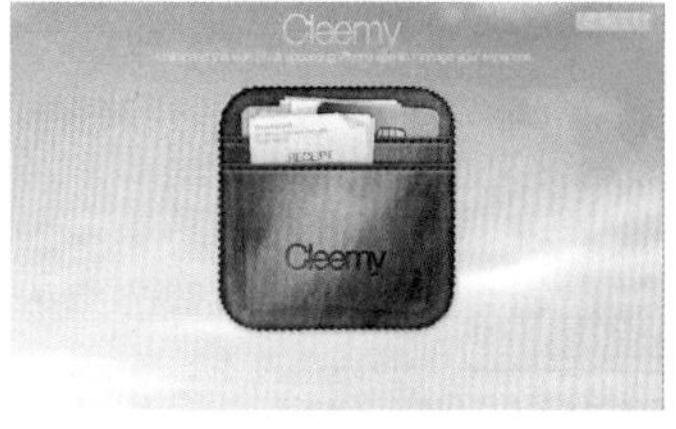

图 5-323

5.6.25 操作练习：使用“调色”命令制作旧照片效果

案例文件	使用“调色”命令制作旧照片效果.psd
视频教学	使用“调色”命令制作旧照片效果.flv

难易指数	★★★★★
技术要点	曲线、渐变映射、照片滤镜、混合模式

案例效果 (如图 5-324 所示)

图 5-324

思路剖析 (如图 5-325~ 图 5-328 所示)

图 5-325

图 5-326

图 5-327

图 5-328

①打开素材，使用“曲线”命令调整画面亮度。

②使用“渐变映射”命令调整图层，使其变成黑白。

③使用“照片滤镜”命令调整图层，使其变黄。

④置入素材，设置“混合模式”制作出痕迹。

应用拓展

与本案例类似的旧照片效果欣赏，如图 5-329~ 图 5-331 所示。

图 5-329

图 5-330

图 5-331

操作步骤

STEP 01 执行“文件 > 打开”菜单命令，或按 Ctrl+O 快捷键，在弹出的“打开”对话框中单击选择素材“1.jpg”，单击“打开”按钮，如图 5-332 所示。效果如图 5-333 所示。

图 5-332

图 5-333

STEP 02 执行“图层 > 新建调整图层 > 曲线”菜单命令，在打开的“新建图层”对话框中单击“确定”按钮，在“属性”面板中调整曲线形状，如图 5-334 所示。效果如图 5-335 所示。

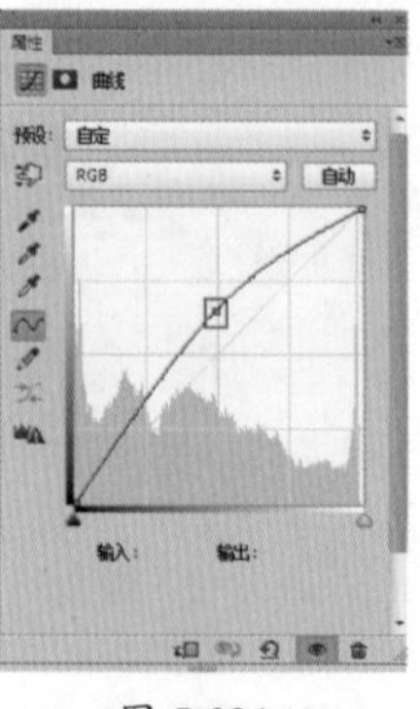

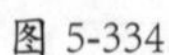

图 5-334

图 5-335

STEP 03 执行“图层 > 新建调整图层 > 渐变映射”菜单命令，在打开的“新建图层”对话框中单击“确定”按钮。在“属性”面板中单击“渐变色条”，如图 5-336 所示。在弹出的“渐变编辑器”对话框中编辑一个由偏绿的深灰色到白色的渐变颜色，单击“确定”按钮完成设置，如图 5-337 所示。此时照片整体变为了接近黑白照片的做旧效果，如图 5-338 所示。

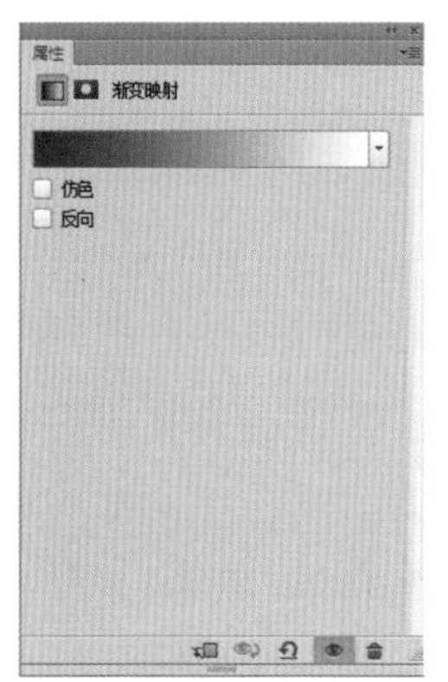

图 5-336

图 5-337

图 5-338

STEP 04 继续执行“图层 > 新建调整图层 > 照片滤镜”菜单命令，在打开的“新建图层”对话框中单击“确定”按钮。在“属性”面板中设置“颜色”为橘色、“浓度”为 30%，如图 5-339 所示。效果如图 5-340 所示。

图 5-339

图 5-340

STEP 05 执行“文件 > 置入”菜单命令，在打开的“置入”对话框中单击选择素材“2.jpg”，单击“置入”按钮，如图 5-341 所示。按 Enter 键完成置入，在“图层”面板中选择素材图层，执行“图层 > 栅格化 > 智能对象”菜单命令，将该图层栅格化为普通图层，如图 5-342 所示。

图 5-341

图 5-342

STEP 06 在“图层”面板中设置“混合模式”为“柔光”、“不透明度”为 60%，如图 5-343 所示。最终效果如图 5-344 所示。

图 5-343

图 5-344

5.7 使用“液化”滤镜调整图像

“液化”滤镜是修饰图像和创建艺术效果的强大工具，尤其是人像照片的后期处理就更离不开“液化”滤镜了。例如，使用“液化”滤镜中的“向前变形工具”可以进行人像瘦身，而使用“膨胀工具”则可以对眼睛进行放大。

STEP 01 打开一张图片，经过观察发现人物的胳膊比较粗壮，如图 5-345 所示。执行“滤镜 > 液化”菜单命令，打开“液化”对话框，单击“向前变形工具”按钮，设置合适的“画笔大小”。将鼠标指针移动至胳膊的位置，按住鼠标左键自左向右拖曳，动作要缓慢些，以掌握变形的程度，如图 5-346 所示。

图 5-345

图 5-346

STEP 02 单击工具箱中的“膨胀工具”按钮，将笔尖大小调整为比眼睛稍大一些，然后在眼睛的上方单击，即可放大眼睛，注意单击次数不要过多，或者长时间按着鼠标左键，以免使眼睛过大，如图 5-347 所示。调整完成后，单击“确定”按钮，效果如图 5-348 所示。

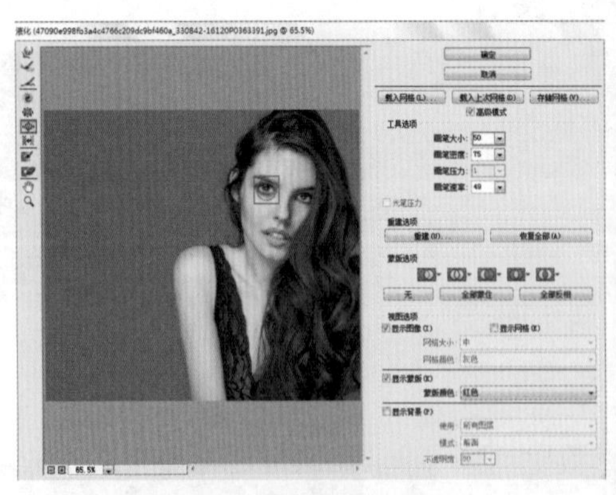

图 5-347

图 5-348

“液化”滤镜左侧的工具箱中有多个可以对图像进行变形的工具，介绍如下。

- ★ 向前变形工具：在图像上按住鼠标左键并拖动，即可向前推动像素。
- ★ 重建工具：用于恢复变形的图像，类似于撤销。在变形区域单击或拖曳鼠标进行涂抹，可以使变形区域的图像恢复到原来的效果。
- ★ 平滑工具：在图像上按住鼠标左键并拖动可以平滑画面效果。

★ 顺时针旋转扭曲工具 ：按住鼠标左键并拖动可以顺时针旋转像素，如图 5-349 所示；如果按住 Alt 键进行操作则可以逆时针旋转像素，如图 5-350 所示。

★ 褶皱工具 ：按住鼠标左键可以使像素向画笔区域的中心移动，使图像产生内缩效果，如图 5-351 所示。

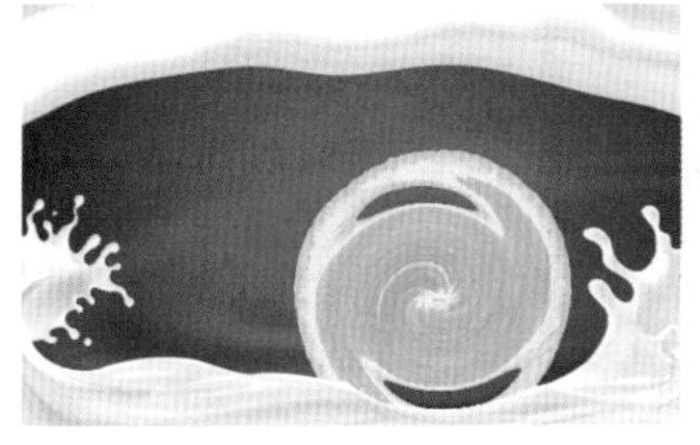
图 5-349

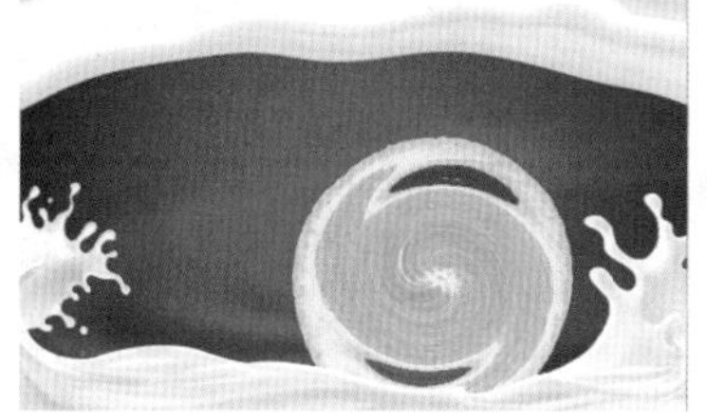
图 5-350

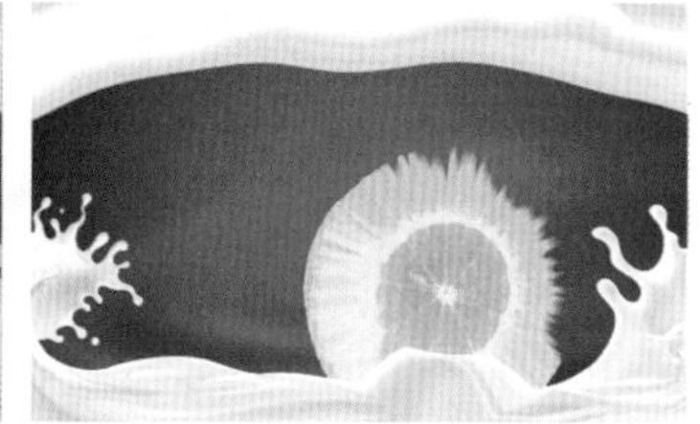
图 5-351

★ 膨胀工具 ：按住鼠标左键可以使像素向画笔区域中心以外的方向移动，使图像产生向外膨胀的效果，如图 5-352 所示。

★ 左推工具 ：按住鼠标左键并向上拖曳可以使像素向左移动，如图 5-353 所示；按住鼠标左键并向下拖曳可以使像素向右移动，如图 5-354 所示。

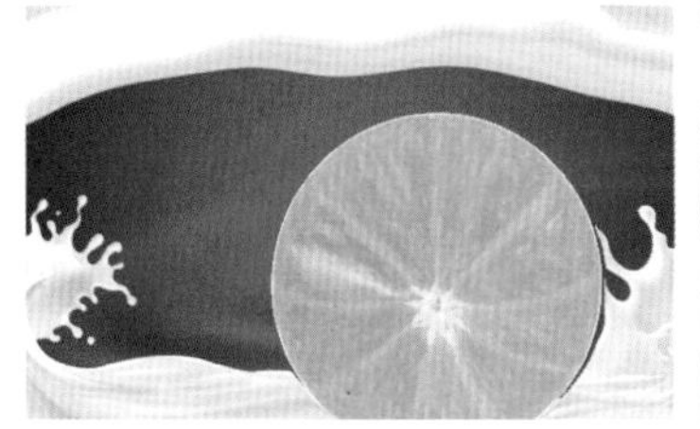
图 5-352

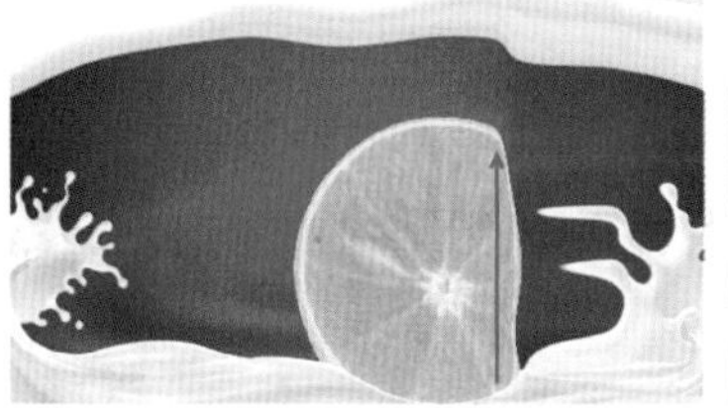
图 5-353

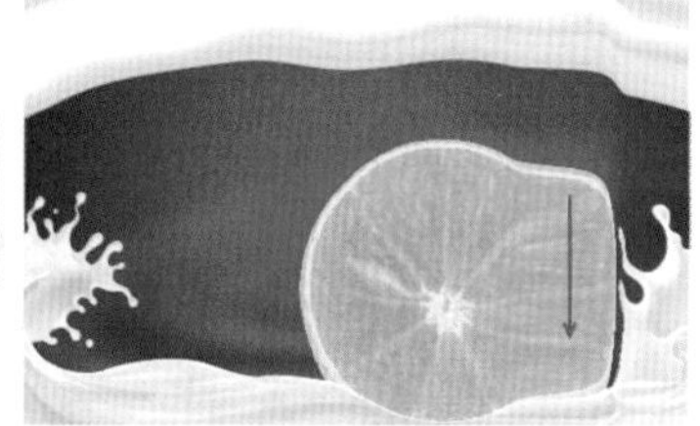
图 5-354

★ 冻结蒙版工具 ：使用该工具在画面中按住鼠标左键并拖动涂抹，被涂抹的区域会覆盖上半透明的红色蒙版，这个区域不会受到工具变形的影响。

★ 解冻蒙版工具 ：使用该工具在冻结区域涂抹，可以将其解冻。

5.8 UI 设计实战：游戏界面设计

案例文件	游戏界面设计 .psd
视频教学	游戏界面设计 .flv
难易指数	★★★★★
技术要点	黑白、曲线、钢笔工具、文字工具、画笔工具、图层样式

案例效果 (如图 5-355 所示)

图 5-355

思路剖析（如图 5-356~ 图 5-360 所示）

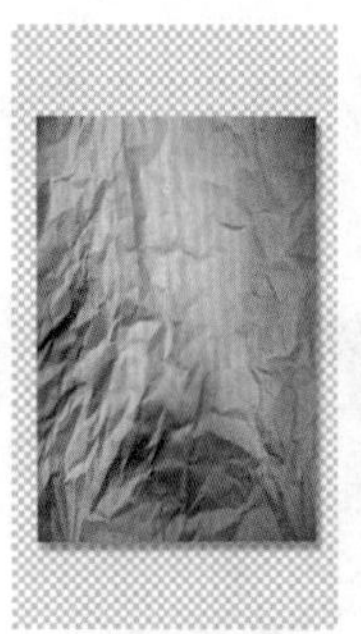
图 5-356

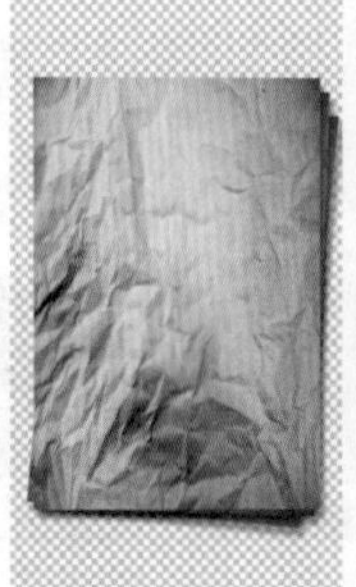
图 5-357

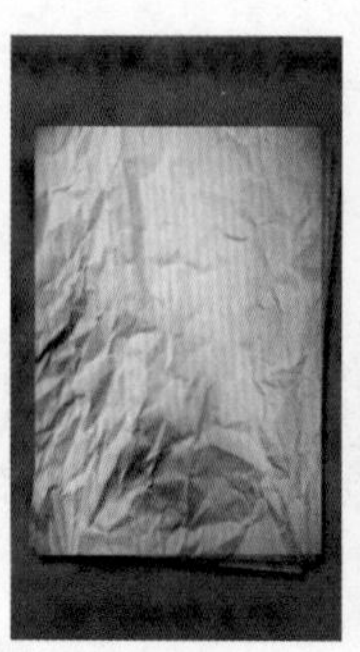
图 5-358

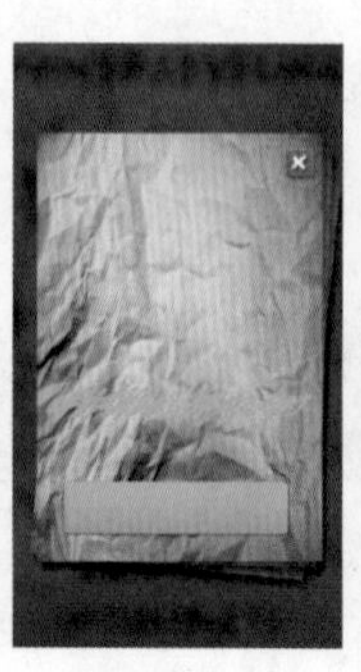
图 5-359

图 5-360

①使用“黑白”命令调整图层，将旧纸张素材变为黑白效果。

②为旧纸张添加投影图层样式并复制旧纸张素材，然后旋转。

③使用“圆角矩形工具”与“钢笔工具”绘制按钮。

④使用“文字工具”与“画笔工具”制作游戏名次排行榜。

应用拓展

优秀的游戏界面设计作品欣赏，如图 5-361~ 图 5-363 所示。

图 5-361

图 5-362

图 5-363

操作步骤

STEP 01 执行“文件 > 新建”菜单命令，在“新建”对话框中设置文件“宽度”为 1242 像素、“高度”为 2208 像素、“分辨率”为 72 像素 / 英寸、“颜色模式”为“RGB 颜色”、“背景内容”为“透明”，如图 5-364 所示。执行“文件 > 置入”菜单命令，在打开的“置入”对话框中单击选择素材“1.jpg”，单击“置入”按钮。按住 Shift 键拖曳控制点对素材进行等比例放大，接着将素材移动到中间位置，按 Enter 键完成置入，执行“图层 > 栅格化 > 智能对象”菜单命令，将其栅格化为普通图层，如图 5-365 所示。

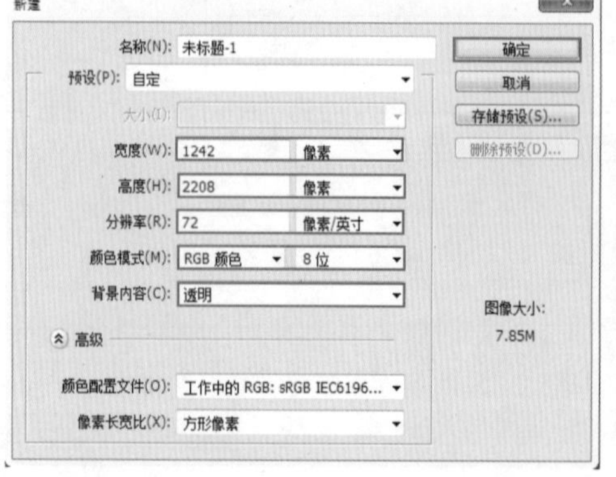

图 5-364

图 5-365

STEP 02 选中该图层，执行“图层 > 图层样式 > 投影”菜单命令，设置“不透明度”为 60%、“距离”为 36 像素、“大小”为 18 像素，如图 5-366 所示。此时纸张出现阴影效果，如图 5-367 所示。

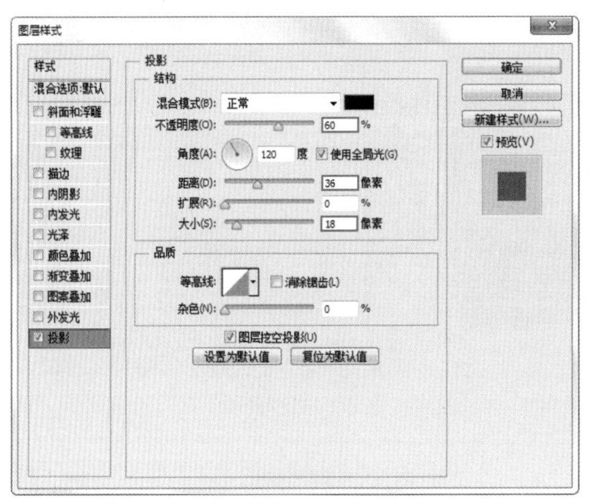

图 5-366

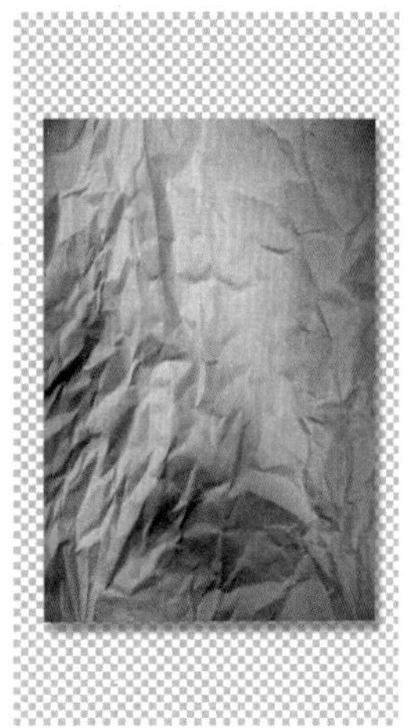

图 5-367

STEP 03 执行“图层 > 新建调整图层 > 黑白”菜单命令，在“属性”面板中设置“红色”为 60、“黄色”为 60、“绿色”为 60、“青色”为 60、“蓝色”为 60、“洋红”为 80，如图 5-368 所示。效果如图 5-369 所示。

STEP 04 按住 Ctrl 键加选两个图层，使用 Ctrl+J 快捷键进行复制，如图 5-370 所示。选择复制的图层，拖曳到“新建组”按钮上进行编组，如图 5-371 所示。

STEP 05 选择“组 1”，使用“自由变换”Ctrl+T 快捷键调出定界框，将其向右旋转，按 Enter 键完成变换，如图 5-372 所示。

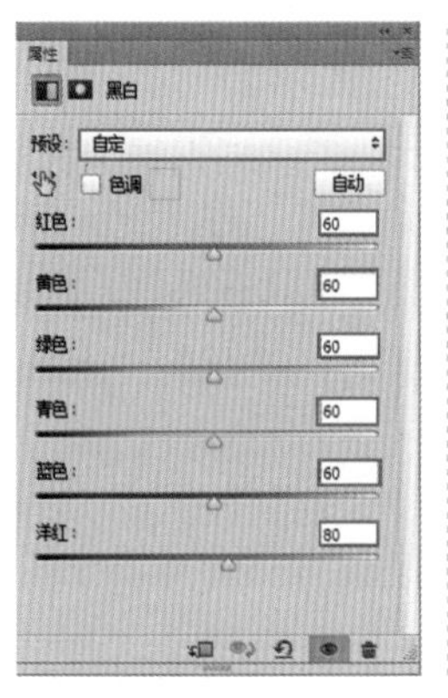

图 5-368

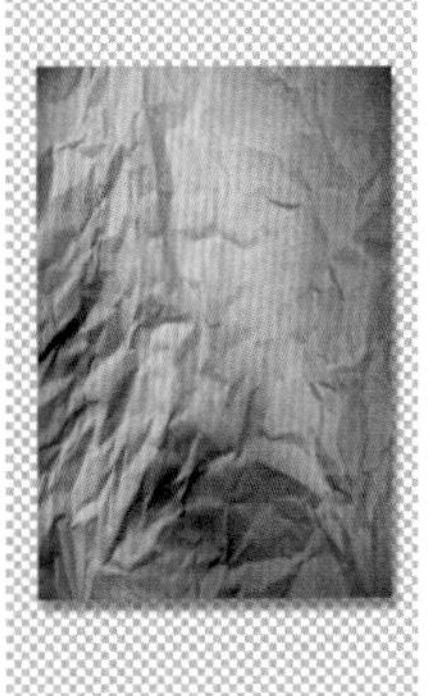

图 5-369

图 5-370

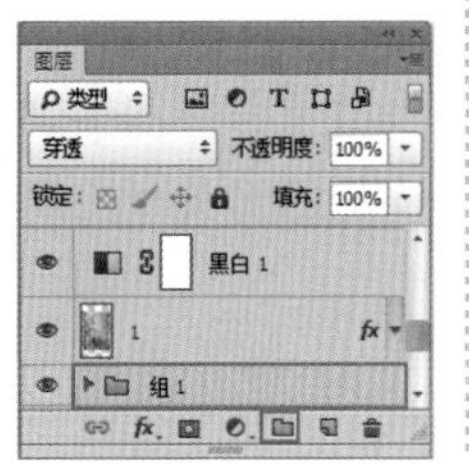

图 5-371

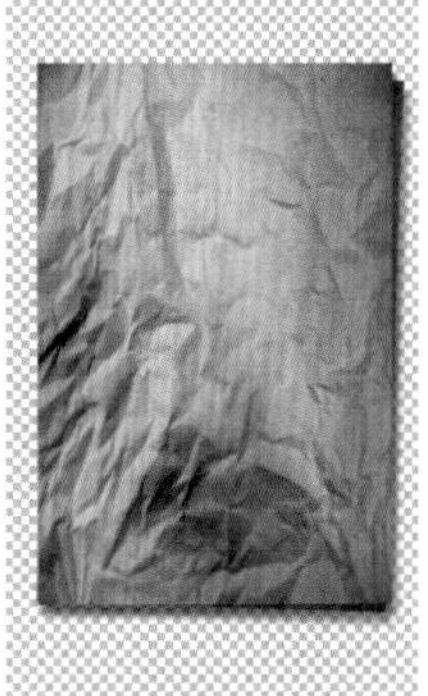

图 5-372

STEP 06 继续选择“组 1”，使用快捷键 Ctrl+J 进行复制，如图 5-373 所示。单击“组 1 拷贝”图层组，使用“自由变换”命令快捷键 Ctrl+T 调出定界框，将其向右旋转，按 Enter 键完成变换，如图 5-374 所示。

STEP 07 执行“图层 > 新建调整图层 > 曲线”菜单命令，新建曲线调整图层，在“属性”面板中调整曲线形状，如图 5-375 所示。此时旧纸张变亮了一些，效果如图 5-376 所示。

图 5-373

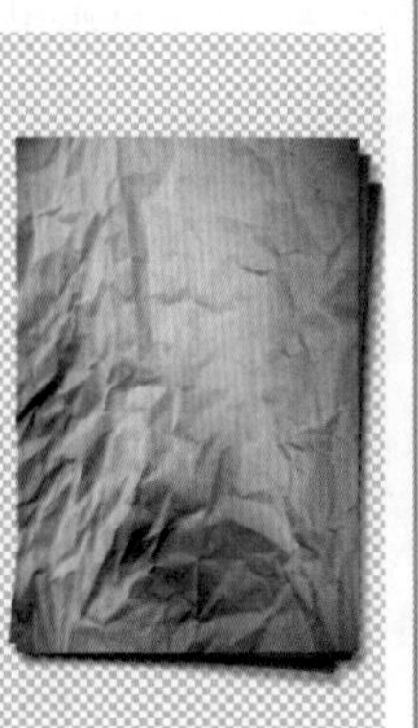
图 5-374

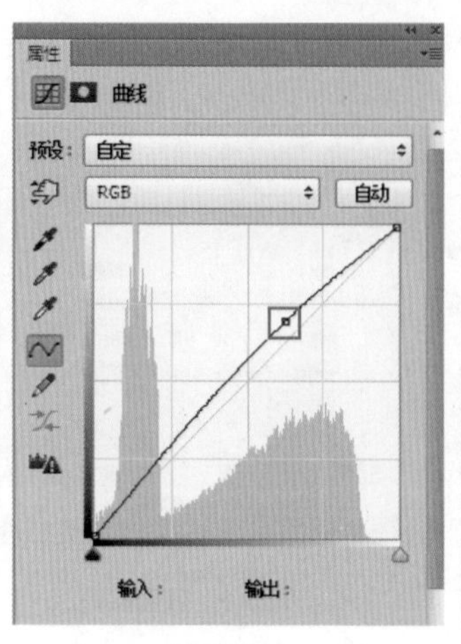

图 5-375

图 376

STEP 08 单击工具箱中的“圆角矩形工具”按钮，在选项栏中设置“绘制模式”为“形状”、“填充”为红色、“半径”为 20 像素，按住 Shift 键和鼠标左键在画面右上角拖曳绘制圆角矩形作为“关闭”按钮，如图 5-377 所示。

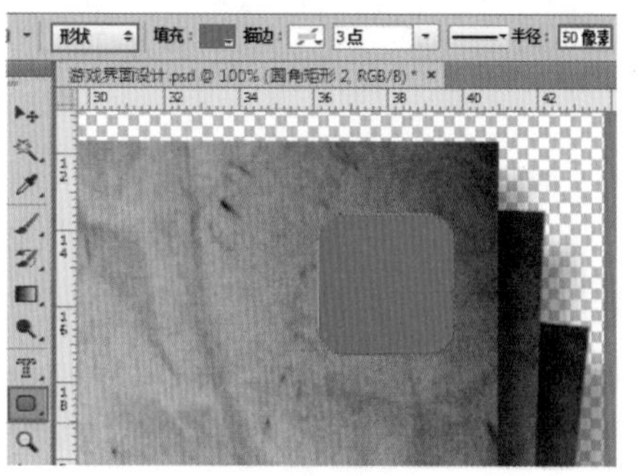

图 5-377

STEP 09 执行“图层 > 图层样式 > 斜面和浮雕”菜单命令，在“图层样式”对话框中设置“样式”为“内斜面”、“方法”为“平滑”、“深度”为 10%、“方向”为“上”、“大小”为 5 像素、“角度”为 120 度、“高度”为 30 度、“高光模式”为“滤色”、“高光颜色”为白色、高光“不透明度”为 75%、“阴影模式”为“正片叠底”、“阴影颜色”为红色、阴影“不透明度”为 75%，如图 5-378 所示。在“图层样式”对话框中勾选“投影”样式，设置“混合模式”为“正片叠底”、“投影颜色”为灰色、“不透明度”为 75%、“角度”为 120 度、“距离”为 8 像素、“大小”为 18 像素，单击“确定”按钮完成设置，如图 5-379 所示。效果如图 5-380 所示。

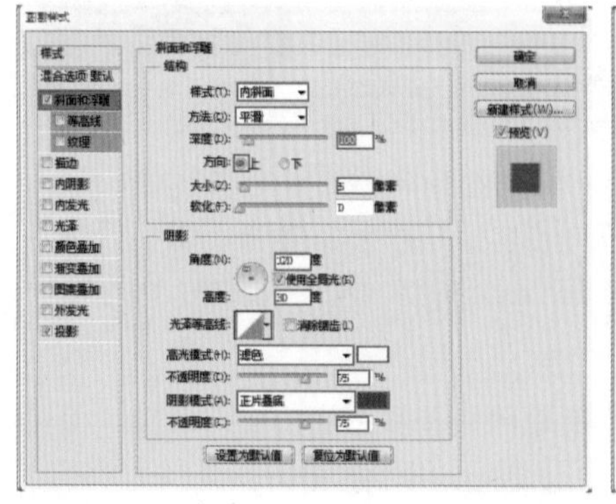
图 5-378

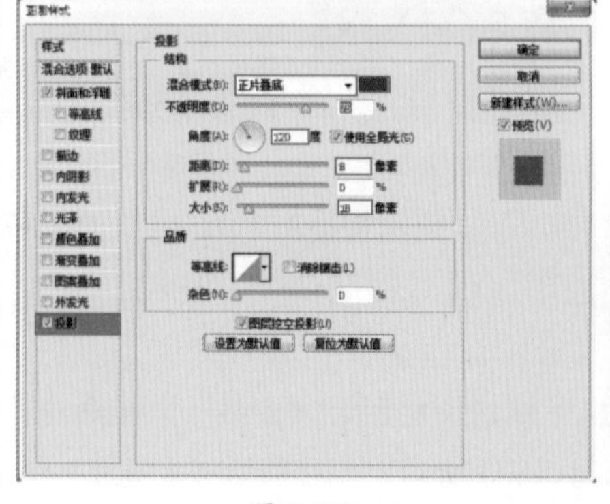
图 5-379

图 5-380

STEP 10 单击工具箱中的“钢笔工具”按钮，在选项栏中设置“绘制模式”为“形状”、“填充”为白色，在画面中拖曳绘制形状，如图 5-381 所示。在“图层”面板中选择红色圆角矩形图层，右击执行“拷贝图层样式”菜单命令；选择形状图层，右击执行“粘贴图层样式”菜单命令，如图 5-382 所示。

图 5-381

图 5-382

STEP 11 单击工具箱中的“横排文字工具”按钮，在选项栏中设置“字体”“字号”，设置“文本颜色”为黑色，在画面顶部位置单击并输入文字，如图 5-383 所示。执行“图层 > 栅格化 > 文字”菜单命令，接着执行“图层 > 图层样式 > 投影”菜单命令，在“图层样式”对话框中设置“混合模式”为“正片叠底”、“投影颜色”为黑色、“不透明度”为 75%、“角度”为 120 度、“距离”为 3 像素、“大小”为 8 像素，单击“确定”按钮完成设置，如图 5-384 所示。效果如图 5-385 所示。

图 5-383

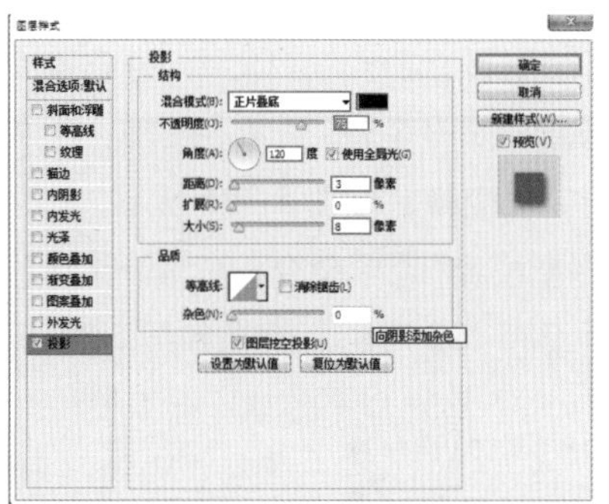

图 5-384

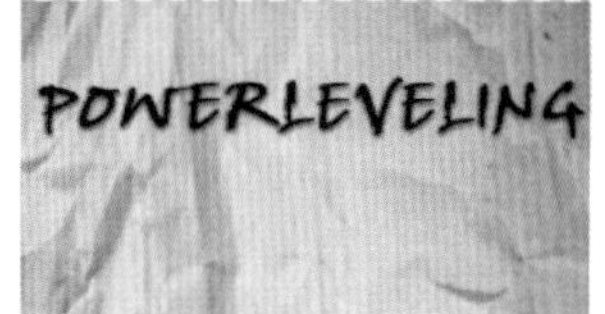

图 5-385

STEP 12 继续使用“横排文字工具”输入其他文字，如图 5-386 所示。执行“文件 > 置入”菜单命令，置入素材“2.png”并移动到左侧位置，按 Enter 键完成置入，执行“图层 > 栅格化 > 智能对象”菜单命令，将其栅格化为普通图层，如图 5-387 所示。

STEP 13 在文字图层下方新建图层，如图 5-388 所示。单击工具箱中的“画笔工具”按钮，在选项栏中单击“画笔预设”，设置“大小”为 10 像素、“硬度”为 100%，将工具箱中的前景色设置为蓝色，在画面中间位置按住鼠标左键拖曳绘制不规则锯齿线，效果如图 5-389 所示。

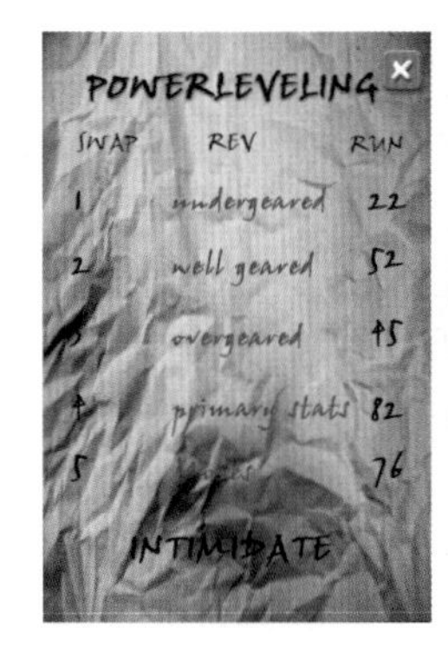

图 5-386

图 5-387

图 5-388

图 5-389

STEP 14 单击工具箱中的“圆角矩形”按钮，在选项栏中设置“绘制模式”为“形状”、“填充”为蓝色、“半径”为 20 像素，参照最下方文字的大小按住鼠标左键拖曳绘制“圆角矩形”，然后将该图层移动到文字图层的下方，如图 5-390 所示。选择圆角矩形图层，执行“图层 > 图层样式 > 投影”菜单命令，在“图层样式”对话框中设置“混合模式”为“正片叠底”、“投影颜色”为黑色、“不透明度”为 75%、“角度”为 120 度、“距离”为 3 像素、“大小”为 8 像素，单击“确定”按钮完成设置，如图 5-391 所示。效果如图 5-392 所示。

图 5-390

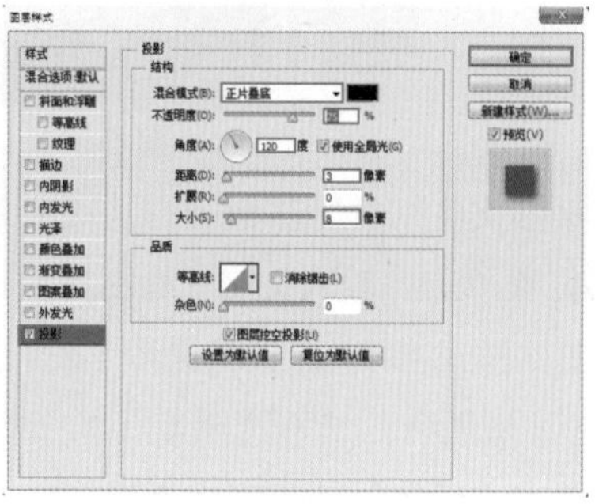
图 5-391

图 5-392

STEP 15 使用 Ctrl+Shift+Alt+E 快捷键进行“盖印”，得到整个画面的完整效果，将盖印得到的图层移动至“图层”面板的最底端，如图 5-393 所示。使用“自由变换”Ctrl+T 快捷键调出定界框，对其进行拖曳放大，按 Enter 键完成变换，如图 5-394 所示。

STEP 16 执行“滤镜 > 模糊 > 高斯模糊”菜单命令，在“高斯模糊”对话框中设置“半径”为 20 像素，单击“确定”按钮完成设置，如图 5-395 所示。效果如图 5-396 所示。

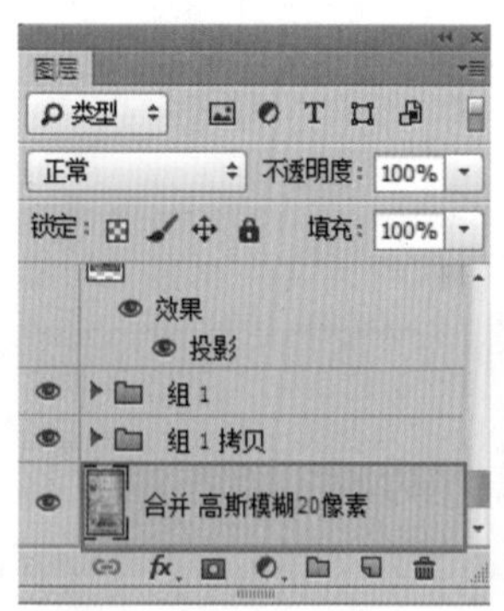

图 5-393

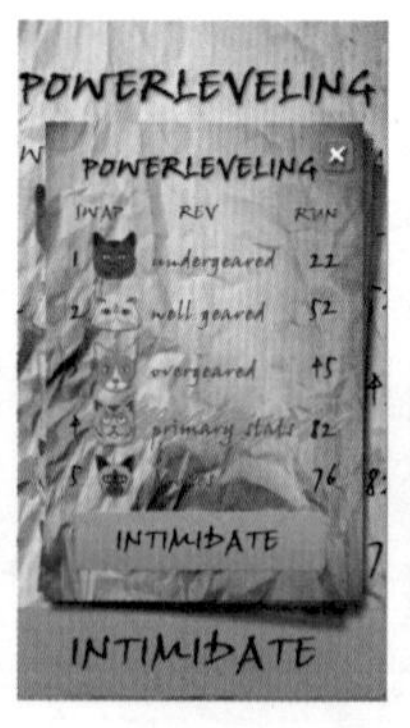

图 5-394

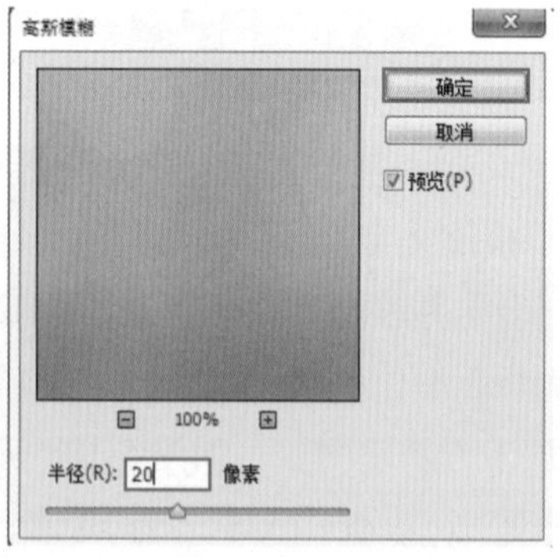

图 5-395

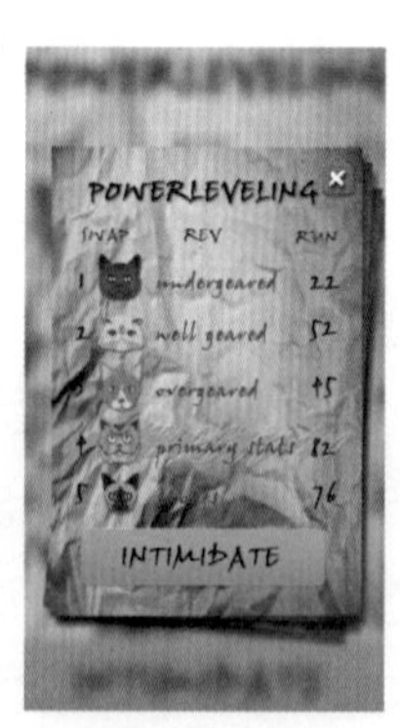

图 5-396

STEP 17 在“盖印”得到的图层上方新建一个图层，将前景色设置为黑色，使用 Alt+Delete 快捷键填充前景色，如图 5-397 所示。在“图层”面板中将“不透明度”设置为 75%，如图 5-398 所示。最终效果如图 5-399 所示。

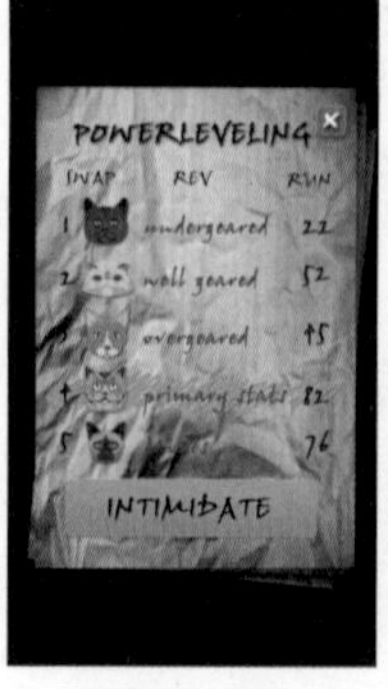

图 5-397

图 5-398

图 5-399

第6章 CHAPTER SIX 特殊效果的制作

本章概述

本章将介绍几种经常用于制作特殊效果的功能。使用图层混合模式可以制作多个图层内容重叠混合的效果。使用图层样式可以为图层中的内容添加阴影、发光、描边、浮雕等特殊效果。滤镜的功能更强大，可用于模拟多种有趣的绘画效果以及肌理质感。除此之外，Photoshop 还可以制作出 3D 立体效果。

本章要点

- 设置图层不透明度与混合模式
- 图层样式的综合使用
- 尝试使用各种滤镜
- 使用 3D 功能制作立体效果

佳作欣赏

6.1 图层的混合模式与图层样式

前面我们学习了图层较为基础的操作，随着学习进度的不断向前，我们需要了解图层的高级功能——图层的混合模式与图层样式。

6.1.1 图层不透明度

Photoshop 中有两种透明度设置——“不透明度”与“填充”。“不透明度”的概念非常好理解，就是制作图层的半透明效果，数值越小图层越透明。通常制作光泽感、半透明质感时需要调整不透明度。“填充”的概念就有点抽象了，当我们降低“填充”数值时只影响图层中绘制的像素和形状，而图层中的图层样式不会改变。通常制作边缘发光效果会用到该功能。

STEP 01 背景图层无法设置不透明度。选择一个除背景之外的其他图层，随意添加几个图层样式。在“图层”面板中，将“不透明度”数值设置为 50%，如图 6-1 所示。该图层以及图层上的样式等内容均变为半透明的效果，如图 6-2 所示。

STEP 02 如果将此图层的“填充”数值设置为 0%，如图 6-3 所示，则图层主体部分变透明，而样式效果不会发生任何变化，如图 6-4 所示。

图 6-1

图 6-2

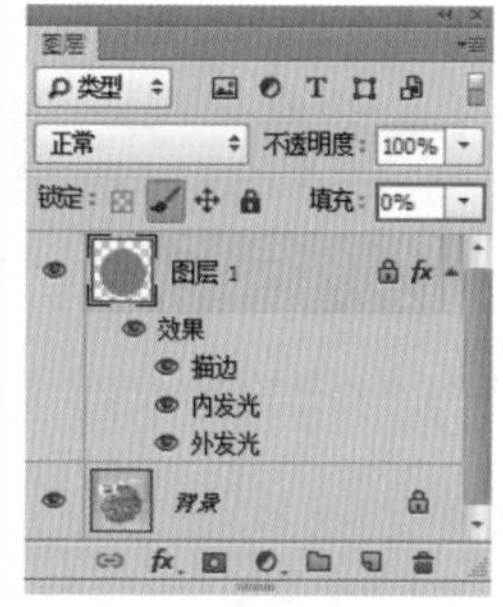

图 6-3

图 6-4

6.1.2 图层混合模式

所谓的“混合模式”是指一个图层与其下方图层的色彩叠加方式。默认情况下，图层的混合模式为“正常”，更改混合模式后会产生类似半透明或者色彩改变的效果。改变混合模式虽然改变了图像的显示效果，但是不会对图层本身内容造成实质性的破坏。

STEP 01 首先打开一张图片，如图 6-5 所示，然后置入一个图片，如图 6-6 所示。

图 6-5

图 6-6

STEP 02 选择上层的图层，单击“图层”面板中的混合模式按钮，在下拉列表中可以看到多种混合模式，如图 6-7 所示。选择“正片叠底”混合模式的效果如图 6-8 所示。

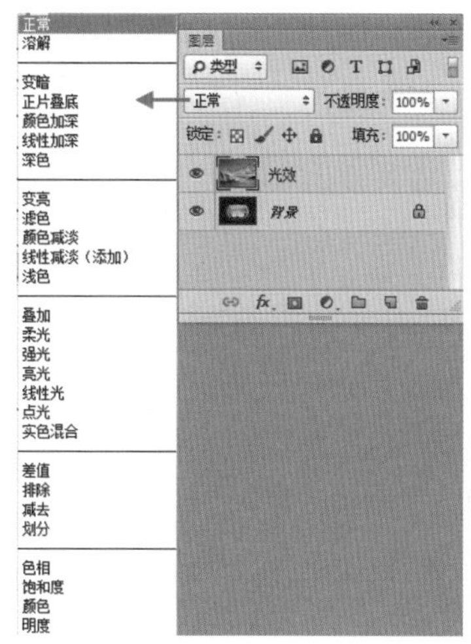

图 6-7

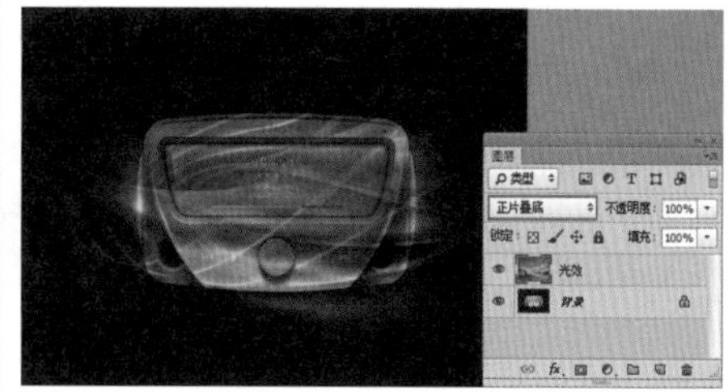

图 6-8

下面介绍其他混合模式。

★ 正常：默认的混合模式，当前图层不与下方图层产生任何混合效果，图层“不透明度”为 100%，完全遮盖下面的图像。

★ 溶解：当图层为半透明时，选择该项可以创建像素点状效果，如图 6-9 所示。

★ 变暗：两个图层中较暗的颜色将作为混合的颜色保留，比混合色亮的像素将被替换，而比混合色暗的像素将保持不变，如图 6-10 所示。

★ 正片叠底：任何颜色与黑色混合均产生黑色，任何颜色与白色混合均保持不变，如图 6-11 所示。

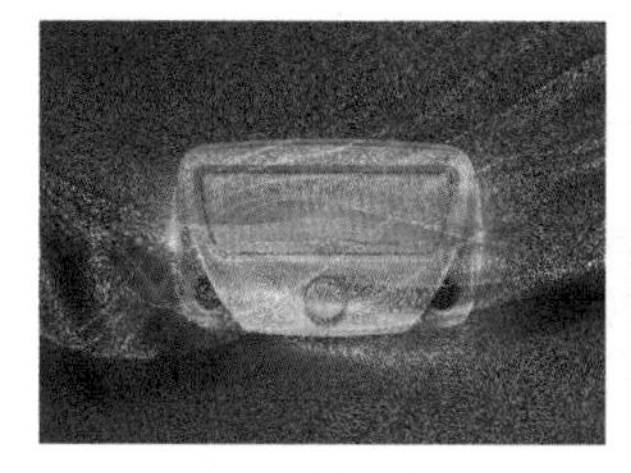

图 6-9

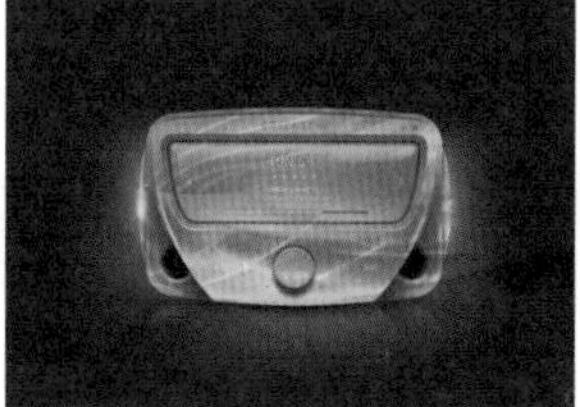

图 6-10

图 6-11

★ 颜色加深：通过增加上下层图像之间的对比度使像素变暗，与白色混合后不产生变化，如图 6-12 所示。

★ 线性加深：通过减小亮度使像素变暗，与白色混合不产生变化，如图 6-13 所示。

★ 深色：比较两个图像的所有通道的数值的总和，然后显示数值较小的颜色，如图 6-14 所示。

图 6-12

图 6-13

图 6-14

★ 变亮：使上方图层的暗调区域变为透明，通过下方图层的较亮区域使图像更亮，如图 6-15 所示。

★ 滤色：与黑色混合时颜色保持不变，与白色混合时产生白色，如图 6-16 所示。

★ 颜色减淡：通过减小上下层图像之间的对比度来提亮底层图像的像素，如图 6-17 所示。

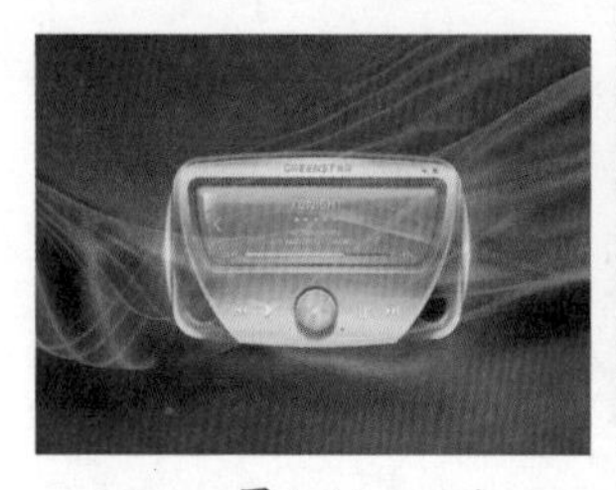

图 6-15

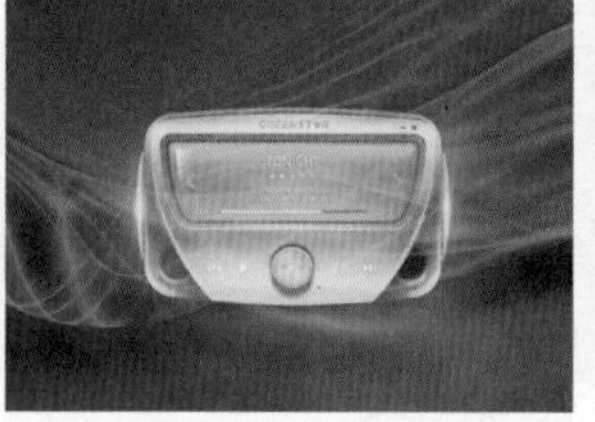

图 6-16

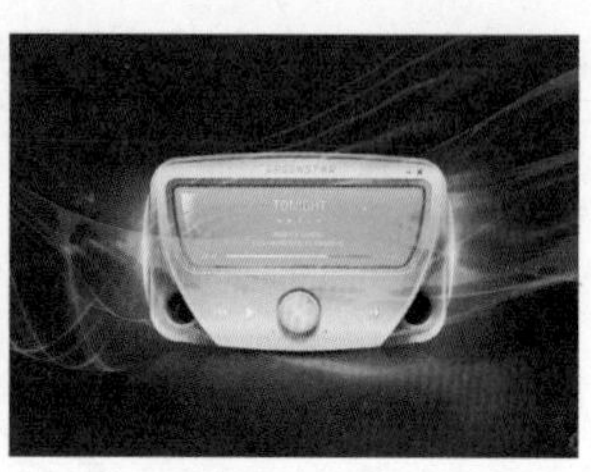

图 6-17

★ 线性减淡（添加）：根据每个颜色通道的颜色信息，加亮所有通道的基色，并通过降低其他颜色的亮度来反映混合颜色，此模式对黑色无效，如图 6-18 所示。

★ 浅色：该项与“深色”的效果相反，可根据图像的饱和度，用上方图层中的颜色直接覆盖下方图层中高光区域的颜色，如图 6-19 所示。

★ 叠加：图像的最终效果取决于下方图层，上方图层的高光区域和暗调不变，只是混合了中间调，如图 6-20 所示。

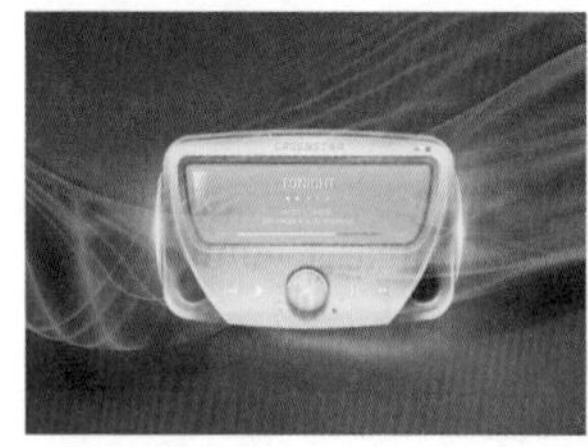

图 6-18

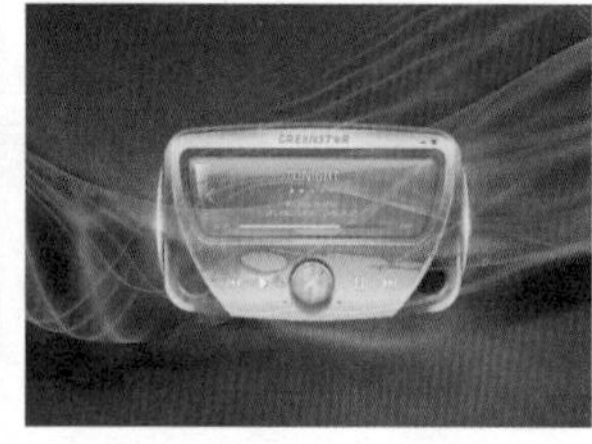

图 6-19

图 6-20

★ 柔光：使颜色变亮或变暗，让图像具有非常柔和的效果，亮于中性灰底的区域将更亮，暗于中性灰底的区域将更暗，如图 6-21 所示。

★ 强光：与“柔光”的效果类似，适用于为图像增加强光照射效果。如果上层图像比 50% 灰色亮，则图像变亮；如果上层图像比 50% 灰色暗，则图像变暗，如图 6-22 所示。

★ 亮光：通过加大或减小对比度来加深或减淡颜色，具体取决于上层图像的颜色。如果上层图像比 50% 灰色亮，则图像变亮；如果上层图像比 50% 灰色暗，则图像变暗，如图 6-23 所示。

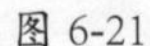

图 6-21

图 6-22

图 6-23

★ 线性光：通过减少或增加亮度来加深或减淡颜色，具体取决于上层图像的颜色。如果上层图像比 50% 灰色亮，则图像变亮；如果上层图像比 50% 灰色暗，则图像变暗，如图 6-24 所示。

★ 点光：根据上层图像的颜色来替换颜色。如果上层图像比 50% 灰色亮，则替换比较暗的像素；如果上层图像比 50% 灰色暗，则替换比较亮的像素，如图 6-25 所示。

★ 实色混合：将上层图像的 RGB 通道值添加到底层图像的 RGB 通道值中。如果上层图像比 50% 灰色亮，则使底层图像变亮；如果上层图像比 50% 灰色暗，则使底层图像变暗，如图 6-26 所示。

★ 差值：上方图层的亮区使下方图层的颜色反相，暗区则正常显示颜色，得到的结果是与原图形完全相反的颜色，如图 6-27 所示。

★ 排除：创建与“差值”模式相似，但对比度更低的混合效果，如图 6-28 所示。

★ 减去：从目标通道中相应的像素上减去源通道中的像素值，如图 6-29 所示。

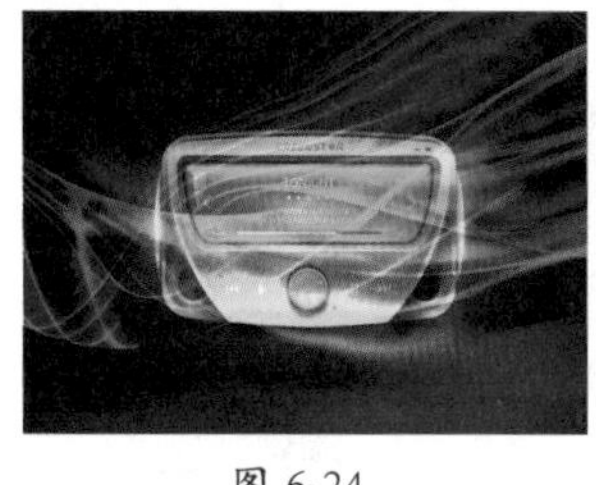

图 6-24

图 6-25

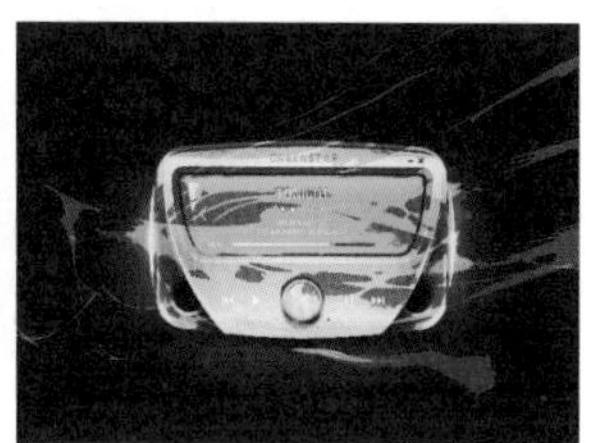

图 6-26

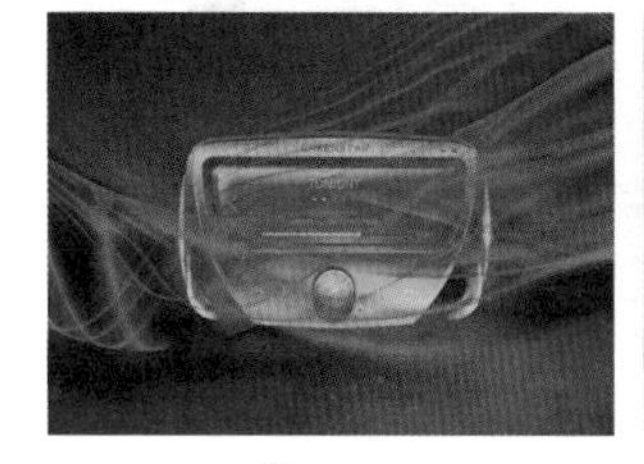

图 6-27

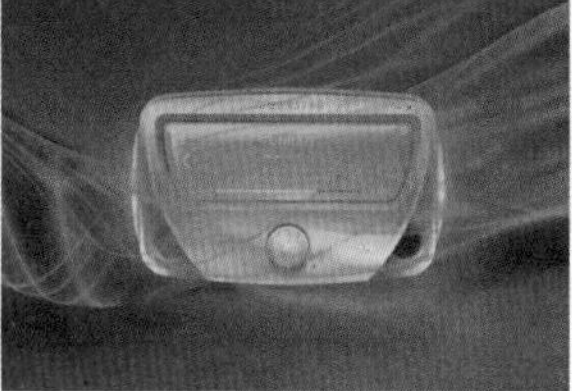

图 6-28

图 6-29

★ 划分：比较每个通道中的颜色信息，然后从底层图像中划分上层图像，如图 6-30 所示。

★ 色相：用底层图像的明亮度和饱和度以及上层图像的色相来创建结果色，如图 6-31 所示。

★ 饱和度：用底层图像的明亮度和色相以及上层图像的饱和度来创建结果色，在“饱和度”为 0 的灰度区域应用该模式不会产生任何变化，如图 6-32 所示。

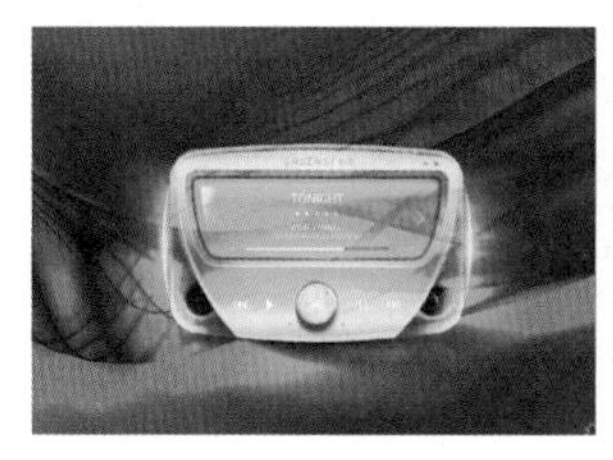

图 6-30

图 6-31

图 6-32

★ 颜色：用底层图像的明亮度以及上层图像的色相和饱和度来创建结果色，这样可以保留图像中的灰阶，对于为单色图像上色或给彩色图像着色非常有用，如图 6-33 所示。

★ 明度：用底层图像的色相和饱和度以及上层图像的明亮度来创建结果色，如图 6-34 所示。

图 6-33

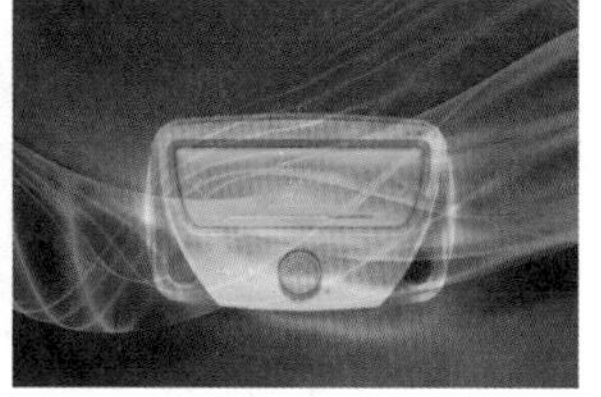

图 6-34

技巧提示 混合模式的选择技巧

设置混合模式通常不会一次成功，需要进行多次尝试。可以先选择一个混合模式，然后滚动鼠标中轮快速更改混合模式，这样就能非常方便地查看每个混合模式的效果了。

6.1.3 使用图层样式

“图层样式”是一种为图层内容模拟特殊效果的功能。图层样式的使用方法十分简单，可以为普通图层、文本图层和形状图层应用图层样式。为图层添加图层样式具有快速、精准和可编辑的优势，所以图层样式是 UI 设计中非常常用的功能之一。例如，制作带有描边的文字、水晶按钮、凸起等效果时，都会用到图层样式。如图 6-35 所示为原图和不同图层样式的展示效果。

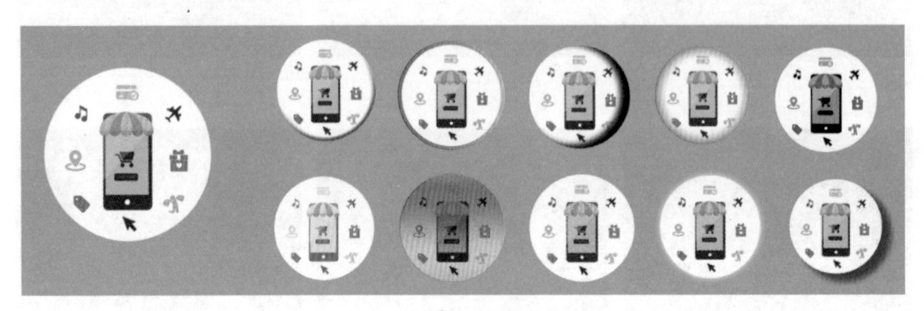

图 6-35

虽然不同的图层样式效果不同，但是添加与编辑图层样式的方法却是相同的。操作方法如下：

STEP 01 选择一个图层，如图 6-36 所示。执行“图层 > 图层样式”菜单命令，在子菜单中可以看到多种图层样式命令，如图 6-37 所示。单击某项命令即可打开“图层样式”对话框，并打开与之相对应的选项卡，如图 6-38 所示。在“图层”面板下单击“添加图层样式”按钮 fx，在弹出的菜单中也可以为图层添加图层样式。

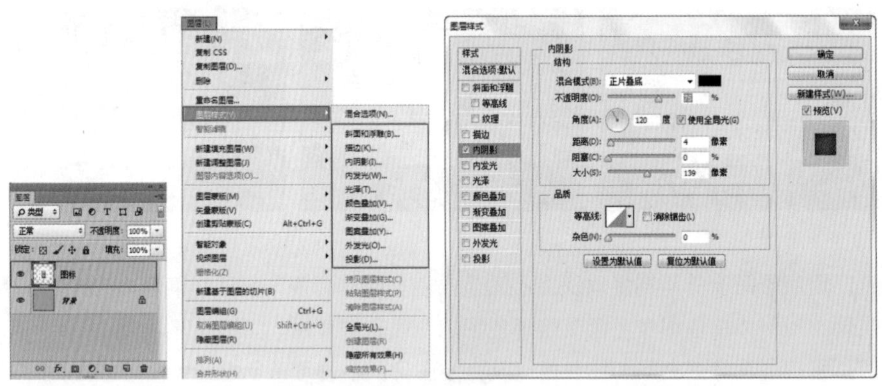

图 6-36　　图 6-37　　图 6-38

STEP 02 在“图层样式”对话框的左侧可以看到所有图层样式的名称，单击某个图层样式，即可显示相对应的选项卡，如图 6-39 所示。参数设置完成后，单击“确定”按钮即可为图层添加样式，效果如图 6-40 所示。

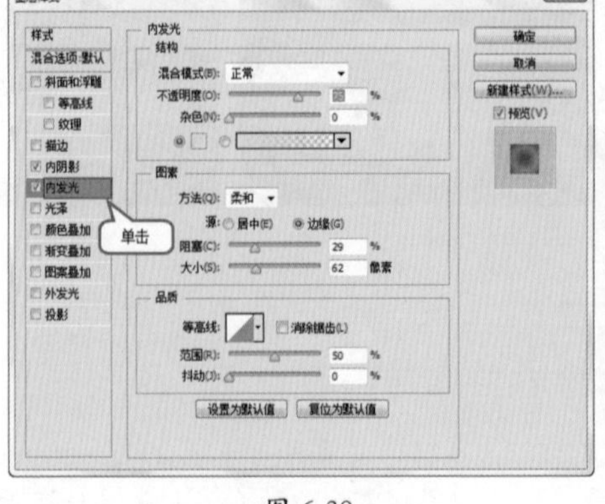

图 6-39

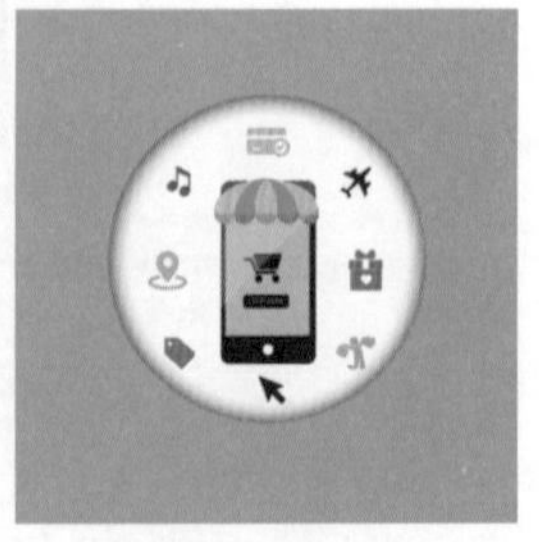

图 6-40

STEP 03 如果想要对图层已有的“图层样式”进行编辑，可以在“图层”面板中双击该样式的名称，如图 6-41 所示，弹出“图层样式”对话框，然后对图层样式进行编辑，如图 6-42 所示。

图 6-41

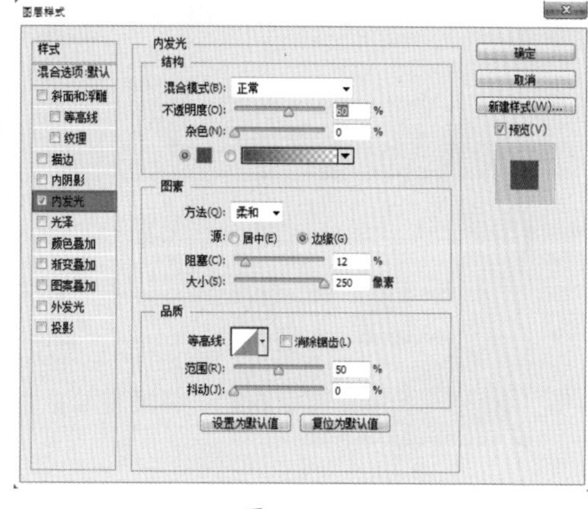

图 6-42

STEP 04 如果要删除某个图层中的所有样式，在“图层”面板中选择该图层，然后执行“图层 > 图层样式 > 清除图层样式”菜单命令，或者将 fx 图标拖曳到“删除”按钮上，即可删除图层样式。

“栅格化图层样式”可以将图层样式的效果应用到该图层的原始内容中，栅格化后的图层样式不能再次编辑。在想要栅格化的图层名称上右击，在弹出的快捷菜单中执行“栅格化图层样式”菜单命令即可，如图 6-43 和图 6-44 所示。

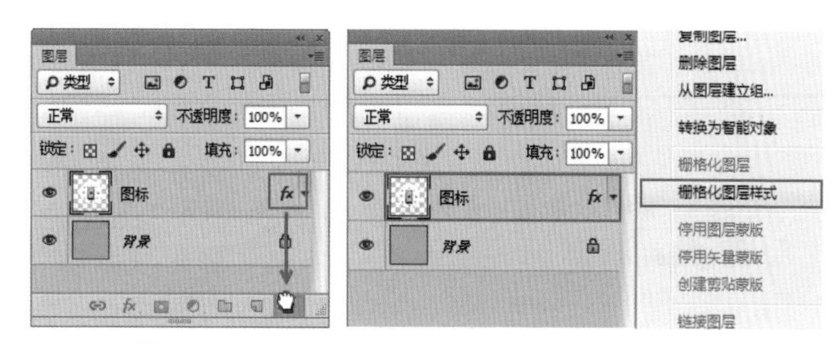

图 6-43　　图 6-44

STEP 05 当文档中包括多个带有相同图层样式的对象时，可以通过复制并粘贴图层样式的方法进行制作。在想要复制图层样式的图层名称上右击，在弹出的快捷菜单中执行“拷贝图层样式”菜单命令，如图 6-45 所示。接着右击目标图层，执行“粘贴图层样式”菜单命令，如图 6-46 所示。即可将图层样式复制到另一个图层上。

图 6-45　　图 6-46

6.1.4 “斜面和浮雕”样式

“斜面和浮雕”可以说是 Photoshop 图层样式中最复杂的一个，使用该样式可以为图层模拟出由于受光而产生的高光感和阴影感，从而营造出立体感的浮雕效果。如图 6-47 所示为未添加图层样式的效果。选择图层，执行“图层 > 图层样式 > 斜面和浮雕”菜单命令，在弹出的对话框中可以对“斜面和浮雕”的结构以及阴影属性进行设置，设置完成后单击“确定”按钮完成样式的添加，如图 6-48 所示。“斜面和浮雕”样式的效果如图 6-49 所示。

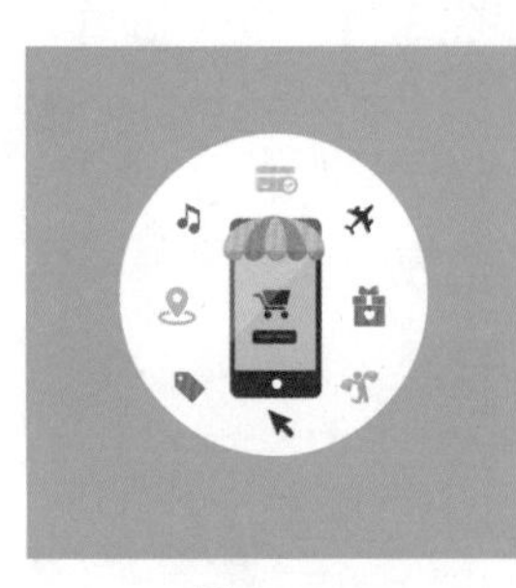

图 6-47

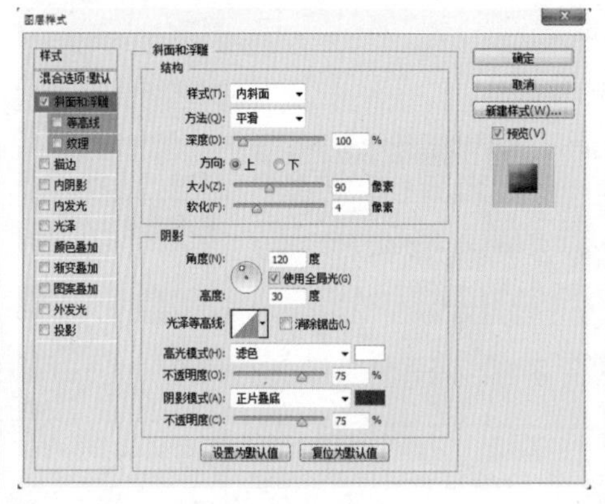

图 6-48

图 6-49

★ 样式：在下拉列表中选择“斜面和浮雕”的样式。选择“外斜面”可以在图层内容的外侧边缘创建斜面；选择“内斜面”可以在图层内容的内侧边缘创建斜面；选择“浮雕效果”可以使图层内容相对于下层图层产生浮雕状的效果；选择“枕状浮雕”可以模拟图层内容的边缘嵌入下层图层产生的效果；选择“描边浮雕”可以将浮雕应用于图层的“描边”样式的边界，如果图层没有“描边”样式，则不会产生效果。如图 6-50 所示为选择不同样式的效果。

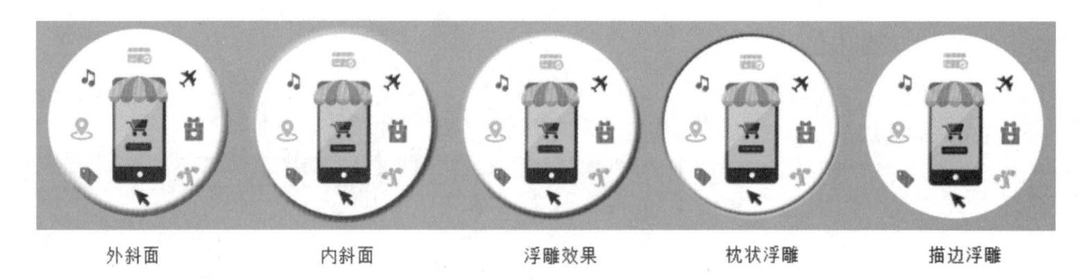

图 6-50

★ 方法：用来选择创建浮雕的方法。选择“平滑”可以得到比较柔和的边缘；选择“雕刻清晰”可以得到最精确的浮雕边缘；选择“雕刻柔和”可以得到中等水平的浮雕效果。如图 6-51 所示为选择不同方法的效果。

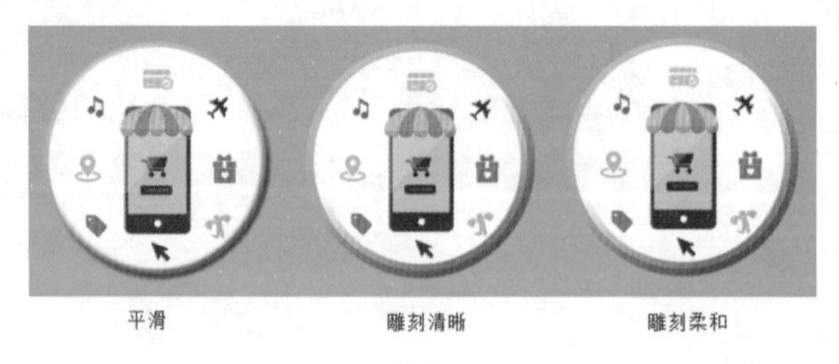

图 6-51

★ 深度：用来设置浮雕斜面的应用深度，该值越高，浮雕的立体感越强，如图 6-52 和图 6-53 所示。

图 6-52

图 6-53

★ 方向：用来设置高光和阴影的位置，该选项与光源的角度有关，如图 6-54 和图 6-55 所示。

★ 大小：该选项表示斜面和浮雕的阴影面积的大小，如图 6-56 和图 6-57 所示。

图 6-54

图 6-55

图 6-56

图 6-57

★ 软化：用来设置斜面和浮雕的平滑程度。

★ 角度：用来设置光源的发光角度。

★ 高度：用来设置光源的高度。

★ 使用全局光：如果勾选该选项，那么所有浮雕样式的光照角度都将保持在同一个方向。

★ 光泽等高线：选择不同的等高线样式，可以为斜面和浮雕的表面添加不同的光泽质感，也可以自己编辑等高线样式，如图 6-58~ 图 6-61 所示。

图 6-58

图 6-59

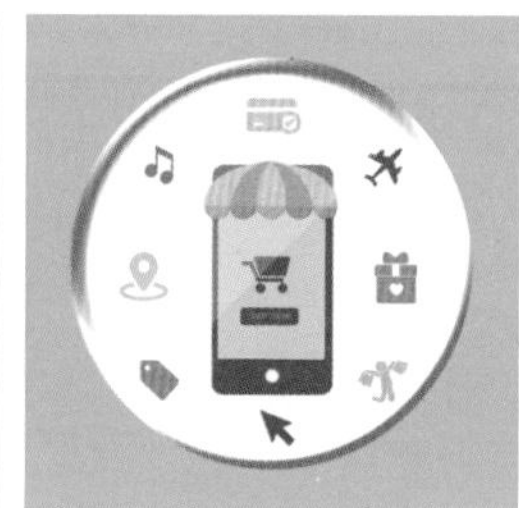

图 6-60

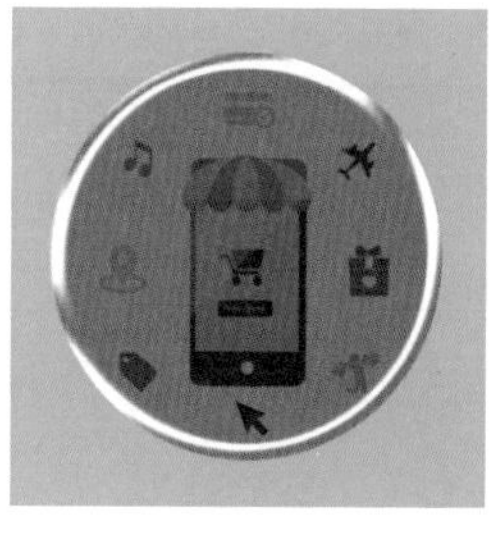

图 6-61

★ 消除锯齿：设置光泽等高线时，斜面边缘可能会产生锯齿，勾选该选项可以消除锯齿。

★ 高光模式 / 不透明度：这两个选项用来设置高光的混合模式和不透明度，后面的色块用于设置高光的颜色。

★ 阴影模式 / 不透明度：这两个选项用来设置阴影的混合模式和不透明度，后面的色块用于设置阴影的颜色。

“斜面和浮雕”样式下还包含“等高线”与“纹理”样式的设置。单击“等高线”选项，切换到“等高线”选项卡，如图 6-62 所示。在“等高线”下拉列表中有许多预设的等高线样式，可以为斜面和浮雕的表面添加不同的光泽质感。使用“等高线”可以在浮雕中创建凹凸起伏的效果，如图 6-63 所示。

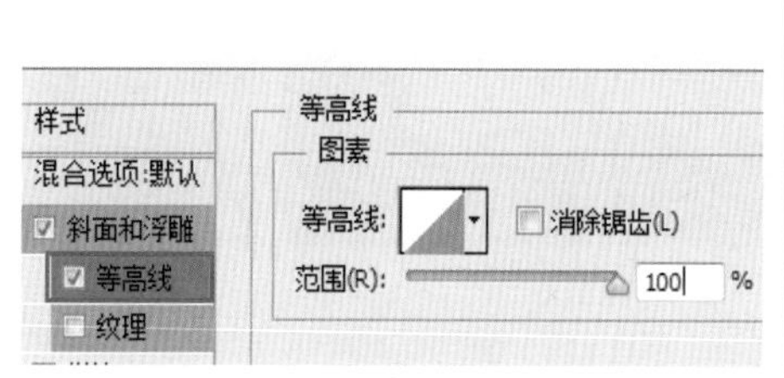

图 6-62

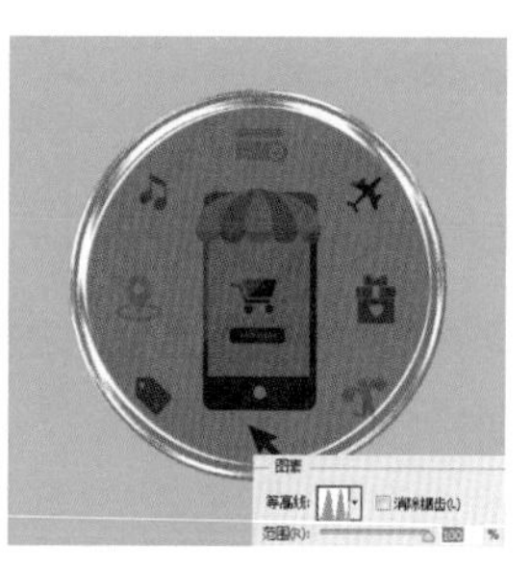

图 6-63

“纹理”可以给图形增加纹理质感。单击“纹理”选项，切换到“纹理”选项卡，单击“图案”倒三角按钮，在下拉面板中选择图案。通过设置“缩放”和“深度”选项可以设置图案的大小和纹理的密度，如图 6-64 所示。效果如图 6-65 所示。

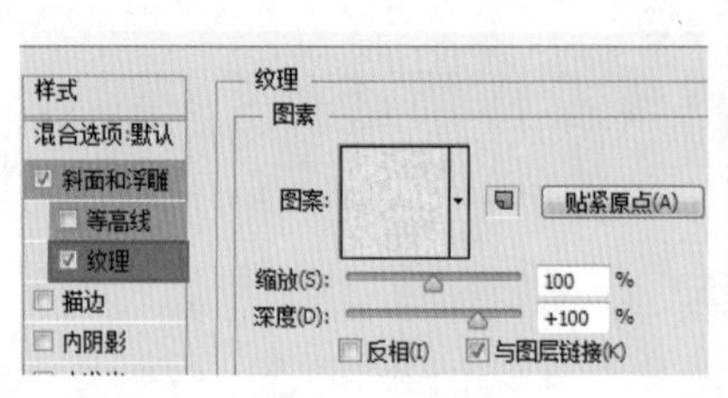

图 6-64

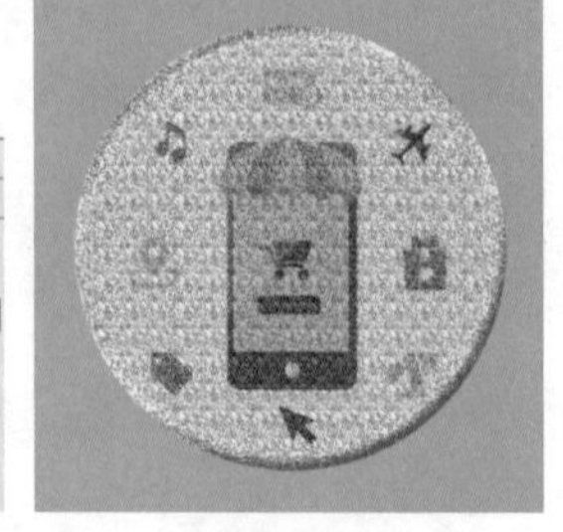

图 6-65

技巧提示 纹理中的图案

“图案”选项中的纹理图案就是图案库。可以通过自定义图案或载入下载的图案提供所需的纹理。

6.1.5 “描边”样式

“描边”样式的使用频率非常高，使用“描边”样式可以为图层添加单色、渐变以及图案的描边效果。选择图层，执行“图层 > 图层样式 > 描边”菜单命令，在弹出的对话框中可以对“描边”的结构、大小、不透明度以及位置进行设置，设置完毕后单击“确定”按钮完成样式的添加，如图 6-66 所示。如图 6-67 所示为选择不同“填充类型”的效果。为图形添加描边效果可以起到突出、强调的作用。

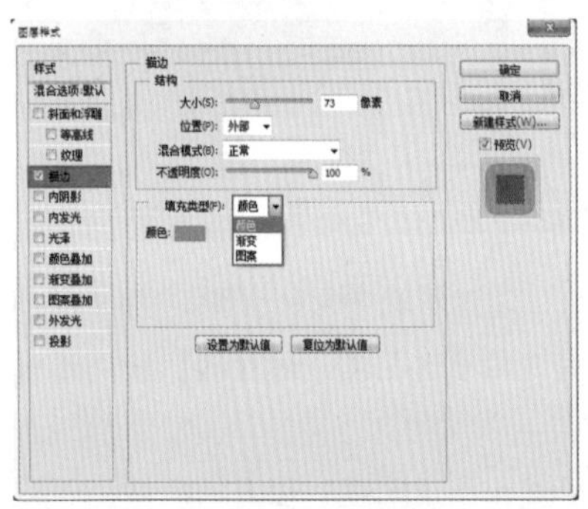

图 6-66

图 6-67

6.1.6 “内阴影”样式

“内阴影”样式能够在靠近图层内容的边缘添加阴影，使其产生凹陷的效果。例如，制作一个相框内的照片，这时就可以为照片添加“内阴影”样式，为相框的边缘添加阴影效果，使照片产生向内凹陷、低于相框内边缘的效果。如图 6-68 和图 6-69 所示为对比效果。

图 6-68

图 6-69

选择图层，如图 6-70 所示。执行“图层 > 图层样式 > 内阴影”菜单命令，在弹出的对话框中可以对“内阴影”的结构以及品质进行设置，设置完毕后单击“确定”按钮完成样式的添加，如图 6-71 所示。如图 6-72 所示为“内阴影”样式的效果。

图 6-70

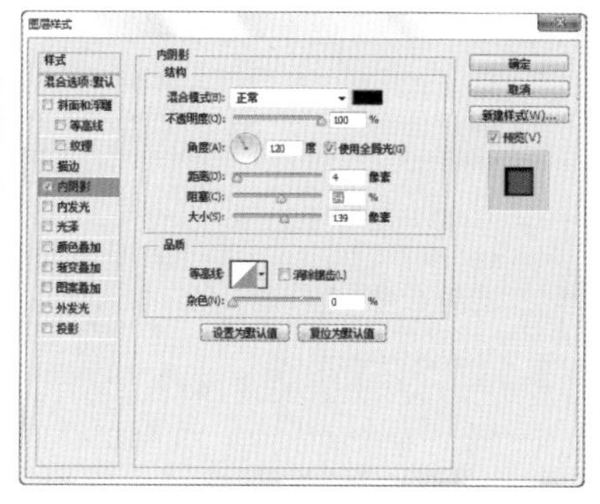

图 6-71

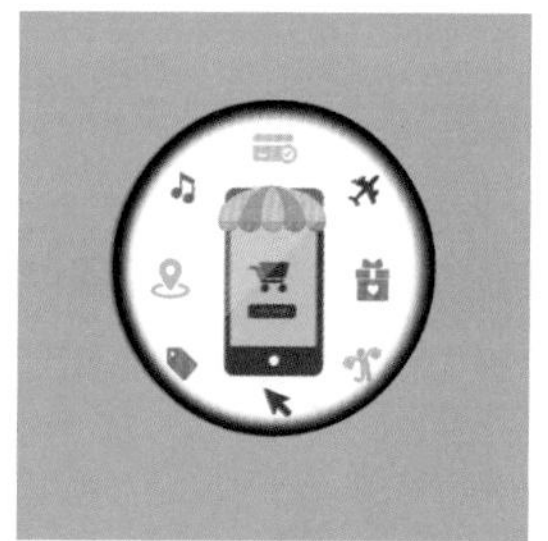

图 6-72

“内阴影”与“投影”的参数选项十分相似，不同的是，“投影”通过“扩展”选项来控制投影边缘的渐变范围，而“内阴影”通过“阻塞”选项来控制。“阻塞”选项可以模糊收缩内阴影的边界。“大小”选项与“阻塞”选项是相互关联的，“大小”的数值越高，可设置的“阻塞”范围就越大，如图 6-73 和图 6-74 所示。

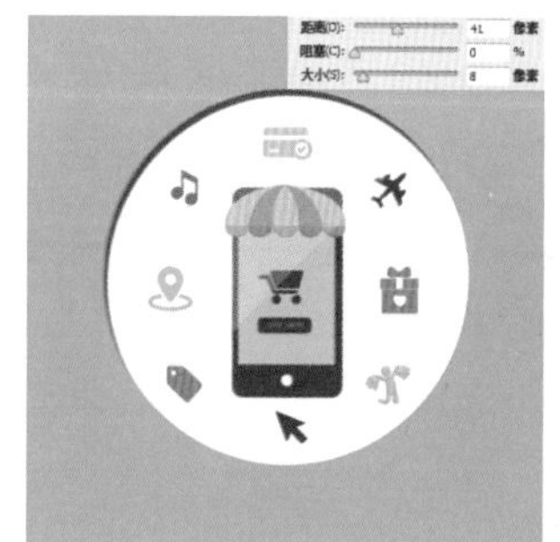

图 6-73

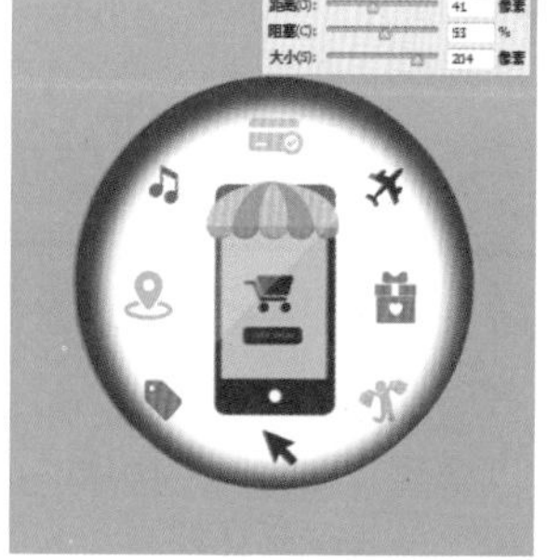

图 6-74

★ 混合模式：用来设置内阴影与下面图层的混合方式，默认设置为“正片叠底”模式。
★ 颜色：单击“混合模式”选项右侧的颜色块，可以设置内阴影的颜色。
★ 不透明度：设置内阴影的不透明度。数值越低，投影越淡。
★ 角度：用来设置投影应用于图层时的光照角度，指针方向为光源方向，相反方向为内阴影方向。
★ 使用全局光：勾选该选项时，可以保持所有光照的角度一致；关闭该选项时，可以为不同的图层分别设置光照角度。
★ 距离：用来设置内阴影偏移图层内容的距离。
★ 阻塞：用于模糊之前收缩内阴影的边界。
★ 大小：用来设置内阴影的模糊范围，该值越高，模糊范围越广；反之内阴影越清晰。
★ 等高线：通过调整曲线的形状来控制投影的形状，既可以手动调整曲线形状，也可以选择内置的等高线预设。
★ 消除锯齿：混合等高线边缘的像素，使内阴影更加平滑。该选项对于尺寸较小且具有复杂等高线的内阴影比较实用。
★ 杂色：用来在内阴影中添加杂色颗粒，数值越大，颗粒感越强。

6.1.7　“内发光”样式

“内发光”样式可以为图层的内部添加光晕效果。选择图层，如图 6-75 所示。执行“图层 >

图层样式 > 内发光”菜单命令，在弹出的对话框中可以对“内发光”的颜色、大小、不透明度等属性进行设置，设置完成后单击“确定”按钮完成样式的添加，如图 6-76 所示。“内发光”样式的效果如图 6-77 所示。

图 6-75

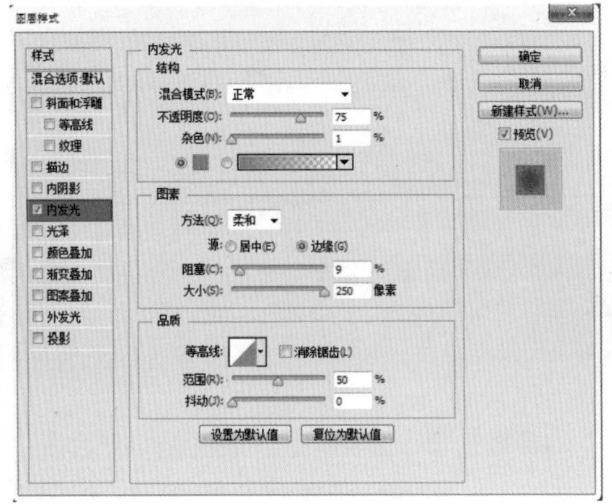

图 6-76

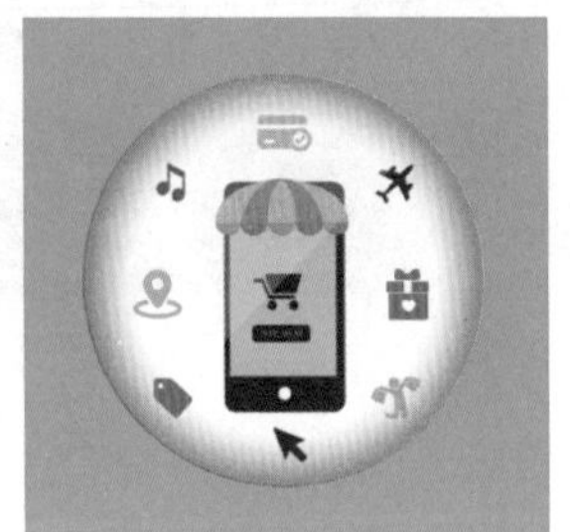

图 6-77

★ 杂色：在发光效果中添加随机的杂色效果，使光晕产生颗粒感。

★ 发光颜色：单击“杂色”选项下面的颜色块，可以设置发光颜色；单击颜色块右侧的渐变条，可以在“渐变编辑器”对话框中选择或编辑渐变色，如图 6-78 和图 6-79 所示。

★ 方法：用来设置发光的方式。选择“柔和”选项，发光效果比较柔和；选择“精确”选项，可以得到精确的发光边缘。

★ 源：控制光源的位置。

★ 阻塞：用来在模糊之前收缩发光的杂边边界。

★ 大小：用来设置光晕范围的大小，如图 6-80 和图 6-81 所示。

图 6-78

图 6-79

图 6-80

图 6-81

★ 等高线：用来控制发光的形状。

★ 范围：控制内发光范围，数值越大，内发光范围越大。

★ 抖动：用于控制内发光效果的透明属性，增大数值使内发光产生杂点效果。

6.1.8 操作练习：使用“内发光”与“内阴影”样式制作时钟

案例文件	使用“外发光”与“内阴影”样式制作时钟.psd	难易指数	★★★★★
视频教学	使用“外发光”与“内阴影”样式制作时钟.flv	技术要点	图层样式

案例效果（如图 6-82 所示）

思路剖析（如图 6-83~ 图 6-85 所示）

图 6-82

图 6-83

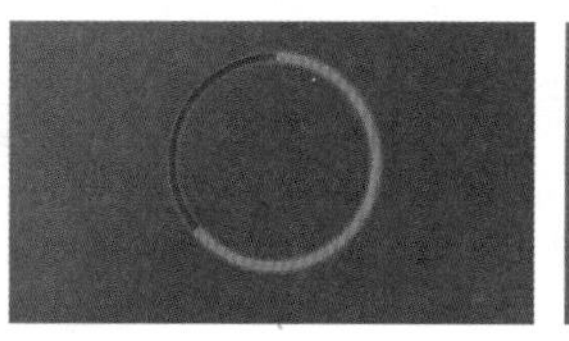
图 6-84

图 6-85

①使用“椭圆工具”绘制圆环，应用图层样式制作出凹凸感。

②使用“椭圆工具”和“直接选择工具”绘制半圆。

③使用“横排文字工具”编辑文字完成制作。

应用拓展

优秀的 UI 设计作品欣赏，如图 6-86~ 图 6-88 所示。

图 6-86

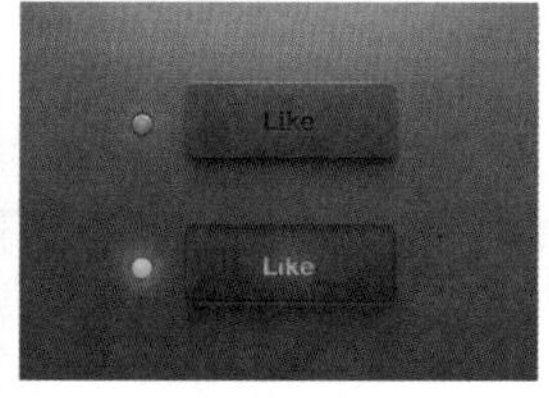

图 6-87

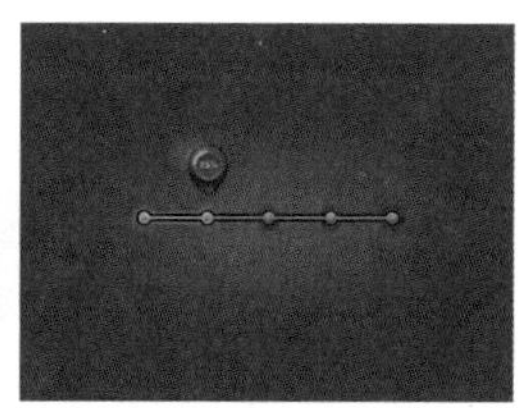
图 6-88

操作步骤

STEP 01 执行“文件 > 新建”菜单命令，在“新建”对话框中设置文件“宽度”为 1920 像素、“高度”为 1080 像素，设置“分辨率”为 72 像素 / 英寸、“颜色模式”为 RGB 颜色、“背景内容”为白色，如图 6-89 所示。在工具箱中单击“渐变工具”按钮，接着单击选项栏中的“渐变色条”按钮，在弹出的“渐变编辑器”对话框中编辑一个灰色系的渐变，单击“确定”按钮完成编辑，如图 6-90 所示。

STEP 02 单击工具箱中的“椭圆工具”按钮，在选项栏中设置“绘制模式”为“形状”、“填充”为无颜色、“描边”为深灰色、“描边宽度”为 24 点，在画面中间位置按住 Shift 键拖动鼠标绘制正圆，如图 6-91 所示。

图 6-89

图 6-90

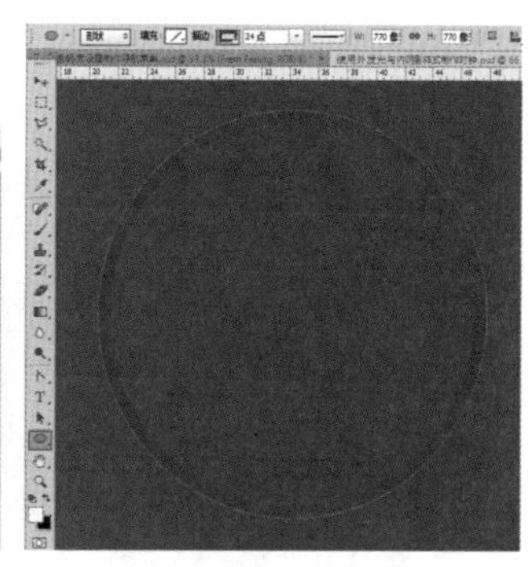
图 6-91

STEP 03 选中椭圆图层，执行“图层 > 图层样式 > 内阴影”菜单命令，设置“混合模式”为“正片叠底”、“不透明度”为75%、“角度”为80度、“距离”为6像素、“大小”为6像素，如图6-92所示。单击勾选“外发光”选项，设置“混合模式”为“滤色”、“不透明度”为72%、“发光颜色”为灰色、“方法”为“柔和”、“大小”为24像素、“范围”为50%，单击“确定”按钮完成设置，如图6-93所示，效果如图6-94所示。

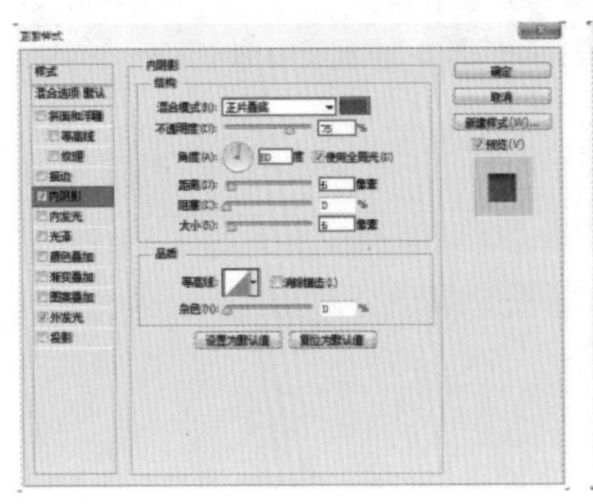

图 6-92

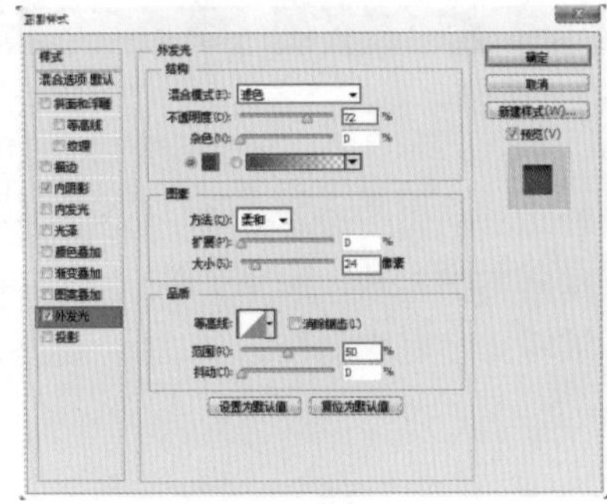

图 6-93

图 6-94

STEP 04 单击工具箱中的“椭圆工具”按钮，在选项栏中设置“绘制模式”为“形状”、“填充”为无颜色、“描边”为粉色、“描边宽度”为24点，在画面中间位置按住Shift键拖动鼠标绘制圆环，如图6-95所示。在工具箱中单击“添加锚点工具”按钮，在圆环上单击添加一个锚点，如图6-96所示。

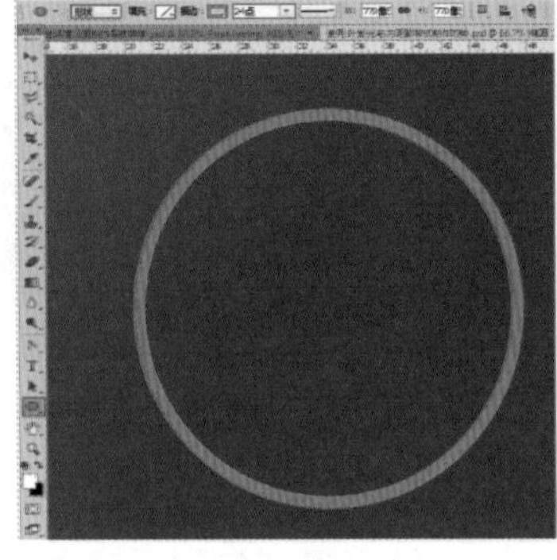

图 6-95

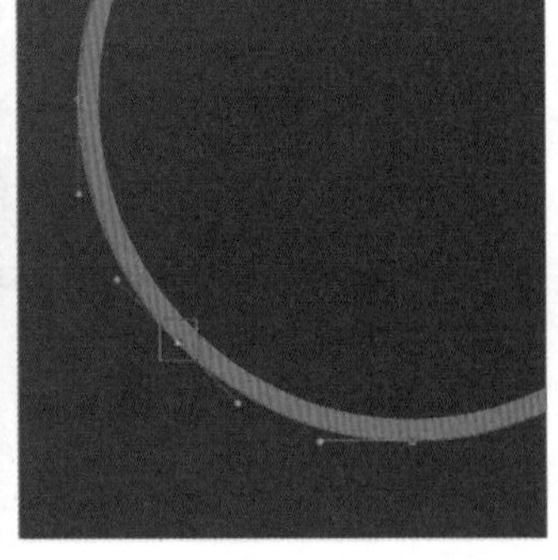

图 6-96

STEP 05 单击工具箱中的“直接选择工具”按钮，单击选中圆形左侧的“锚点”，如图6-97所示。按Delete键删除“锚点”，此时路径发生变化，效果如图6-98所示。接着单击工具箱中的“椭圆工具”按钮，单击选项栏中的“形状描边类型”，在“描边选项”面板中设置端点类型为“圆角端点”，如图6-99所示。

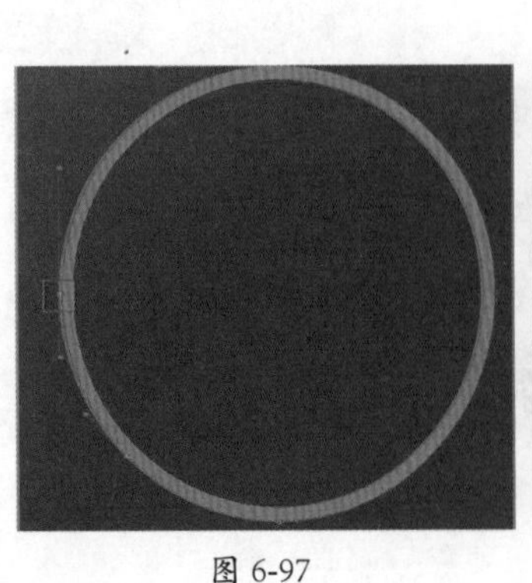

图 6-97

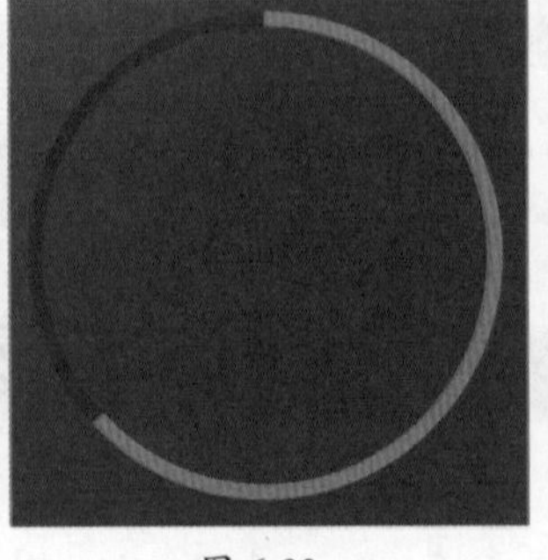

图 6-98

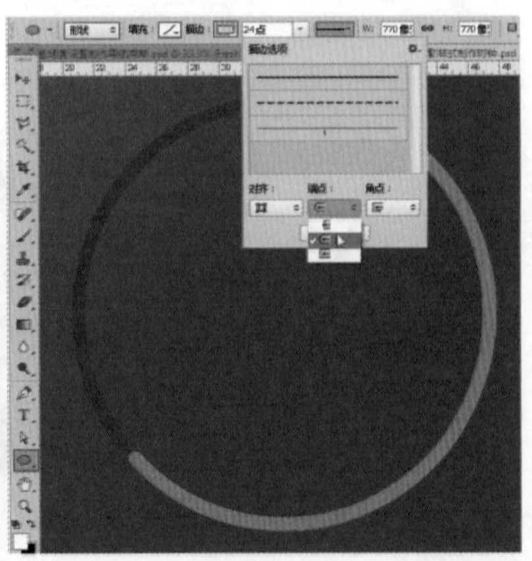

图 6-99

STEP 06 选中粉色半圆所在图层，执行“图层 > 图层样式 > 内阴影”菜单命令，设置“混合模式”为“正常”、“不透明度”为 53%、“发光颜色”为粉色、“方法”为“柔和”、“大小”为 24 像素、“范围”为 50%，单击“确定”按钮完成设置，如图 6-100 所示。效果如图 6-101 所示。

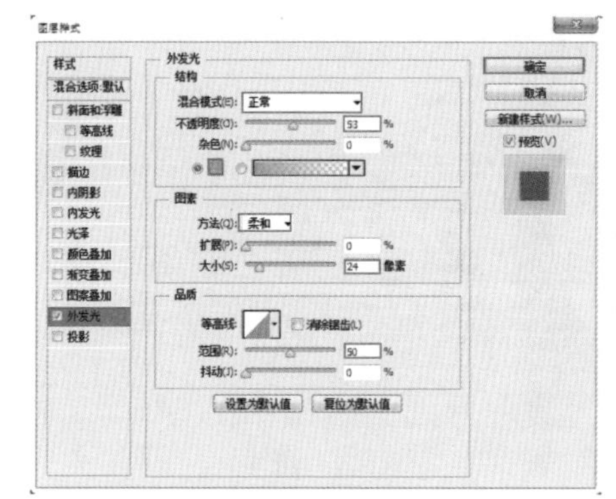

图 6-100

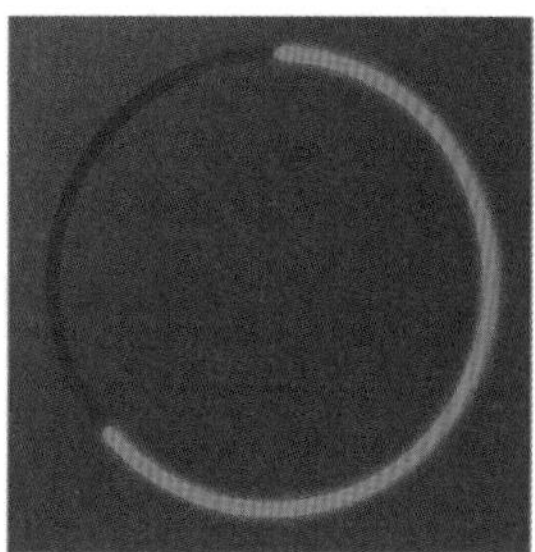

图 6-101

STEP 07 单击“横排文字工具”按钮，设置合适的“字体”“字号”，设置“填充颜色”为白色，在画面中单击输入文字，如图 6-102 所示。用同样的方法输入其他文字，如图 6-103 所示。

图 6-102

图 6-103

STEP 08 选中文字图层执行“图层 > 图层样式 > 投影”菜单命令，设置“混合模式”为“正片叠底”、“不透明度”为 60%、“角度”为 80 度、“距离”为 7 像素、“大小”为 5 像素，单击“确定”按钮完成设置，如图 6-104 所示。效果如图 6-105 所示。

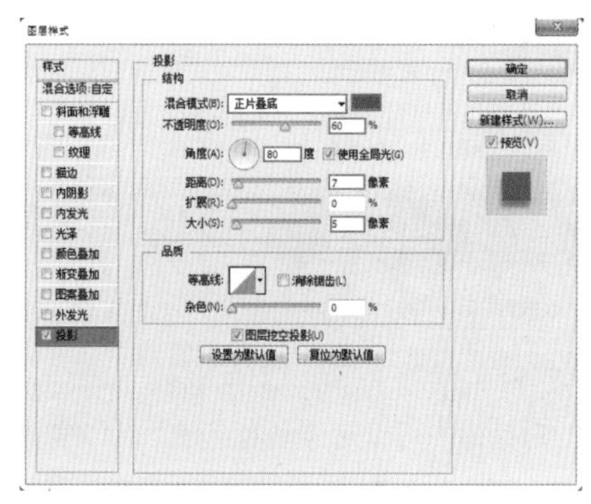

图 6-104

图 6-105

6.1.9 “光泽”样式

在 UI 设计中，经常需要利用图层样式模拟不同的质感效果。当制作金属、玻璃、塑料这些对象时，就可以用到“光泽”样式。选择图层，如图 6-106 所示。执行“图层 > 图层样式 > 光泽”菜单命令，在弹出的对话框中可以对“光泽”的颜色、混合模式、不透明度、角度、距离、大小等参数进行设置，设置完成后单击“确定”按钮完成样式的添加，如图 6-107 所示。“光泽”样式的效果如图 6-108 所示。

图 6-106

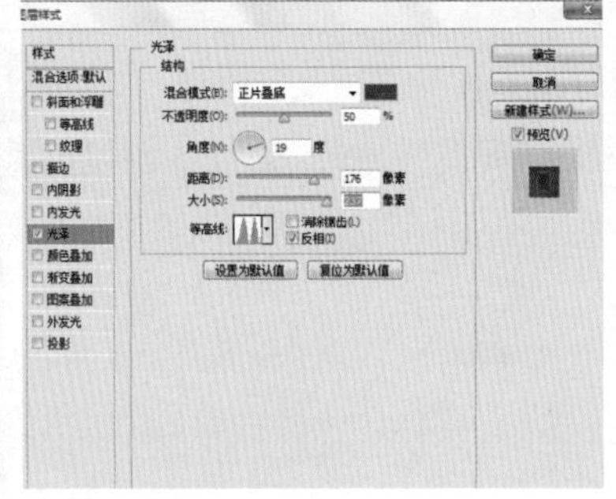

图 6-107

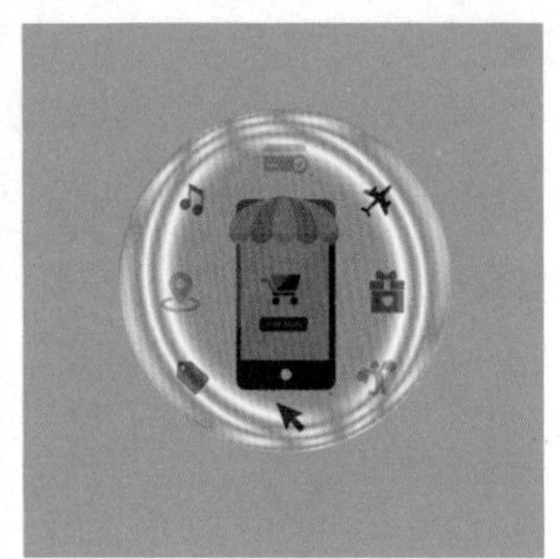

图 6-108

6.1.10 “颜色叠加”样式

“颜色叠加”样式可以为所选图层覆盖某种颜色，而且还能以不同的混合模式以及不透明度为图层着色。选择图层，如图 6-109 所示。执行“图层 > 图层样式 > 颜色叠加”菜单命令，在弹出的对话框中可以对“颜色叠加”的颜色、混合模式、不透明度进行设置，设置完成后单击“确定”按钮完成样式的添加，如图 6-110 所示。如图 6-111 所示为“颜色叠加”样式的效果。

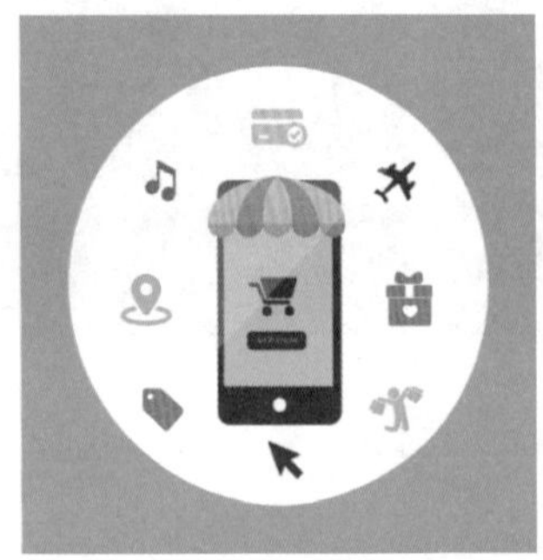

图 6-109

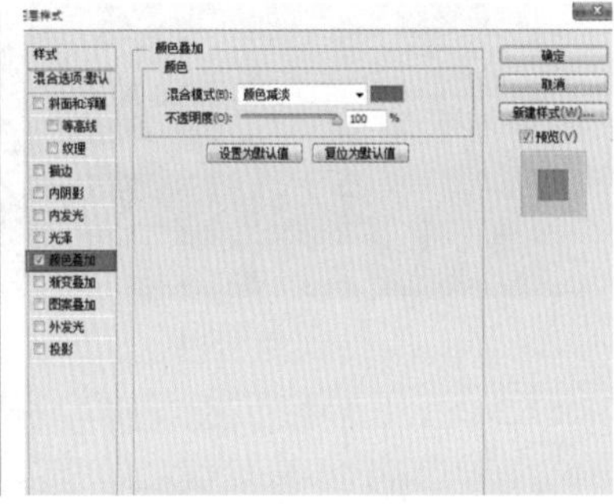

图 6-110

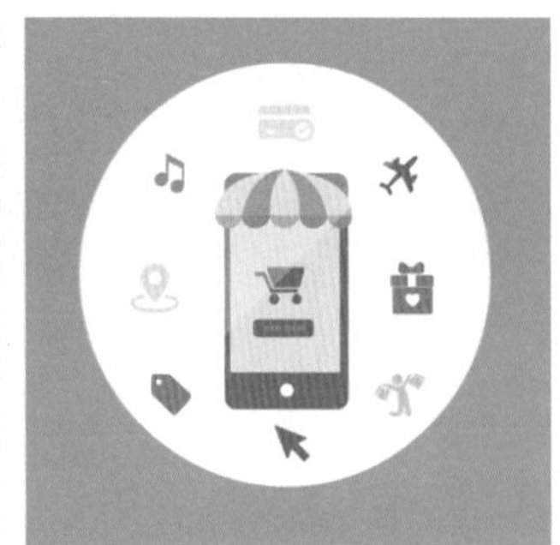

图 6-111

6.1.11 “渐变叠加”样式

“渐变叠加”样式和“颜色叠加”样式比较相似，“渐变叠加”样式能够以不同的混合模式以及不透明度使图层表面附着各种各样的渐变效果。选择图层，如图 6-112 所示。执行“图层 > 图层样式 > 渐变叠加”菜单命令，在弹出的对话框中可以对“渐变叠加”的渐变颜色、混合模式、不透明度进行设置，设置完成后单击“确定”按钮完成样式的添加，如图 6-113 所示，“渐变叠加”样式的效果如图 6-114 所示。

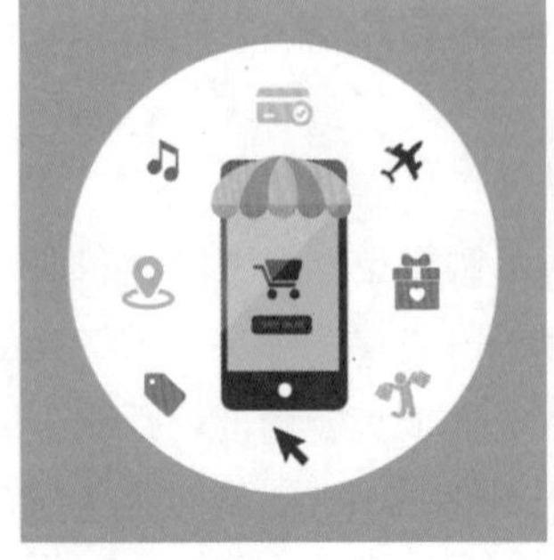

图 6-112

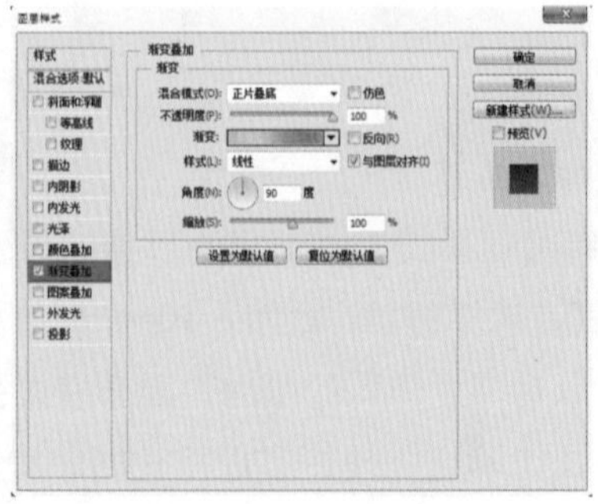

图 6-113

图 6-114

6.1.12 “图案叠加”样式

“图案叠加”样式可用于为图层覆盖某种图案，而且能够以不同的混合模式和不透明度进行图案的叠加。选择图层，如图 6-115 所示。执行“图层 > 图层样式 > 图案叠加”菜单命令，在弹出的对话框中可以对“图案叠加”的图案类型、混合模式、不透明度进行设置，设置完成后单击“确定”按钮完成样式的添加，如图 6-116 所示。“图案叠加”样式的效果如图 6-117 所示。

图 6-115

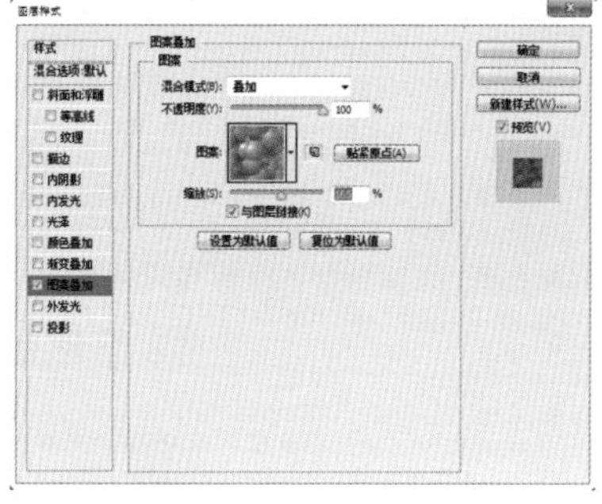

图 6-116

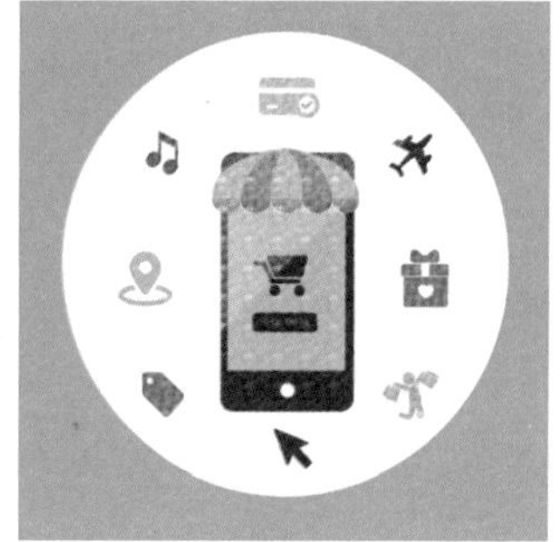

图 6-117

6.1.13 “外发光”样式

“外发光”样式与“内发光”样式比较相似，“外发光”样式可以为图像添加由边缘向外的发光效果。对于制作光效、发光效果非常好用，经常配合“填充”功能一起使用。

选择图层，如图 6-118 所示。执行“图层 > 图层样式 > 外发光”菜单命令，在弹出的对话框中可以对“外发光”的颜色、混合模式、不透明度以及大小进行设置，设置完成后单击“确定”按钮完成样式的添加，如图 6-119 所示。如图 6-120 所示为“外发光”样式的效果。

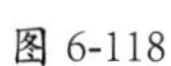

图 6-118

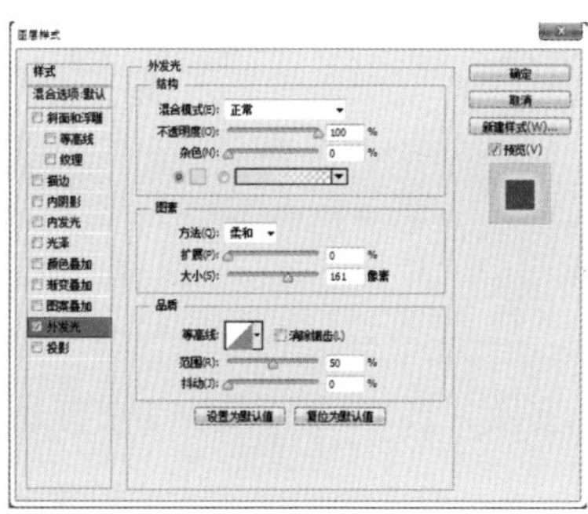

图 6-119

图 6-120

6.1.14 “投影”样式

“投影”样式用于模拟对象受光照之后在对象后方产生的阴影效果。投影能够让对象更加真实、立体，所以“投影”样式的使用频率也非常高。

选择图层，如图 6-121 所示。执行“图层 > 图层样式 > 投影”菜单命令，在弹出的对话框中可以对“投影”的结构以及品质进行设置，设置完成后单击“确定”按钮完成样式的添加，如图 6-122 所示。如图 6-123 所示为“投影”样式的效果。

图 6-121

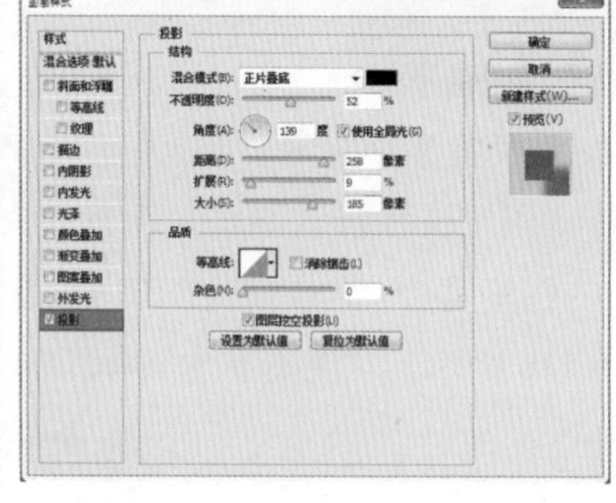

图 6-122

图 6-123

6.1.15 操作练习：使用“投影”样式制作 UI 展示效果

案例文件	使用“投影”样式制作 UI 展示效果.psd
视频教学	使用“投影”样式制作 UI 展示效果.flv
难易指数	
技术要点	图层样式

案例效果（如图 6-124 所示）

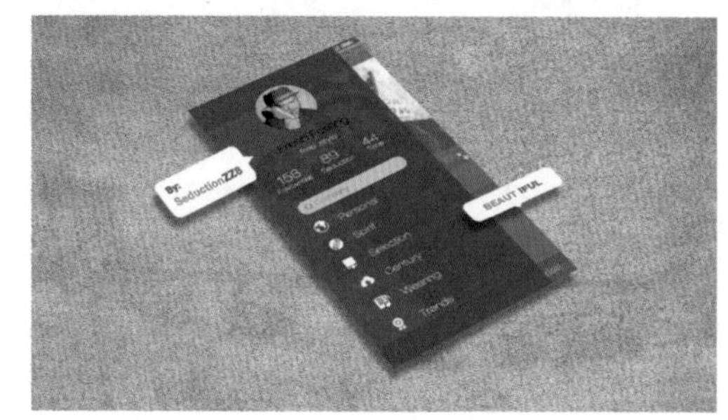

图 6-124

思路剖析（如图 6-125~ 图 6-128 所示）

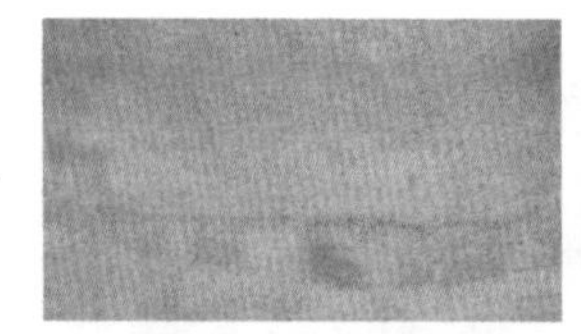

图 6-125

图 6-126

图 6-127

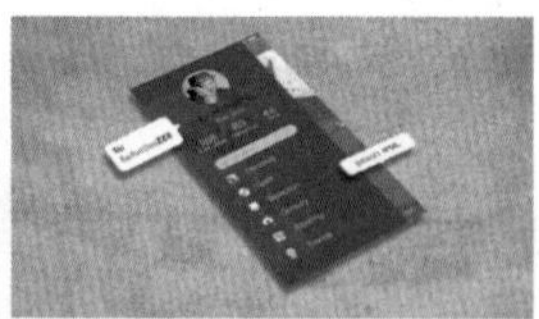

图 6-128

①打开背景素材。

②置入 UI 设计对其进行自由变换，将 UI 设计稿放置在背景素材上并制作“投影”样式，使 UI 融入背景。

③使用“钢笔工具”和“横排文字工具”制作对话框。

④为对话框添加图层样式。

应用拓展

UI 设计方案展示效果欣赏，如图 6-129~ 图 6-131 所示。

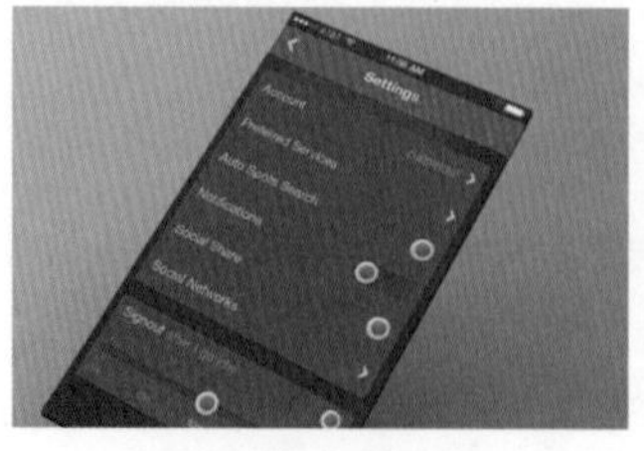

图 6-129

图 6-130

图 6-131

操作步骤

STEP 01 执行“文件 > 打开”菜单命令，在弹出的“打开”对话框中选择素材“1.jpg”，单击“打开”按钮，如图 6-132 所示。效果如图 6-133 所示。

图 6-132

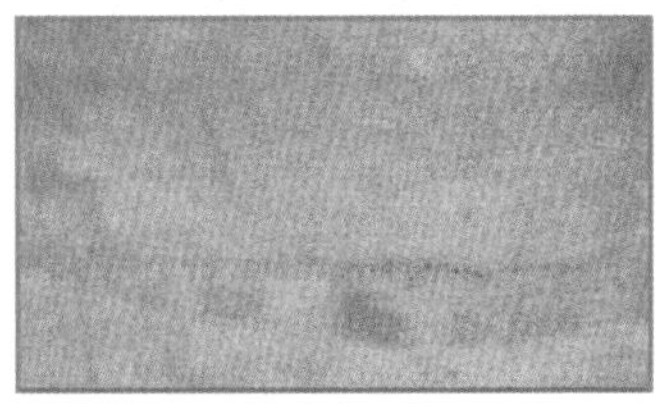

图 6-133

STEP 02 执行“文件 > 置入”菜单命令，在打开的“置入”对话框中单击选择素材“2.jpg”，单击“置入”按钮，如图 6-134 所示。画面效果如图 6-135 所示。按 Enter 键完成置入，执行“图层 > 栅格化 > 智能对象”菜单命令，将该图层栅格化为普通图层，如图 6-136 所示。

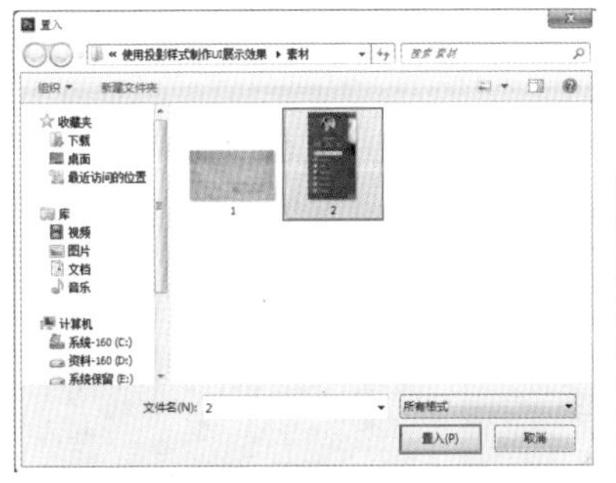

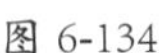

图 6-134

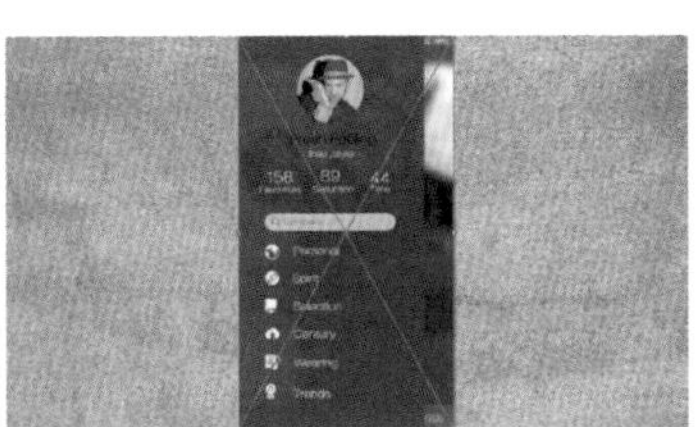

图 6-135

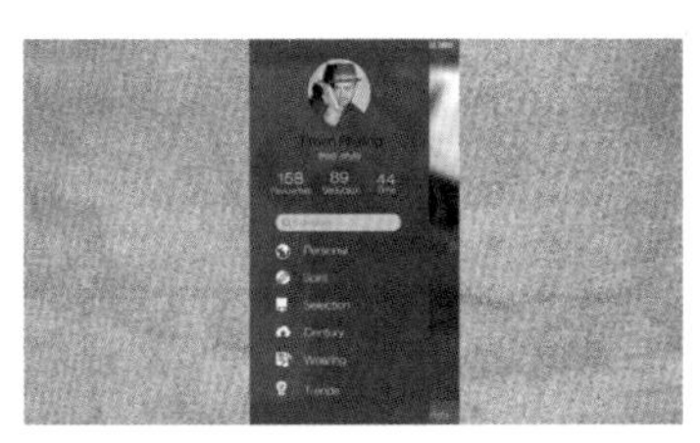

图 6-136

STEP 03 使用“自由变换”命令按 Ctrl+T 快捷键调出定界框，右击定界框，在下拉面板中选择扭曲，将鼠标指针定位到右上角的控制点，按住鼠标左键拖动到适当的位置，如图 6-137 所示。用同样的方法对其他 3 个控制点的位置进行拖动，如图 6-138 所示。按 Enter 键或单击选项栏中的“提交变换”按钮✓完成变换操作，如图 6-139 所示。

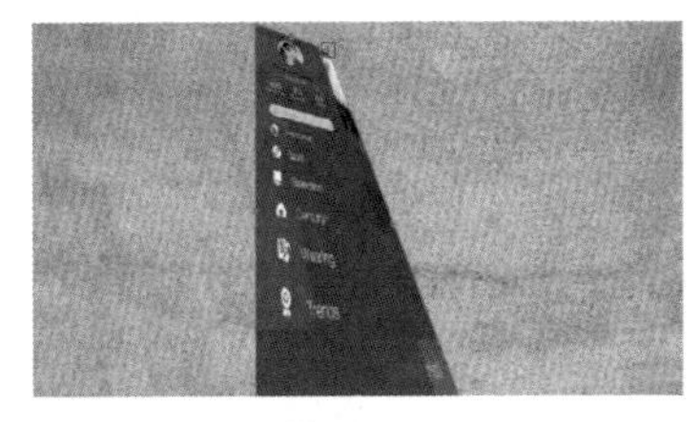

图 6-137

图 6-138

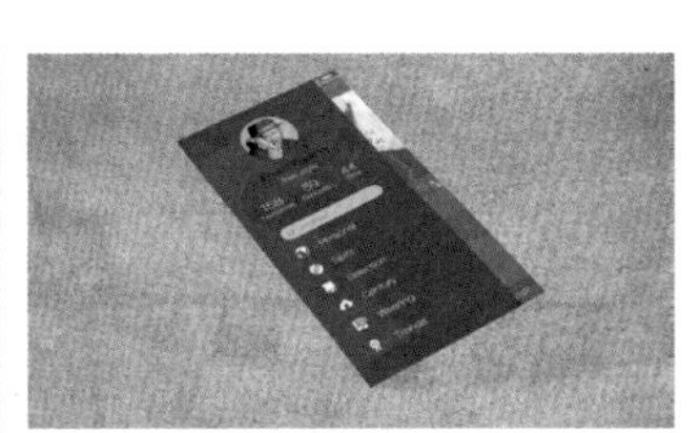

图 6-139

STEP 04 执行“图层 > 图层样式 > 投影”菜单命令，在打开的对话框中设置“混合模式”为“正片叠底”、“投影颜色”为黑色、“不透明度”为 50%、“角度”为 76 度、“距离”为 30 像素、“大小”为 15 像素，单击“确定”按钮完成设置，如图 6-140 所示。效果如图 6-141 所示。

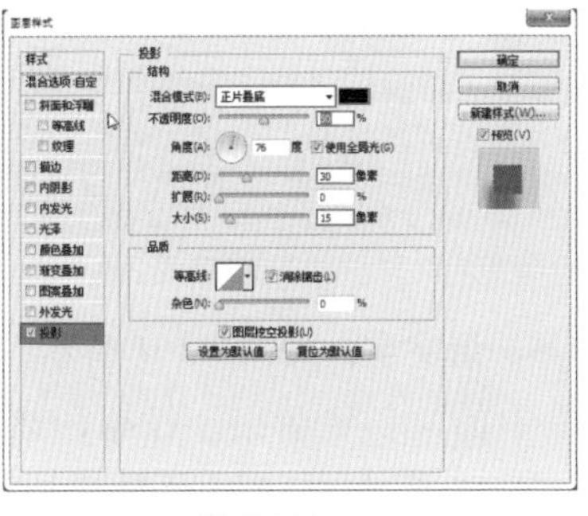

图 6-140

图 6-141

STEP 05 单击工具箱中的“圆角矩形工具”按钮，在选项栏中设置“绘制模式”为“形状”、“填充”为白色、“半径”为 20 像素，在画面中按住鼠标左键拖曳绘制“圆角矩形”，如图 6-142 所示。接着在工具箱中单击“添加锚点工具”按钮，在画面中单击“圆角矩形”的一边添加“锚点”，如图 6-143 所示。用同样的方法添加两个“锚点”，如图 6-144 所示。

图 6-142

图 6-143　图 6-144

STEP 06 继续在工具箱中单击“转换点工具”按钮，单击画面中添加的“锚点”中间的一个“锚点”，按键盘上的上、下、左、右键调整锚点位置，如图 6-145 所示。绘制完成后，使用“自由变换”Ctrl+T 快捷键调出定界框，进行适当的缩放，并拖动到合适位置，按 Enter 键完成变换，如图 6-146 所示。

STEP 07 用同样的方法制作另一个对话框，如图 6-147 所示。

图 6-145

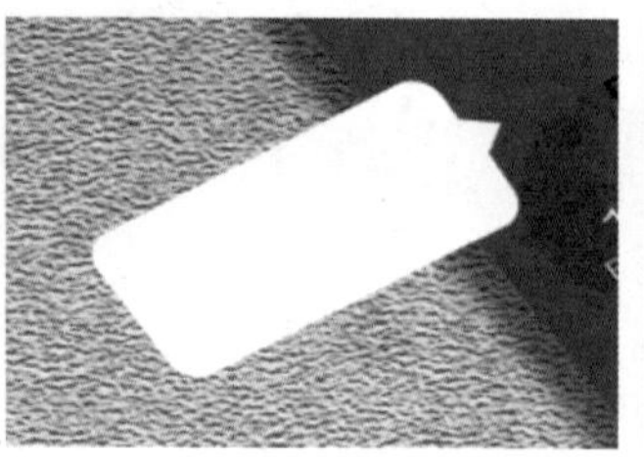

图 6-146

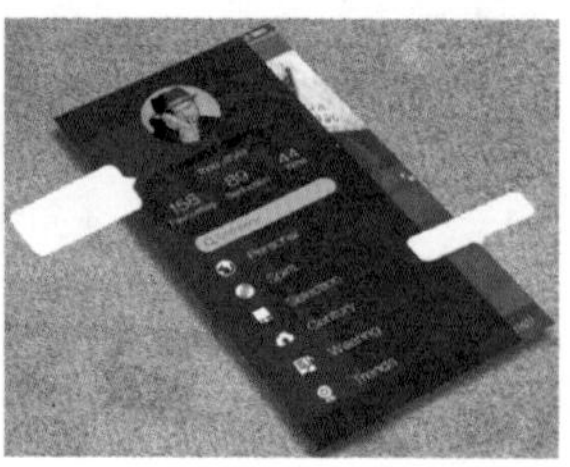

图 6-147

STEP 08 在工具箱中单击“横排文字工具”按钮，设置合适的“字体”“字号”，设置“填充”为白色，在画面中单击输入文字，如图 6-148 所示。用同样的方法输入其他文字，如图 6-149 所示。选中全部文字图层，使用“自由变换”Ctrl+T 快捷键调出定界框，进行适当的缩放，并拖动到合适位置，如图 6-150 所示。

图 6-148

图 6-149

图 6-150

STEP 09 用同样的方法制作另一组文字，如图 6-151 所示。

STEP 10 单击“图层”面板中的“创建新组”按钮，然后将两个对话框中的内容分别进行编组，如图 6-152 所示。最后，为两个对话框图形添加“投影”样式，完成效果如图 6-153 所示。

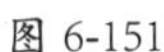

图 6-151

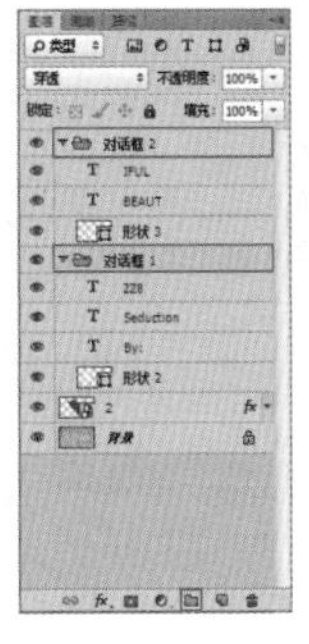

图 6-152

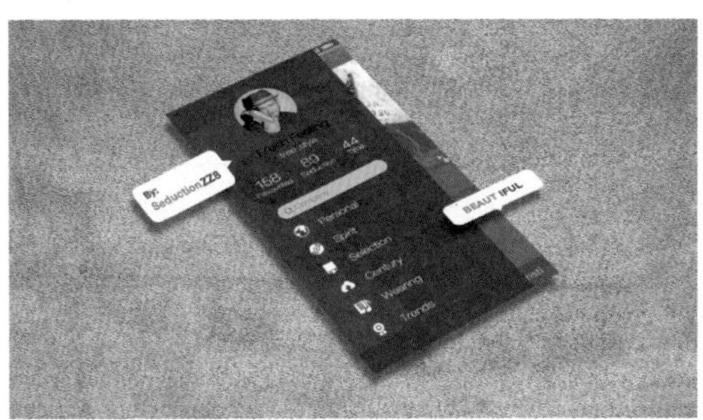

图 6-153

6.2 模拟特殊效果的“滤镜”

Photoshop 中的滤镜都在“滤镜”菜单下，单击菜单栏中的“滤镜”按钮，在下拉菜单中即可看到滤镜以及滤镜组的名称，如图 6-154 所示。“特殊滤镜组”都是独立的滤镜，单击某一项特殊滤镜，即可弹出具有独立的操作界面以及工具的滤镜窗口。“滤镜组”名称右侧都有▸图标，这表示其包含多个滤镜。在 Photoshop 中还可以安装第三方滤镜，这类滤镜称为“外挂滤镜组”。

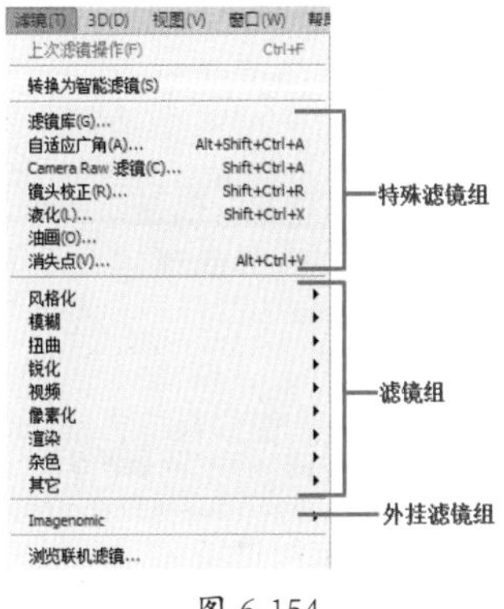

图 6-154

6.2.1 使用“滤镜库”

在 Photoshop 中有很多滤镜，部分滤镜被整合在一起，作为一个“滤镜库”。在“滤镜库”窗口中可以为图层添加一个滤镜效果，也可以添加多个滤镜效果。“滤镜库”的使用方法非常简单，操作方法如下：

STEP 01 选择一个图层，执行“滤镜 > 滤镜库”菜单命令，打开“滤镜库”窗口，在“滤镜库”中共包含 6 组滤镜效果，单击“滤镜组”前面的▸图标，可以展开该效果组。在展开的“滤镜组”中可以看到多种带有滤镜效果的缩览图，单击某个滤镜缩览图即可为当前画面应用滤镜效果。在右侧参数设置区可以适当调节参数，在左侧的浏览区可以看见当前设置的画面效果。调整完成后单击“确定”按钮结束操作，如图 6-155 所示。

图 6-155

STEP 02 在“滤镜库”中可以同时为一个图像添加多个滤镜，或者重复应用某一个滤镜效果。如果想要为图像添加多个滤镜效果，可以在“滤镜库”窗口的右下角单击“新建效果图层”按钮，新建一个效果图层。然后选择另一个滤镜，并调整参数，如图 6-156 所示。设置完成单击“确定”按钮，即可看到两种滤镜叠加的效果，如图 6-157 所示。

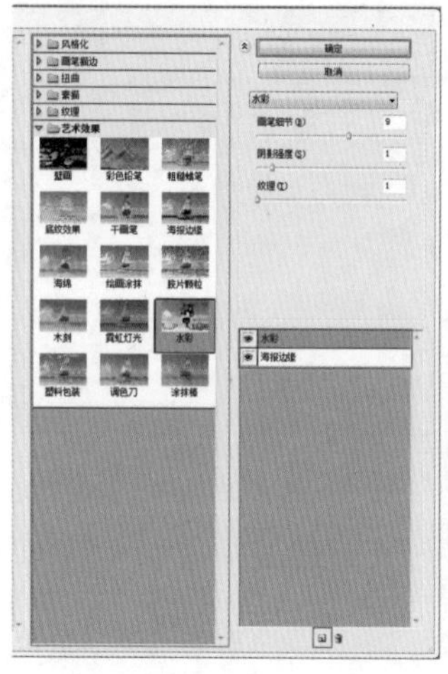
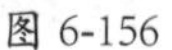
图 6-156

图 6-157

技巧提示 “滤镜库”中滤镜效果的删除、显示与隐藏

在“滤镜库”窗口中，选择添加的效果层，单击“删除效果图层”按钮可以将其删除。单击“指示效果显示与隐藏”图标可以显示与隐藏滤镜效果。

6.2.2 使用滤镜轻松制作“油画”效果

“油画”滤镜可以为图像模拟出“油画”效果，通过对画笔的样式、光线的亮度和方向的调整，可以使油画更真实。打开一张图片，如图 6-158 所示。执行“滤镜 > 油画”菜单命令，打开“油画”对话框，在该对话框中设置“画笔”和“光照”选项，设置完成后单击“确定”按钮，如图 6-159 所示。“油画”效果如图 6-160 所示。

图 6-158

图 6-159

图 6-160

★ 描边样式：通过调整参数来改变笔触样式。

★ 描边清洁度：通过调整参数设置纹理的柔化程度。

★ 缩放：设置纹理缩放程度。

★ 硬毛刷细节：设置画笔细节的程度，数值越大毛刷纹理越清晰。

★ 角方向：设置光线的照射方向。

6.2.3 使用滤镜组

滤镜菜单的下半部分为滤镜组，每一个滤镜组中都有若干个滤镜。各滤镜组中的滤镜的使用方法基本相同，执行相应命令，设置参数，单击“确定”按钮完成滤镜操作。也有一些滤镜无须参数设置，执行命令后直接可以为图像添加滤镜效果。

打开一张图片，如图 6-161 所示。单击菜单栏中的“滤镜”按钮，将鼠标指针移动到滤镜组的名称上方，会显示子菜单中的命令；然后将鼠标指针移动至滤镜名称上方单击，即可选中该滤镜。例如，执行“滤镜 > 风格化 > 拼贴”菜单命令，如图 6-162 所示，在弹出的对话框中进行参数设置，设置完成后单击“确定”按钮，如图 6-163 所示。滤镜被应用到图像上，效果如图 6-164 所示。

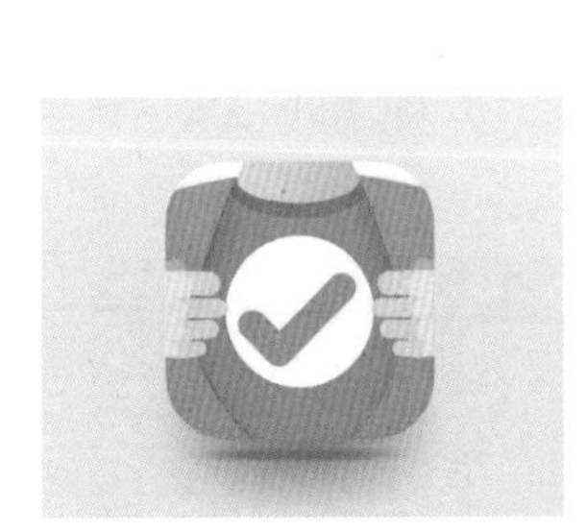

图 6-161

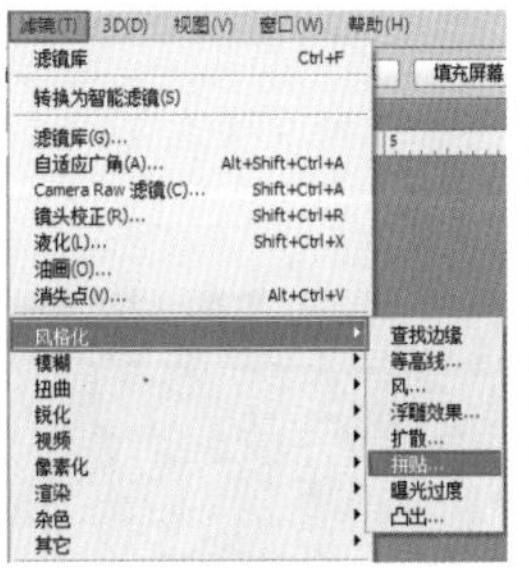

图 6-162

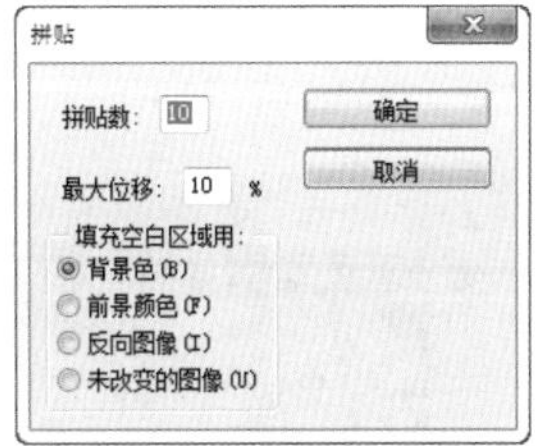

图 6-163

图 6-164

6.2.4 认识“风格化”滤镜组

“风格化”滤镜可以通过置换图像的像素和增加图像的对比度产生不同的风格效果。执行“滤镜 > 风格化”菜单命令，可以看到滤镜组中的滤镜，如图 6-165 所示。如图 6-166 所示为一张图片的原始效果。

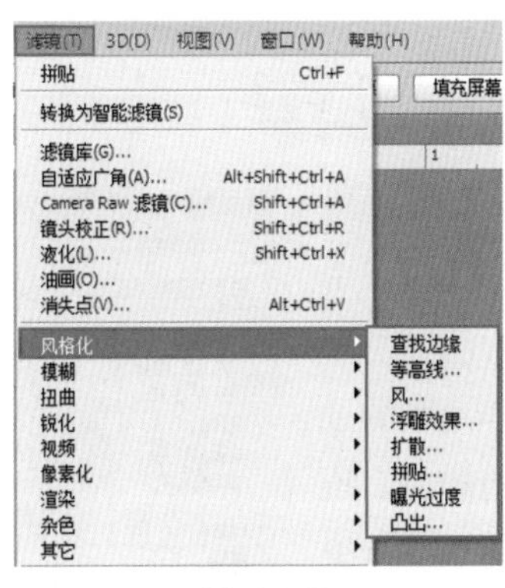

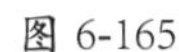

图 6-165

图 6-166

★ 查找边缘：该滤镜可以自动识别图像像素对比度变换强烈的边界，并在找到的图像边缘勾勒出轮廓线，同时硬边会变成线条，柔边会变粗，从而形成一个清晰的轮廓，如图 6-167 所示。

★ 等高线：该滤镜用于自动识别图像亮部区域和暗部区域的边界，并用颜色较浅较细的线条勾勒出来，使其产生线稿的效果，如图 6-168 所示。

★ 风：通过移动像素位置，产生一些细小的水平线条来模拟风吹效果，如图 6-169 所示。

★ 浮雕效果：该滤镜可以将图像的底色转换为灰色，使图像的边缘突出来生成在木板或石板上凹陷或凸起的浮雕效果，如图 6-170 所示。

图 6-167

图 6-168

图 6-169

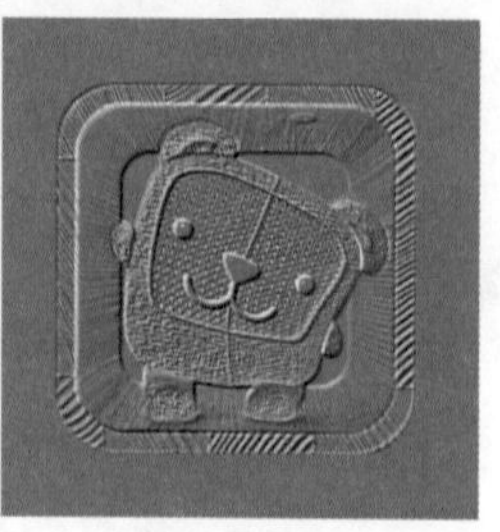

图 6-170

★ 扩散：该滤镜可以分散图像边缘的像素，让图像形成一种类似于透过磨砂玻璃观察物体的模糊效果，如图 6-171 所示。

★ 拼贴：该滤镜可以将图像分解为一系列块状，并使其偏离原来的位置，以产生不规则拼砖的图像效果，如图 6-172 所示。

★ 曝光过度：该滤镜可以混合负片图像和正片图像，类似于将摄影照片短暂曝光的效果，如图 6-173 所示。

★ 凸出：该滤镜可以使图像生成具有凸出感的块状或者锥状的立体效果。使用此滤镜，可以轻松地为图像构建 3D 效果，如图 6-174 所示。

图 6-171

图 6-172

图 6-173

图 6-174

6.2.5 认识“模糊”滤镜组

“模糊”滤镜组中的滤镜可以对图像边缘进行模糊柔化或晃动虚化的处理。该滤镜组中的部分滤镜没有设置窗口。“模糊”滤镜组中的滤镜使用频率非常高，例如，制作柔和的过渡边缘、制作景深效果时都需要进行模糊。执行“滤镜 > 模糊”菜单命令，可以看到滤镜组中的滤镜，如图 6-175 所示。如图 6-176 所示为一张图片的原始效果。

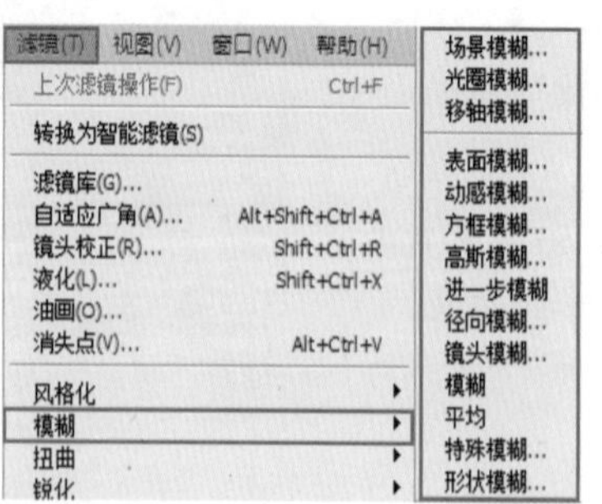

图 6-175

图 6-176

★ 场景模糊：使用“场景模糊”滤镜可以固定多个点，从这些点向外进行模糊。执行“滤镜 > 模糊 > 场景模糊”菜单命令，在画面中单击可以创建多个“图钉”，选中每个图钉并通过调整模糊数值即可使画面产生渐变的模糊效果，如图 6-177 所示。

★ 光圈模糊：可将一个或多个焦点添加到图像中。可以根据不同的要求对焦点的大小与形状、图像其余部分的模糊数量以及清晰区域与模糊区域之间的过渡效果进行相应的设置，如图 6-178 所示。

★ 移轴模糊：移轴效果是一种特殊的摄影效果，用大场景来表现类似微观的世界，让人感觉非常有趣，如图 6-179 所示。

★ 表面模糊：可以在不修改边缘的情况下模糊图像，经常用该滤镜消除画面中细微的杂点，如图 6-180 所示。

图 6-177　　图 6-178　　图 6-179　　图 6-180

★ 动感模糊：可以沿指定的方向，产生类似于运动的效果，该滤镜常用来制作带有动感的画面，如图 6-181 所示。

★ 方框模糊：可以基于相邻像素的平均颜色值来模糊图像，生成的模糊效果类似于方块模糊，如图 6-182 所示。

★ 高斯模糊：可以均匀、柔和地模糊画面，使画面看起来具有朦胧感，如图 6-183 所示。

★ 进一步模糊："进一步模糊"滤镜没有任何参数可以设置，使用该滤镜只会让画面产生轻微的、均匀的模糊效果，如图 6-184 所示。

图 6-181

图 6-182

图 6-183

图 6-184

★ 径向模糊：以画面中的某个点为中心创建或缩放的模糊效果，如图 6-185 所示。

★ 镜头模糊：通常用来制作景深效果。如果图像中存在 Alpha 通道或图层蒙版，则可以将其指定"源"，从而产生景深模糊效果，如图 6-186 所示。

图 6-185

图 6-186

★ 模糊：用于在图像中有显著颜色变化的地方消除杂色，它可以通过平衡已定义的线条和遮蔽区域的清晰边缘旁边的像素来使图像变得柔和（该滤镜没有参数设置窗口），如图 6-187 所示。

★ 平均：可以查找图像或选区的平均颜色，再用该颜色填充图像或选区，以创建平滑的外观效果，如图 6-188 所示。

★ 特殊模糊：可以使图像的细节颜色呈现更加平滑的模糊效果，如图 6-189 所示。

★ 形状模糊：可以用形状来创建特殊的模糊效果，如图 6-190 所示。

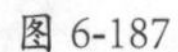
图 6-187

图 6-188

图 6-189

图 6-190

6.2.6 操作练习：利用“高斯模糊”滤镜制作虚化背景

案例文件	利用“高斯模糊”滤镜制作虚化背景.psd
视频教学	利用“高斯模糊”滤镜制作虚化背景.flv

难易指数	★★★★★
技术要点	高斯模糊

案例效果（如图 6-191 所示）

思路剖析（如图 6-192~图 6-194 所示）

图 6-191

图 6-192

图 6-193

图 6-194

①置入素材，使用“高斯模糊”滤镜制作模糊效果。

②使用“形状工具”添加画面中的按钮。

③添加适当的文字和素材。

应用拓展

带有虚化背景的界面设计作品欣赏，如图 6-195~图 6-197 所示。

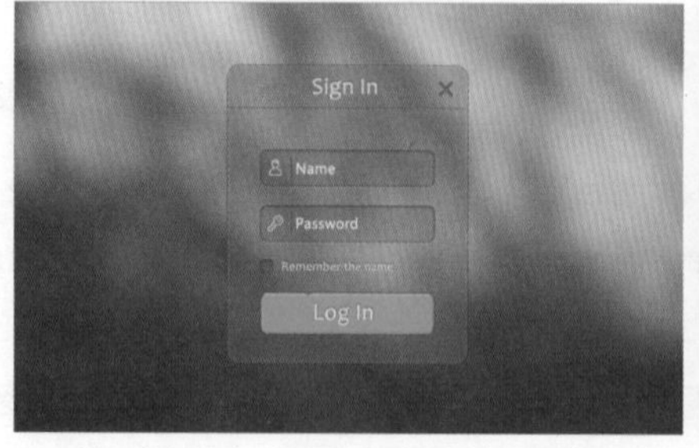

图 6-195

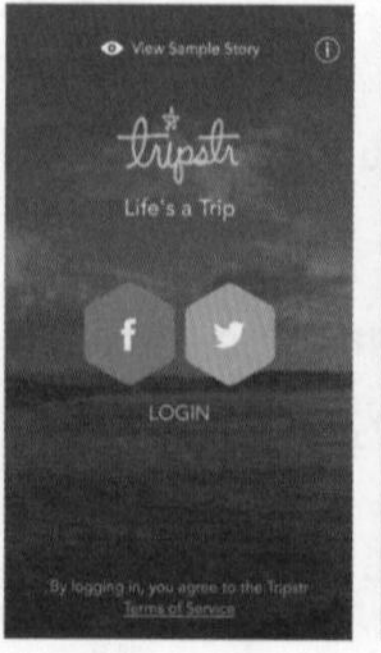

图 6-196

图 6-197

操作步骤

STEP 01 执行“文件 > 新建”菜单命令，在“新建”对话框中，设置文件“宽度”为 1242 像素、“高度”为 2208 像素、“分辨率”为 72 像素 / 英寸、“颜色模式”为“RGB 颜色”、“背景内容”为“白色”，如图 6-198 所示。

STEP 02 执行“文件 > 置入”菜单命令，在打开的“置入”对话框中单击选择素材，单击“置入”按钮，如图 6-199 所示。将素材放置在适当的位置，按 Enter 键完成置入，如图 6-200 所示。

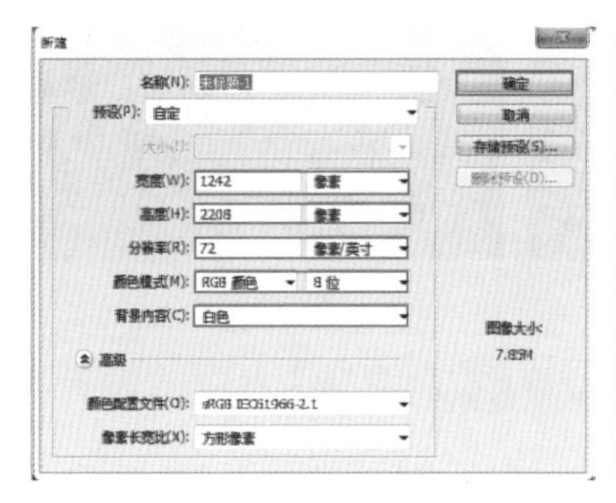

图 6-198

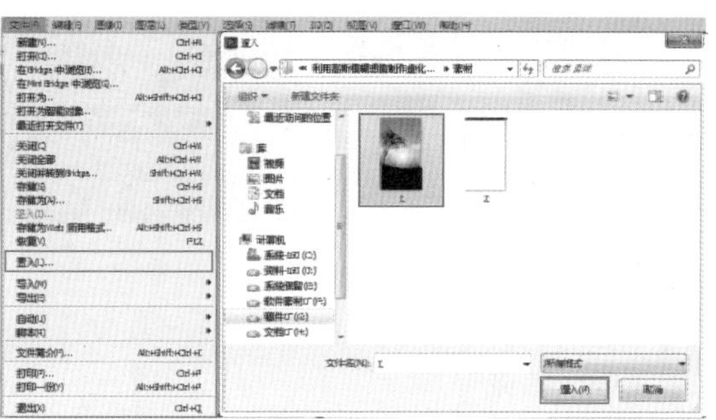

图 6-199

图 6-200

STEP 03 执行“滤镜 > 模糊 > 高斯模糊”菜单命令，在“高斯模糊”对话框中设置“半径”为 10 像素，单击“确定”按钮，如图 6-201 所示。效果如图 6-202 所示。

STEP 04 单击工具箱中的“圆角矩形工具”按钮，在选项栏中设置“绘制模式”为“形状”、“填充”为无颜色、“描边”为白色、“描边宽度”为 4 点、“半径”为 40 像素，按住鼠标左键拖曳在画面的下方绘制一个圆角矩形，如图 6-203 所示。

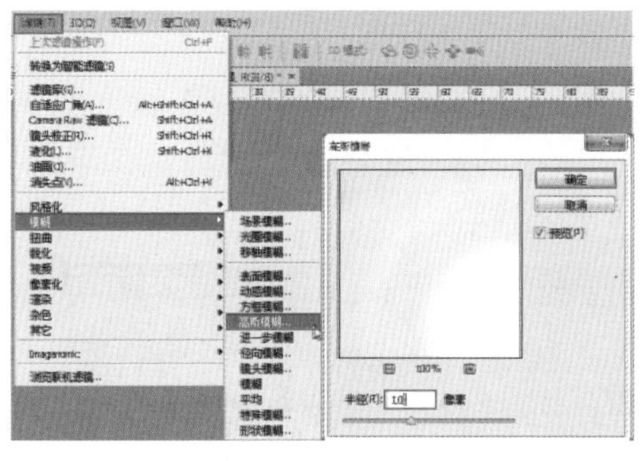

图 6-201

图 6-202

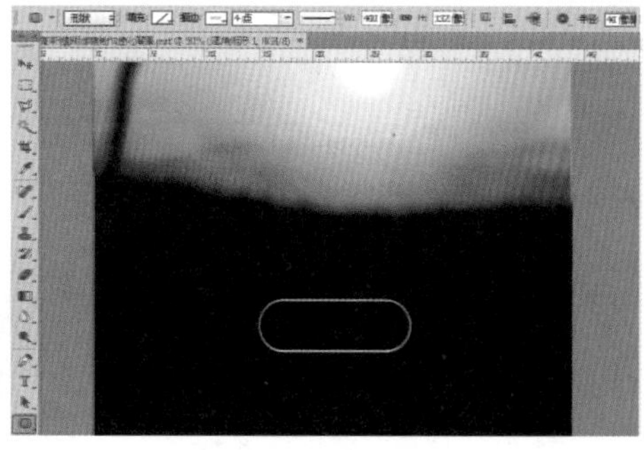

图 6-203

STEP 05 单击工具箱中的“椭圆工具”按钮，在选项栏中设置“绘制模式”为“形状”、“填充”为无颜色、“描边”为灰色、“描边宽度”为 4 点，按住 Shift 键拖曳鼠标在画面的下方绘制一个正圆，如图 6-204 所示。

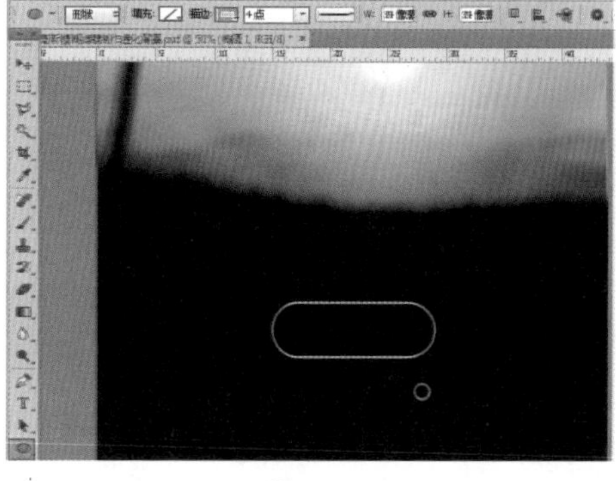

图 6-204

STEP 06 在“图层”面板中选中椭圆图层，将其拖曳到“创建新图层”按钮上进行复制，然后拖动到适当位置，如图 6-205 所示。用同样的方法依次制作其他正圆，如图 6-206 所示。

STEP 07 在“图层”面板中选中一个椭圆拷贝图层，在选项栏中设置“绘制模式”为“形状”，更改“填充”为白色、“描边”为无颜色，如图 6-207 所示。

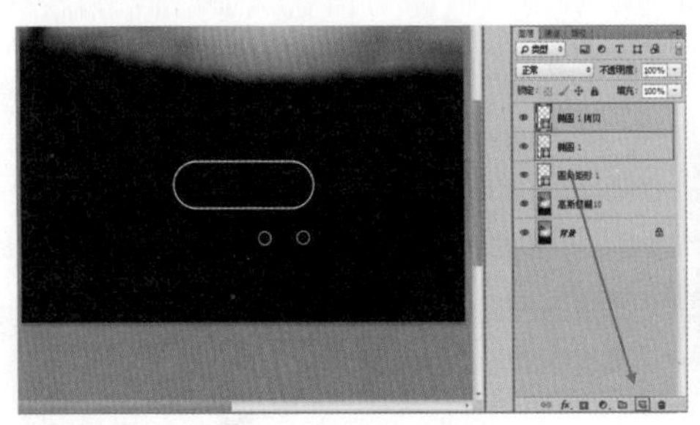

图 6-205

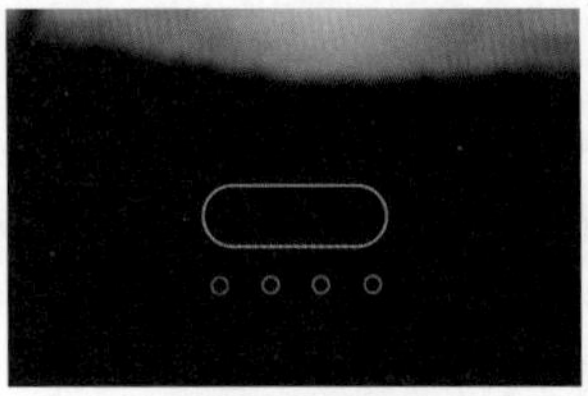

图 6-206

图 6-207

STEP 08 单击工具箱中的“矩形工具”按钮，在选项栏中设置“绘制模式”为“形状”、“填充”为灰色，在相应位置按住鼠标左键拖曳绘制矩形，如图 6-208 所示。

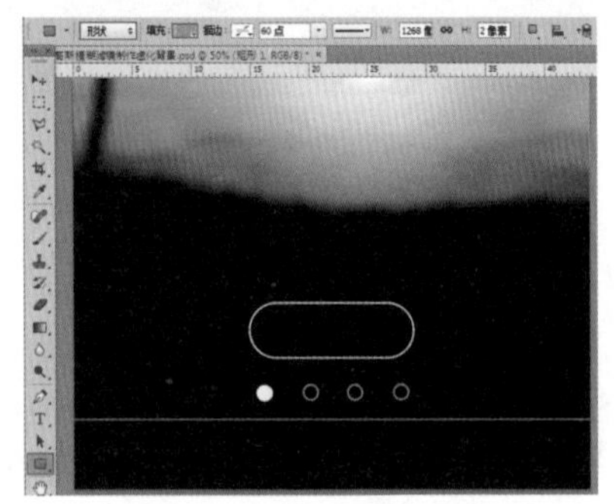

图 6-208

STEP 09 单击“横排文字工具”按钮，设置合适的“字体”“字号”“填充”，在画面中输入文字，效果如图 6-209 所示。

STEP 10 执行“文件 > 置入”菜单命令，在打开的“置入”对话框中单击选择素材“2.png”，单击“置入”按钮，如图 6-210 所示。将素材放置在适当的位置，按 Enter 键完成置入，如图 6-211 所示。

图 6-209

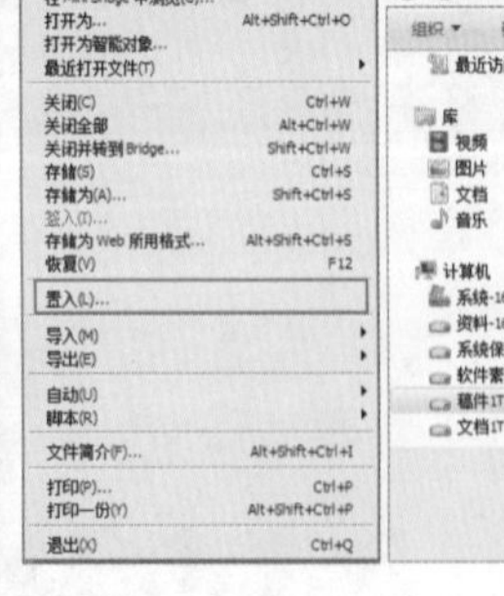

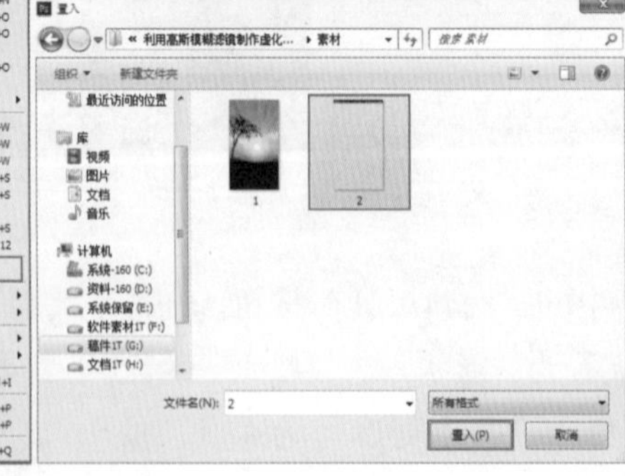

图 6-210

图 6-211

6.2.7 认识“扭曲”滤镜组

“扭曲”滤镜组中的滤镜可以通过更改图像纹理和质感的方式扭曲图像效果。例如，“波纹”滤镜可以模拟水波的效果，“水波”滤镜可以制作同心圆的涟漪效果。执行“滤镜 > 扭曲”菜单命令即可看到相应的滤镜，如图 6-212 所示。如图 6-213 所示为一张图片的原始效果。

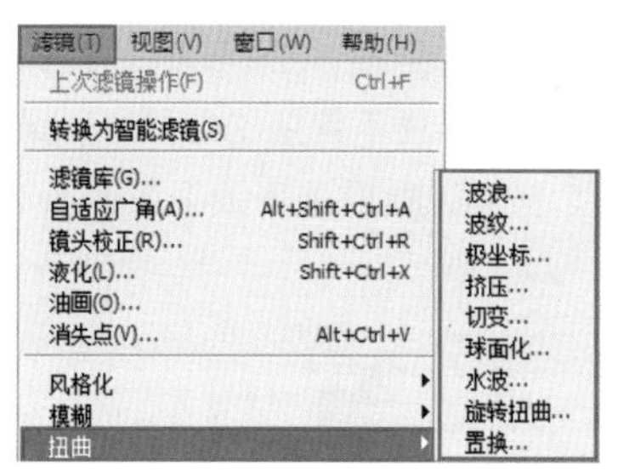

图 6-212

图 6-213

★ 波浪：该滤镜是一种通过移动像素位置来生成图像扭曲效果的滤镜，可以在图像上创建类似于波浪起伏的效果，如图 6-214 所示。

★ 波纹：该滤镜可以生成水波的涟漪效果，常用于制作水面的倒影，如图 6-215 所示。

★ 极坐标：该滤镜可以说是一种“极度变形”的滤镜，它可以将图像从拉直到弯曲，从弯曲到拉直，如图 6-216 所示。

★ 挤压：该滤镜可以将图像进行挤压变形。对话框中的“数量”参数用于调整图像扭曲变形的程度和形式，如图 6-217 所示。

图 6-214

图 6-215

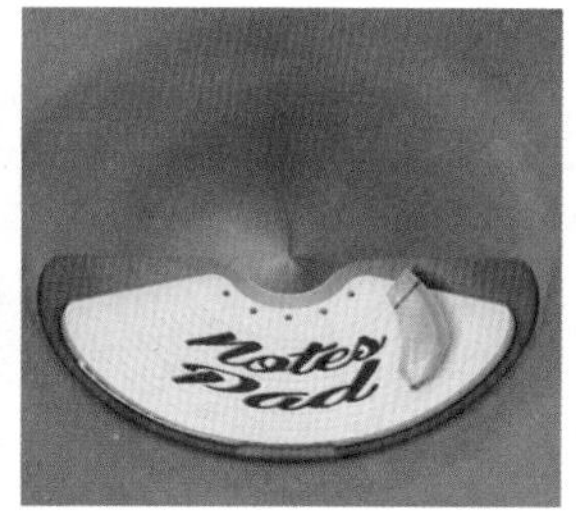

图 6-216

图 6-217

★ 切变：该滤镜是将图像沿一条曲线进行扭曲，通过拖曳调整框中的曲线可以应用相应的扭曲效果，如图 6-218 所示。

★ 球面化：该滤镜可以使图像产生映射在球面上的突起或凹陷的效果，如图 6-219 所示。

★ 水波：该滤镜可以使图像按各种设定产生抖动的扭曲，并按同心环状由中心向外排布，产生的效果就像荡起阵阵涟漪的湖面一样。为原图创建一个选区，如图 6-220 所示。

★ 旋转扭曲：该滤镜是以画面中心为圆点，按照顺时针或逆时针的方向旋转图像，产生类似旋涡的旋转效果，如图 6-221 所示。

图 6-218

图 6-219

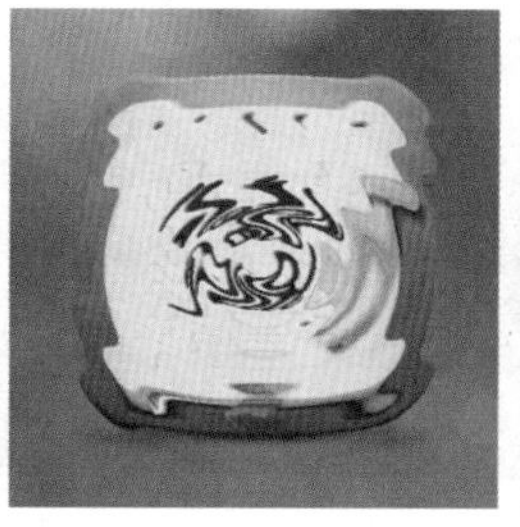

图 6-220

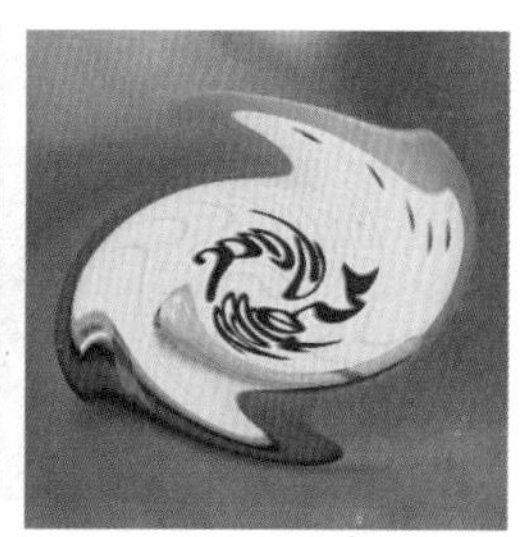

图 6-221

★ 置换：该滤镜需要两个图像文件才能完成，一个是进行置换变形的图像文件；另一个则是决定如何进行置换变形的图像文件。执行此滤镜时，它会按照“置换图”的像素颜色值，对原图像文件进行变形。选择需要执行滤镜操作的图层，执行“滤镜 > 扭曲 > 置换”菜单命令，在“置换”

对话框中设置合适的参数，然后单击“确定”按钮，如图 6-222 所示。在弹出的“选取一个置换图”对话框中选择 .psd 格式的文件（用于置换的文件必须是 .psd 格式的文件），如图 6-223 和图 6-224 所示。最后单击“确定”按钮，此时画面效果如图 6-225 所示。

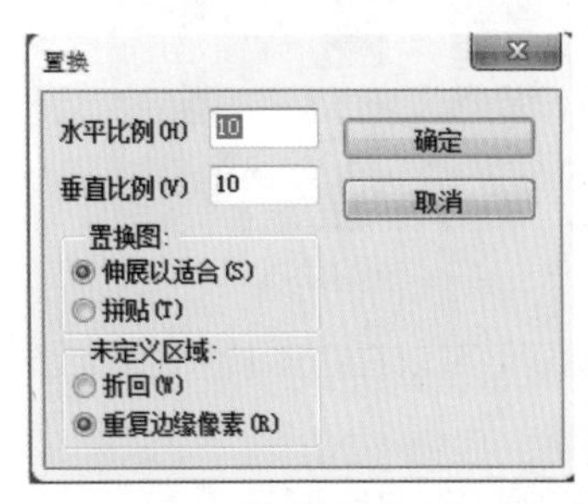

图 6-222

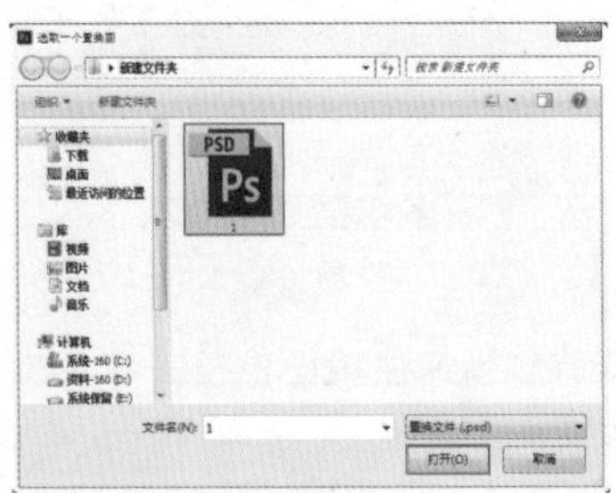

图 6-223

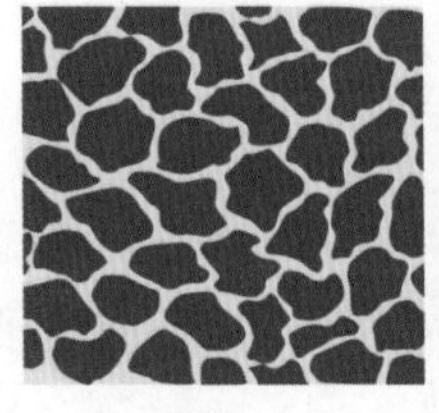

图 6-224

图 6-225

6.2.8 认识“锐化”滤镜组

对于一张模糊的图片，进行“锐化”可以增加像素和像素间的对比度，从而使图片看起来更加清晰、锐利。在 Photoshop 中，锐化有多种方式，执行“滤镜 > 锐化”菜单命令，可以看到“USM 锐化”“防抖”“进一步锐化”“锐化”“锐化边缘”“智能锐化”滤镜，如图 6-226 所示。如图 6-227 所示为一张图片的原始效果。

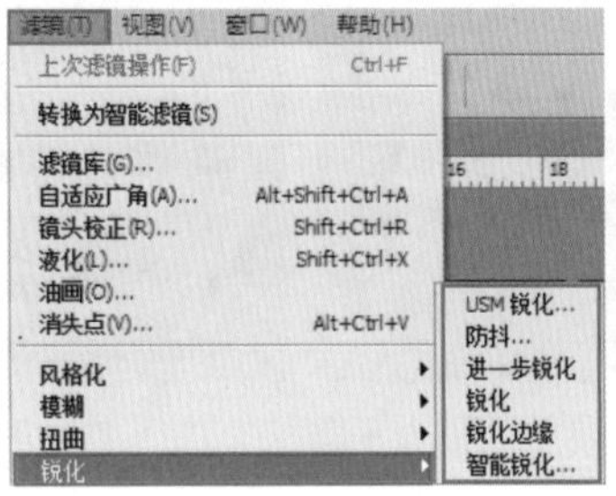

图 6-226

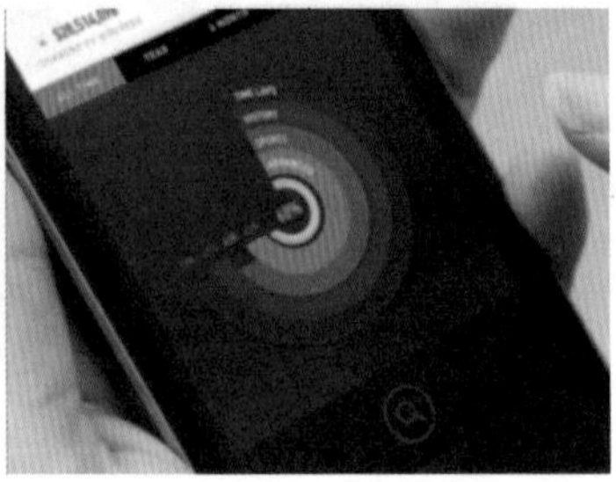

图 6-227

★ USM 锐化：“USM 锐化”滤镜可以自动识别画面中色彩对比明显的区域，并对其进行锐化，如图 6-228 所示。

★ 防抖：“防抖”滤镜可以弥补由于使用相机拍摄时抖动而产生的图像抖动虚化问题，如图 6-229 所示。

★ 进一步锐化：“进一步锐化”滤镜可以通过增加像素之间的对比度使图像变得清晰，但锐化效果不是很明显（与“模糊”滤镜组中的“进一步模糊”类似），如图 6-230 所示。

图 6-228

图 6-229

图 6-230

★ 锐化：“锐化”滤镜没有参数设置窗口，并且其锐化程度一般都比较小，如图 6-231 所示。

★ 锐化边缘：“锐化边缘”滤镜同样没有参数设置窗口，该滤镜会锐化图像的边缘，如图 6-232 所示。

★ 智能锐化：“智能锐化”滤镜的参数比较多，也是实际工作中使用频率最高的一种锐化滤镜，如图 6-233 所示。

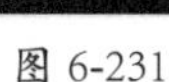
图 6-231

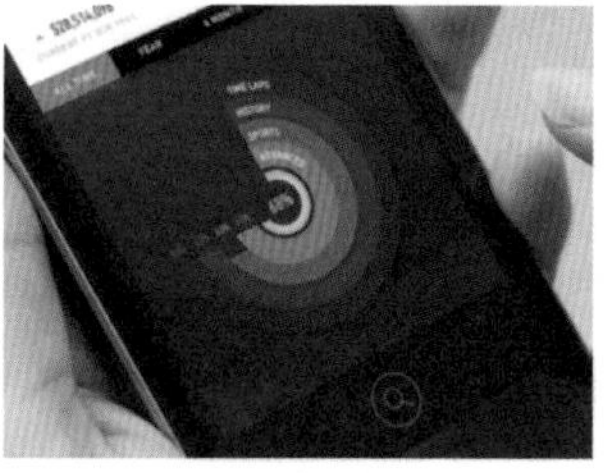
图 6-232

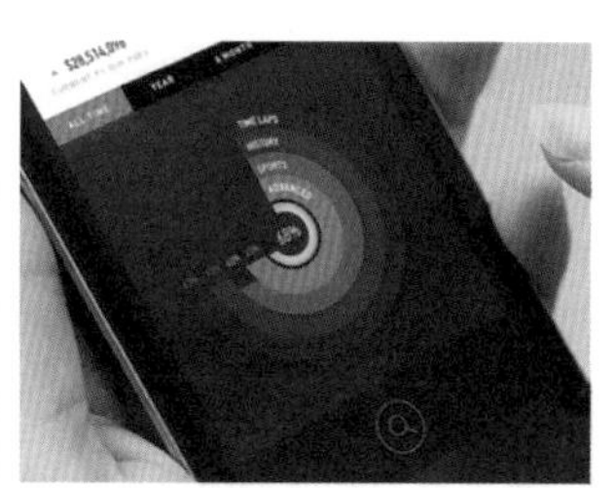
图 6-233

6.2.9 认识“像素化”滤镜组

“像素化”滤镜组中的滤镜通过将图像分成一定的区域，将这些区域转变为相应的色块，再由色块构成图像，从而创造出独特的艺术效果。执行“滤镜 > 像素化”菜单命令，在子菜单中包括“彩块化”“彩色半调”“点状化”“晶格化”“马赛克”“碎片”“铜版雕刻”等滤镜，如图 6-234 所示。在制作一些抽象的艺术效果时，可以考虑使用该滤镜组中的滤镜。如图6-235所示为一张图片的原始效果。

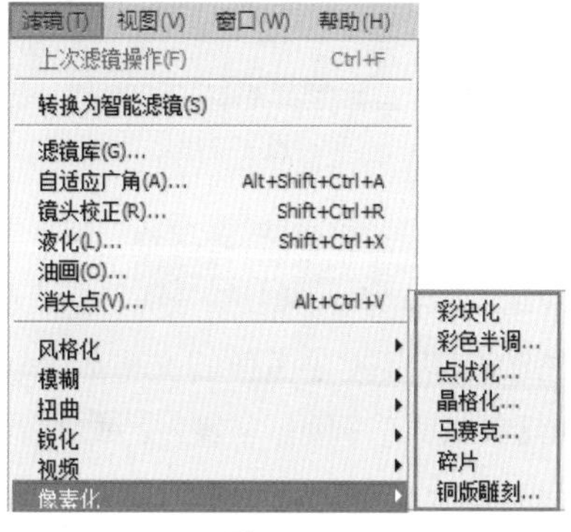

图 6-234

图 6-235

★ 彩块化：该滤镜可以将纯色或相近色的像素结成相近颜色的像素块，使图像产生手绘的效果。由于“彩块化”滤镜在图像上产生的效果不明显，因此在使用该滤镜时，可以通过重复按 Ctrl+F 键多次使用该滤镜加强画面效果。“彩块化”滤镜常用来制作手绘图像、抽象派绘画等艺术效果，如图 6-236 所示。

★ 彩色半调：可以在图像中添加网版化的效果，模拟在图像的每个通道上使用放大的半调网屏的效果。应用“彩色半调”滤镜后，图像的每个颜色通道都将转化为网点，网点的大小受图像亮度的影响，如图 6-237 所示。

★ 点状化：“点状化”滤镜可模拟制作对象的点状色彩效果。可以将图像中颜色相近的像素结合在一起，变成一个个的颜色点，并使用背景色作为颜色点之间的画布区域，如图 6-238 所示。

★ 晶格化：可以使图像中颜色相近的像素结块形成多边形纯色晶格化效果，如图 6-239 所示。

图 6-236

图 6-237

图 6-238

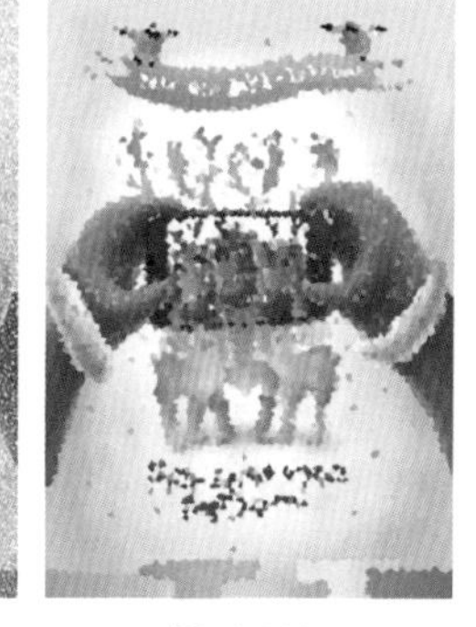
图 6-239

★ 马赛克：该滤镜比较常用，使用该滤镜可以将原图像处理为以单元格为单位，而且每一个单元格中的所有像素颜色统一，从而使图像丧失原貌，只保留图像的轮廓，创建出类似于马赛克瓷砖的效果，如图 6-240 所示。

★ 碎片：该滤镜可以将图像中的像素复制 4 次，然后将复制的像素平均分布，并使其相互偏移，产生一种类似于重影的效果，如图 6-241 所示。

★ 铜版雕刻：可以随机生成各种不规则点、线或色块，使图像产生年代久远的金属板效果，如图 6-242 所示。

图 6-240

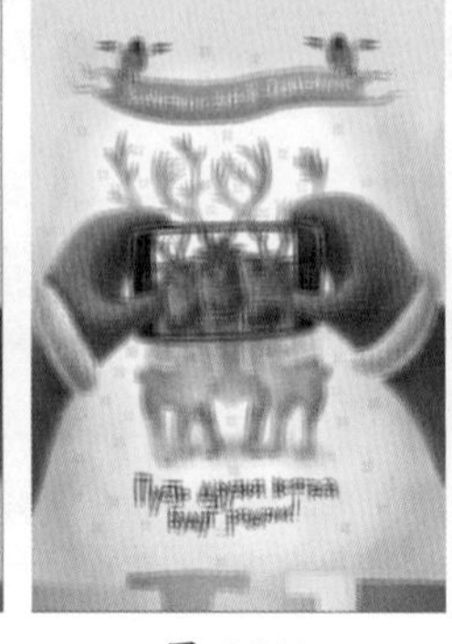
图 6-241

图 6-242

6.2.10 认识“渲染”滤镜组

“渲染”滤镜组中的滤镜可以改变图像的光感效果，主要用来在图像中创建 3D 形状、云彩照片、折射照片和模拟光反射效果。例如，“镜头光晕”滤镜可以为画面添加类似于阳光光晕的效果，“云彩”滤镜可以制作出云雾、云朵的效果。执行“滤镜 > 渲染”菜单命令，在子菜单中可以看到“分层云彩”“光照效果”“镜头光晕”“纤维”“云彩”等滤镜，如图 6-243 所示。如图 6-244 所示为一张图片的原始效果。

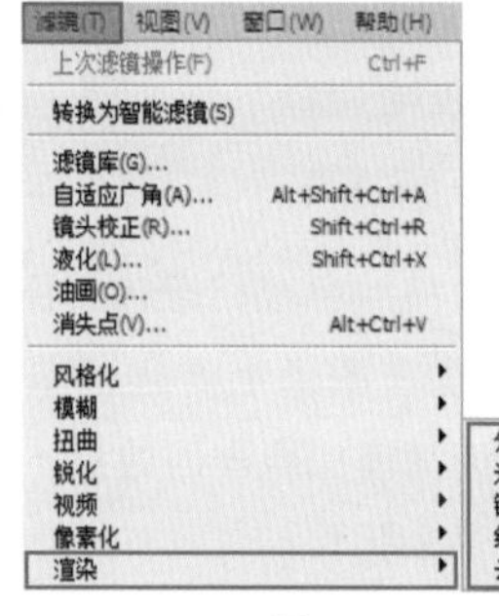

图 6-243

图 6-244

★ 分层云彩：该滤镜效果的颜色受前景色与背景色影响，将云彩数据和原有的图像像素混合，生成云彩照片。多次应用该滤镜可创建出与大理石纹理相似的照片，如图 6-245 所示。

★ 光照效果：该滤镜通过改变图像的光源方向、光照强度等使图像产生更加丰富的光效。“光照效果”滤镜不仅可以在 RGB 图像上产生多种光照效果，也可以使用灰度文件的凹凸纹理图产生类似 3D 的效果，并存储为自定样式以在其他图像中使用，如图 6-246 所示。

★ 镜头光晕：该滤镜可以模拟亮光照射到相机镜头所产生的折射效果，使图像产生炫光的效果。常用于创建星光、强烈的日光以及其他光芒效果，如图 6-247 所示。

图 6-245

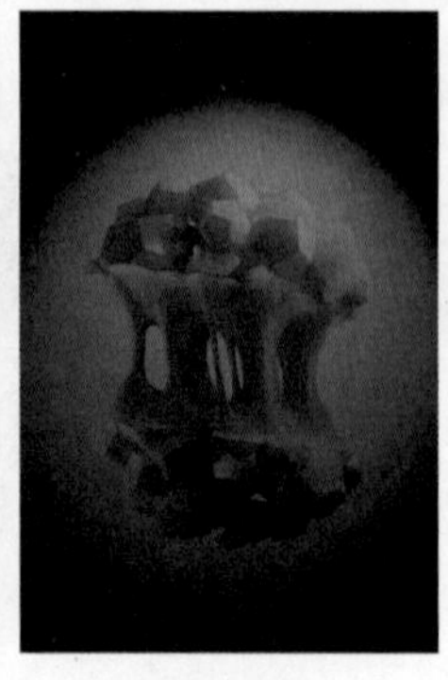
图 6-246

图 6-247

★ 纤维：该滤镜可以根据前景色和背景色来创建类似编织的纤维效果，原图像会被纤维效果代替，如图 6-248 所示。

★ 云彩：该滤镜可以根据前景色和背景色随机生成云彩图案，如图 6-249 所示。

图 6-248

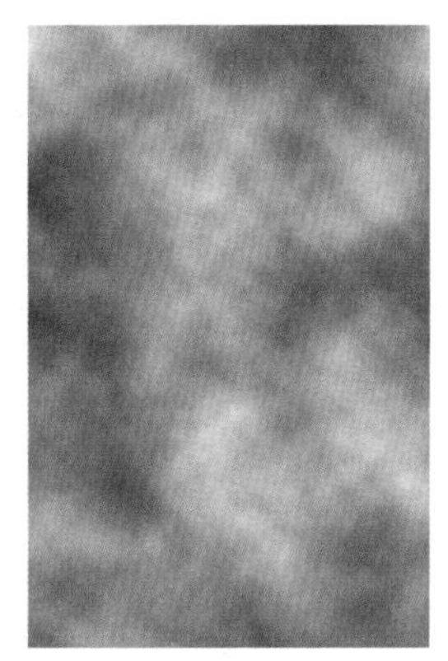

图 6-249

6.2.11　认识“杂色”滤镜组

“杂色”滤镜组中的滤镜可以为图像添加或去掉杂点。例如，当图像中有噪点时，就可以使用“减少杂色”滤镜；需要制作画面颗粒质感时，可以使用“添加杂色”滤镜。执行“滤镜 > 杂色”菜单命令，在子菜单中可以看到“减少杂色”“蒙尘与划痕”“去斑”“添加杂色”“中间值”等滤镜，如图 6-250 所示。如图 6-251 所示为一张图片的原始效果。

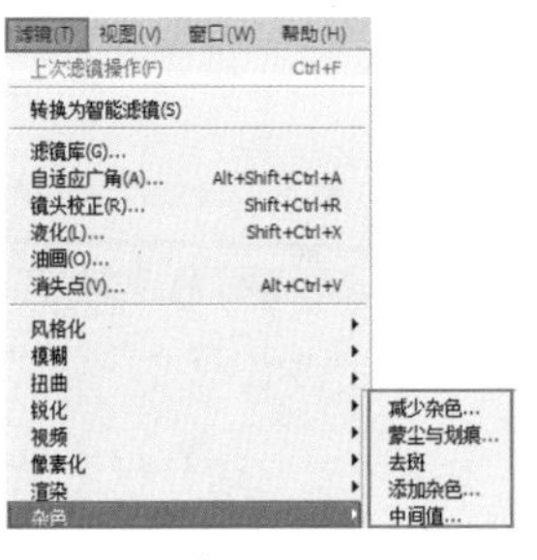

图 6-250

图 6-251

★ 减少杂色：该滤镜通过融合颜色相似的像素实现杂色的减少，而且该滤镜还可以针对单个通道的杂色减少进行参数设置，如图 6-252 所示。

★ 蒙尘与划痕：该滤镜可以根据亮度的过渡差值，找出与图像反差较大的区域，并用周围的颜色填充这些区域，以有效地去除图像中的杂点和划痕，但是该滤镜会降低图像的清晰度，如图 6-253 所示。

★ 斑：该滤镜自动探测图像中颜色变化较大的区域，然后模糊边缘以外的部分，使图像中的杂点减少，如图 6-254 所示。该滤镜可以用于为人物磨皮。

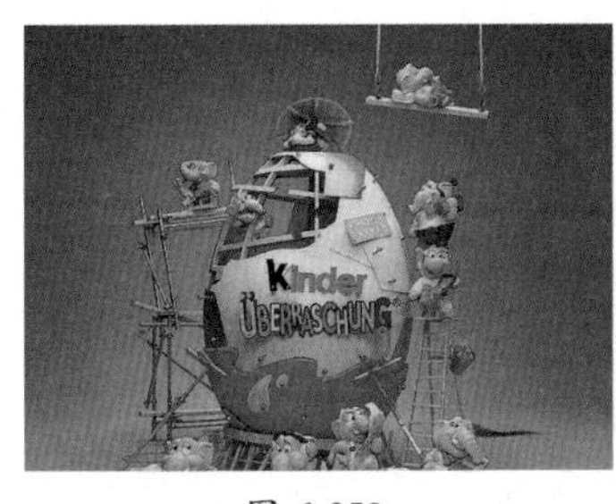

图 6-252

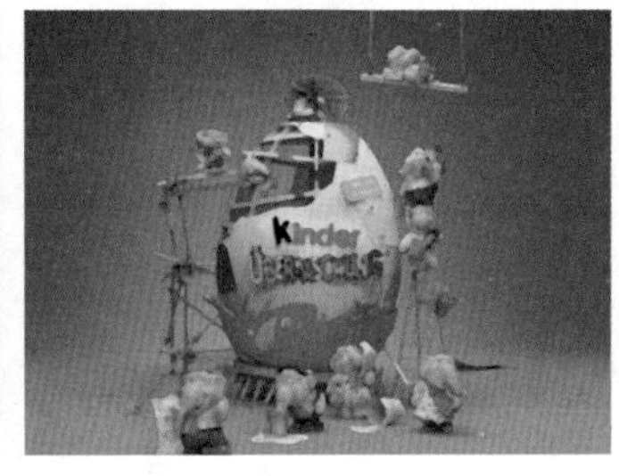

图 6-253

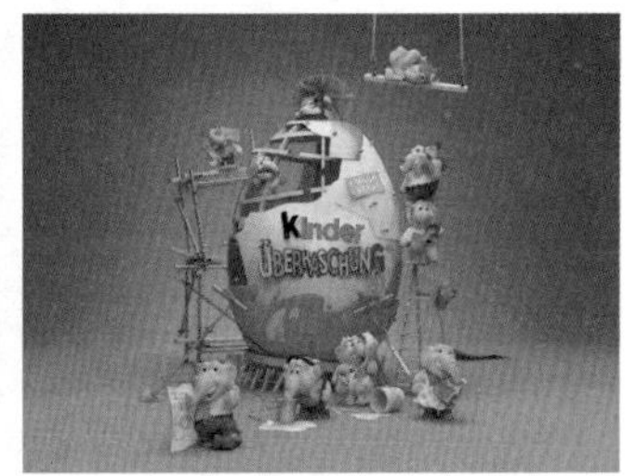

图 6-254

★ 添加杂色：该滤镜可以在图像中添加随机像素，减少羽化选区或渐变填充中的条纹，使经过重大修饰的区域看起来更真实，如图 6-255 所示。

★ 中间值：该滤镜可以搜索图像中亮度相近的像素，扔掉与相邻像素差异太大的像素，并用搜索到的像素的中间亮度值替换中心像素，使图像的区域平滑化。在消除或减少图像的动感效果时非常有用，如图 6-256 所示。

图 6-255

图 6-256

6.2.12 认识“其他”滤镜组

执行“滤镜 > 其他”菜单命令，在子菜单中可以看到“高反差保留”“位移”“自定”“最大值”“最小值”等滤镜，如图 6-257 所示。如图 6-258 所示为一张图片的原始效果。

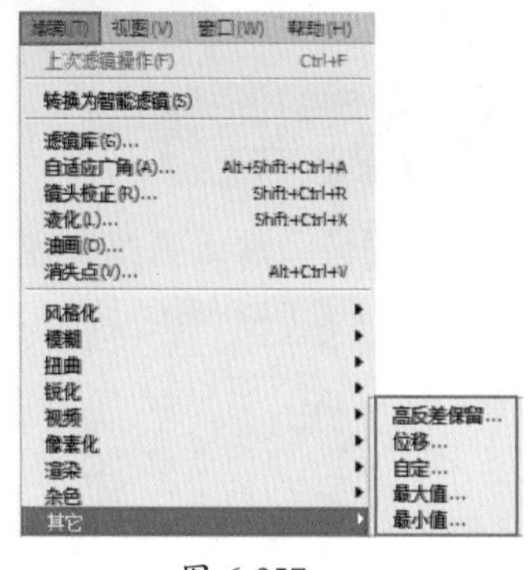

图 6-257

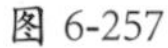

图 6-258

★ 高反差保留：“高反差保留”滤镜可以自动分析图像中的细节边缘部分，并且会制作出一张带有细节的图像，如图 6-259 所示。

★ 位移：“位移”滤镜可以在水平方向或垂直方向上偏移图像，如图 6-260 所示。

★ 自定：“自定”滤镜可以设计用户自己的滤镜效果。该滤镜可以根据预定义的“卷积”数学运算更改图像中每个像素的亮度值，如图 6-261 所示。

图 6-259

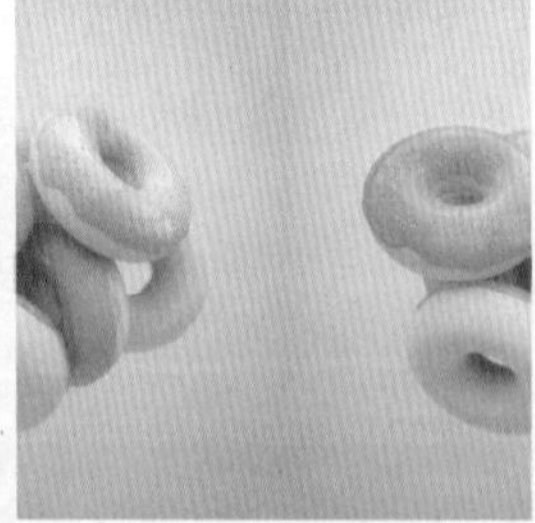

图 6-260

图 6-261

★ 最大值：“最大值”滤镜可以在指定的半径范围内，用周围像素的最高亮度值替换当前像素的亮度值。“最大值”滤镜具有阻塞功能，可以展开白色区域阻塞黑色区域，如图 6-262 所示。

★ 最小值：“最小值”滤镜具有伸展功能，可以扩展黑色区域，而收缩白色区域。如图 6-263 所示。

图 6-262

图 6-263

技巧提示　重复上一步滤镜操作

“滤镜”菜单中第一个命令就是“上次滤镜操作”，执行该命令或使用 Ctrl+F 快捷键，即可将上一次应用的滤镜以及参数应用到当前图像上。

6.2.13 操作练习：制作用户信息页面

案例文件	制作用户信息页面.psd
视频教学	制作用户信息页面.flv

难易指数	★★★★★
技术要点	不透明度的设置、高斯模糊

案例效果（如图 6-264 所示）

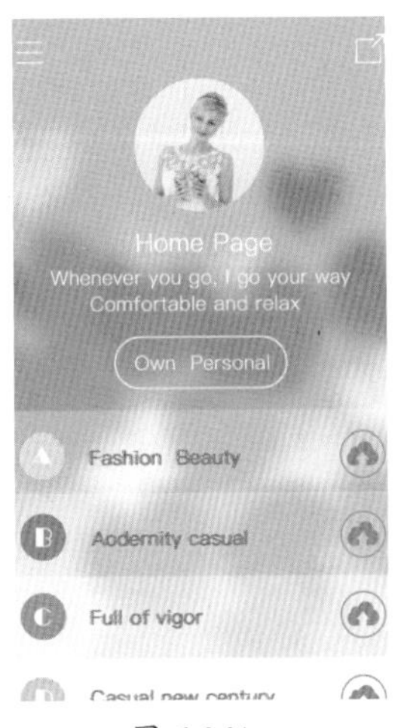

图 6-264

思路剖析（如图 6-265~图 6-267 所示）

图 6-265

图 6-266

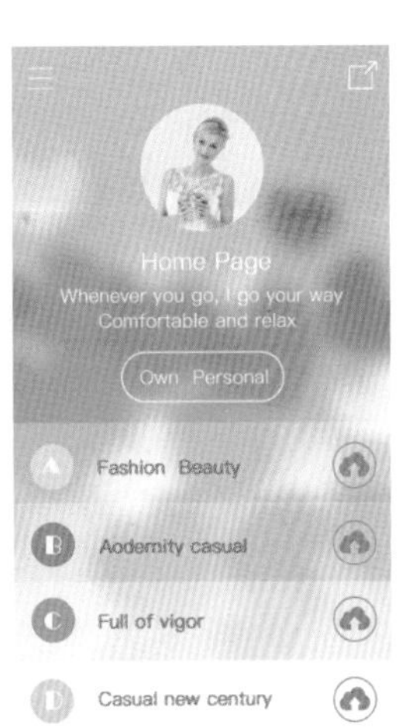

图 6-267

①使用“高斯模糊”滤镜制作模糊效果，应用“剪贴蒙版”制作圆形照片。

②调整图层的“不透明度”制作信息栏。

③使用“横排文字工具”添加文字。

应用拓展

用户信息页面展示效果欣赏，如图 6-268~图 6-270 所示。

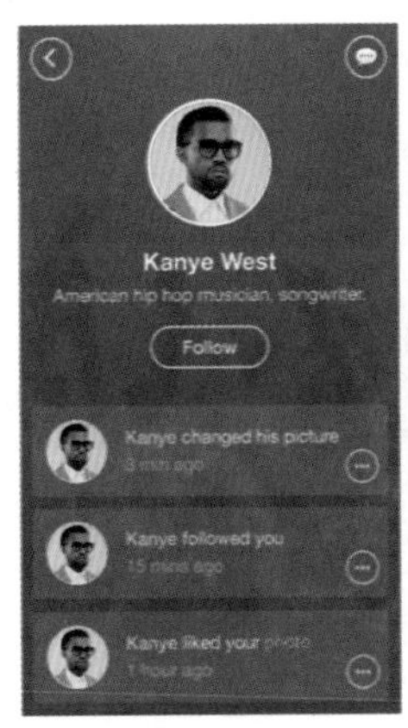

图 6-268

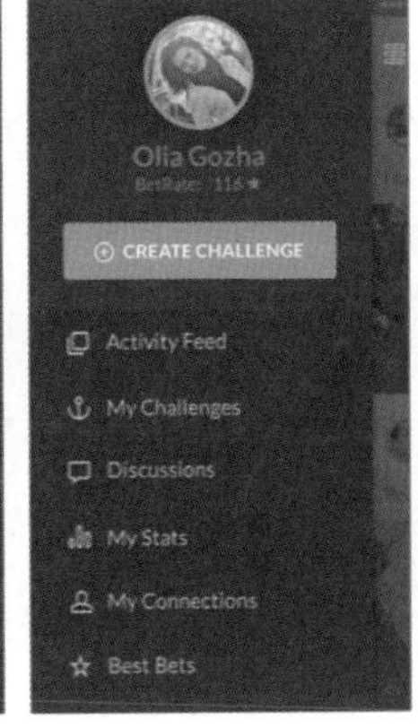

图 6-269

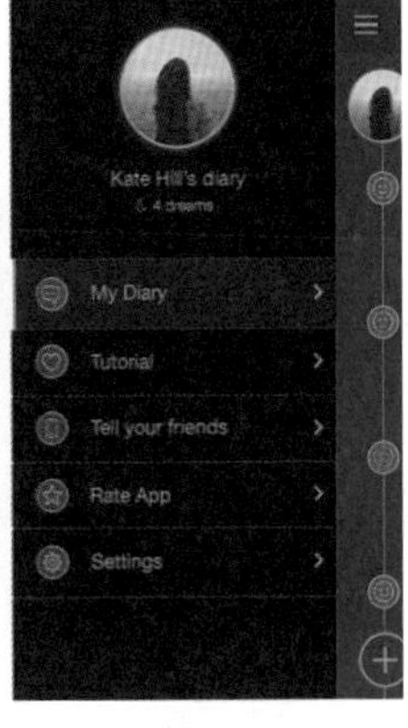

图 6-270

操作步骤

STEP 01 执行“文件 > 打开”菜单命令，或按 Ctrl+O 快捷键，在弹出的“打开”对话框中单击选择素材“1.jpg”，单击“打开”按钮，如图 6-271 所示。效果如图 6-272 所示。

图 6-271

图 6-272

STEP 02 继续执行“滤镜 > 模糊 > 高斯模糊”菜单命令，在“高斯模糊”面板中设置“半径”为 30 像素，单击“确定”按钮完成设置，如图 6-273 所示。效果如图 6-274 所示。

STEP 03 单击工具箱中的“椭圆工具”按钮，在选项栏中设置“绘制模式”为“形状”、“填充”为灰色，在画面中按住 Shift 键拖动鼠标绘制正圆，如图 6-275 所示。

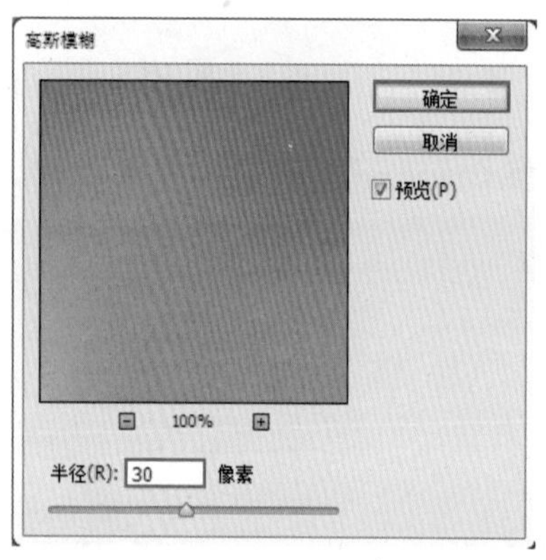

图 6-273

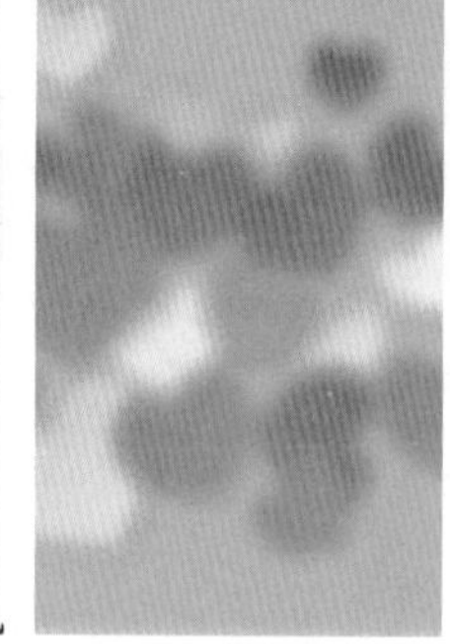

图 6-274

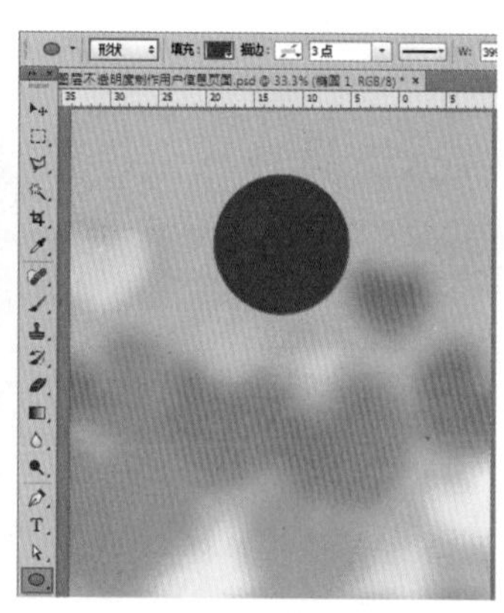

图 6-275

STEP 04 执行“文件 > 置入”菜单命令，在打开的“置入”对话框中单击选择素材“2.jpg”，单击“置入”按钮，如图 6-276 所示。将素材调整到合适位置，按 Enter 键完成置入，并执行“栅格化”菜单命令，如图 6-277 所示。在“图层”面板中选择人物图层，然后执行“图层 > 创建剪贴蒙版”菜单命令，效果如图 6-278 所示。

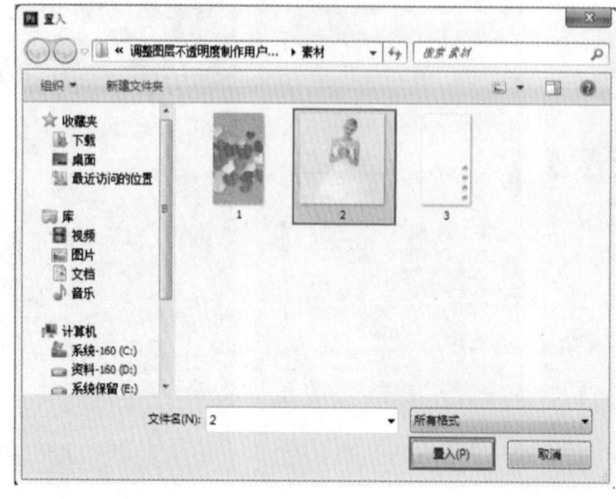

图 6-276

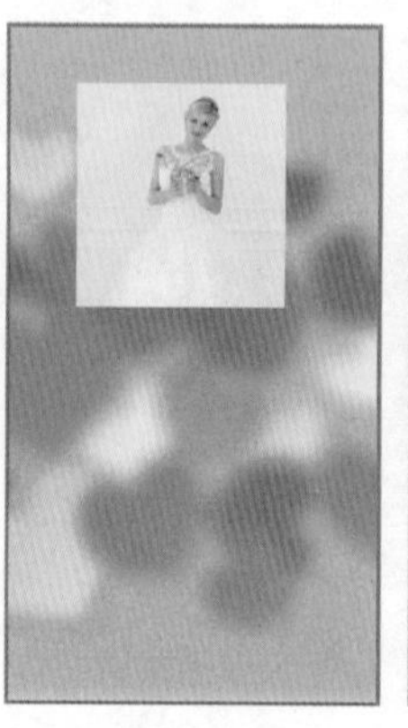

图 6-277

图 6-278

STEP 05 单击工具箱中的“矩形工具”按钮，在选项栏中设置“绘制模式”为“形状”、“填充”为白色，在画面下方按住鼠标左键拖曳绘制矩形，如图 6-279 所示。在“图层”面板中选择矩形图层，使用 Ctrl+J 快捷键复制该图层，然后将复制的矩形图层向上移动，如图 6-280 所示。

图 6-279

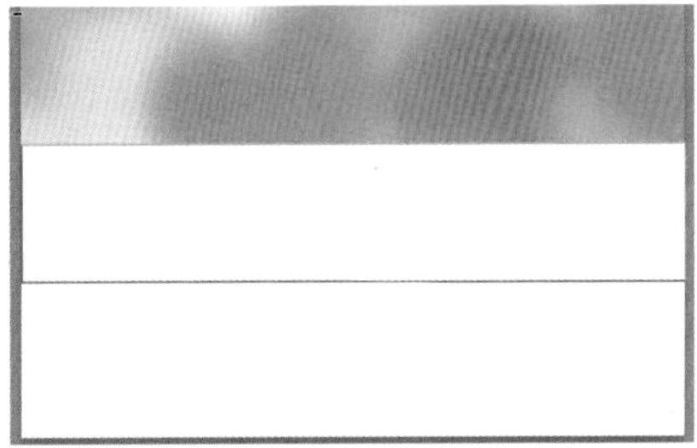

图 6-280

STEP 06 选中复制的图层，在“图层”面板中设置“不透明度”为 80%，如图 6-281 所示。效果如图 6-282 所示。

图 6-281

图 6-282

STEP 07 在“图层”面板中选中矩形继续执行“复制图层”菜单命令，进行复制并移动到矩形上方，选中复制的图层，将“不透明度”设置为 60%，如图 6-283 所示。用同样的方法复制图层，并将其“不透明度”设置为 40%，如图 6-284 所示。

图 6-283

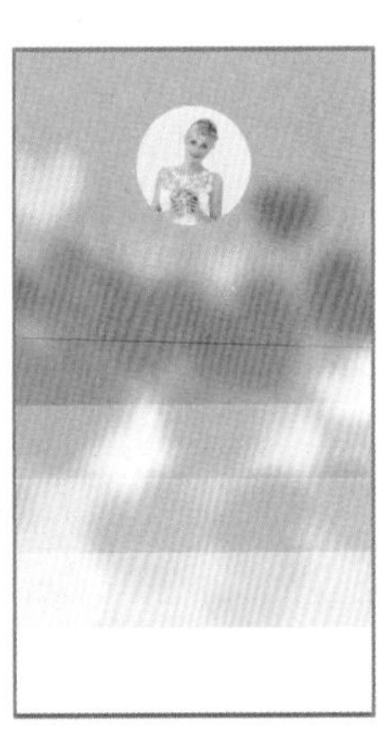

图 6-284

STEP 08 单击工具箱中的“椭圆工具”按钮，在选项栏中设置“绘制模式”为“形状”、“填充”为粉色，在画面左下角按住 Shift 键拖动鼠标绘制正圆，如图 6-285 所示。接着单击工具箱中“横排文字工具”按钮，在选项栏中设置“字体”“字号”“填充”，在粉色圆形中单击输入文字，如图 6-286 所示。

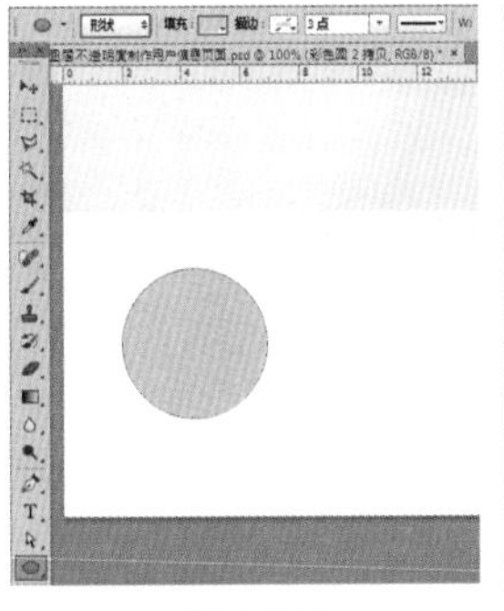

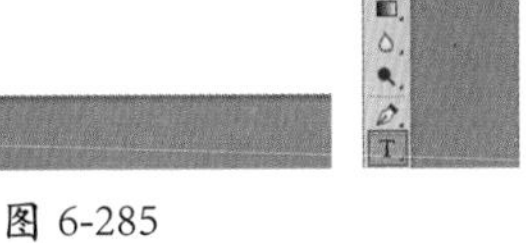

图 6-285

图 6-286

STEP 09 用同样的方法制作其他圆形图标，如图 6-287 所示。单击工具箱中的“圆角矩形工具”按钮，在选项栏中设置“绘制模式”为“形状”、“填充”为无颜色、“描边”为白色、“描边宽度”为 6 点、“半径”为 20 像素，在画面中间按住鼠标左键拖曳绘制圆角矩形，如图 6-288 所示。

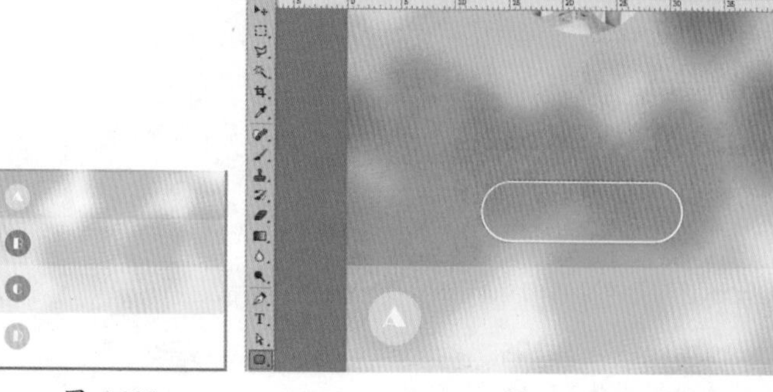

图 6-287　　图 6-288

STEP 10 单击工具箱中的“横排文字工具”按钮，在选项栏中设置“字体”“字号”“填充”，在画面中的适当位置单击并输入文字，如图 6-289 所示。用同样的方法输入其他文字，如图 6-290 所示。

图 6-289

Home Page
Whenever you go, I go your way
Comfortable and relax
Own Personal
Fashion Beauty
Aodemity casual
Full of vigor
Casual new century

图 6-290

STEP 11 执行“文件 > 置入”菜单命令，在打开的“置入”对话框中单击选择素材“3.png”，单击“置入”按钮，如图 6-291 所示。将素材调整到合适位置，按 Enter 键完成置入，并执行“栅格化”菜单命令，如图 6-292 所示。

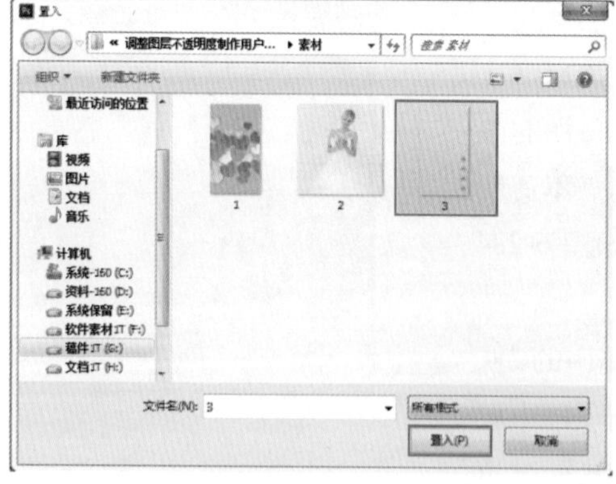

图 6-291

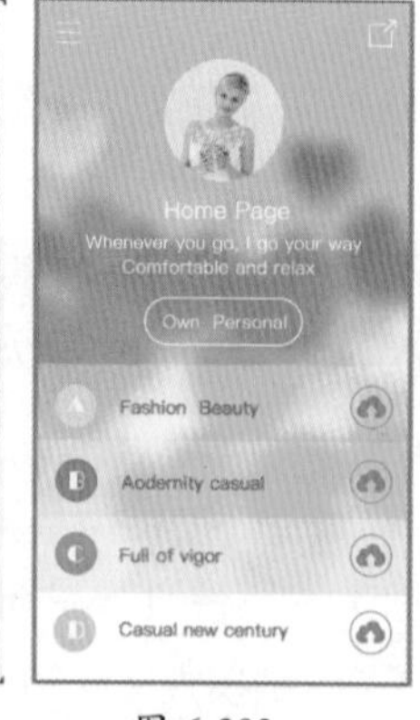

图 6-292

6.3 操作练习：制作立体的 3D 效果

案例文件	制作立体的 3D 效果 .psd
视频教学	制作立体的 3D 效果 .flv

难易指数	★★★★★
技术要点	创建 3D 对象，编辑 3D 纹理

案例效果（如图 6-293 所示）　思路剖析（如图 6-294~图 6-296 所示）

图 6-293

图 6-294

图 6-295

图 6-296

①选择制作好的艺术字。

②在 3D 菜单中执行命令创建 3D 效果。

③调整 3D 文字的材质效果。

应用拓展

优秀的立体文字效果欣赏，如图 6-297 和图 6-298 所示。

图 6-297

图 6-298

操作步骤

STEP 01 在 Photoshop 中，可以为普通图层、文字对象、形状对象、路径甚至选区创建立体效果。在 3D 菜单下可以看到相应的命令。要想制作立体效果，首先要选中一个图层，如图 6-299 和图 6-300 所示。

STEP 02 执行“3D> 从所选图层新建 3D 凸出”菜单命令，创建 3D 图层，如图 6-301 所示。

图 6-299

图 6-300

图 6-301

STEP 03 在 3D 面板中单击“网格”按钮，双击条目 1，在弹出的“属性”面板中取消勾选“投影”选项，设置“凸出深度”为 897，如图 6-302 所示。效果如图 6-303 所示。

STEP 04 单击 3D 面板中的“材料”按钮，选择条目“1 前膨胀材质”，如图 6-304 所示。在弹出的“属性”面板中单击“漫射”右侧的按钮，在下拉菜单中执行“编辑纹理”菜单命令，如图 6-305 所示。

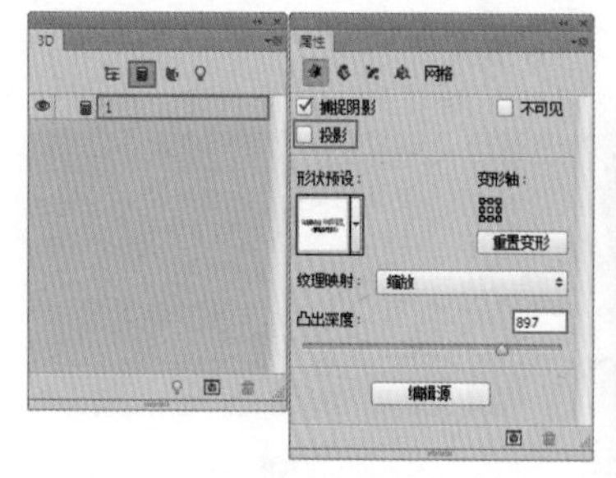

图 6-302

图 6-303

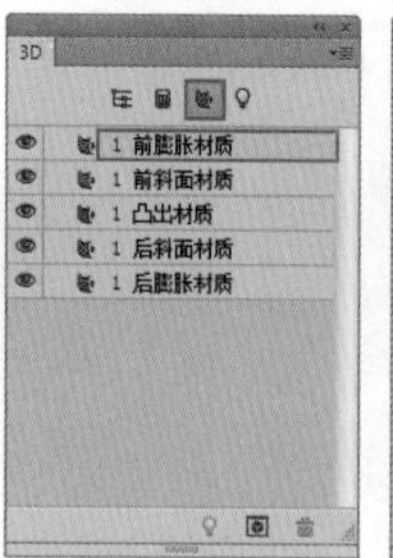

图 6-304

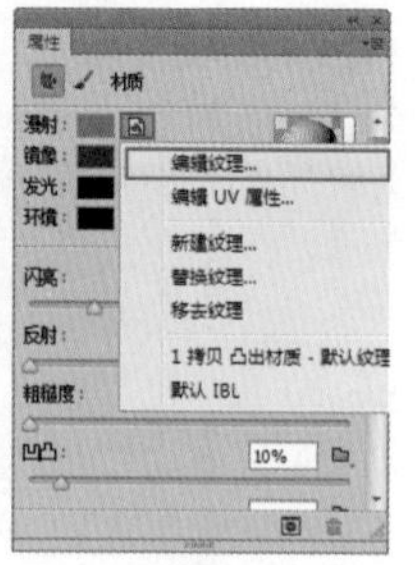

图 6-305

STEP 05 在新文档窗口中创建文字的选区，然后单击工具箱中的“渐变工具”按钮，接着单击选项栏中的“渐变编辑色条”按钮，在弹出的“渐变编辑器”对话框中编辑一个粉红色系的渐变颜色，设置“渐变方式”为“线性渐变”，按住鼠标左键拖曳进行填充，如图 6-306 所示。使用保存 Ctrl+S 快捷键进行保存，关闭编辑窗口，效果如图 6-307 所示。

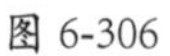

图 6-306

图 6-307

6.4 UI 设计实战：制作登录界面

案例文件	制作登录界面 .psd
视频教学	制作登录界面 .flv

难易指数	★★★★★
技术要点	形状工具、不透明度、图层样式

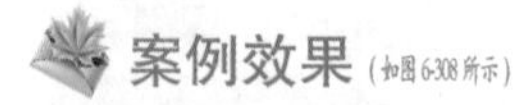

案例效果（如图 6-308 所示）

思路剖析（如图 6-309~图 6-312 所示）

图 6-308

图 6-309

图 6-310

图 6-311

图 6-312

①首先使用“矩形工具”绘制矩形，然后置入背景素材，在图片上绘制图形组合成背景页面。

②使用“形状工具”绘制形状。

③使用“多边形套索工具”绘制雪花形状。

④使用“横排文字工具”输入文字。

应用拓展

注册登录界面设计效果欣赏，如图 6-313~ 图 6-315 所示。

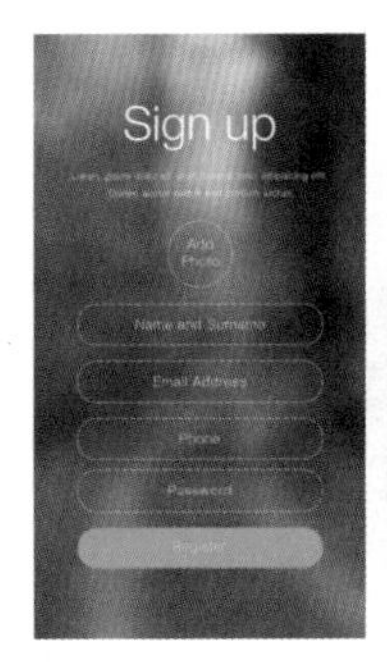

图 6-313

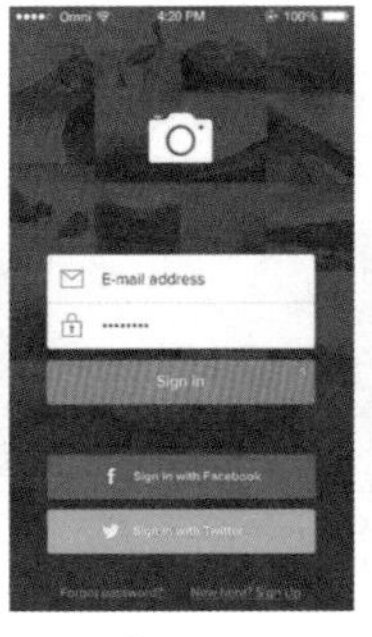

图 6-314

图 6-315

操作步骤

STEP 01 执行“文件 > 新建”菜单命令，在“新建”对话框中设置文件“宽度”为 692 像素、“高度”为 1462 像素、“分辨率”为 72 像素 / 英寸、“颜色模式”为“RGB 颜色”、“背景内容”为“白色”，如图 6-316 所示。单击工具箱中的“渐变工具”按钮，在选项栏中单击“渐变色条”，在弹出的“渐变编辑器”对话框中编辑一个蓝色系渐变，如图 6-317 所示。单击“确定”按钮完成编辑，设置“渐变类型”为“线性渐变”。在画面中按住鼠标左键拖曳填充渐变，如图 6-318 所示。

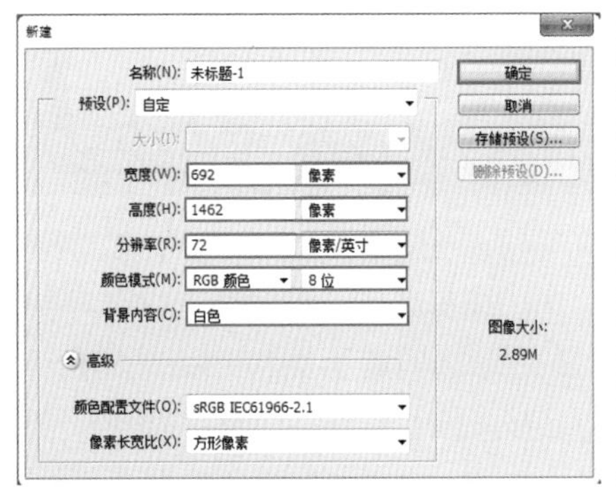

图 6-316

图 6-317

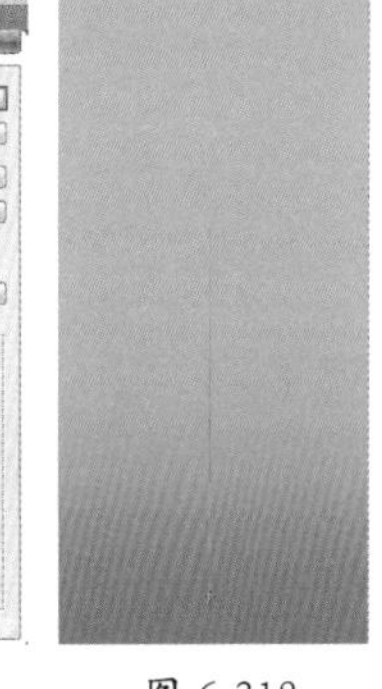

图 6-318

STEP 02 单击工具箱中的“矩形工具”按钮，在选项栏中设置“绘制模式”为“形状”、“填充”为浅灰色，在画面中按住鼠标左键拖曳绘制矩形，如图 6-319 所示。执行“文件 > 置入”菜单命令，在打开的“置入”对话框中单击选择素材“1.jpg”，单击“置入”按钮，如图 6-320 所示。

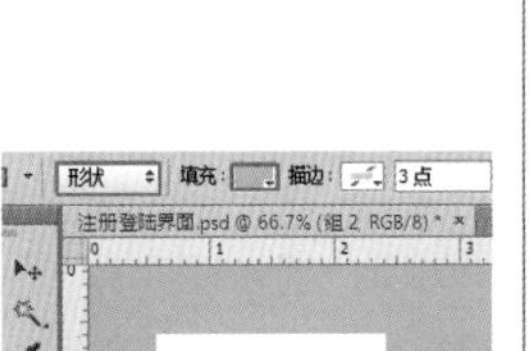

图 6-319

图 6-320

STEP 03 将鼠标指针移动至定界框控制点处，按住 Shift 键向内拖曳对素材进行等比例缩小，如图 6-321 所示。将素材移动到矩形中间位置，按 Enter 键完成置入，执行“图层 > 栅格化 > 智能对象”菜单命令，将其栅格化为普通图层，如图 6-322 所示。

STEP 04 在“图层”面板中选择矩形图层，按住 Ctrl 键加选素材图层，按住鼠标左键拖曳图层到“创建新组”按钮上，单击“组 1”并设置其“不透明度”为 10%，如图 6-323 所示。用同样的方法制作其他置入素材，如图 6-324 所示。

图 6-321

图 6-322

图 6-323

图 6-324

STEP 05 单击工具箱中的“圆角矩形工具”按钮，在选项栏中设置“绘制模式”为“形状”、“填充”为白色、“半径”为 20 像素，在画面中按住鼠标左键拖曳绘制圆角矩形，如图 6-325 所示。

图 6-325

STEP 06 执行“图层 > 图层样式 > 描边”菜单命令，在“图层样式”对话框中设置“大小”为 3 像素、“位置”为“外部”、“混合模式”为“正常”、“不透明度”为 100%、“颜色”为绿色，如图 6-326 所示。勾选“投影”样式，设置“混合模式”为“正片叠底”、“投影颜色”为深灰色、“不透明度”为 75%、“角度”为 104 度、“距离”为 3 像素、“大小”为 4 像素，单击“确定”按钮完成设置，如图 6-327 所示。效果如图 6-328 所示。

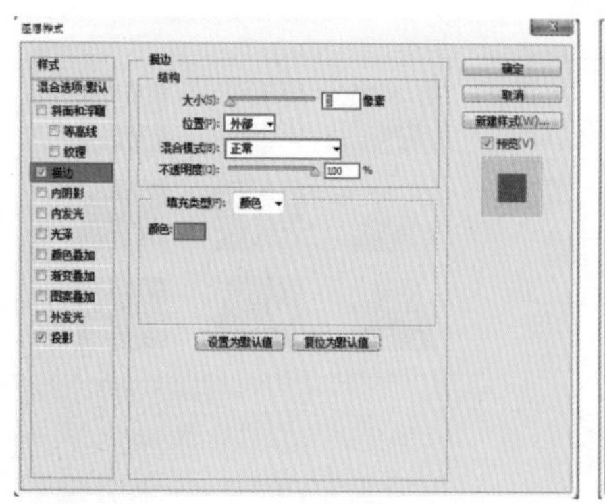

图 6-326

图 6-327

图 6-328

STEP 07 单击工具箱中的“圆角矩形工具”按钮，在选项栏中设置“绘制模式”为“形状”、“填充”为红色、“半径”为 20 像素，在画面中按住鼠标左键拖曳绘制圆角矩形，如图 6-329 所示。

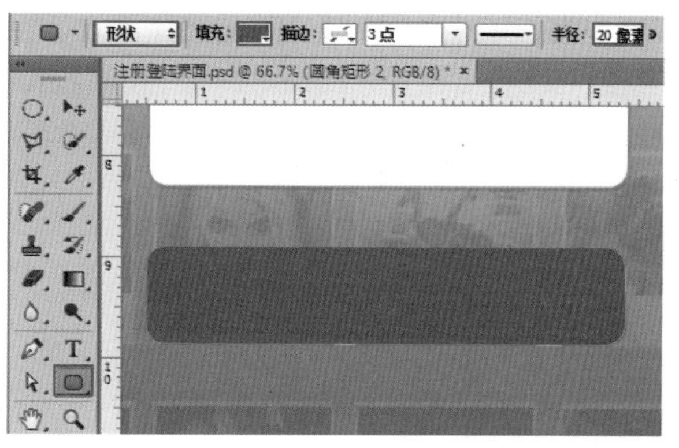

图 6-329

STEP 08 执行“图层 > 图层样式 > 渐变叠加”菜单命令，在“图层样式”对话框中设置“混合模式”为“正常”、“不透明度”为 100%、“渐变”为红色系渐变、“样式”为“线性”、“角度”为 90 度、“缩放”为 100%，如图 6-330 所示。勾选“投影”样式，设置“混合模式”为“正片叠底”、“投影颜色”为深灰色、“不透明度”为 75%、“角度”为 104 度、“距离”为 3 像素、“大小”为 4 像素，单击“确定”按钮完成设置，如图 6-331 所示。效果如图 6-332 所示。

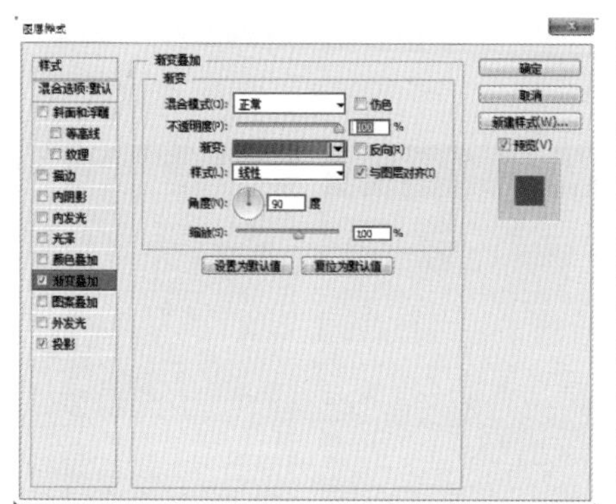

图 6-330

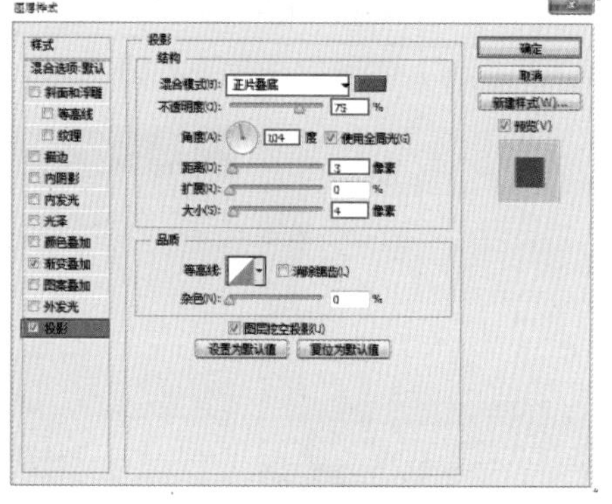

图 6-331

图 6-332

STEP 09 单击工具箱中的“直线工具”按钮，在选项栏中设置“绘制模式”为“形状”、“填充”为黑色、“粗细”为 1 像素，在画面中按住鼠标左键拖曳绘制直线，如图 6-333 所示。

STEP 10 单击工具箱中的“自定形状工具”按钮，在选项栏中设置“绘制模式”为“形状”、“填充”为深蓝色，单击“形状”下拉按钮，在打开的“自定形状”拾色器中设置“形状”为“雪花”，在画面中间位置按住鼠标左键拖曳绘制雪花形状，如图 6-334 所示。

图 6-333

图 6-334

STEP 11 单击工具箱中的“钢笔工具”按钮，在选项栏中设置“字体”“字号”“填充”，在画面中单击输入文字，如图 6-335 所示。执行“图层 > 图层样式 > 投影”命令，在“图层样式”对话框中设置“混合模式”为“正片叠底”、“投影颜色”为灰色、“不透明度”为 75%、“角度”为 104 度、“距离”为 5 像素、“大小”为 8 像素，单击“确定”按钮完成设置，如图 6-336 所示。效果如图 6-337 所示。

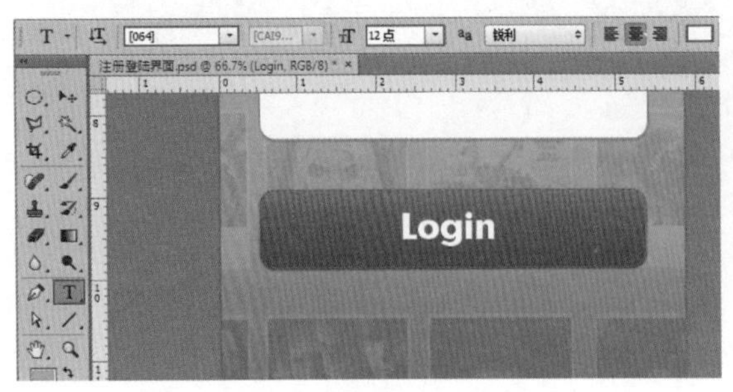

图 6-335

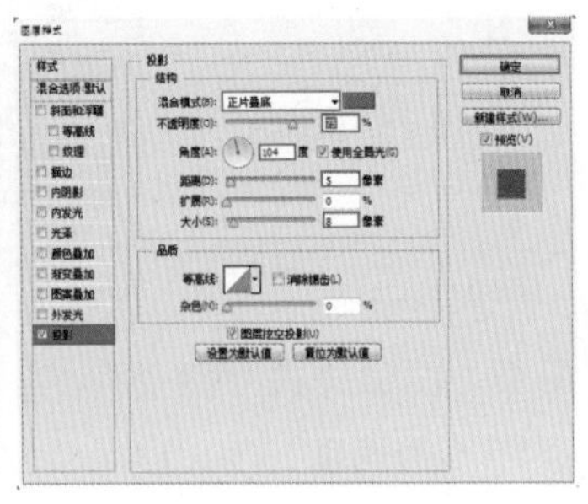

图 6-336

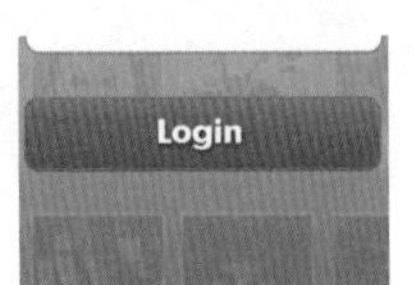

图 6-337

STEP 12 用同样的方法制作其他文字，如图 6-338 所示。

STEP 13 单击工具箱中的“矩形工具”按钮，在选项栏中设置“绘制模式”为“形状”、“填充”为黑色，在画面的顶部位置按住鼠标左键拖曳绘制矩形，如图 6-339 所示。最后置入素材“2.jpg”，并将其移动至黑色矩形的上方，案例完成效果如图 6-340 所示。

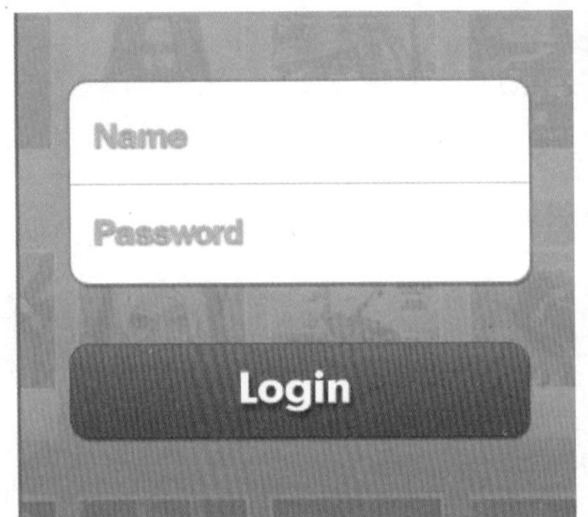

图 6-338

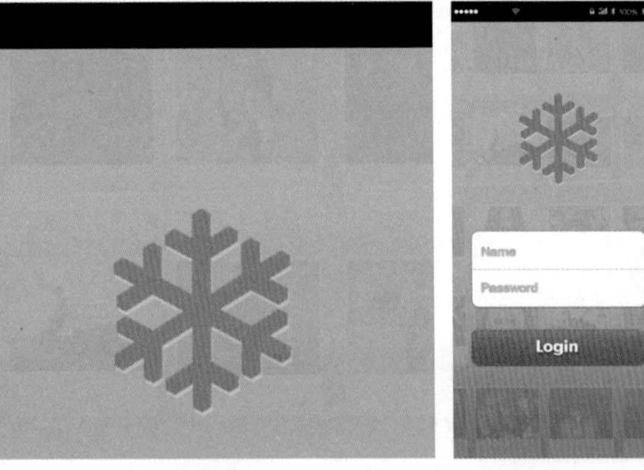

图 6-339

图 6-340

第7章

CHAPTER SEVEN

动态效果的制作

本章概述

界面设计中不仅需要静态的图形，很多时候也需要动效化的图形来丰富画面效果。在 Photoshop 中不仅可以制作平面图，也可以进行视频文件的处理和动态图的制作。

本章要点

- 制作透明度动画、位移动画、效果动画的方法
- 界面元素动态效果的制作方式

佳作欣赏

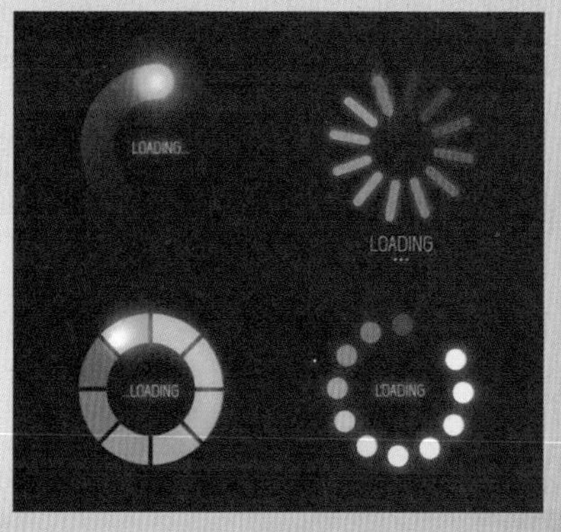

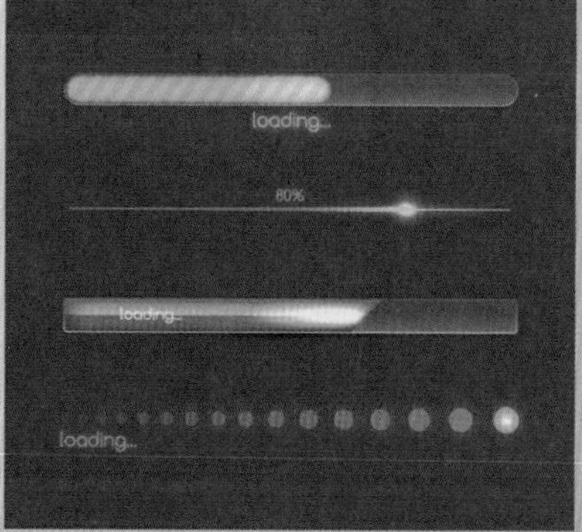

7.1 初识“时间轴”面板

与静态页面相比，动效化可以让信息变得更加直观，为设计增添诸多趣味。而且近些年还催生了一个行业——动效设计，可见动效设计在 UI 设计中的重要性。如图 7-1 和图 7-2 所示为动效化作品欣赏。

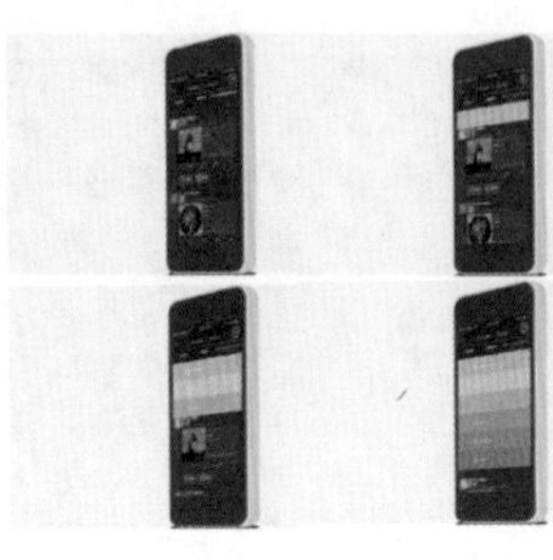

图 7-1

图 7-2

在 Photoshop 中要想制作或者编辑动态文件，可以使用“时间轴”面板。“时间轴”面板主要用于组织和控制影片中图层与帧的内容。执行“窗口 > 时间轴”菜单命令，可以打开“时间轴”面板。接着单击▼按钮，在下拉列表中可以看见“创建视频时间轴”和“创建帧动画”选项，如图 7-3 所示。

图 7-3

7.1.1 视频时间轴

选择“创建视频时间轴”选项，然后单击“创建视频时间轴”按钮，即可显示“视频时间轴”模式，在该模式下显示了文档图层的帧持续时间和动画属性，如图 7-4 所示。

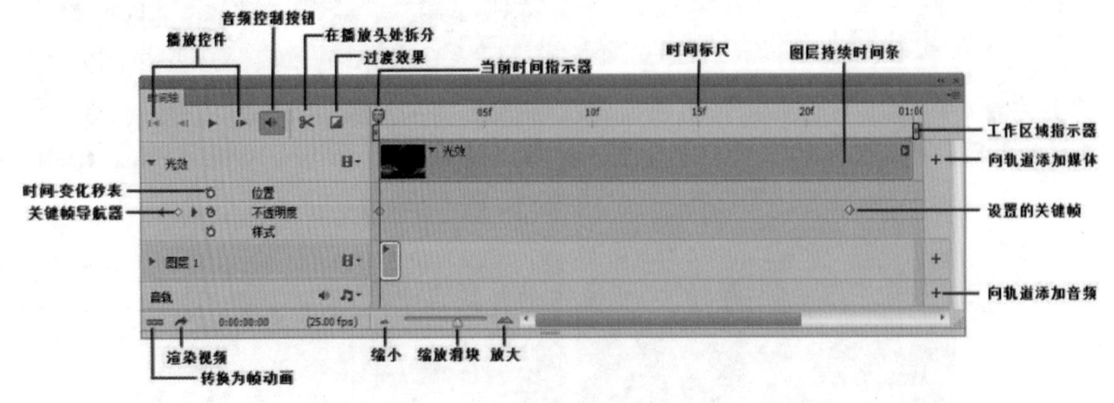

图 7-4

★ 播放控件：其中包括转到第一帧⏮、转到上一帧◀、播放▶和转到下一帧▶，是用于控制视频播放的按钮。

★ 时间 - 变化秒表：启用或停用图层属性的关键帧设置。

★ 关键帧导航器：轨道标签左侧的箭头按钮用于将当前时间指示器从当前位置移动到上一个或下一个关键帧。单击中间的按钮可添加或删除当前时间的关键帧。

★ 音频控制按钮：该按钮可以关闭或启用音频的播放。

★ 在播放头处拆分：该按钮可以在当前时间指示器所在位置拆分视频或音频。

★ 过渡效果：单击该按钮并执行下拉菜单中的相应命令，可以为视频添加过渡效果，创建专业的淡化和交叉淡化效果。

★ 当前时间指示器：拖曳当前时间指示器可以浏览帧或更改当前时间或帧。

★ 时间标尺：根据当前文档的持续时间和帧速率，水平测量持续时间或帧计数。

★ 图层持续时间条：指定图层在视频或动画中的时间位置。

★ 工作区域指示器：拖曳位于顶部轨道任一端的蓝色标签，可以标记要预览或导出的动画或视频的特定部分。

★ 向轨道添加媒体 / 音频：单击该按钮，可以打开一个对话框将视频或音频添加到轨道中。

★ “转换为帧动画”按钮：单击该按钮，可以将视频时间轴模式切换到帧动画模式。

7.1.2 帧动画

选择“创建帧动画”选项，然后单击“创建帧动画”按钮，即可显示“帧动画”模式。在该模式下，“时间轴”面板显示动画中的每个帧的缩览图，使用面板底部的工具可以浏览各个帧，设置循环选项，添加和删除帧以及预览动画，如图 7-5 所示。

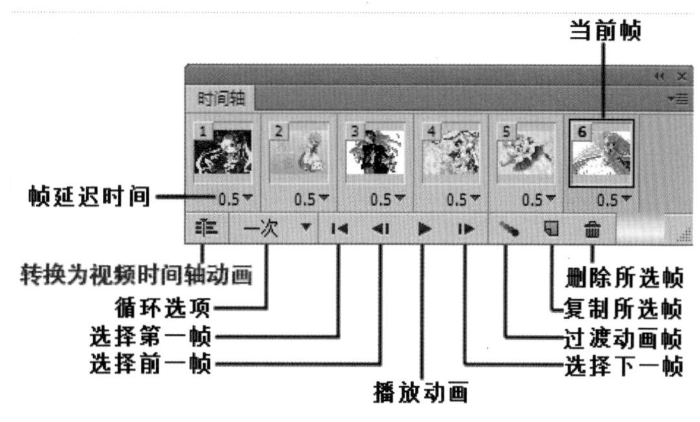

图 7-5

★ 当前帧：当前选择的帧。

★ 帧延迟时间：设置帧在回放过程中的持续时间。

★ 循环选项：设置动画在作为 GIF 文件导出时的播放次数。

★ “选择第一帧”按钮：单击该按钮，可以选择序列中的第 1 帧作为当前帧。

★ “选择前一帧”按钮：单击该按钮，可以选择当前帧的前一帧。

★ “播放动画”按钮：单击该按钮，可以在文档窗口中播放动画。如果要停止播放，可以再次单击该按钮。

★ “选择下一帧”按钮：单击该按钮，可以选择当前帧的下一帧。

★ 过渡动画帧：在两个现有帧之间添加一系列帧，通过插值方法使新帧之间的图层属性均匀。

★ 复制所选帧：通过复制“时间轴”面板中的选定帧向动画添加帧。

★ 删除所选帧：将所选择的帧删除。

★ 转换为视频时间轴动画：将帧模式的“时间轴”面板切换到视频时间轴模式的“时间轴”面板。

7.2 创建与编辑视频图层

在 Photoshop 中可以导入视频文件或序列文件并进行编辑。

7.2.1 导入视频文件

一些常规的视频、音频文件在 Photoshop 中都能打开，例如，mov、flv、avi、mp3、wma 等格式，还可以将视频文件导入已有文件中。在 Photoshop 中，可以打开以图像序列形式存在的动态素材，当导入成功后每个图像都会变成视频图层中的帧，如图 7-6 和图 7-7 所示。

图 7-6

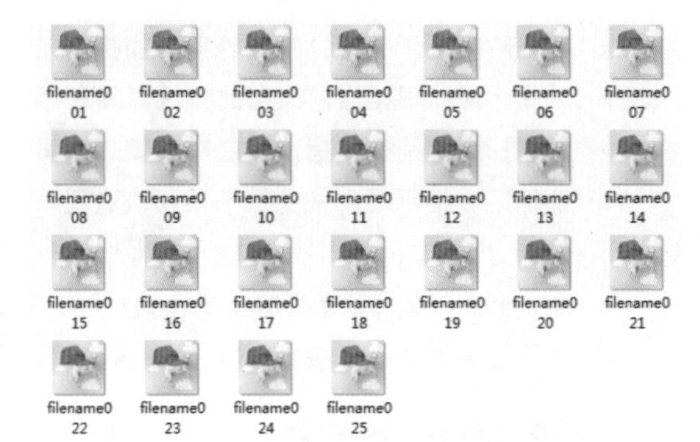

图 7-7

STEP 01 执行“文件＞导入＞视频帧到图层”菜单命令，在弹出的“打开”对话框中选择一个视频文件，然后单击“打开”按钮，如图 7-8 所示，随即会弹出“将视频导入图层”对话框，如图 7-9 所示。

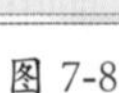

图 7-8

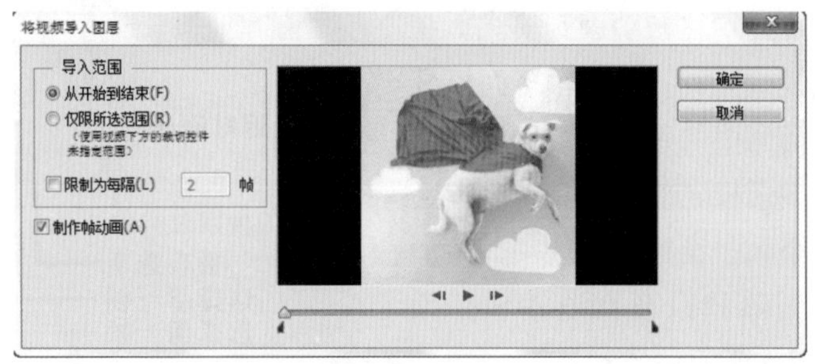

图 7-9

STEP 02 勾选“从开始到结束”选项，可以导入所有的视频帧。若勾选“仅限所选范围”选项，然后按住 Shift 键的同时拖曳时间滑块，设置导入的帧范围，即可导入部分视频帧，如图 7-10 和图 7-11 所示。

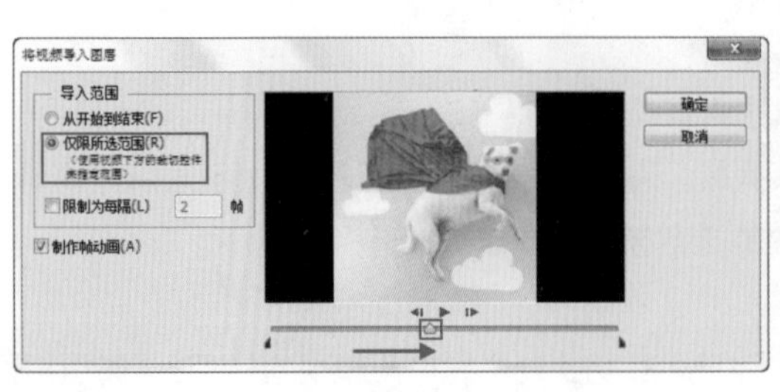

图 7-10

图 7-11

STEP 03 如果需要打开序列素材，需要执行“文件 > 打开”菜单命令，在弹出的“打开”对话框中找到序列图的位置，然后选择一个除最后一个图像以外的其他图像，并勾选“图像序列”选项，单击“打开”按钮，如图 7-12 所示。在弹出的“帧速率”对话框中设置动画的帧速率为 25，然后单击“确定”按钮，即可在 Photoshop 中打开序列文件，如图 7-13 所示。

图 7-12

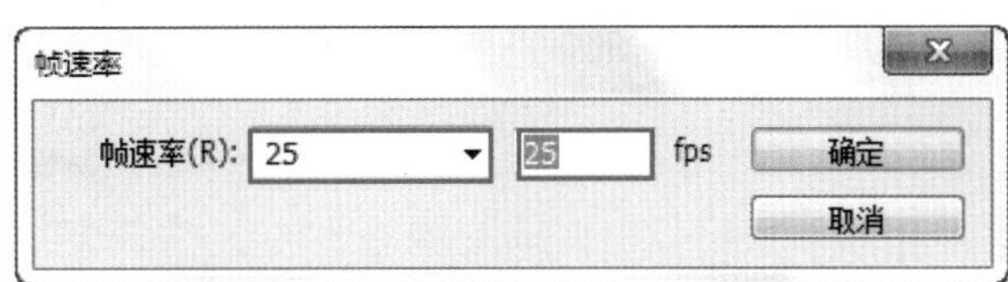

图 7-13

技巧提示 打开图像序列需要注意的问题

若要以图像序列的形式在 Photoshop 中打开，需要有 3 个条件：①图片按照顺序命名，例如，filename001、filename002、filename003 等；②序列图像文件应该位于一个文件夹中；③文件具有相同的像素尺寸。

7.2.2 制作视频动画

在 Photoshop 中可以创建透明度动画、位置动画、图层样式动画等，制作方法基本相同，都是在不同的时间点上创建出“关键帧”，然后对图层的透明度、位置、样式等属性进行更改。两个时间点之间就会形成两种效果之间的过渡动画。下面以透明度动画为例进行讲解。

STEP 01 打开一个包括多个图层的素材文件，如图 7-14 和图 7-15 所示。

图 7-14

图 7-15

STEP 02 将鼠标指针移动至“文字 1”轨道的末端，然后向右拖曳至 10:00f 处，如图 7-16 所示。使用同样的方式调整另外 3 个图层，如图 7-17 所示。

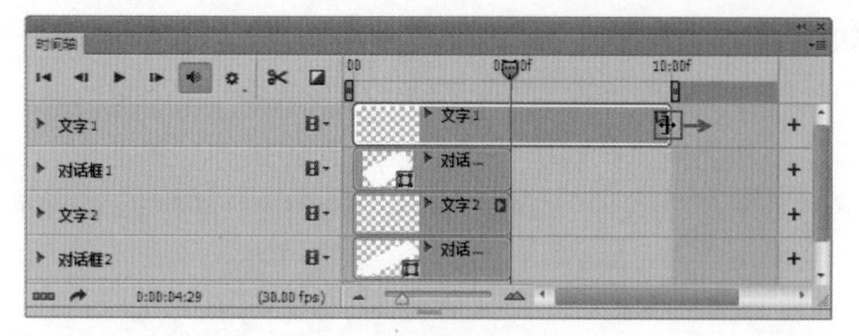

图 7-16

STEP 03 因为我们想让对话框图形显示完成后再显示文字，所以需要将文字显示的时间延后。将鼠标指针移动至“文字 1”轨道的左侧，然后向右拖曳到 04:00f 处，如图 7-18 所示。

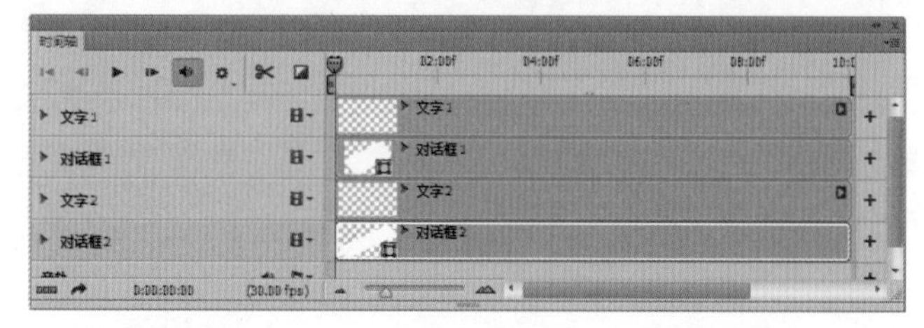

图 7-17

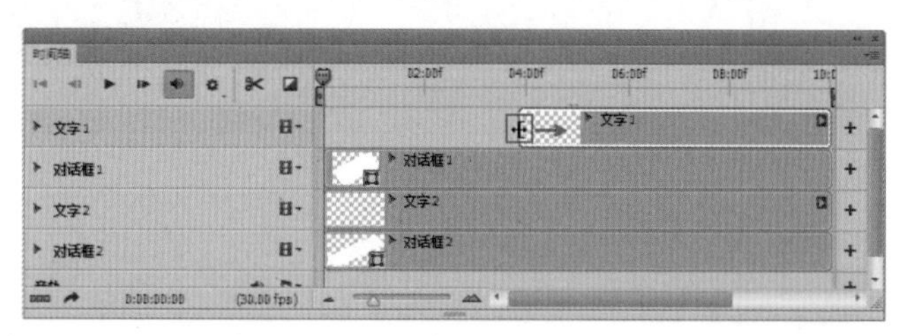

图 7-18

STEP 04 接下来制作对话框图形由透明到非透明的效果。首先将“当前时间指示器”移动到最左端，接着单击“对话框 1”轨道，然后单击“对话框 1”左侧的倒三角按钮，在下拉列表中单击“透明度”左侧的 按钮，即可添加关键帧，如图 7-19 所示。在“图层”面板中设置“对话框 1”图层的“不透明度”为 0%，如图 7-20 所示。

图 7-19

图 7-20

STEP 05 将“当前时间指示器”移动至 02:00f 处，单击“不透明度”左侧的 ◇ 按钮，即可添加关键帧，如图 7-21 所示。在“图层”面板中设置“对话框 1”图层的“不透明度”为 50%，如图 7-22 所示。

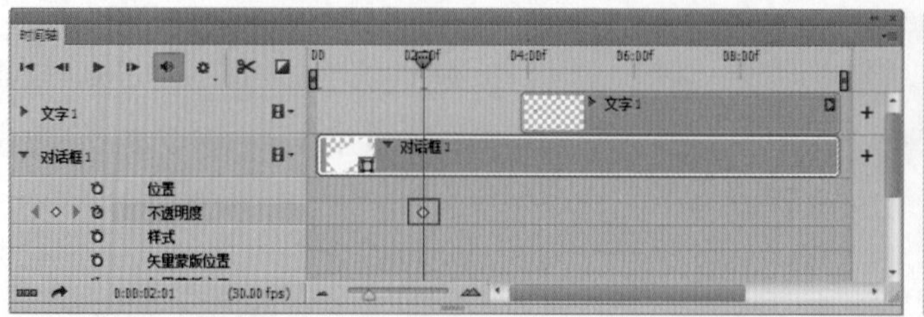

图 7-21

图 7-22

STEP 06 在 04:00f 处添加关键帧，并设置图层的“不透明度”为 100%，如图 7-23 和图 7-24 所示。

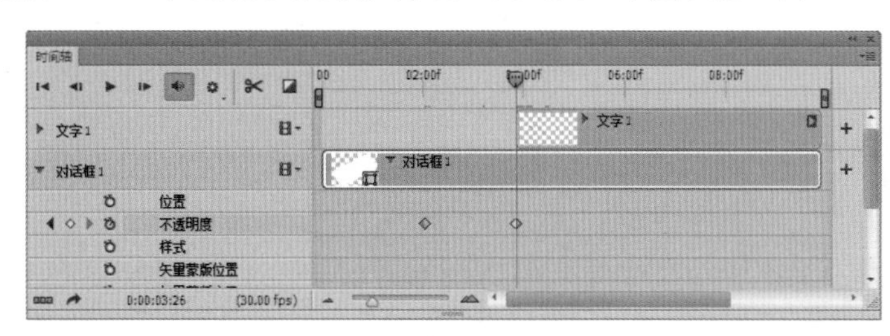

图 7-23

图 7-24

STEP 07 继续处理对话框 2 中的图形及其文字。首先要调整“文字 2”和“对话框 2”轨道的显示时间，如图 7-25 所示。接着为“对话框 2”添加 3 个关键帧，如图 7-26 所示。

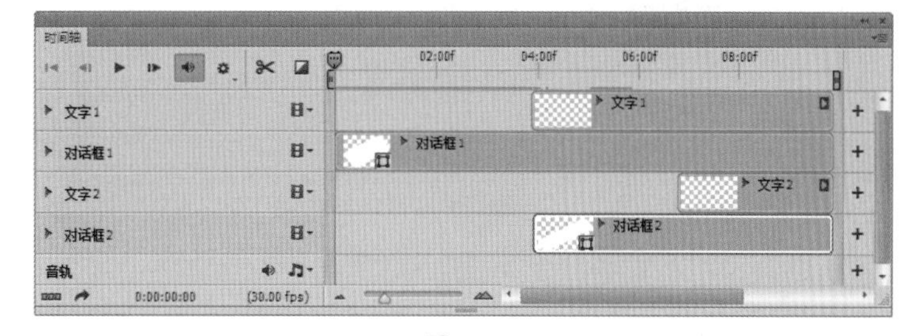

图 7-25

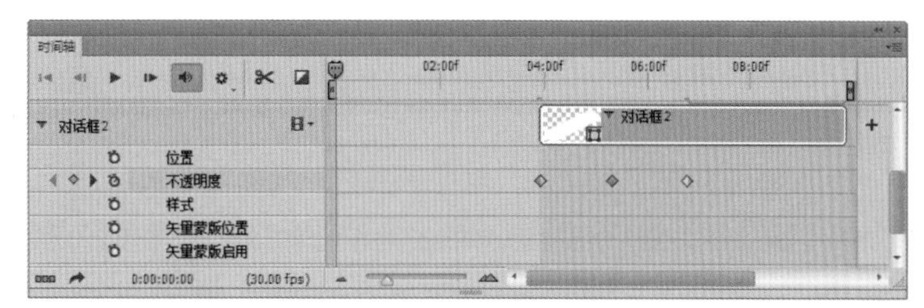

图 7-26

STEP 08 下面将“当前时间指示器”移动到最左端，然后单击“播放”按钮▶，如图 7-27 所示，查看播放效果，如图 7-28~ 图 7-31 所示。

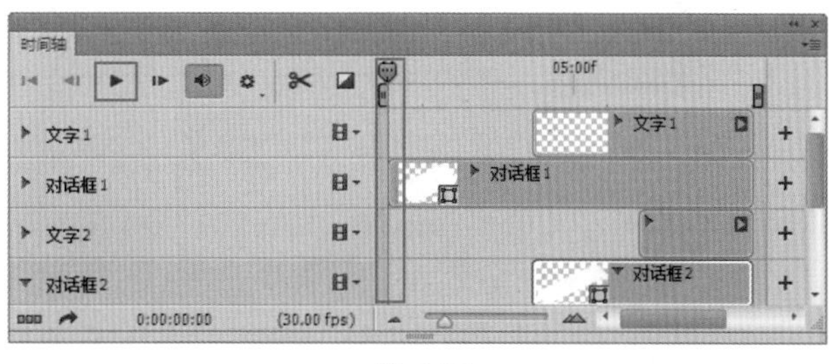

图 7-27

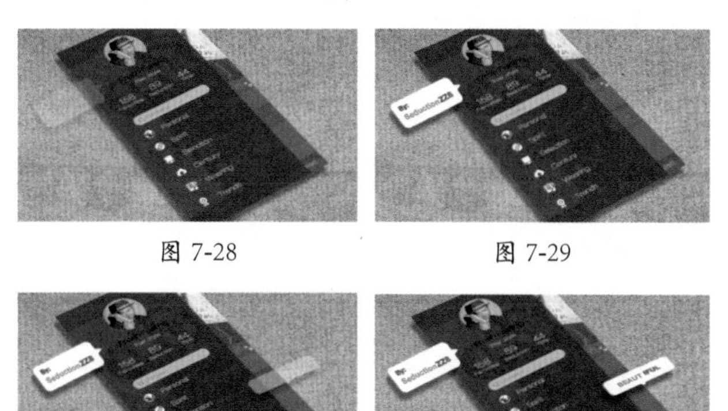

图 7-28　图 7-29

图 7-30　图 7-31

STEP 09 文件制作完成后需要执行“文件 > 导出 > 渲染视频”菜单命令，在弹出的对话框中首先单击“选择文件夹”按钮，选择一个存储位置。在下拉列表中选择 Adobe Media Encoder 可以将文件输出为动态影片，选择“Photoshop 图像序列”则可以将文件输出为图像序列，选择任何一种类型的输出模式都可以进行相应尺寸、质量等参数的调整，如图 7-32 所示。

图 7-32

7.3 创建与编辑帧动画

Photoshop 中的“帧动画”与电影胶片、动画片的播放模式非常接近，都是在“连续的关键帧”中分解动画动作，然后连续播放形成动作。如图 7-33 和图 7-34 所示为帧动画作品。

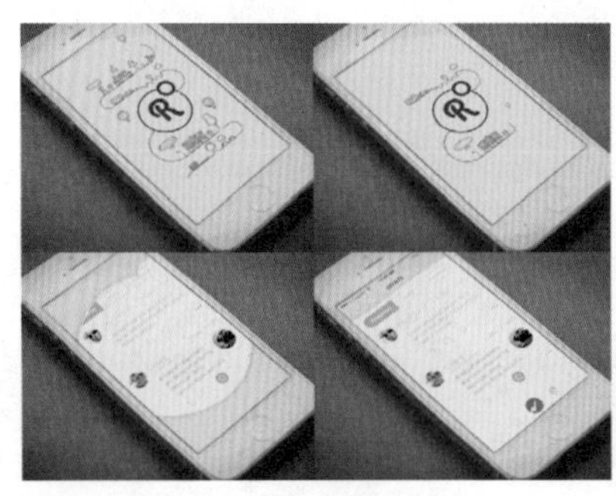

图 7-33

图 7-34

7.3.1 创建帧动画

STEP 01 打开包含多个图层的素材文件，可以看到文档内除了背景图层以外，还有 6 个图层，如图 7-35 所示。

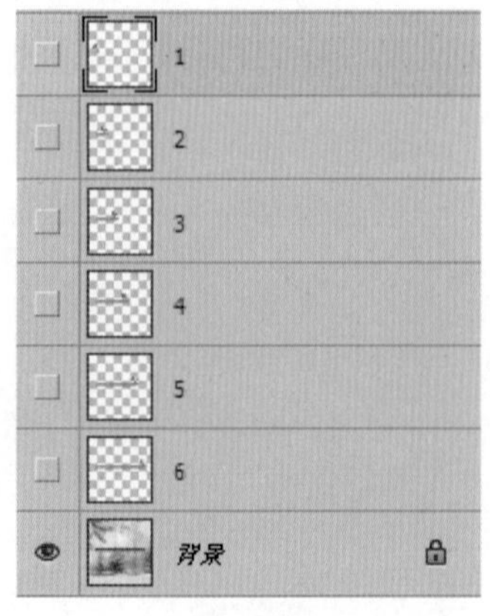

图 7-35

STEP 02 将“时间轴”面板切换为“帧动画”模式。执行“窗口 > 时间轴”菜单命令，打开“时间轴”面板，单击选项下拉按钮，选择“创建帧动画”选项，如图 7-36 所示，接着单击“创建帧动画”按钮，如图 7-37 所示。

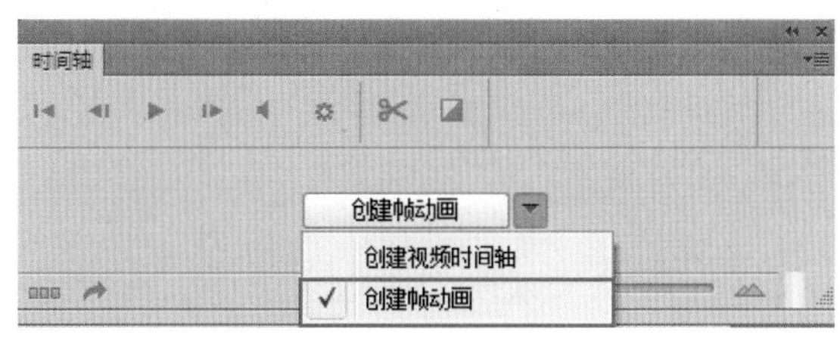

图 7-36

图 7-37

STEP 03 打开“帧动画”模式的“时间轴”面板，此时能够看到只有一帧，下面将该帧的“帧延迟时间”设置为 0.1 秒，并设置“循环模式”为“永远”，如图 7-38 所示。

STEP 04 接下来我们需要创建更多的帧，在“时间轴”面板中单击 5 次“复制所选帧”按钮，创建出另外 5 帧，如图 7-39 所示。

图 7-38

图 7-39

STEP 05 在“时间轴”面板中单击第一帧，然后在“图层”面板中显示图层 1，如图 7-40 所示。接着在“时间轴”面板中单击第二帧，然后在“图层”面板中关闭图层 1，显示图层 2，如图 7-41 所示。

STEP 06 选择第三帧，然后隐藏图层 2，显示图层 3，如图 7-42 所示。以此类推，选择第四帧的时候只显示图层 4，选择第五帧的时候只显示图层 5，选择第六帧的时候只显示图层 6。

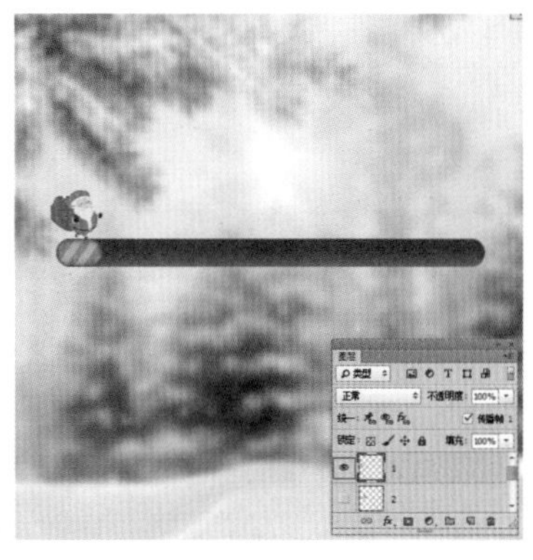

图 7-40

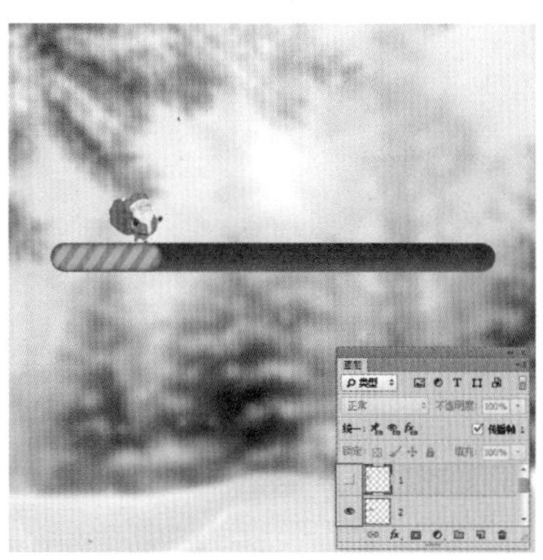

图 7-41

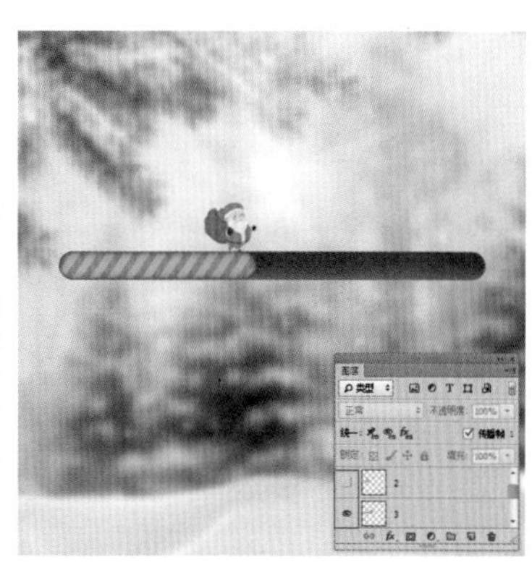

图 7-42

STEP 07 制作完成后，选择第一帧，然后单击“播放动画”按钮开始播放，如图 7-43 所示。此时可以看到画面中出现连续的动态播放效果，如图 7-44 所示。单击底部的“停止播放”按钮，停止播放。

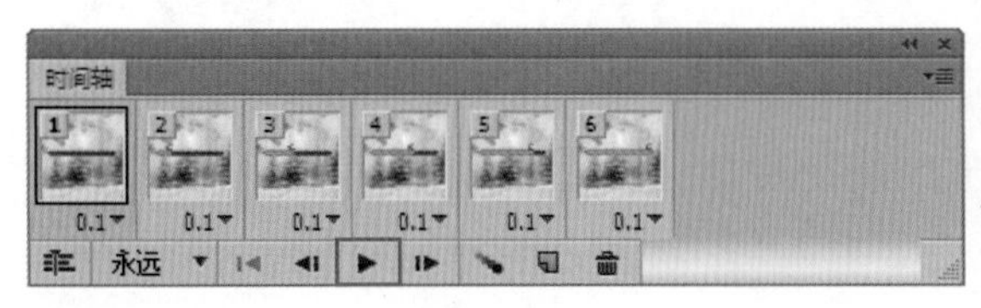

图 7-43

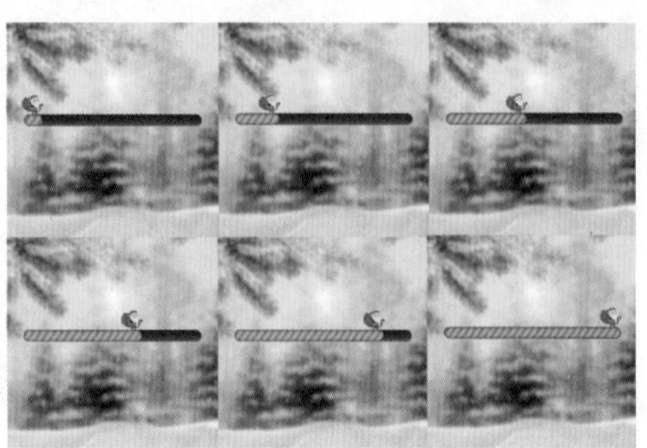

图 7-44

 视频图层编辑完成之后，可以将动画存储为 GIF 文件，以便在 Web 上观看。执行“文件 > 存储为 Web 和设备所用格式”菜单命令，在弹出的“存储为 Web 所用格式”对话框中，设置格式为 GIF，颜色为 256。在左下角单击“预览”按钮可以在 Web 浏览器中预览该动画。单击底部“存储”按钮，并选择输出路径即可将文档储存为 GIF 格式的动态图像，如图 7-45 所示。

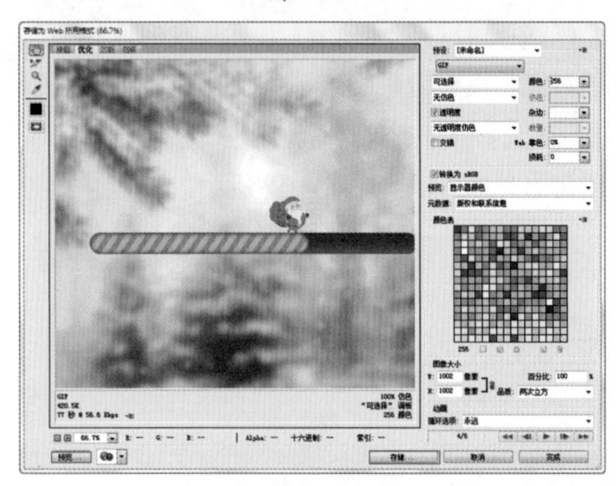

图 7-45

7.3.2 操作练习：创建帧动画制作界面设计动态化演示

案例文件	创建帧动画制作界面设计动态化演示 .psd	难易指数	★★★★★
视频教学	创建帧动画制作界面设计动态化演示 .flv	技术要点	帧动画的制作

案例效果（如图 7-46 所示）

图 7-46

思路剖析（如图 7-47~图 7-49 所示）

图 7-47

图 7-48

图 7-49

①通过“时间轴”面板创建帧动画，显示画面中的背景。

②显示画面中的装饰以及文字。

③显示顶部的装饰，然后播放动画查看动态效果。

应用拓展

动态化界面设计作品欣赏，如图 7-50 和图 7-51 所示。

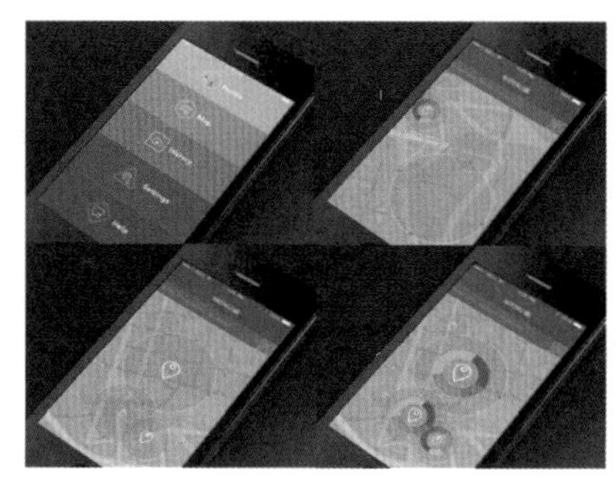

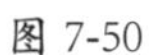

图 7-50

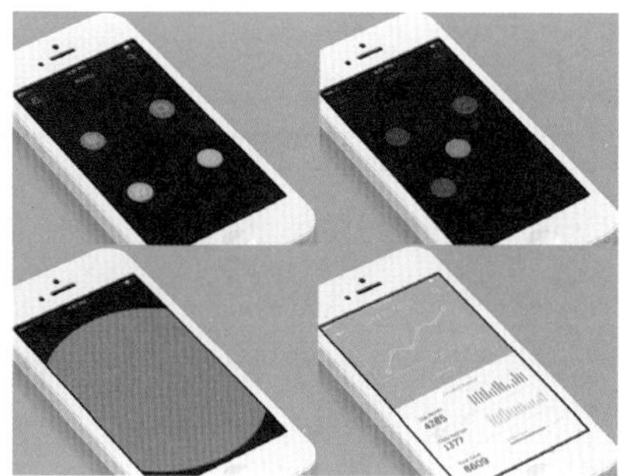

图 7-51

操作步骤

STEP 01 打开素材“1.psd”文件，可以看到当前文档中包含多个图层，如图 7-52 所示。执行“窗口 > 时间轴”菜单命令，调出“时间轴”面板。然后单击“创建帧动画”按钮切换到“帧动画”模式，如图 7-53 所示。

图 7-52

图 7-53

STEP 02 此时在“动画帧”面板中能够看到只有一帧，将该帧的“帧延迟时间”设置为 0.1 秒，并设置“循环模式”为“永远”，如图 7-54 所示。为了制作出动态的效果，需要创建更多的帧，在“时间轴”面板中单击 4 次“复制所选帧”按钮，创建出另外 4 帧，如图 7-55 所示。

图 7-54

图 7-55

STEP 03 单击“时间轴”面板中的第一帧，然后将“图层”面板中“背景”图层以外的图层隐藏，如图 7-56 所示。接着单击第二帧，然后显示图层 1，如图 7-57 所示。

图 7-56

图 7-57

STEP 04 单击第三帧，然后显示图层 1 和 2，如图 7-58 所示。接着单击第四帧，显示图层 1、2 和 3，如图 7-59 所示。最后单击第五帧，显示显示图层 1、2、3 和 4，如图 7-60 所示。

图 7-58

图 7-59

图 7-60

STEP 05 制作完成后，单击第一帧，然后单击“播放动画”按钮开始播放，如图 7-61 所示。播放效果如图 7-62 所示。单击底部的“停止播放”按钮，可以停止播放。

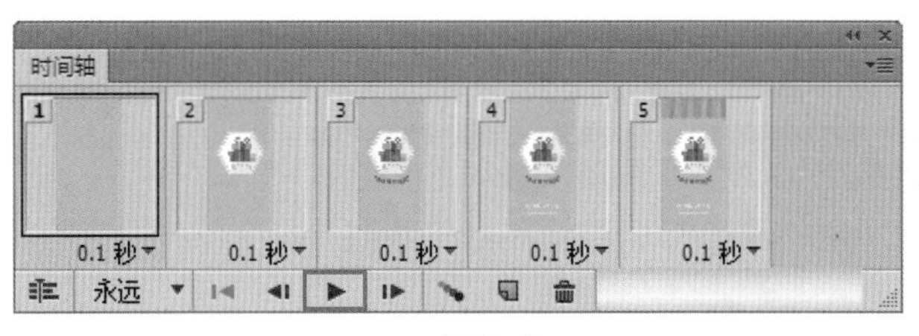

图 7-61

图 7-62

STEP 06 将文件保存为 PSD 格式。执行“文件 > 存储为 Web 和设备所用格式”菜单命令，将制作的动态图像输出。在弹出的“存储为 Web 所用格式”对话框中设置格式为 GIF，颜色为 256，在左下角单击“预览”按钮可以在 Web 浏览器中预览该动画。单击底部的“存储”按钮，选择输出路径，即可将文档储存为 GIF 格式的动态图像，如图 7-63 所示。

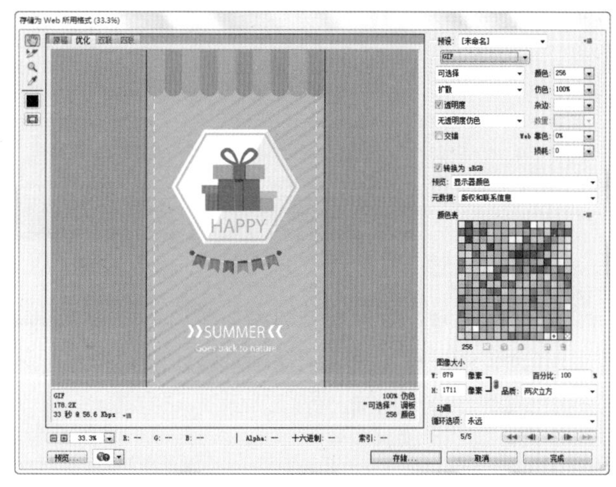

图 7-63

7.4 UI 设计实战：使用“时间轴”制作变色按钮

案例文件	使用“时间轴”制作变色按钮.psd	难易指数	
视频教学	使用“时间轴”制作变色按钮.flv	技术要点	时间轴面板、添加关键帧

案例效果（如图 7-64～图 7-66 所示）

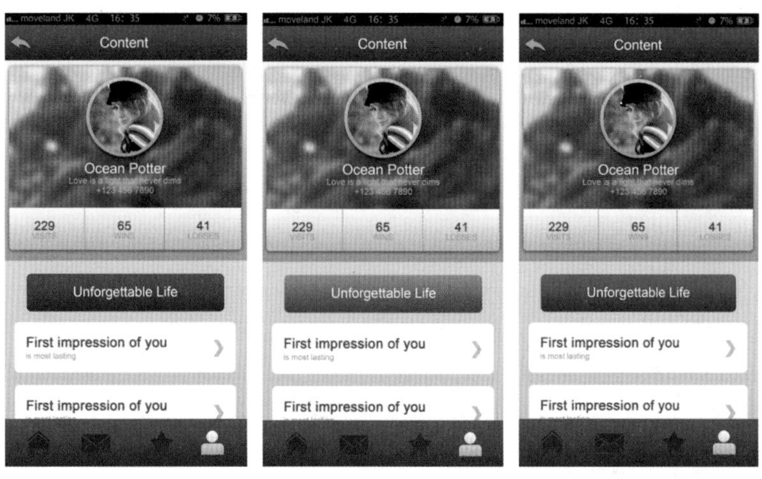

图 7-64　图 7-65　图 7-66

思路剖析（如图7-67~图7-69所示）

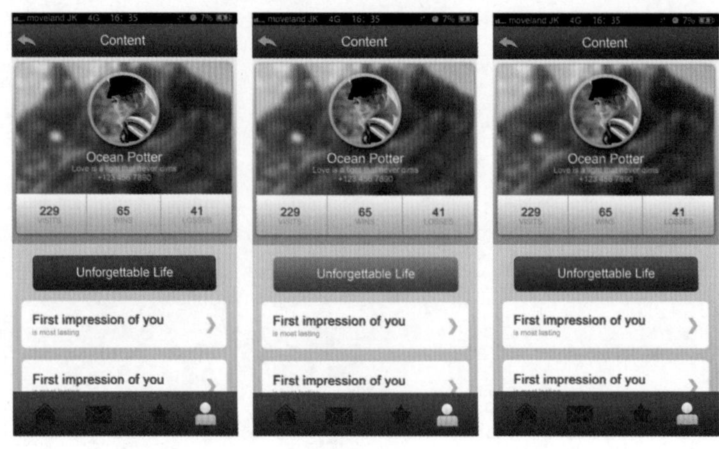

图 7-67　　图 7-68　　图 7-69

①打开素材，打开“时间轴”面板，创建时间轴动画。

②创建图层样式关键帧动画，在“图层样式”对话框中调整“渐变叠加”样式的渐变颜色。

③预览并输出动画。

应用拓展

动态化界面设计作品欣赏，如图 7-70 和图 7-71 所示。

图 7-70　　图 7-71

操作步骤

STEP 01 打开素材“1.psd”文件，如图 7-72 所示。执行“窗口 > 时间轴”菜单命令，打开“时间轴”面板，接着单击“创建视频时间轴”按钮，如图 7-73 所示。

图 7-72　　图 7-73

STEP 02 将轨道调整到 01：00f 处，如图 7-74 所示。将“当前时间指示器”移动到最左端，单击“时间轴”面板中的“按钮底色”，然后单击前方的三角按钮，再单击“样式”左侧的按钮 启用关键帧，如图 7-75 所示。

图 7-74

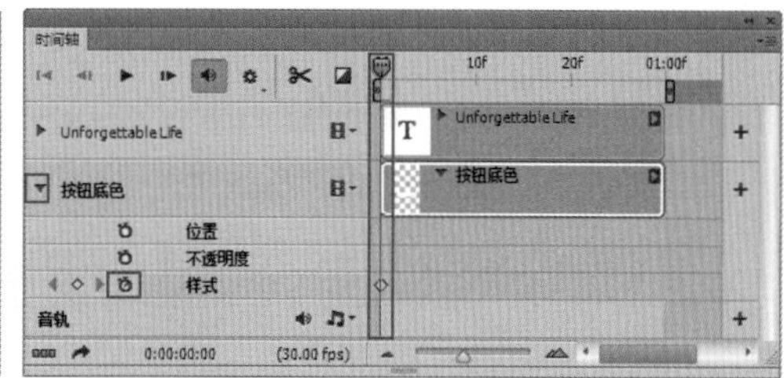

图 7-75

STEP 03 将“当前时间指示器”移动到中间位置，然后单击“样式”左侧的按钮 ，添加关键帧，如图 7-76 所示。接着选择“图层”面板中的“按钮底色”图层，执行“图层 > 图层样式 > 渐变叠加”菜单命令，编辑一个灰色系的渐变颜色，此时按钮变为灰色，如图 7-77 所示。

图 7-76

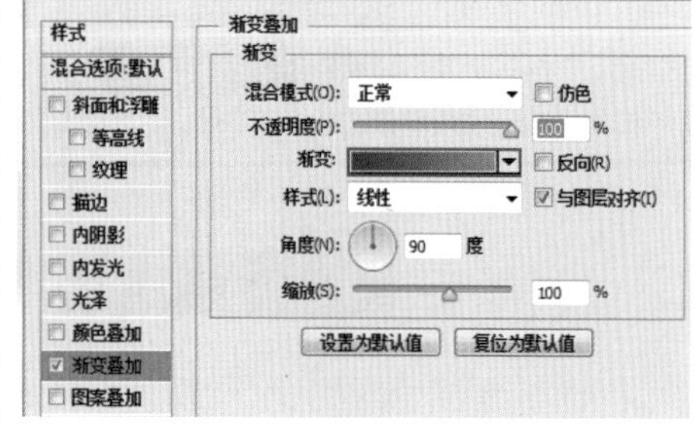

图 7-77

STEP 04 将“当前时间指示器”移动到右侧位置，然后添加关键帧，如图 7-78 所示。双击该图层的图层样式，再次打开“图层样式”对话框，编辑一个蓝色系的渐变颜色，此时按钮变为蓝色，如图 7-79 所示。

图 7-78

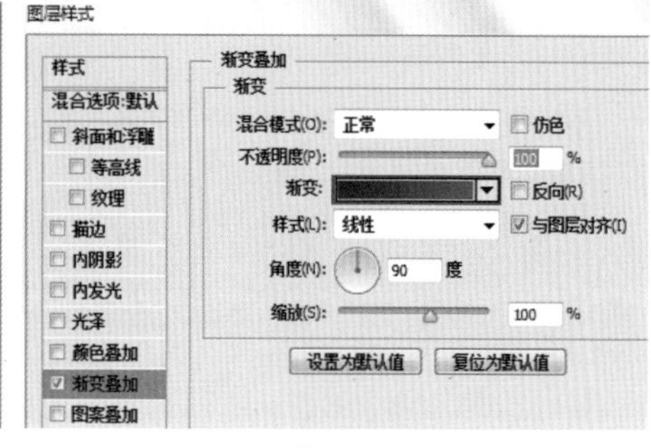

图 7-79

STEP 05 将“当前时间指示器”移动到左侧位置，然后单击“播放”按钮 ，如图 7-80 所示。查看播放效果，如图 7-81 所示。

时间轴
10f
20f
01:00f
Unforgettable Life
按钮底色
位置
不透明度
样式
音轨
0:00:00:00
(30.00 fps)

图 7-80

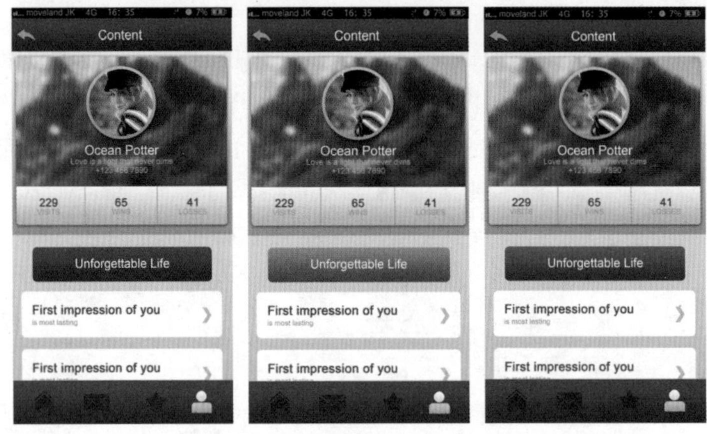
Content
Ocean Potter
229
65
41
Unforgettable Life
First impression of you
First impression of you

图 7-81

第 8 章

CHAPTER EIGHT

UI 设计实战

本章概述

手机 APP 的种类非常多，不同类型的 APP 界面风格、元素以及色彩的选择也各不相同。本章主要练习不同类型的 APP 图标设计、小组件界面设计以及 APP 主界面的制作。

本章要点

- 综合运用 Photoshop 多方面功能制作 APP 界面
- 练习不同类型的 UI 设计制作思路

佳作欣赏

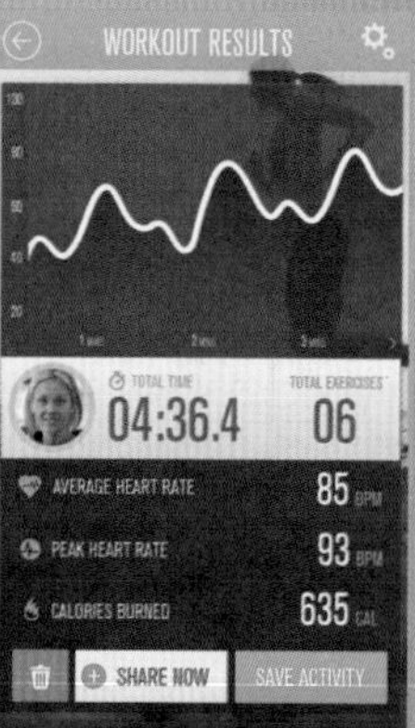

8.1 水晶质感 APP 图标

案例文件	水晶质感 APP 图标.psd	难易指数	★★★★★
视频教学	水晶质感 APP 图标.flv	技术要点	圆角矩形工具、钢笔工具、自定形状工具、图层样式

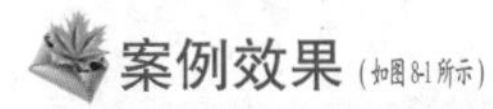

案例效果（如图 8-1 所示）

思路剖析（如图 8-2~ 图 8-4 所示）

图 8-1

图 8-2

图 8-3

图 8-4

①使用“圆角矩形工具”配合图层样式制作图标背景。

②使用“钢笔工具”与“椭圆工具”绘制按钮上的形状并添加图层样式。

③使用“自定形状工具”制作心形形状。

应用拓展

优秀图标设计效果欣赏，如图 8-5~ 图 8-7 所示。

图 8-5

图 8-6

图 8-7

操作步骤

STEP 01 执行“文件 > 新建”菜单命令，在“新建”对话框中设置文件“宽度”为 3508 像素、“高度”为 2480 像素、“分辨率”为 72 像素 / 英寸、“颜色模式”为“RGB 颜色”、“背景内容”为“白色”，如图 8-8 所示。单击工具箱中的“渐变工具”按钮，在选项栏中单击“渐变色条”按钮，在弹出的“渐变编辑器”对话框中编辑一个淡蓝色系的渐变，单击“确定”按钮完成编辑，如图 8-9 所示。设置“渐变类型”为“实底”，在画面中按住鼠标左键拖曳填充渐变颜色，如图 8-10 所示。

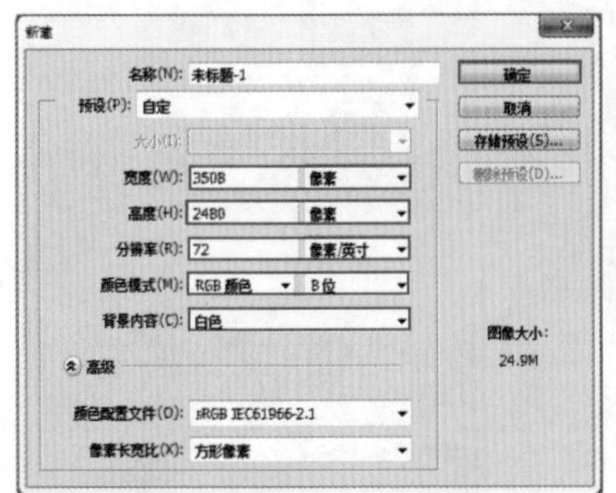

图 8-8

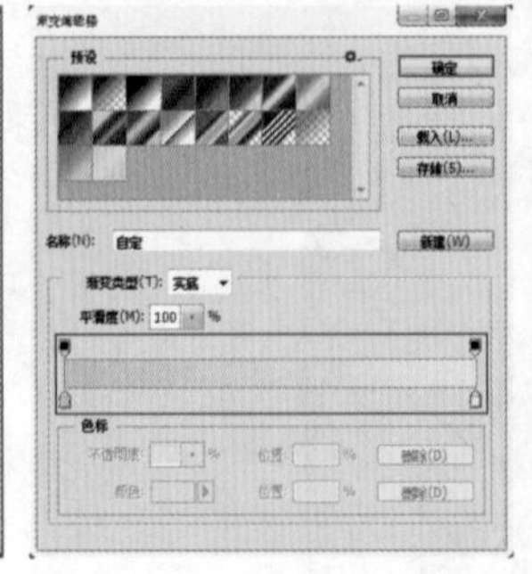

图 8-9

图 8-10

STEP 02 单击工具箱中的“圆角矩形工具”按钮，在选项栏中设置“绘制模式”为“形状”、“半径”为 300 像素，单击“填充”按钮，在下拉面板中编辑一个蓝色系渐变，设置“渐变样式”为“径向渐变”，在画面中间位置按住 Shift 键绘制一个圆角矩形，如图 8-11 所示。

图 8-11

STEP 03 执行“图层 > 图层样式 > 斜面和浮雕”菜单命令，在“图层样式”对话框中设置“样式”为“内斜面”、“方法”为“平滑”、“深度”为 613%、“方向”为“上”、“大小”为 103 像素、“软化”为 16 像素、“角度”为 125 度、“高度”为 26 度、“高光模式”为“滤色”、“高光颜色”为白色、“高光不透明度”为 88%、“阴影模式”为“正片叠底”、“阴影颜色”为蓝色、“阴影不透明度”为 51%，单击“确定”按钮完成设置，如图 8-12 所示。效果如图 8-13 所示。

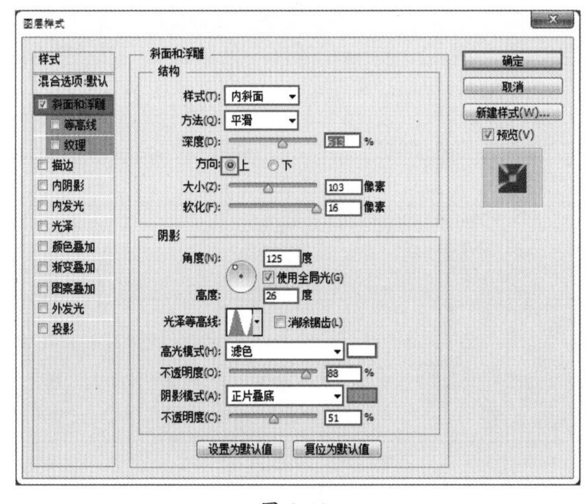

图 8-12

图 8-13

STEP 04 单击工具箱中的“钢笔工具”按钮，在选项栏中设置“绘制模式”为“形状”、“填充”为蓝色，单击“形状”按钮，在圆角矩形中间位置绘制气泡形状，如图 8-14 所示。执行“图层 > 图层样式 > 斜面和浮雕”菜单命令，在“图层样式”对话框中设置“样式”为“内斜面”、“方法”为“平滑”、“深度”为 348%、“方向”为“上”、“大小”为 65 像素、“软化”为 7 像素、“角度”为 125 度、“高度”为 26 度、“高光模式”为“滤色”、“高光颜色”为白色、“高光不透明度”为 75%、“阴影模式”为“正片叠底”、“阴影颜色”为蓝色、“阴影不透明度”为 75%，单击“确定”按钮完成设置，如图 8-15 所示。效果如图 8-16 所示。

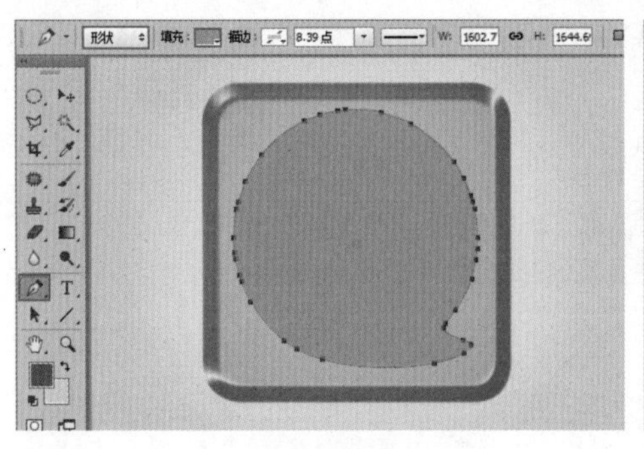

图 8-14

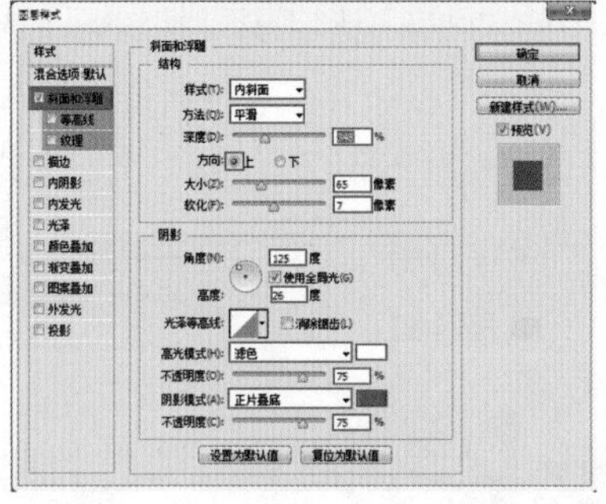

图 8-15

图 8-16

STEP 05 继续使用“钢笔工具”在之前绘制的图形内部绘制一个小一些的气泡形状，“填充”设置为浅蓝色，如图 8-17 所示。

在图形绘制过程中，为了保证两个图形是以中心进行对齐的，可以按住 Ctrl 键加选两个形状图层。单击工具箱中的“移动工具”按钮，在选项栏中单击“垂直居中对齐”按钮和“水平居中对齐”按钮，保证两个形状对齐，如图 8-18 所示。

图 8-17

图 8-18

STEP 06 选择小一些的气泡图层，执行“图层 > 图层样式 > 斜面和浮雕”菜单命令，在“图层样式”对话框中设置“样式”为“内斜面”、“方法”为“平滑”、“深度”为 348%、“方向”为“上”、“大小”为 35 像素、“软化”为 4 像素、“角度”为 125 度、“高度”为 26 度、“高光模式”为“滤色”、“高光颜色”为白色、“高光不透明度”为 75%、“阴影模式”为“正片叠底”、“阴影颜色”为蓝色、“阴影不透明度”为 75%，单击“确定”按钮完成设置，如图 8-19 所示。效果如图 8-20 所示。

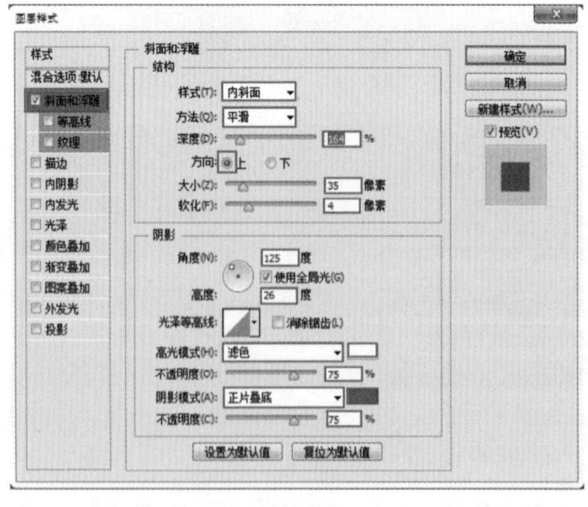

图 8-19

图 8-20

STEP 07 用同样的方法制作第三个气泡形状并进行对齐，如图 8-21 所示。执行“图层 > 图层样式 > 斜面和浮雕”菜单命令，在“图层样式”对话框中设置“样式”为“内斜面”、“方法”为“平滑”、“深度”为 72%、“方向”为“上”、“大小”为 46 像素、“软化”为 16 像素、“角度”为 125 度、“高度”为 26 度、“高光模式”为“滤色”、“高光颜色”为白色、“高光不透明度”为 75%、“阴影模式”为“正片叠底”、“阴影颜色”为蓝色、“阴影不透明度”为 75%，如图 8-22 所示。

STEP 08 勾选左侧样式列表中的“投影”样式，设置“混合模式”为“正片叠底”、“投影颜色”为蓝色、“不透明度”为 75%、“角度”为 125 度、“距离”为 10 像素、“扩展”为 6%、“大小”为 49 像素，单击“确定”按钮完成设置，如图 8-23 所示。效果如图 8-24 所示。

图 8-21

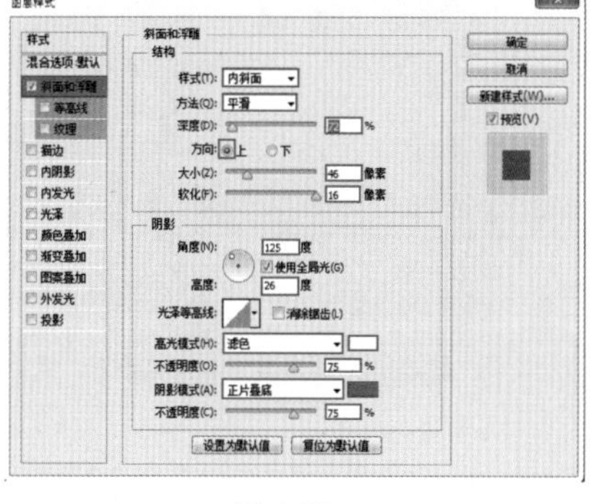

图 8-22

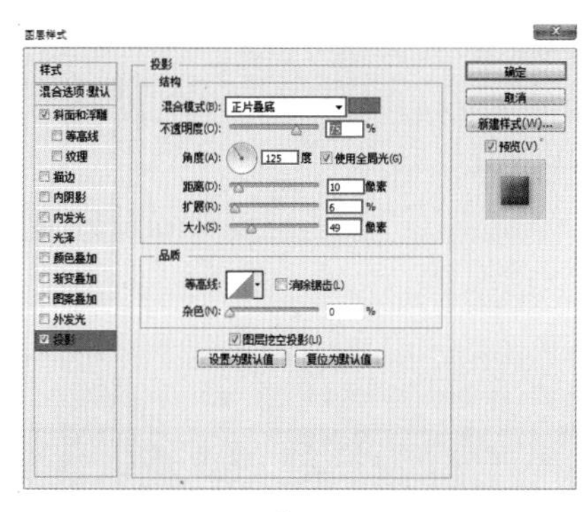

图 8-23

图 8-24

STEP 09 单击工具箱中的“椭圆工具”按钮，在选项栏中设置“绘制模式”为“形状”、“填充”为蓝色，按住 Shift 键拖动鼠标绘制正圆，如图 8-25 所示。执行“图层 > 图层样式 > 渐变叠加”菜单命令，在“图层样式”对话框中设置“混合模式”为“正常”、“不透明度”为 100%、“渐变”为蓝色系渐变、“样式”为“线性”、“角度”为 -133 度、“缩放”为 100%，单击“确定”按钮完成设置，如图 8-26 所示。效果如图 8-27 所示。

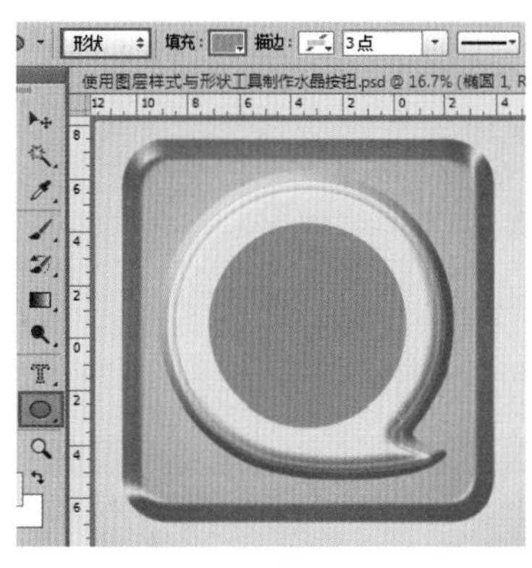

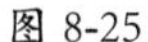

图 8-25

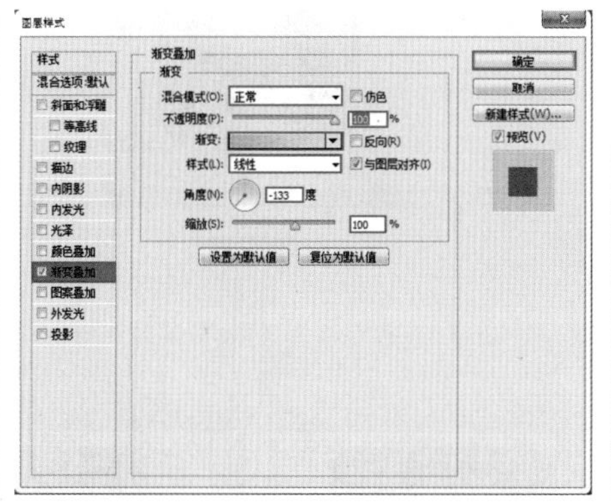

图 8-26

图 8-27

STEP 10 继续使用“椭圆工具”绘制正圆，如图 8-28 所示。执行“图层 > 图层样式 > 内阴影”菜单命令，在“图层样式”对话框中设置“混合模式”为“正片叠底”、“阴影颜色”为深蓝色、“不透明度”为 75%、“角度”为 125 度、“距离”为 12 像素、“阻塞”为 15%、“大小”为 32 像素，单击“确定”按钮完成设置，如图 8-29 所示。效果如图 8-30 所示。

图 8-28

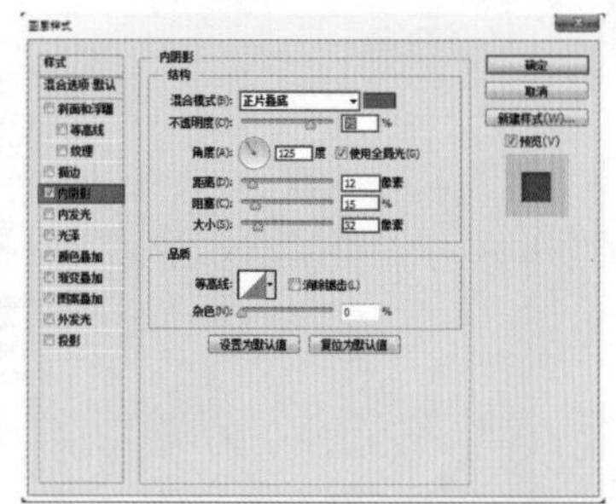

图 8-29

图 8-30

STEP 11 单击工具箱中的“自定形状工具”按钮，在选项栏中设置“绘制模式”为“形状”、“填充”为白色，单击“形状”按钮，在下拉面板中选择心形，在画面中间位置按住鼠标左键拖曳绘制形状，最终效果如图 8-31 所示。

图 8-31

8.2 新鲜水果图标设计

案例文件	新鲜水果图标设计.psd	难易指数	★★★★★
视频教学	新鲜水果图标设计.flv	技术要点	椭圆工具、剪贴蒙版、图层样式、画笔工具、“画笔”面板

案例效果（如图 8-32 所示）

图 8-32

思路剖析（如图 8-33~图 8-36 所示）

图 8-33

图 8-34

图 8-35

图 8-36

①使用“圆角矩形工具”绘制图标的基本图形。

②利用“剪贴蒙版”为图标添加猕猴桃的纹理。

③使用“画笔工具”绘制按钮周围的“绒毛”。

图 8-37

应用拓展

优秀水果图标设计作品欣赏，如图 8-37~ 图 8-39 所示。

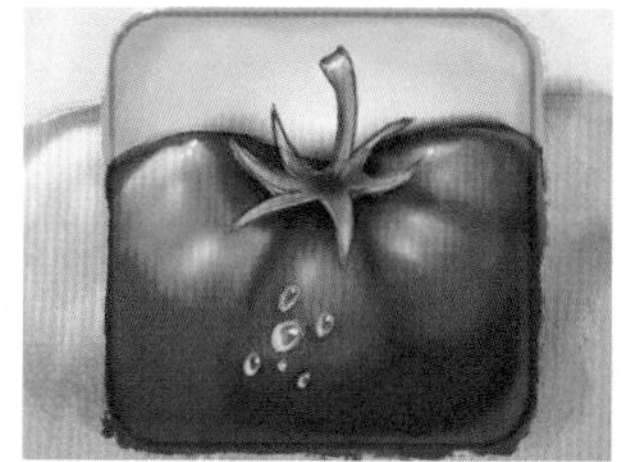

图 8-38

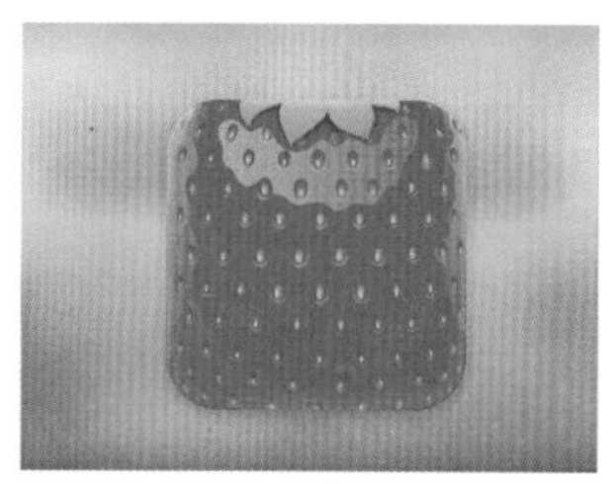

图 8-39

操作步骤

STEP 01 执行“文件 > 新建”菜单命令，新建一个 600 像素 ×600 像素的空白文件。单击工具箱中的“渐变工具”按钮，在“渐变编辑器”对话框中编辑一个灰色系的渐变，单击“确定”按钮。然后设置“渐变类型”为“实底”，在画面中进行拖曳填充，如图 8-40 和图 8-41 所示。

图 8-40

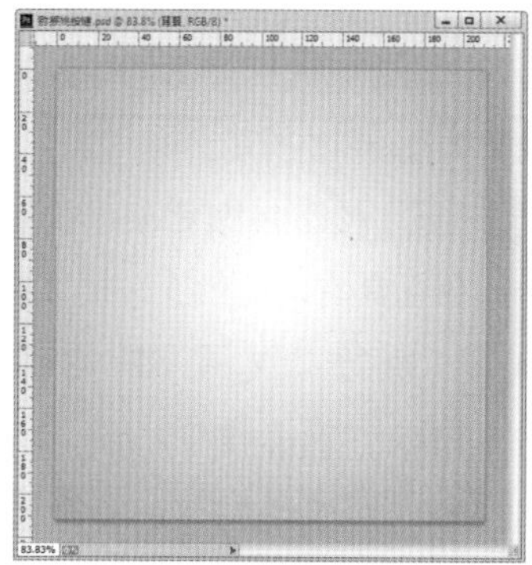

图 8-41

STEP 02 绘制按钮。单击工具箱中的“圆角矩形工具”按钮，在选项栏中设置“绘制模式”为“形状”、“填充”为黑色、“描边”为无颜色，然后在画面中单击，在弹出的“创建圆角矩形”对话框中设置“宽度”和“高度”均为 400 像素、“半径”为 50 像素，参数设置如图 8-42 所示。单击“确定”按钮，圆角矩形绘制完成，得到“圆角矩形 1”图层，效果如图 8-43 所示。

图 8-42

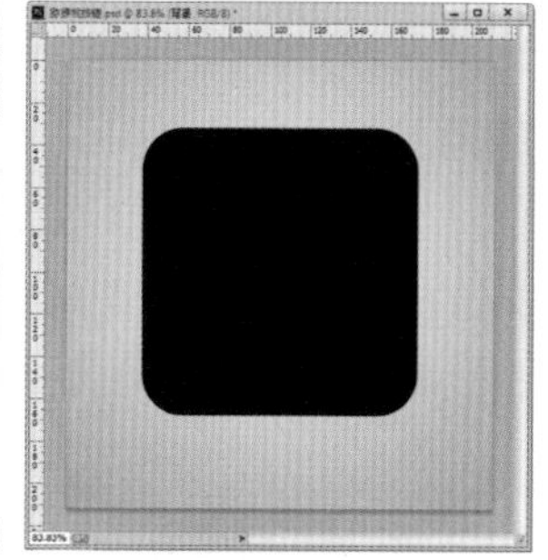

图 8-43

STEP 03 将果皮素材“1.jpg”置入画面中，选中该图层，执行“图层 > 栅格化 > 智能对象”菜单命令，并将其放置在圆角矩形的下半部分，如图 8-44 所示。按住 Ctrl 键单击圆角矩形缩览图，载入选区。然后单击果皮素材“1.jpg”所在的图层，单击“添加蒙版”按钮，以该选区为图层添加图层蒙版，使多余部分隐藏，如图 8-45 所示。效果如图 8-46 所示。

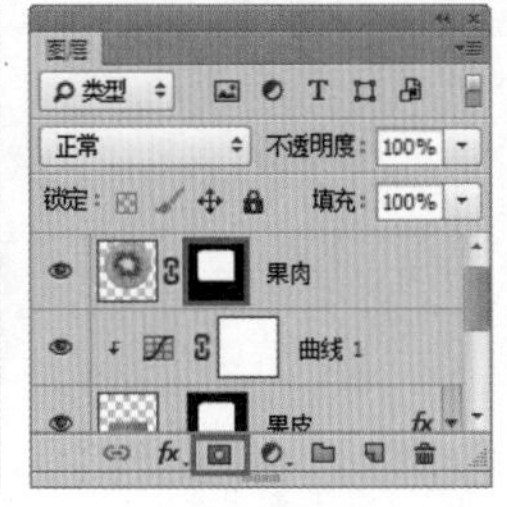

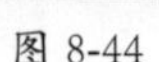

图 8-44　　图 8-45　　图 8-46

STEP 04 选择果皮素材所在的图层，执行“图层 > 图层样式 > 内阴影”菜单命令，在弹出的“图层样式”对话框中，设置“混合模式”为“正片叠底”、“颜色”为黑色、“不透明度”为40%、“角度”为40度、“距离”为40像素、“阻塞”为0%、“大小”为110像素，参数设置如图8-47所示。设置完成后单击“确定”按钮，效果如图8-48所示。

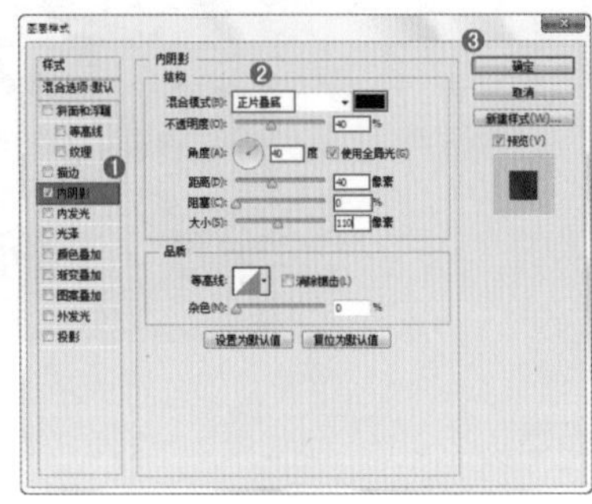

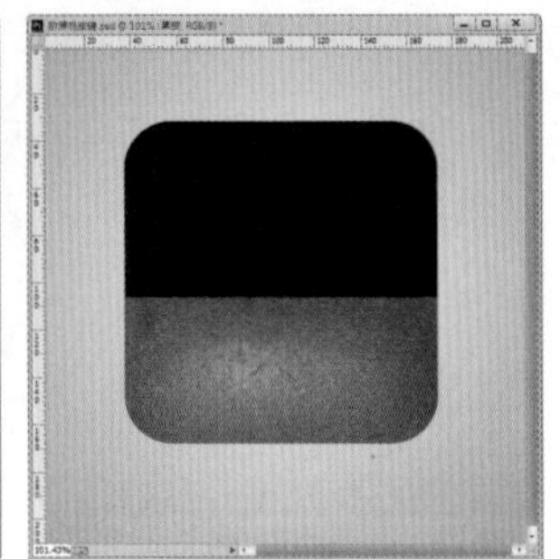

图 8-47　　图 8-48

STEP 05 接下来调整果皮的颜色，让颜色更具有对比性。选择“果皮”图层，执行“图层 > 新建调整图层 > 曲线”菜单命令，在“属性”面板中调整曲线形状，调整完成后单击“剪贴蒙版”按钮，如图8-49所示。画面效果如图8-50所示。

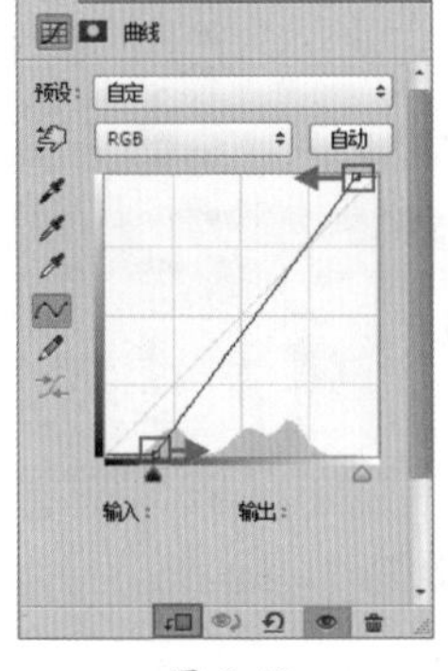

图 8-49　　图 8-50

STEP 06 制作按钮的中心部分。将果肉素材“2.png”置入画面中，放置在按钮的中心部分，如图8-51所示。

STEP 07 使用“图层蒙版”将多出按钮的部分隐藏。按住Ctrl键单击“圆角矩形1”图层得到选区，在使用“选区工具”的状态下，右击，在弹出的快捷菜单中执行“变换选区”菜单命令，然后进行选区的变换，如图8-52所示。为素材“2.png”所在的图层添加蒙版，画面效果如图8-53所示。

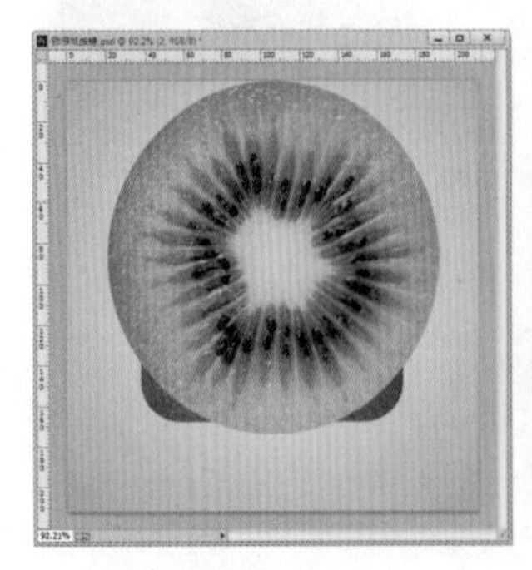

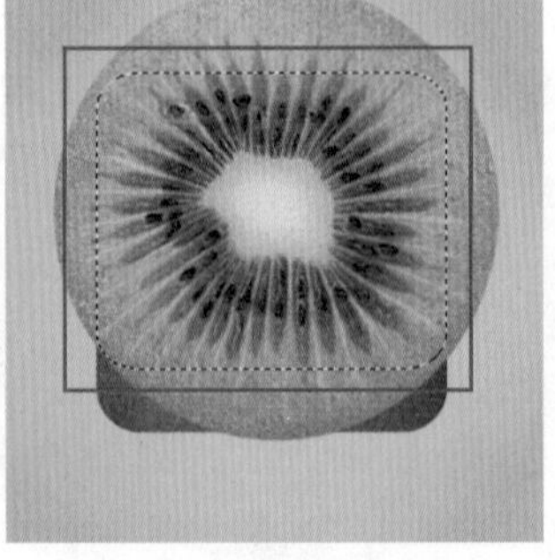

图 8-51　　图 8-52　　图 8-53

STEP 08 描边路径制作果肉的内阴影部分。先将前景色设置为深绿色，然后按住 Ctrl 键单击“果肉”图层的图层蒙版，得到选区，右击执行“建立工作路径”菜单命令，将选区转换为路径。新建图层，单击工具箱中的“画笔工具”按钮，使用 F5 快捷键调出“画笔”面板，在“画笔”面板中设置“画笔笔尖形状”的“大小”为 60 像素、“硬度”为 1%、“间距”为 35%，如图 8-54 所示。勾选“形状动态”选项，设置“大小抖动”为 90%，如图 8-55 所示。

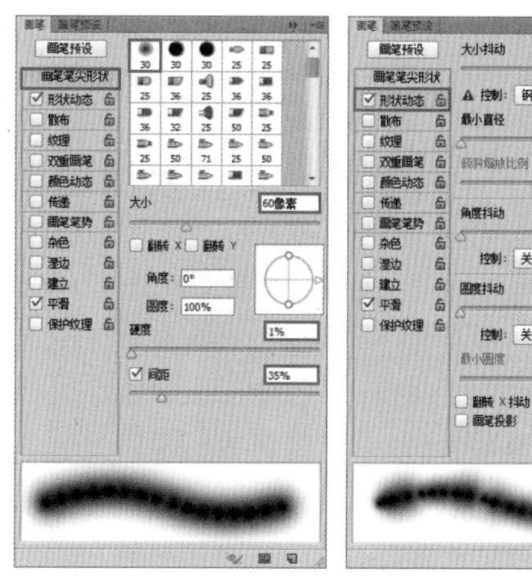

图 8-54　　图 8-55

STEP 09 在使用“钢笔工具”或“形状工具”的状态下，右击，在弹出的快捷菜单中执行“描边路径”菜单命令，在弹出的“描边路径”对话框中，设置“工具”为“画笔”，勾选“模拟压力”选项，参数设置如图 8-56 所示。单击“确定”按钮，效果如图 8-57 所示。

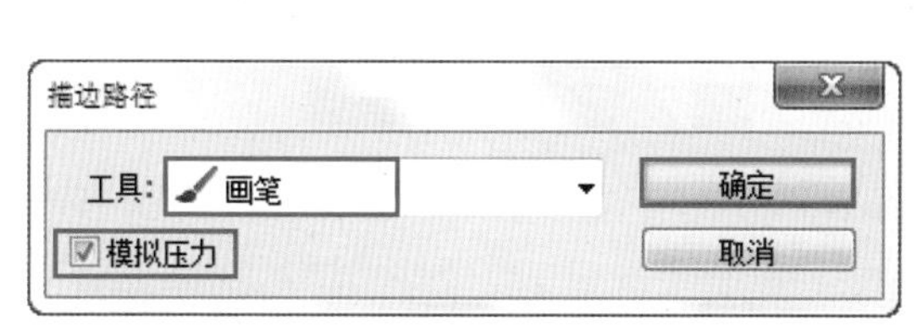

图 8-56

图 8-57

STEP 10 选择“描边路径”图层，执行“图层 > 创建剪贴蒙版”菜单命令，建立剪贴蒙版，画面效果如图 8-58 所示。继续设置该图层的“混合模式”为“正片叠底”、“不透明度”为 80%，如图 8-59 所示。画面效果如图 8-60 所示。

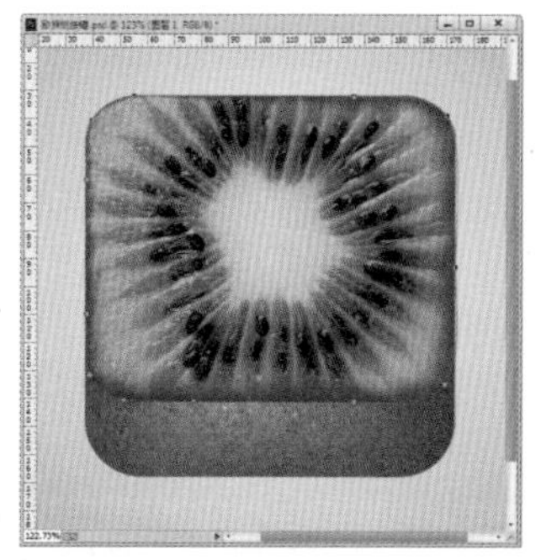

图 8-58

图 8-59

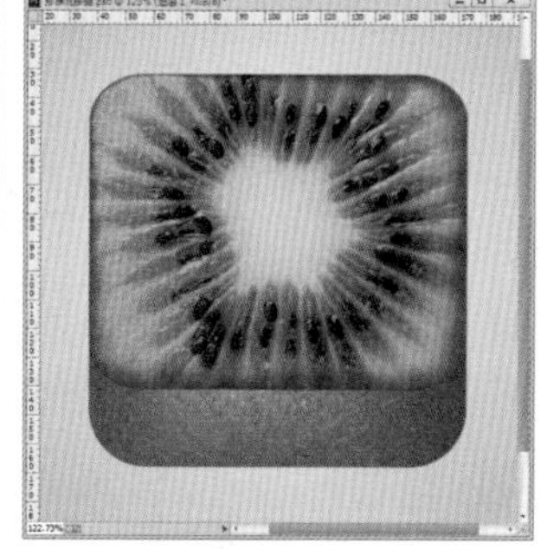

图 8-60

STEP 11 为果肉部分调色。执行“图层 > 新建调整图层 > 曲线”菜单命令，在“属性”面板中调整曲线形状，调整完成后单击“剪贴蒙版”按钮，如图 8-61 所示。画面效果如图 8-62 所示。

STEP 12 执行“图层 > 新建调整图层 > 自然饱和度”菜单命令，在“属性”面板中设置“自然饱和度”的参数为 +3、“饱和度”为 +4，参数设置如图 8-63 所示。画面效果如图 8-64 所示。

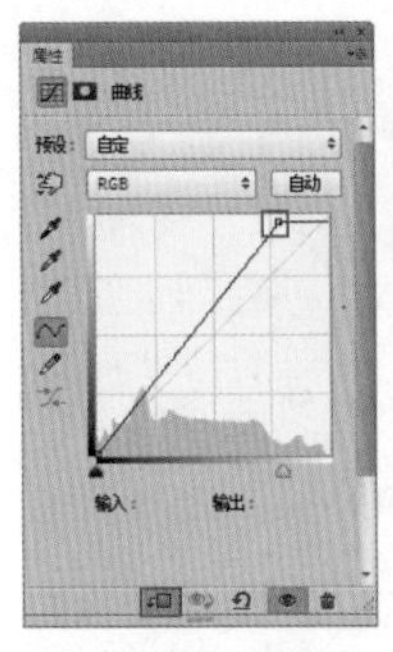

图 8-61

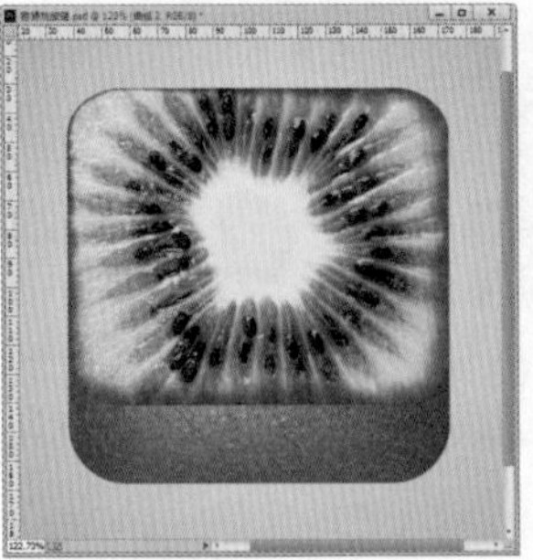

图 8-62

图 8-63

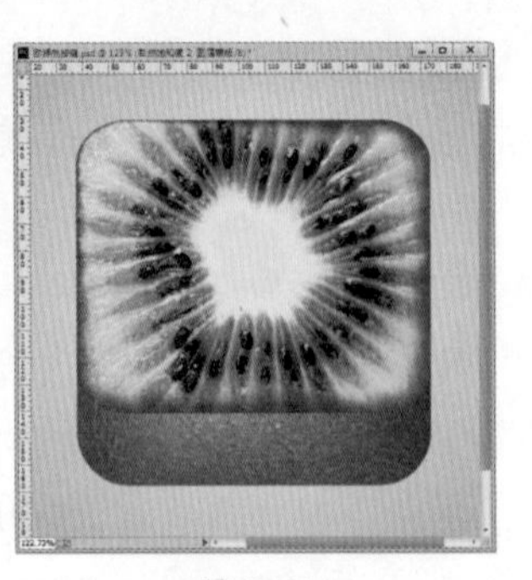

图 8-64

STEP 13 此时按钮大部分就制作完成了，最后使用画笔绘制猕猴桃按钮边缘外部的“绒毛”。单击“画笔工具”按钮，调出“画笔”面板，在“画笔笔尖形状”选项中选择一个“草叶”形状的画笔，设置“大小”为 30 像素，勾选“翻转 X”选项，设置“间距”为 40%，如图 8-65 所示。勾选“形状动态”选项，设置“大小抖动”为 75%、“角度抖动”为 12%，如图 8-66 所示。

STEP 14 在“果皮”图层的下一层新建图层，将前景色设置为黄色，在按钮的上面和左侧进行绘制，效果如图 8-67 所示。

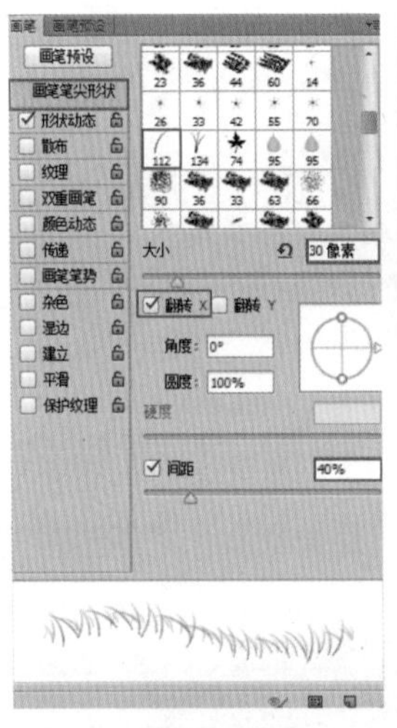

图 8-65

图 8-66

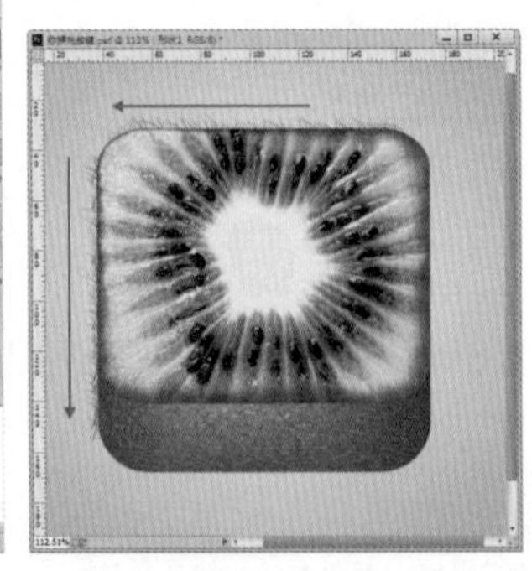

图 8-67

STEP 15 调出“画笔”面板，勾选“翻转 Y”选项，如图 8-68 所示。继续在画面中进行绘制，如图 8-69 所示。本案例制作完成，最终效果如图 8-70 所示。

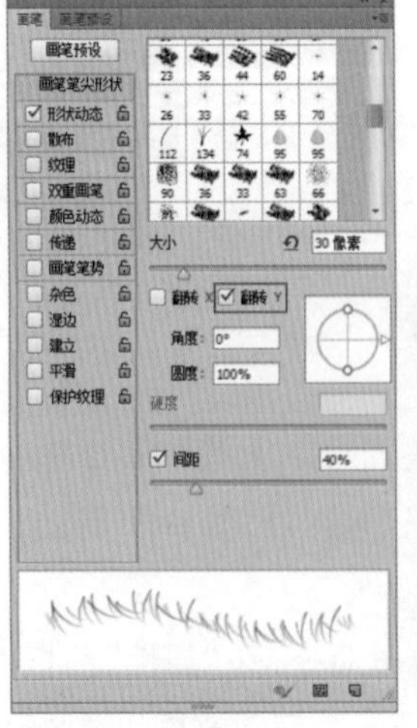

图 8-68

图 8-69

图 8-70

8.3 扁平化天气小组件

案例文件	扁平化天气小组件.psd
视频教学	扁平化天气小组件.flv

难易指数	★★★★★
技术要点	圆角矩形工具、钢笔工具

案例效果（如图 8-71 所示）

思路剖析（如图 8-72~ 图 8-74 所示）

图 8-71

图 8-72

图 8-73

图 8-74

①使用“圆角矩形工具”制作主体图形。

②使用“钢笔工具”和“形状工具”制作小组件上的图标。

③使用“横排文字工具”添加文字。

应用拓展

优秀的时间小组件设计作品欣赏，如图 8-75~ 图 8-77 所示。

图 8-75

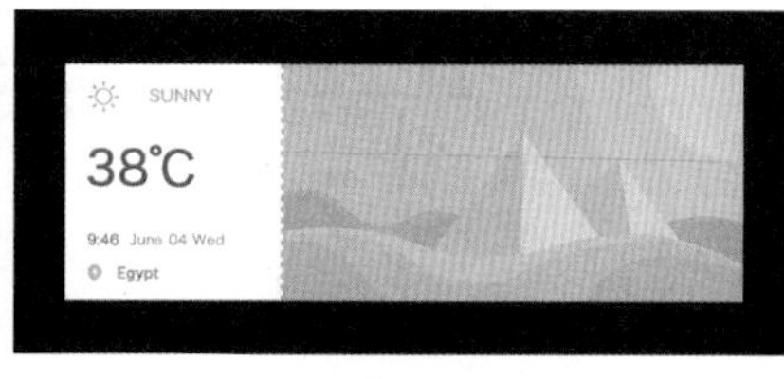

图 8-76

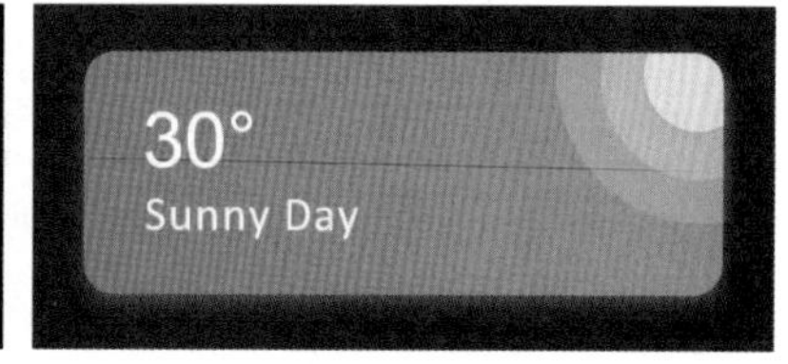

图 8-77

操作步骤

STEP 01 执行“文件 > 新建”菜单命令，在“新建”对话框中设置文件“宽度”为 1313 像素、“高度”为 1480 像素、“分辨率”为 72 像素 / 英寸、“颜色模式”为“RGB 颜色”、“背景内容”为“白色”，如图 8-78 所示。单击“前景色”按钮，在弹出的“拾色器（前景色）”对话框中设置颜色为棕色，单击“确定”按钮完成设置，如图 8-79 所示。用前景色按 Alt+Delete 快捷键填充画布为棕色，如图 8-80 所示。

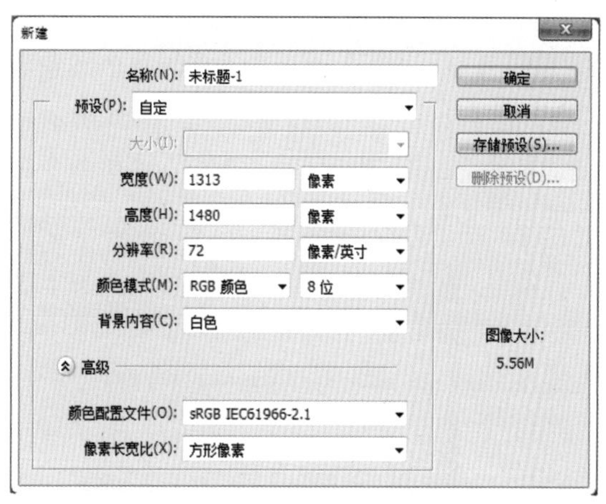

图 8-78

STEP 02 单击工具箱中的“圆角矩形工具”按钮，在选项栏中设置“绘制模式”为“形状”、“填充”为白色、“半径”为 20 像素，在画面中间位置按住鼠标左键拖曳绘制圆角矩形，如图 8-81 所示。

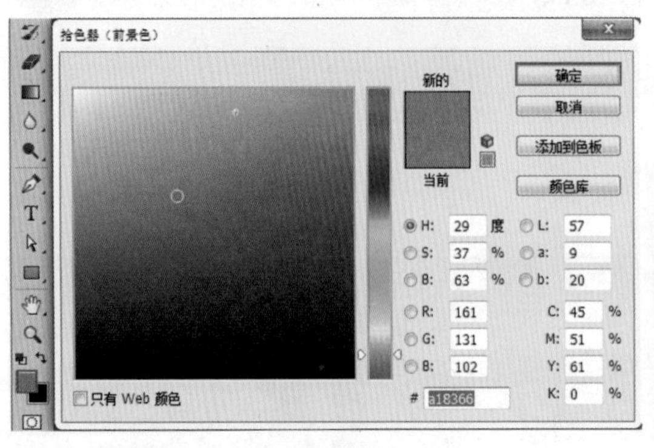

图 8-79

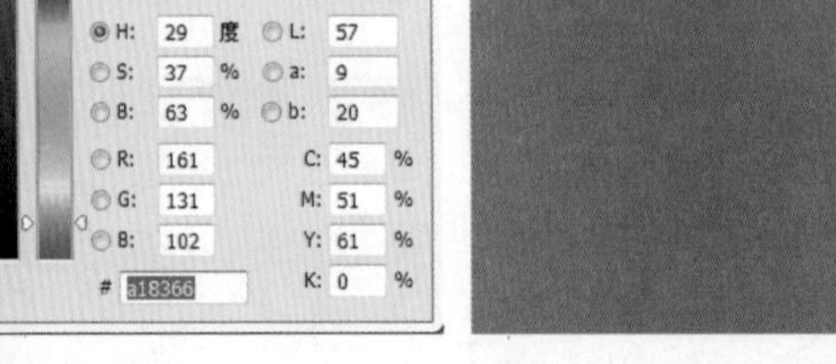

图 8-80

图 8-81

STEP 03 继续使用“圆角矩形工具”，在选项栏中设置“绘制模式”为“形状”、“填充”为蓝色，在画面中单击，在弹出的“创建圆角矩形”对话框中设置“宽度”为 1020 像素、“高度”为 744 像素、左上圆角半径为 30 像素、右上圆角半径为 30 像素、左下圆角半径为 0 像素、右下圆角半径为 0 像素，单击“确定”按钮，如图 8-82 所示。将蓝色的图像移动到相应位置，效果如图 8-83 所示。

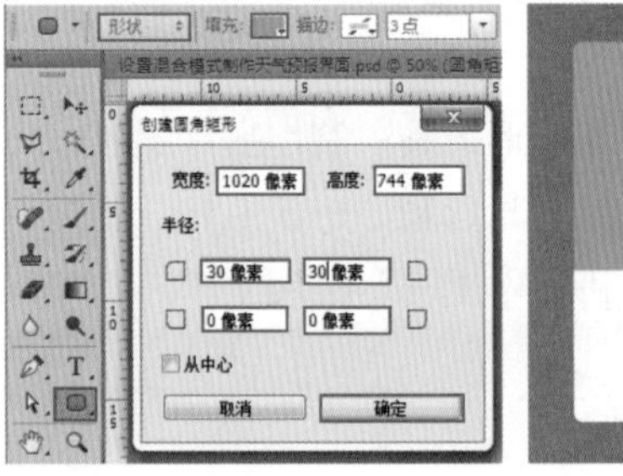

图 8-82

图 8-83

STEP 04 继续使用“圆角矩形工具”，在选项栏中设置“绘制模式”为“形状”、“填充”为浅灰色，在画面中单击，在弹出的“创建圆角矩形”对话框中设置“宽度”为 506 像素、“高度”为 482 像素、左上圆角半径为 0 像素、右上圆角半径为 0 像素、左下圆角半径为 30 像素、右下圆角半径为 0 像素，单击“确定”按钮，如图 8-84 所示。效果如图 8-85 所示。

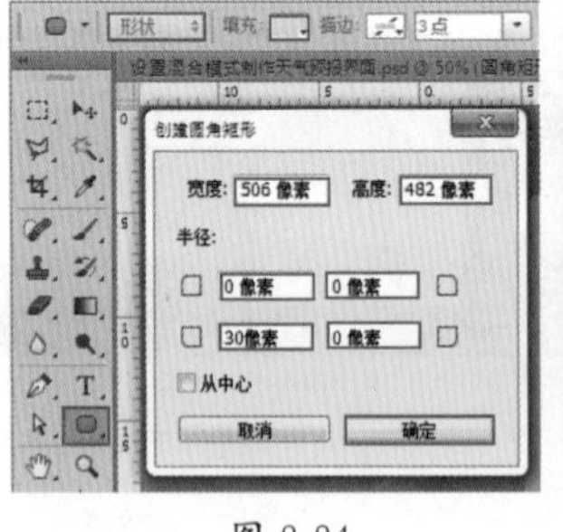

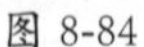

图 8-84

图 8-85

STEP 05 在“图层”面板中选择浅灰色圆角矩形图层，右击，执行“复制图层”菜单命令，然后将复制的灰色图形向右移动，如图 8-86 所示。选择拷贝图层，使用“自由变换”Ctrl+T 快捷键调出定界框，右击，执行“水平翻转”菜单命令，如图 8-87 所示。变换完成后，按 Enter 键完成变换，效果如图 8-88 所示。

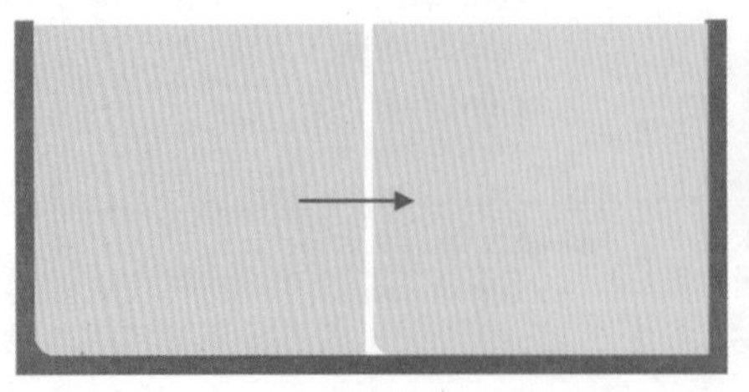

图 8-86

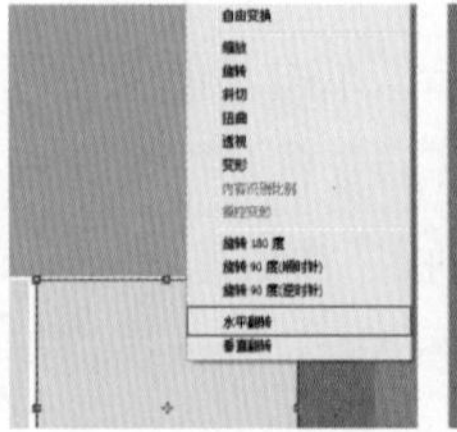

图 8-87

图 8-88

STEP 06 接下来制作多云天气符号。首先制作云朵，单击工具箱中的“钢笔工具”按钮，在选项栏中设置“绘制模式”为“形状”、“填充”为无颜色、“描边”为白色、“描边宽度”为 60 点，在画面右上角拖动鼠标绘制云朵，如图 8-89 所示。然后绘制太阳，继续使用“钢笔工具”，在选型栏中设置“绘制模式”为“形状”、“填充”为白色、“描边”为无颜色，在云朵上方绘制太阳形状，如图 8-90 所示。

图 8-89

图 8-90

STEP 07 绘制太阳发光形状。单击工具箱中的“圆角矩形工具”按钮，在选项栏中设置“绘制模式”为“形状”、“填充”为白色、“半径”为 20 像素，在太阳上方按住鼠标左键绘制“圆角矩形”，如图 8-91 所示。在“图层”面板中复制“圆角矩形”图层，使用“自由变换”Ctrl+T 快捷键调出定界框，进行旋转，再调整位置，如图 8-92 所示。用同样的方法制作其他圆角矩形，如图 8-93 所示。

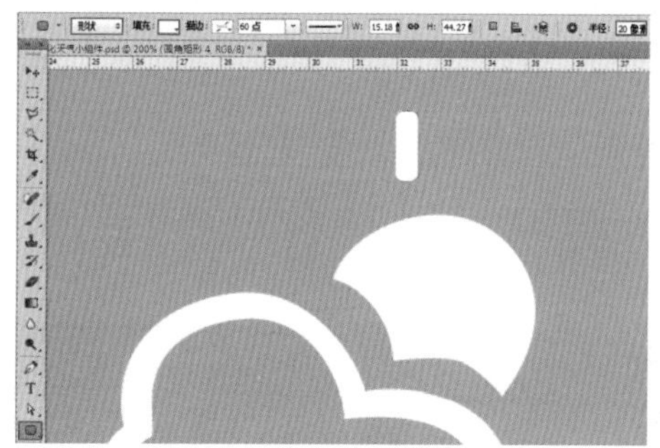

图 8-91

图 8-92

图 8-93

STEP 08 在画面左下角绘制图标。单击工具箱中的“钢笔工具”按钮，在选项栏中设置“绘制模式”为“形状”、“填充”为无颜色、“描边”为灰色、“描边宽度”为 10 点，单击“描边类型”按钮，在“描边选项”面板中设置“端点”为“圆角端点”，在画面左下角拖曳绘制形状，如图 8-94 所示。在“图层”面板中将该形状图层进行复制，然后向下移动，如图 8-95 所示。用同样的方法制作另一个形状，如图 8-96 所示。

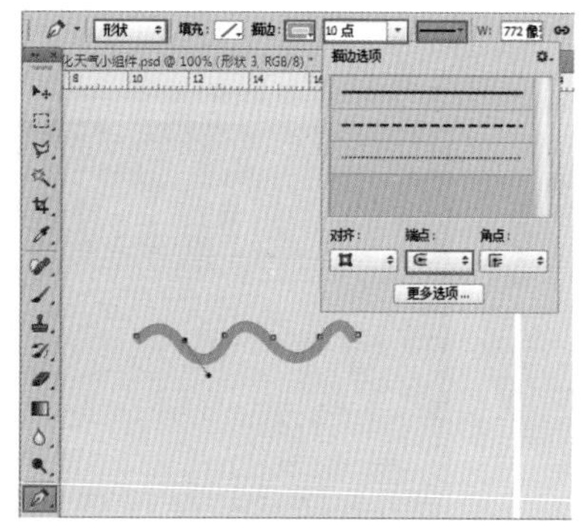

图 8-94

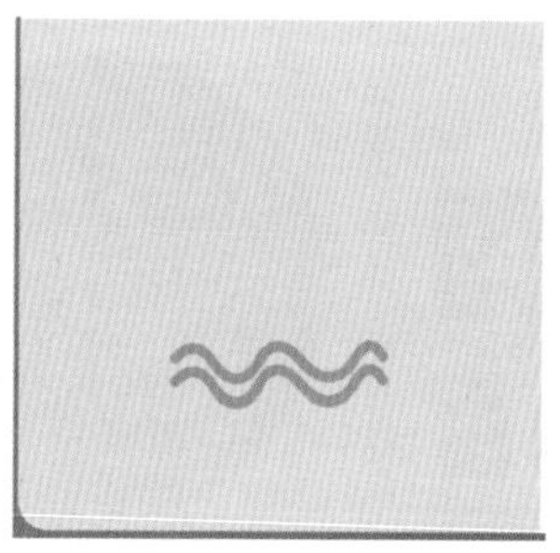

图 8-95

图 8-96

STEP 09 使用同样的方法绘制右下角处的图标，效果如图 8-97 所示。

STEP 10 单击“横排文字工具”按钮，设置适合的“字体”“字号”“填充”，在画面中单击输入文字，如图 8-98 所示。用同样的方法输入其他文字，如图 8-99 所示

图 8-97

图 8-98

图 8-99

8.4 闹钟小工具界面设计

案例文件	闹钟小工具界面设计.psd
视频教学	闹钟小工具界面设计.flv

难易指数	
技术要点	形状工具、剪贴蒙版、图层样式

案例效果（如图 8-100 所示）

思路剖析（如图 8-101~ 图 8-103 所示）

图 8-100

图 8-101

图 8-102

图 8-103

①使用“圆角矩形工具”绘制圆角矩形。

②使用“形状工具”制作界面的下半部分。

③置入图形素材。

④使用“形状工具”制作钟表图案，使用“横排文字工具”添加文字。

应用拓展

优秀小组件界面设计效果欣赏，如图 8-104~ 图 8-106 所示。

图 8-104

图 8-105

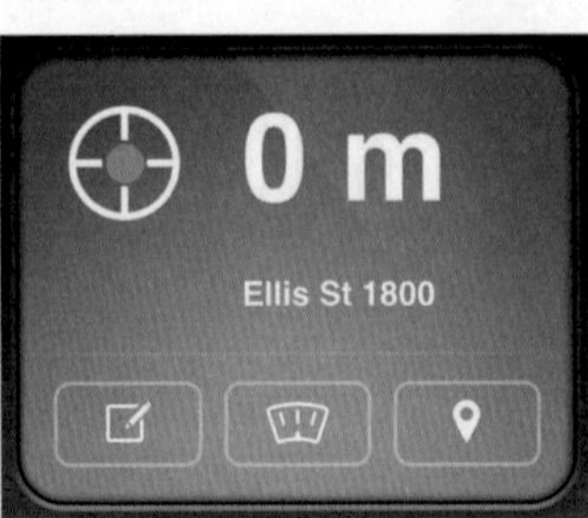

图 8-106

操作步骤

STEP 01 执行“文件 > 新建”菜单命令，在“新建”对话框中设置文件“宽度”为 2000 像素、“高度”为 1500 像素、“分辨率”为 72 像素 / 英寸、“颜色模式”为“RGB 颜色”、“背景内容”为“白色”，如图 8-107 所示。

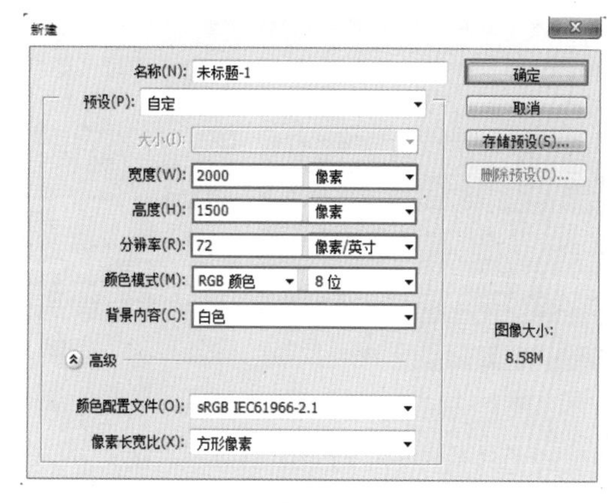

图 8-107

STEP 02 执行“文件 > 置入”菜单命令，在打开的“置入”对话框中单击选择素材“1.jpg”，单击“置入”按钮，如图 8-108 所示。将鼠标指针移动至定界框的控制点，按住 Shift 键拖动鼠标对素材进行等比例放大，按 Enter 键完成置入。执行“图层 > 栅格化 > 智能对象”菜单命令，将其栅格化为普通图层，如图 8-109 所示。

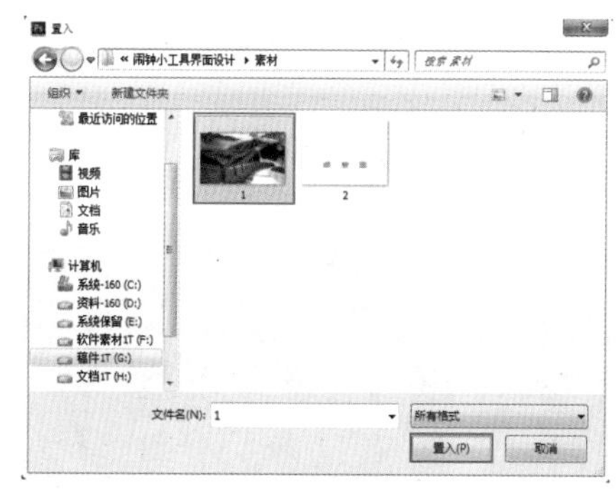

图 8-108

图 8-109

STEP 03 选择风景图层，执行“滤镜 > 模糊 > 高斯模糊”菜单命令，在弹出的“高斯模糊”对话框中设置“半径”为 40.0 像素，单击“确定”按钮完成设置，如图 8-110 所示。效果如图 8-111 所示。

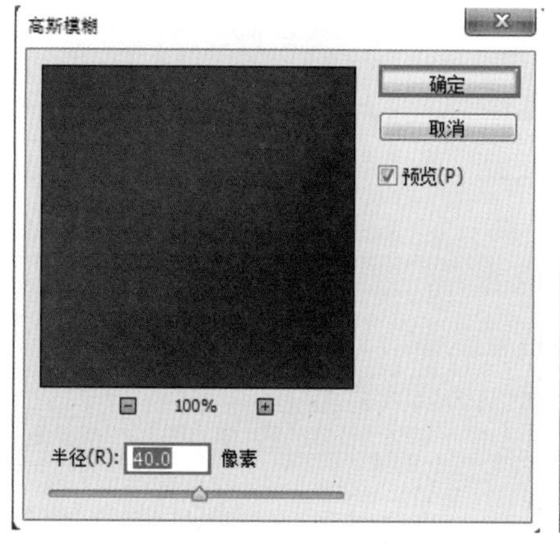

图 8-110

图 8-111

STEP 04 单击工具箱中的“圆角矩形工具”按钮，在选项栏中设置“绘制模式”为“形状”、“填充”为红色、“半径”为 300 像素，在画面中间位置按住鼠标左键拖曳绘制圆角矩形，如图 8-112 所示。接着执行“图层 > 图层样式 > 斜面和浮雕”菜单命令，在“图层样式”对话框中设置“样式”为“内斜面”、“方法”为“平滑”、“深度”为 2%、“方向”为“上”、“大小”为 5 像素、“软化”为 15 像素、“角度”为 141 度、“高度”为 0 度、“高光模式”为“滤色”、“高光颜色”为白色、“高光不透明度”为 75%、“阴影模式”为“正片叠底”、“阴影颜色”为黑色、“阴影不透明度”为 75%，单击“确定”按钮完成设置，如图 8-113 所示。效果如图 8-114 所示。

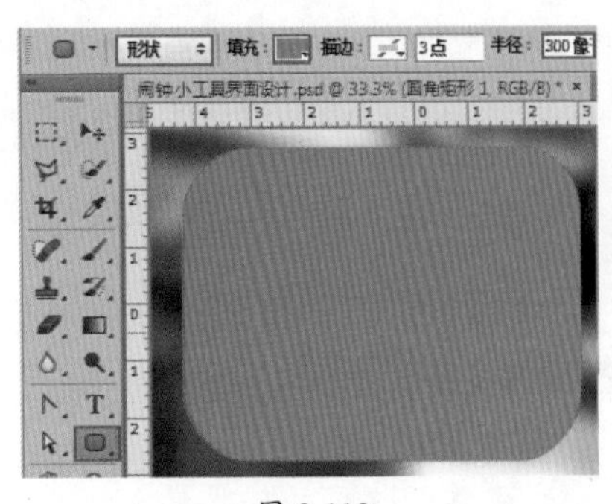

图 8-112

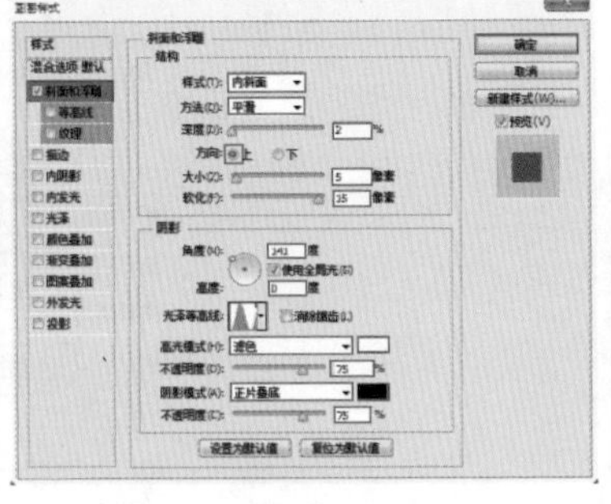
图 8-113

图 8-114

STEP 05 单击工具箱中的“圆角矩形工具”按钮，在选项栏中设置“绘制模式”为“形状”、“填充”为深红色、“半径”为 50 像素，在红色圆角矩形的左下方按住鼠标左键拖曳绘制圆角矩形，如图 8-115 所示。选择该图层，执行“图层 > 创建剪贴蒙版”菜单命令，效果如图 8-116 所示。接着在“图层”面板中设置“不透明度”为 33%，效果如图 8-117 所示。

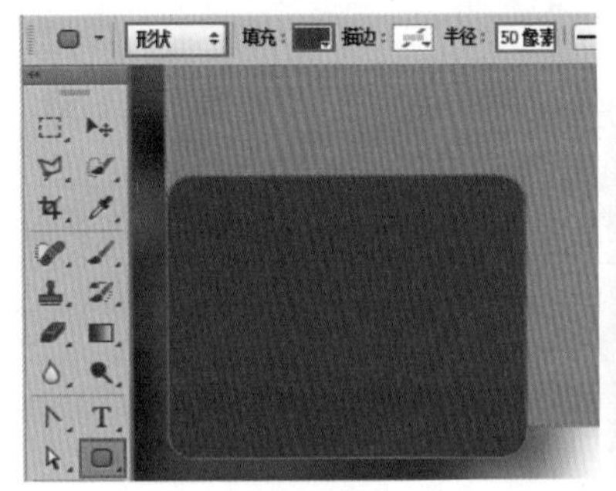

图 8-115

图 8-116

图 8-117

STEP 06 在“图层”面板中选中半透明圆角矩形图层，将其拖曳到“创建新图层”按钮上进行复制，如图 8-118 所示。然后选择拷贝的图层，按住 Shift 键将其平行移动到红色圆角矩形的右下角，如图 8-119 所示。

STEP 07 在“图层”面板中按住 Ctrl 键加选两个深红色圆角矩形，将其拖曳到“创建新图层”按钮上进行复制，单击“圆角矩形工具”按钮，在选项栏中更改“填充”为白色，如图 8-120 所示。在“图层”面板中更改“不透明度”为 100%，在画面中将两个白色圆角矩形向下移动，如图 8-121 所示。

图 8-118

图 8-119

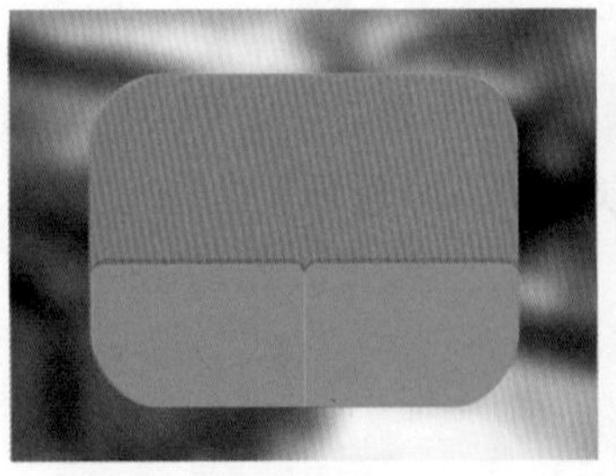
图 8-120

图 8-121

STEP 08 单击工具箱中的“矩形工具”按钮，在选项栏中设置“绘制模式”为“形状”、“填充”为红色，在画面下方按住鼠标左键拖曳绘制一个细长的矩形作为分界线，如图 8-122 所示。执行“图层 > 创建剪贴蒙版”菜单命令，效果如图 8-123 所示。至此，4 个圆角矩形和 1 个矩形分界线全部创建了剪贴蒙版，如图 8-124 所示。

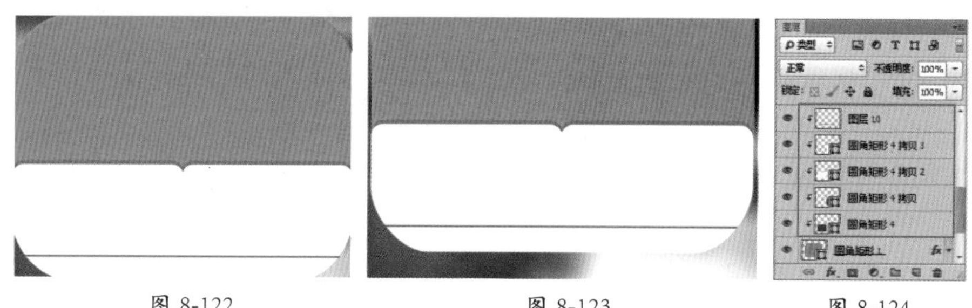

图 8-122　　图 8-123　　图 8-124

STEP 09 单击工具箱中的“椭圆工具”按钮，在选项栏中设置“绘制模式”为“形状”、“填充”为红色，在红色直线的中央位置按住 Shift 键拖动鼠标绘制正圆，如图 8-125 所示。用同样的方法绘制另外两个正圆，如图 8-126 所示。

STEP 10 执行“文件 > 置入”菜单命令，在打开的“置入”对话框中单击选择素材“2.jpg”，单击“置入”按钮，如图 8-127 所示。按 Enter 键完成置入，执行“图层 > 栅格化 > 智能对象”菜单命令，将置入的素材栅格化为普通图层，如图 8-128 所示。

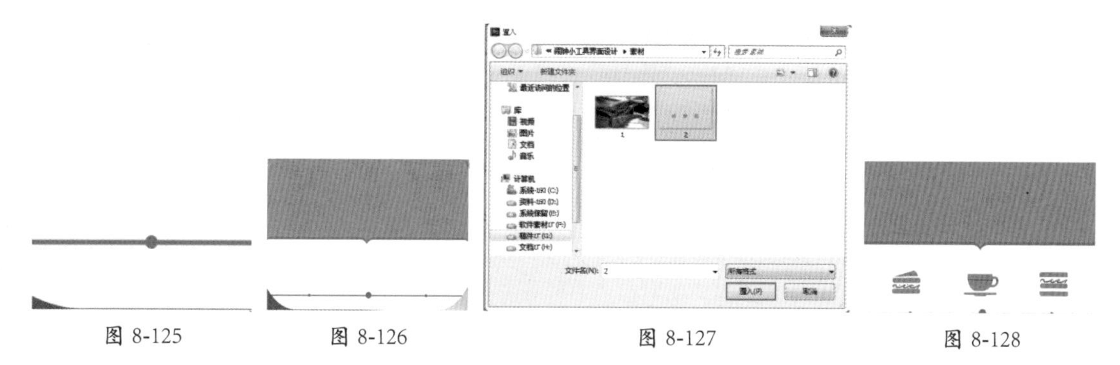

图 8-125　　图 8-126　　图 8-127　　图 8-128

STEP 11 单击工具箱中的“椭圆工具”按钮，在选项栏中设置“绘制模式”为“形状”、“填充”为红色系渐变，在界面左上角按住 Shift 键拖动鼠标绘制正圆，如图 8-129 所示。选择该图层，执行“图层 > 图层样式 > 内发光”菜单命令，在“图层样式”对话框中设置“混合模式”为“滤色”，“不透明度”为 40%、“发光颜色”为浅粉色、“方法”为“柔和”、“大小”为 125 像素、“范围”为 50%，单击“确定”按钮完成设置，如图 8-130 所示，效果如图 8-131 所示。

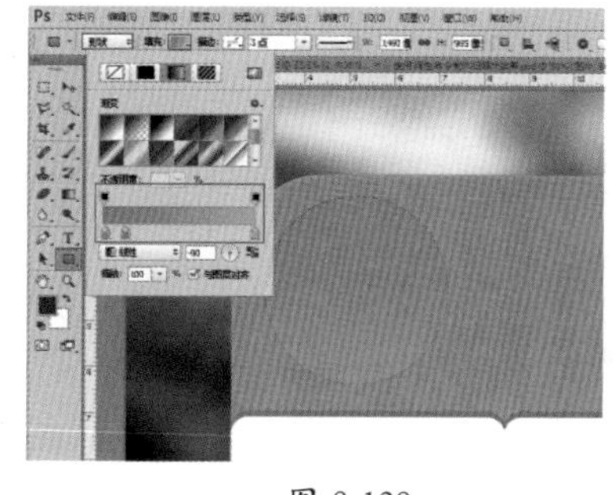

图 8-129

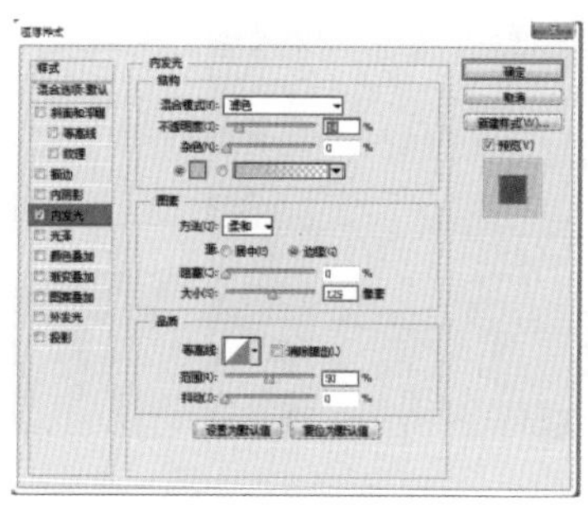

图 8-130

图 8-131

STEP 12 单击工具箱中的“圆角矩形工具”按钮，在选项栏中设置“绘制模式”为“形状”、“填充”为白色、“描边”为红色、“描边宽度”为 1 点，设置“路径运算”模式为“合并形状”，在画面中按住鼠标左键拖曳绘制圆角矩形，如图 8-132 所示。继续按住鼠标左键拖曳绘制圆角矩形，并使用“自由变换”Ctrl+T 快捷键，进行旋转，作为时钟的另一个指针，效果如图 8-133 所示。

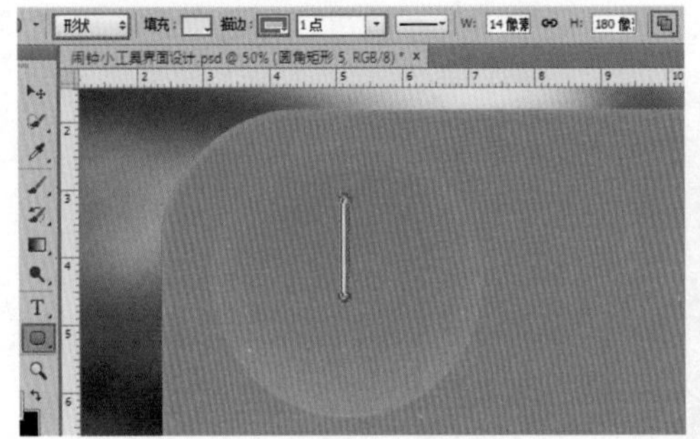

图 8-132

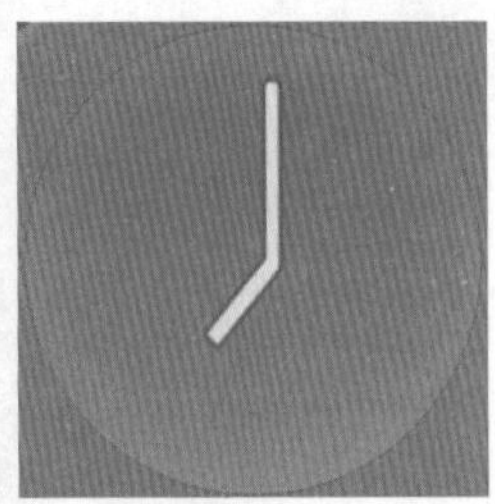

图 8-133

STEP 13 选择指针图层，执行“图层 > 图层样式 > 投影”菜单命令，在“图层样式”对话框中设置“混合模式”为“正片叠底”、“投影颜色”为黑色、“不透明度”为 27%、“角度”为 141 度、“距离”为 7 像素，单击“确定”按钮完成设置，如图 8-134 所示。效果如图 8-135 所示。

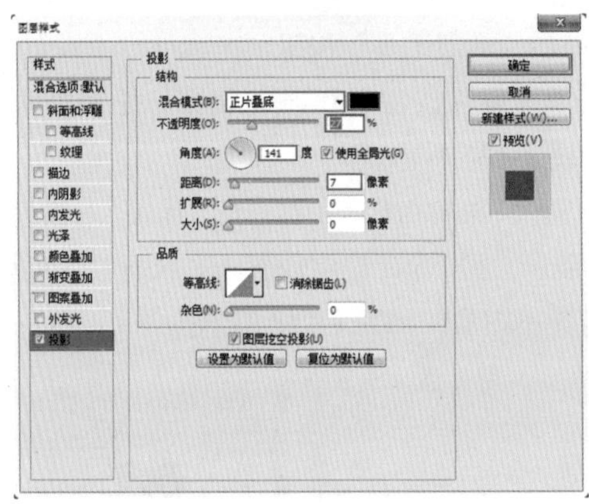

图 8-134

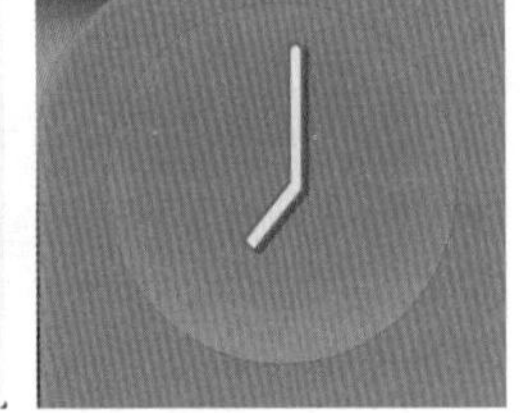

图 8-135

STEP 14 单击工具箱中的“横排文字工具”按钮，在选项栏中设置合适的“字体”“字号”，设置“文本颜色”为白色，在画面中单击输入文字，如图 8-136 所示。选择指针图层，执行“图层 > 图层样式 > 拷贝图层样式”菜单命令，接着选择文本图层，执行“图层 > 图层样式 > 粘贴图层样式”菜单命令，效果如图 8-137 所示。

STEP 15 用同样的方法继续使用“横排文字工具”制作其他文字，如图 8-138 所示。

图 8-136

图 8-137

图 8-138

8.5 时尚 APP 启动页面

案例文件	时尚 APP 启动页面 .psd
视频教学	时尚 APP 启动页面 .flv

难易指数	★★★★★
技术要点	文字工具、路径文字的制作、剪贴蒙版

案例效果（如图 8-139 所示）

图 8-139

思路剖析（如图 8-140~ 图 8-141 所示）

图 8-140

图 8-141

图 8-142

图 8-143

图 8-144

①“渐变工具”与“钢笔工具”相结合制作背景。

②使用“横排文字工具”与“剪贴蒙版”制作渐变文字。

③绘制路径，并制作路径文字。

④使用“矩形工具”制作倾斜的矩形，改变不透明度使矩形融入画面中。

⑤使用“矩形工具”制作装饰图形。

应用拓展

优秀 APP 启动页面效果欣赏，如图 8-145~ 图 8-147 所示。

图 8-145

图 8-146

图 8-147

操作步骤

STEP 01 执行“文件 > 新建”菜单命令，在“新建”对话框中设置文件“宽度”为 1242 像素、“高度”为 2208 像素、“分辨率”为 72 像素 / 英寸、“颜色模式”为“RGB 颜色”、“背景内容”为“白色”，如图 8-148 所示。

STEP 02 单击工具箱中的“钢笔工具”按钮，在选项栏中设置“绘制模式”为“形状”，单击“填充”类型，在下拉面板中选择“渐变”选项，在“渐变色条”对话框中编辑粉色系渐变，“渐变样式”设置为“线性渐变”，在画面中单击绘制渐变形状，如图 8-149 所示。用同样的方法继续绘制渐变形状，如图 8-150 所示。

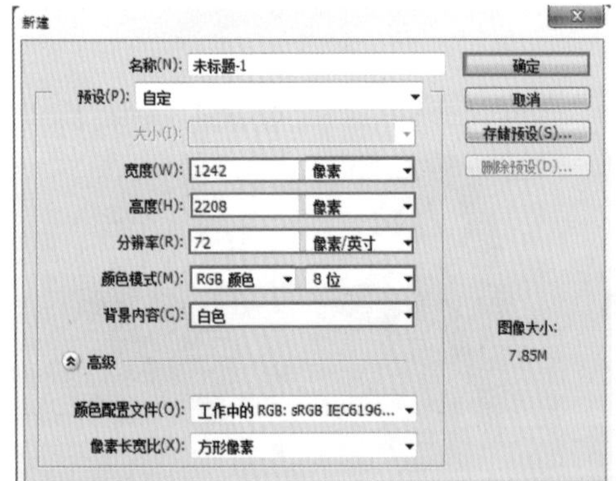

图 8-148

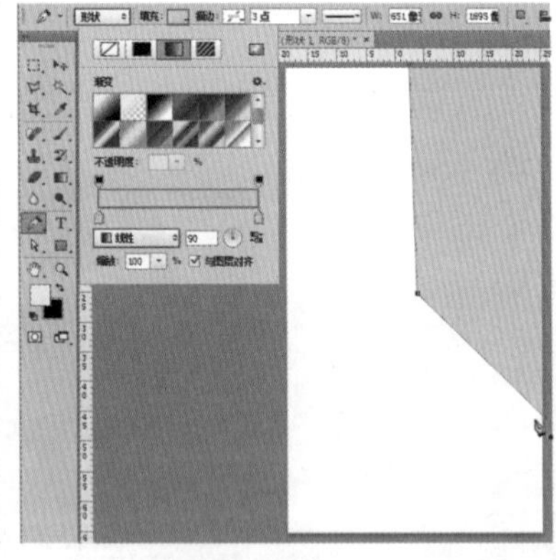

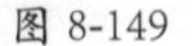

图 8-149

图 8-150

STEP 03 单击工具箱中的“横排文字工具”按钮，在选项栏中设置“字体”“字号”“填充”，在画面中单击输入文字，如图 8-151 所示。

图 8-151

STEP 04 单击工具箱中的“矩形工具”按钮，在选项栏中设置“绘制模式”为“形状”、“填充”为粉色到紫色渐变，在画面中按住鼠标左键拖曳绘制矩形形状，如图 8-152 所示。选中渐变矩形图层，执行“图层 > 创建剪贴蒙版”菜单命令，效果如图 8-153 所示。

图 8-152

图 8-153

STEP 05 执行“文件 > 置入”菜单命令，在弹出的“置入”对话框中选择素材“1.jpg”，单击“置入”按钮，如图 8-154 所示。选择图层，按住 Shift 键对素材进行等比例放大并放置在画面中间位置，按 Enter 键完成操作，接着执行“图层 > 栅格化 > 智能对象”菜单命令，对素材进行栅格化，效果如图 8-155 所示。

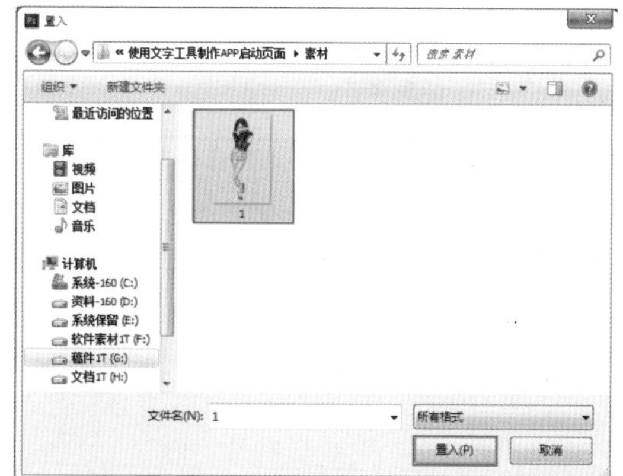

图 8-154

图 8-155

STEP 06 继续对素材图层执行“图层 > 图层样式 > 外发光”菜单命令，在“图层样式”对话框中设置“混合模式”为“正常”、“不透明度”为 30%、“发光颜色”为白色、“方法”为“柔和”、“大小”为 38 像素、“范围”为 50%，单击“确定”按钮完成设置，如图 8-156 所示。效果如图 8-157 所示。

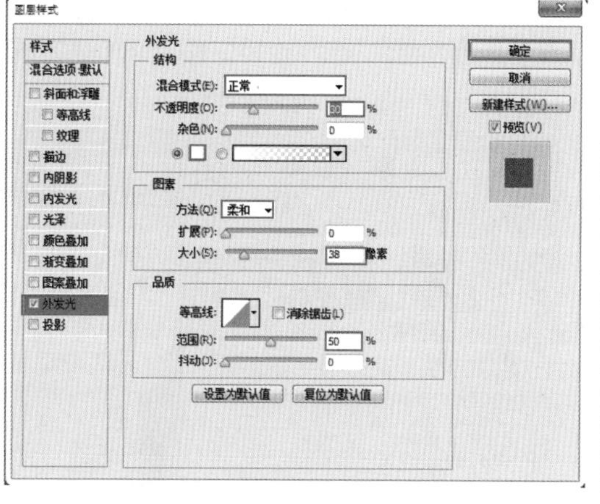

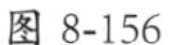

图 8-156

图 8-157

STEP 07 单击工具箱中的“横排文字工具”按钮，在选项栏中设置“字体”“字号”“填充”，在画面中单击输入文字，如图 8-158 所示。用同样的方法制作另一侧文字，如图 8-159 所示。

图 8-158

图 8-159

STEP 08 现在制作“路径文字”。单击工具箱中的“钢笔工具”按钮，在选项栏中设置“绘制模式”为“路径”，在画面中人物边缘单击拖动绘制路径，如图 8-160 所示。单击工具箱中的“横排文字工具”按钮，在选项栏中设置合适的字体、字号以及颜色，然后在路径的起始位置单击，如图 8-161 所示。输入文字，此时文字沿着路径排列，如图 8-162 所示。

图 8-160

图 8-161

图 8-162

STEP 09 用同样的方法制作另一侧的路径文字，如图 8-163 所示。

STEP 10 单击工具箱中的“椭圆工具”按钮，在选项栏中设置“绘制模式”为“形状”、“填充”为蓝白色系渐变，在画面中按住鼠标左键拖曳绘制椭圆，如图 8-164 所示。使用“自由变换”Ctrl+T 快捷键调出定界框，对“椭圆形状”进行旋转，按 Enter 键完成变换，如图 8-165 所示。

图 8-163

图 8-164

图 8-165

STEP 11 选择椭圆图层，执行“图层 > 图层样式 > 投影”菜单命令，在“图层样式”对话框中设置“混合模式”为“正片叠底”、“阴影颜色”为粉色、“不透明度”为 75%、“角度”为 120 度、“距离”为 53 像素、“大小”为 27 像素，单击“确定”按钮完成设置，如图 8-166 所示。效果如图 8-167 所示。选中椭圆图层，执行“图层 > 复制图层”菜单命令，在弹出的“复制图层”对话框中单击“确定”按钮完成复制，使用“自由变换”Ctrl+T 快捷键调出定界框，对椭圆形状进行缩放、旋转，按 Enter 键完成变换，如图 8-168 所示。

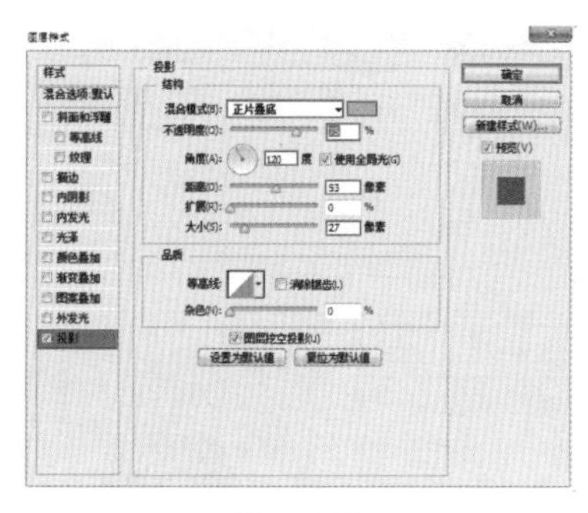

图 8-166

图 8-167

图 8-168

STEP 12 单击工具箱中的“矩形工具”按钮，在选项栏中设置“绘制模式”为“形状”、“填充”为粉色，在画面中按住鼠标左键拖曳绘制矩形，如图 8-169 所示。使用“自由变换”Ctrl+T 快捷键调出定界框，对矩形形状进行缩放、旋转，按 Enter 键完成变换，如图 8-170 所示。在“图层”面板中设置矩形图层的“不透明度”为 30%，效果如图 8-171 所示。

图 8-169

图 8-170

图 8-171

STEP 13 用同样的方法制作另外 3 个矩形形状，如图 8-172 所示。

STEP 14 单击工具箱中的“横排文字工具”按钮，在选项栏中设置“字体”“字号”“填充”，在画面中单击输入文字，如图 8-173 所示。使用“自由变换”Ctrl+T 快捷键调出定界框，对文字进行旋转，并拖动到左下角位置，按 Enter 键完成变换，如图 8-174 所示。用同样的方法制作其他文字，如图 8-175 所示。

图 8-172

图 8-173

图 8-174

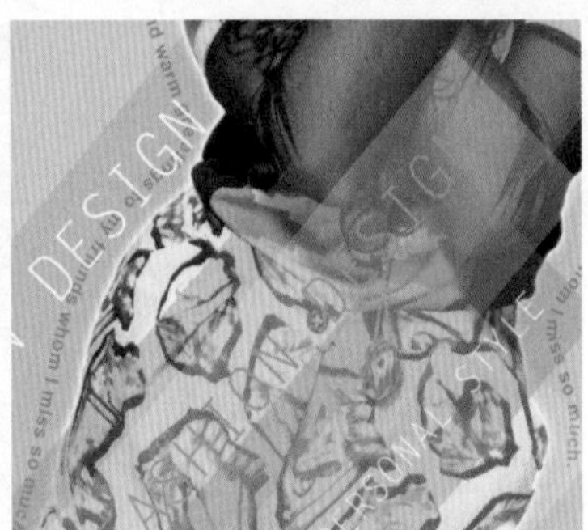

图 8-175

STEP 15 单击工具箱中的“矩形工具”按钮，在选项栏中设置“绘制模式”为“形状”、“填充”为蓝色，在画面中按住鼠标左键并拖曳绘制矩形，如图 8-176 所示。用同样的方法绘制其他装饰矩形形状，如图 8-177 所示。

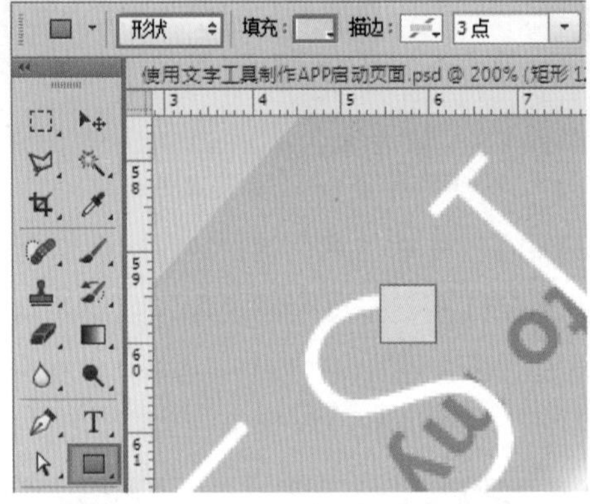

图 8-176

图 8-177

8.6 外卖 APP 界面设计

案例文件	外卖 APP 界面设计 .psd	难易指数	★★★★★
视频教学	外卖 APP 界面设计 .flv	技术要点	椭圆工具、投影样式

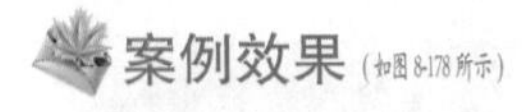

案例效果（如图 8-178 所示）

思路剖析（如图 8-179~ 图 8-181 所示）

图 8-178

图 8-179

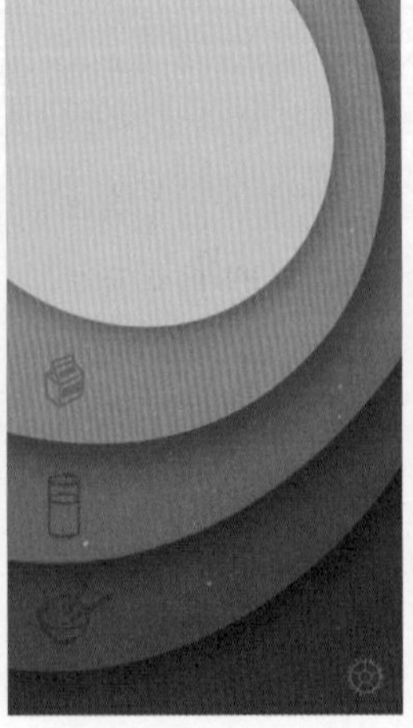

图 8-180

图 8-181

①使用“圆形工具”与“投影样式”制作背景。

②置入图标素材。

③使用“横排文字工具”在画面中添加点文字与路径文字。

应用拓展

优秀 APP 界面设计方案效果欣赏，如图 8-182~ 图 8-185 所示。

图 8-182

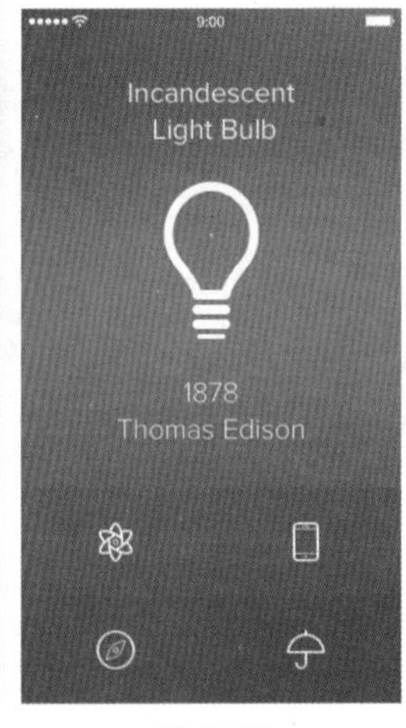

图 8-183

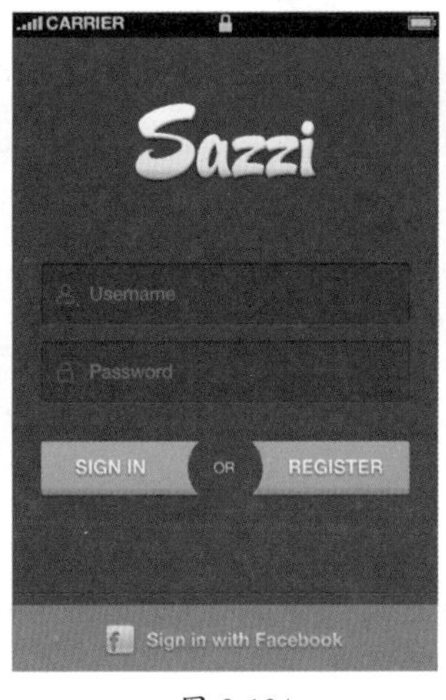

图 8-184

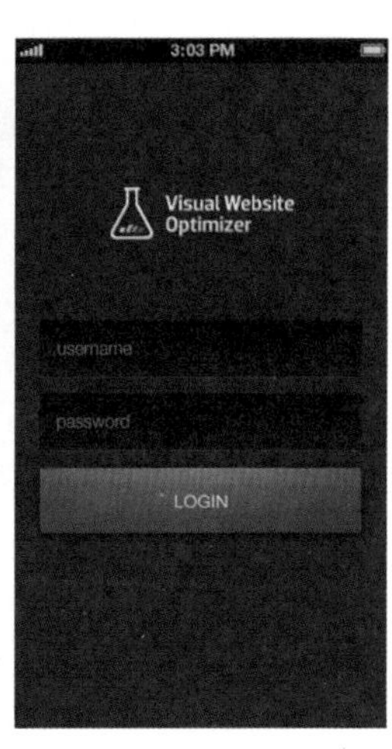

图 8-185

操作步骤

STEP 01 执行“文件 > 新建”菜单命令，在“新建”对话框中设置文件“宽度”为 1242 像素、“高度”为 2208 像素、“分辨率”为 72 像素 / 英寸、“颜色模式”为“RGB 颜色”、“背景内容”为“白色”，如图 8-186 所示。单击“前景色”按钮，在“拾色器（前景色）”对话框中设置颜色为紫色，如图 8-187 所示。按 Alt+Delete 快捷键添加前景色，如图 8-188 所示。

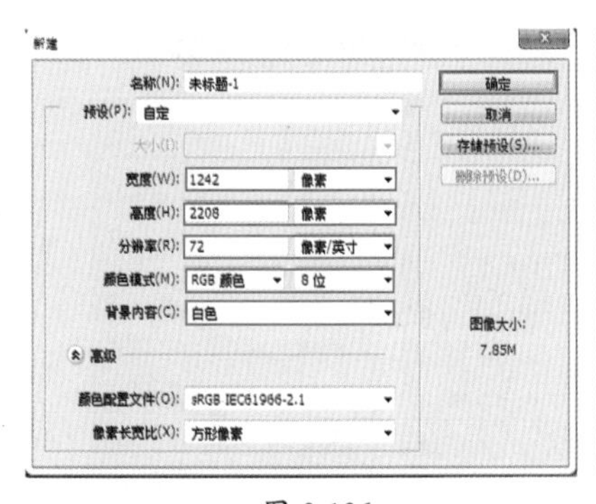

图 8-186

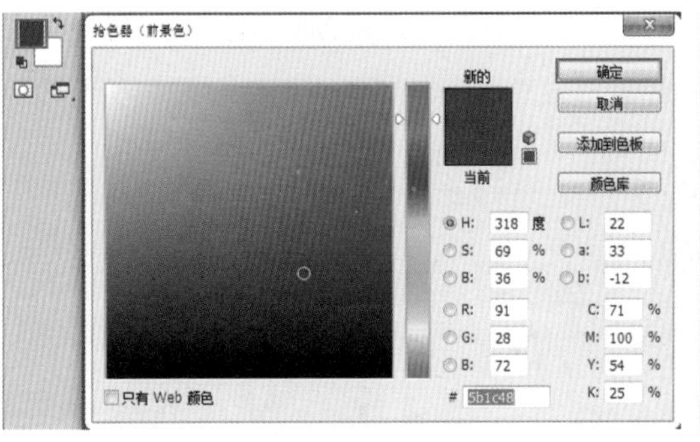

图 8-187

图 8-188

STEP 02 单击工具箱中的“椭圆工具”按钮，在选项栏中设置“绘制模式”为“形状”、“填充”为紫红色，在画面左上角按住鼠标左键拖曳绘制一个较大的椭圆形状，如图 8-189 所示。然后使用“自由变换”Ctrl+T 快捷键调出定界框，对形状进行旋转，如图 8-190 所示。调整完成后，按 Enter 键完成变换，如图 8-191 所示。

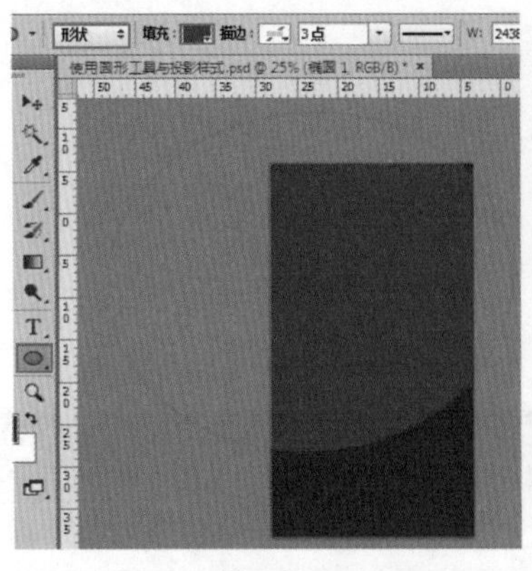
图 8-189

图 8-190

图 8-191

STEP 03 选择刚刚绘制的椭圆图层，执行“图层 > 图层样式 > 投影”菜单命令，在“图层样式”对话框中设置“混合模式”为“正片叠底”、“投影颜色”为黑色、“不透明度”为 30%、“角度”为 120 度、“距离”为 53 像素、“扩展”为 9%、“大小”为 120 像素、“杂色”为 0%，单击“确定”按钮完成设置，如图 8-192 所示。效果如图 8-193 所示。

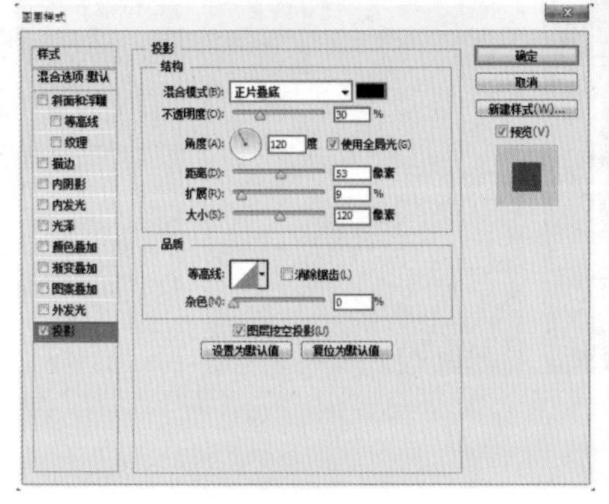
图 8-192

图 8-193

STEP 04 在“图层”面板中单击“椭圆 1”图层，使用 Ctrl+J 快捷键进行复制。单击复制的图层，单击“椭圆工具”按钮，在选项栏中更改其“填充”为红色，如图 8-194 所示。使用“自由变换”Ctrl+T 快捷键调出定界框，对形状进行旋转、缩放，并向上调整位置，按 Enter 键完成变换，如图 8-195 所示。

STEP 05 使用同样的方法制作其他椭圆形状并添加图层样式，如图 8-196 和图 8-197 所示。

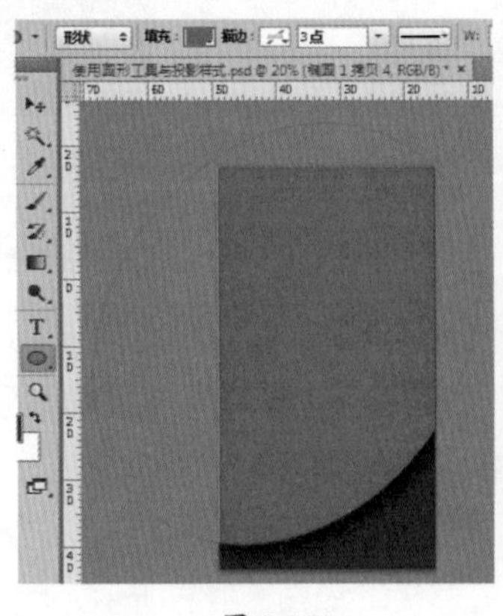
图 8-194

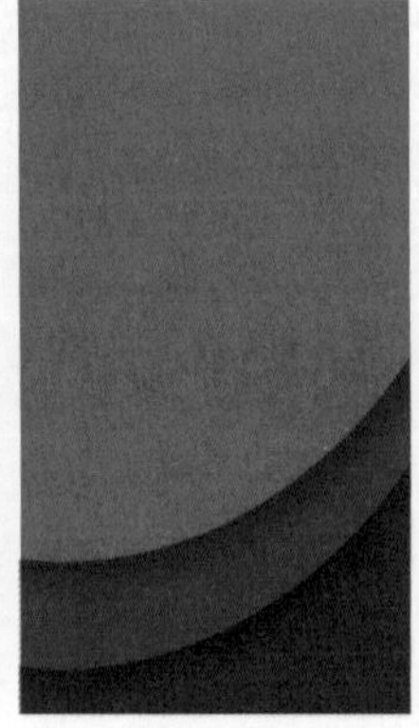
图 8-195

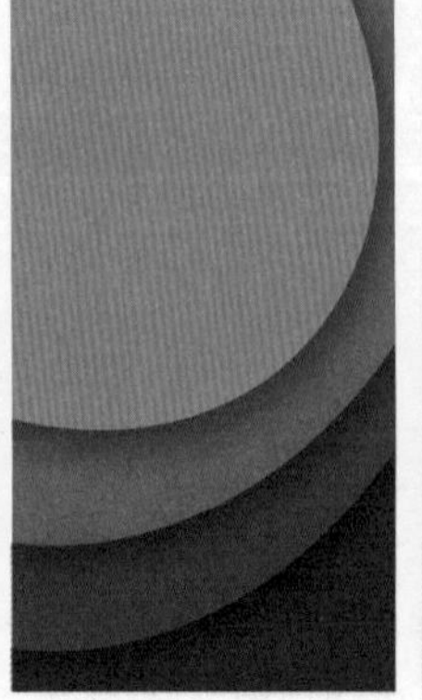
图 8-196

图 8-197

STEP 06 执行“文件 > 置入”菜单命令，在打开的“置入”对话框中选择素材“1.jpg”，单击“置入”按钮，如图 8-198 所示。将素材“1.jpg”移动到画面底部位置，然后按 Enter 键完成置入，并栅格化，如图 8-199 所示。

图 8-198

图 8-199

STEP 07 单击工具箱中的“横排文字工具”按钮，在选项栏中设置合适的“字体”“字号”，设置“文本颜色”为白色，接着在画面中黄色图形的上方单击并输入文字，如图 8-200 所示。用同样的方法输入其他横排文字，如图 8-201 所示。

图 8-200

图 8-201

STEP 08 继续使用“横排文字工具”，在选项栏中设置合适的“字体”“字号”，设置“文本颜色”为白色，在相应的位置单击并输入文字，如图 8-202 所示。单击选项栏中的“文字变形”按钮，在弹出的对话框中设置“样式”为“扇形”，选择“水平”选项，设置“弯曲”为 -22%，单击“确定”按钮完成设置，如图 8-203 所示。效果如图 8-204 所示。

图 8-202

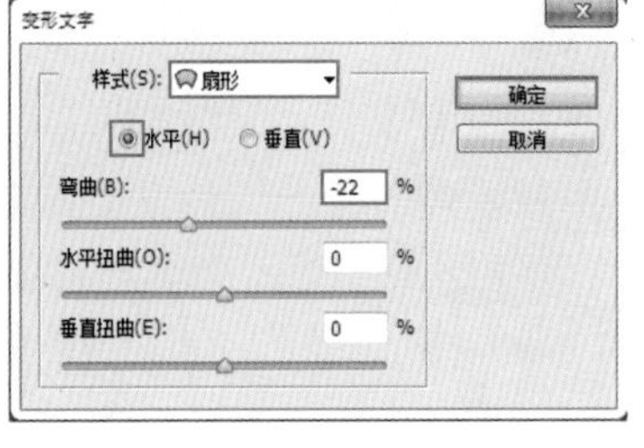

图 8-203

图 8-204

STEP 09 使用“自由变换”Ctrl+T 快捷键调出定界框，对文字进行旋转并调整位置，按 Enter 键完成变换，如图 8-205 所示。用同样的方法制作其他扇形文字，如图 8-206 所示。

图 8-205

图 8-206

STEP 10 单击工具箱中的“椭圆工具”按钮，在选项栏中设置“绘制模式”为“形状”、“填充”为白色，在画面左上角按住 Shift 键拖动鼠标绘制正圆，如图 8-207 所示。继续使用“椭圆工具”在画面左上角的正圆上绘制一个小的正圆，在选项栏中更改“填充”为无颜色、“描边”为黄色、“描边宽度”为 4 点，效果如图 8-208 所示。

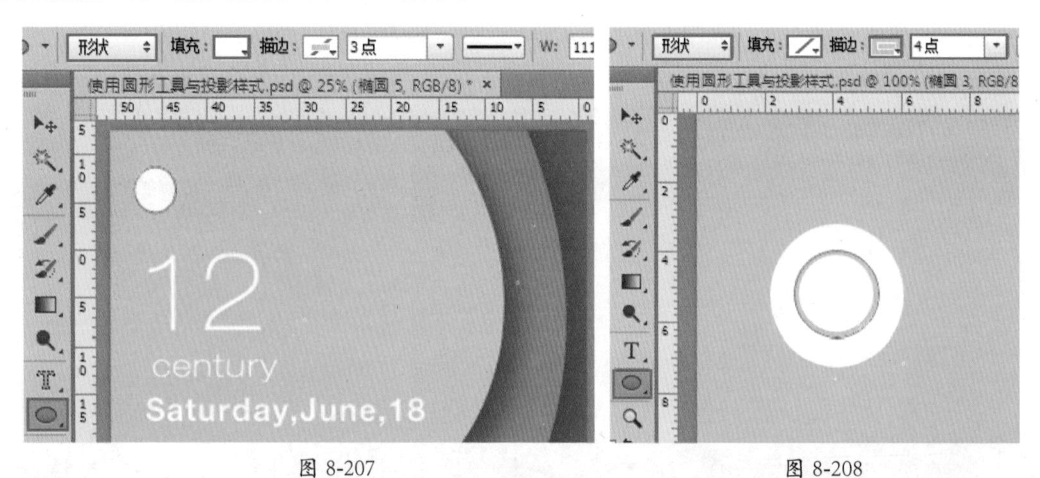

图 8-207　　图 8-208

STEP 11 在黄色椭圆中继续绘制一个小的黄色椭圆，如图 8-209 所示。案例完成效果如图 8-210 所示。

图 8-209

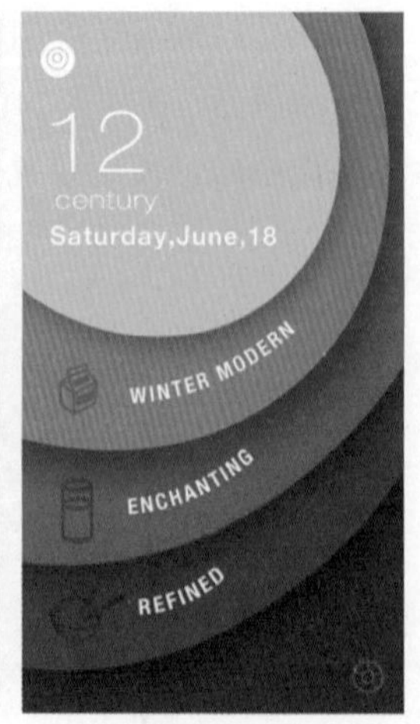

图 8-210

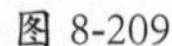

8.7 健康生活 APP 界面设计

案例文件	健康生活 APP 界面设计 .psd	难易指数	★★★★★
视频教学	健康生活 APP 界面设计 .flv	技术要点	钢笔工具、混合模式

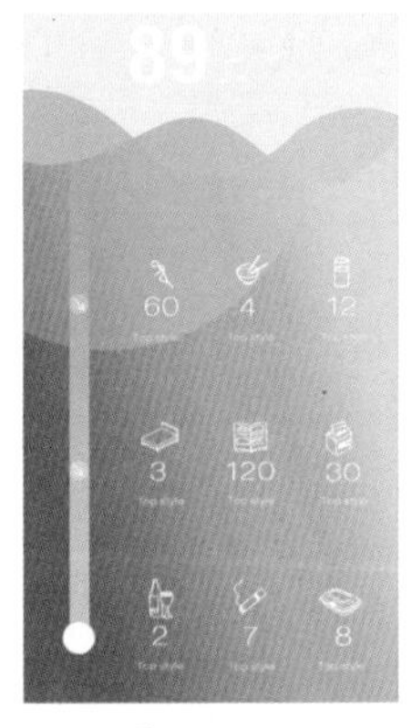

图 8-211

图 8-212

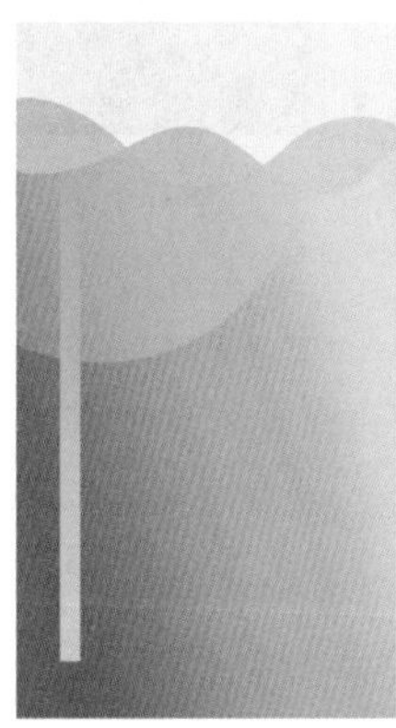

图 8-213

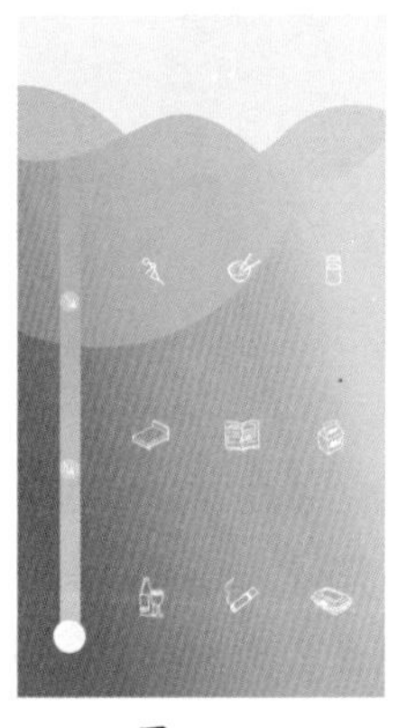

图 8-214

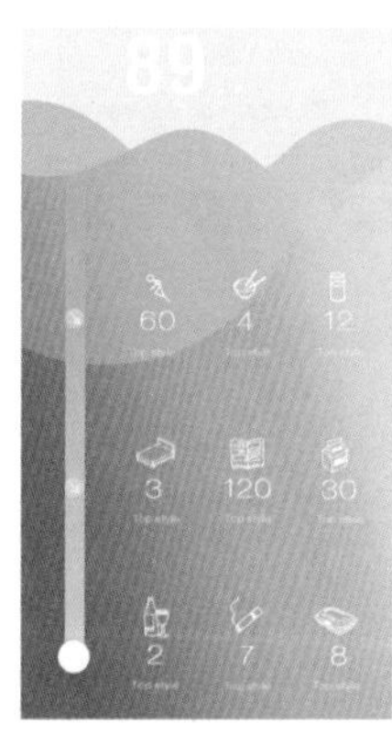

图 8-215

①使用“钢笔工具”绘制多个绿色系渐变形状作为界面底色。

②置入素材并绘制按钮形状。

③使用“横排文字工具”添加文字。

应用拓展

优秀手机 APP 界面设计效果欣赏，如图 8-216~ 图 8-218 所示。

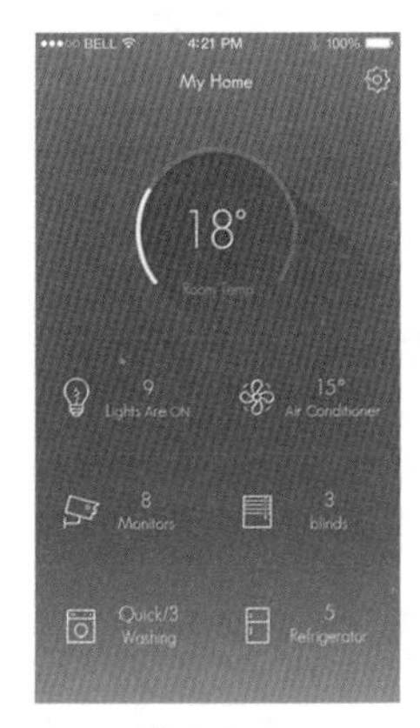

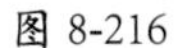

图 8-216

图 8-217

图 8-218

操作步骤

STEP 01 执行“文件 > 新建”菜单命令，在“新建”对话框中设置文件“宽度”为 1242 像素、“高度”为 2208 像素、“分辨率”为 72 像素 / 英寸、“颜色模式”为“RGB 颜色”、“背景内容”为“白色”，如图 8-219 所示。在工具箱中单击“前景色”按钮，在“拾色器（前景色）”对话框中设置颜色为黄色，单击“确定”按钮完成设置，按 Alt+Delete 快捷键添加前景色，如图 8-220 所示。效果如图 8-221 所示。

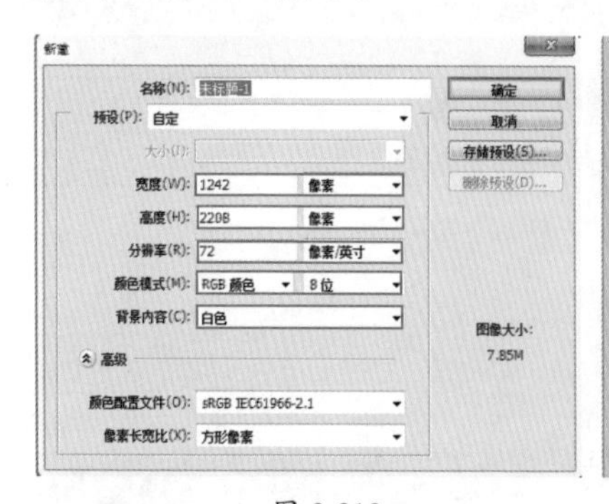

图 8-219

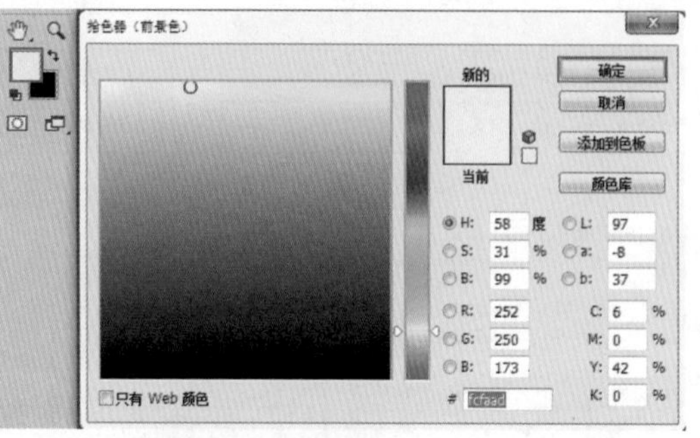

图 8-220

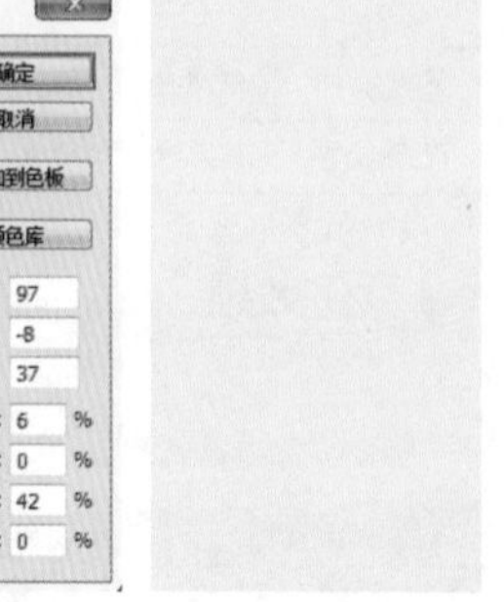

图 8-221

STEP 02 单击工具箱中的“钢笔工具”按钮，在选项栏中设置“绘制模式”为“形状”，单击“形状填充类型”对话框，在下拉面板中选择“渐变”，在“渐变编辑器”对话框中编辑一个黄绿色渐变，设置“渐变样式”为“线性”、“旋转渐变”为 45 度，在画面中单击拖动鼠标绘制渐变形状，如图 8-222 所示。在“图层”面板中设置“不透明度”为 70%，如图 8-223 所示。用同样的方法再制作一个深黄绿色渐变色形状，如图 8-224 所示。

图 8-222

图 8-223

图 8-224

STEP 03 单击工具箱中的“椭圆工具”按钮，在选项栏中设置“填充”为绿色，在画面中按住鼠标左键拖动绘制椭圆，如图 8-225 所示。选择椭圆图层，在“图层”面板中设置“混合模式”为“强光”，如图 8-226 所示。效果如图 8-227 所示。

STEP 04 选择椭圆图层，执行“图层 > 创建剪贴蒙版”菜单命令，效果如图 8-228 所示。

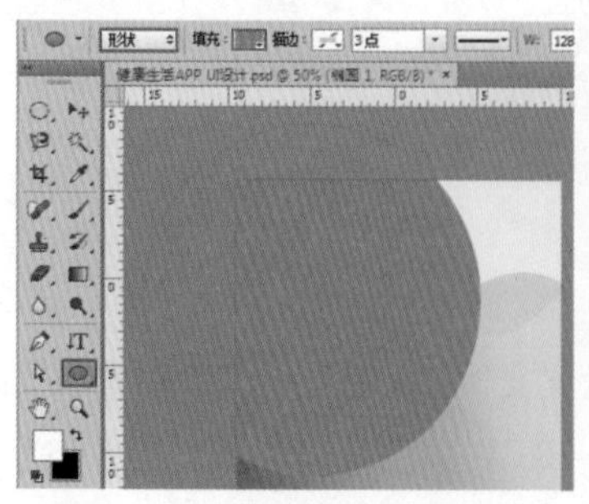

图 8-225

图 8-226

图 8-227

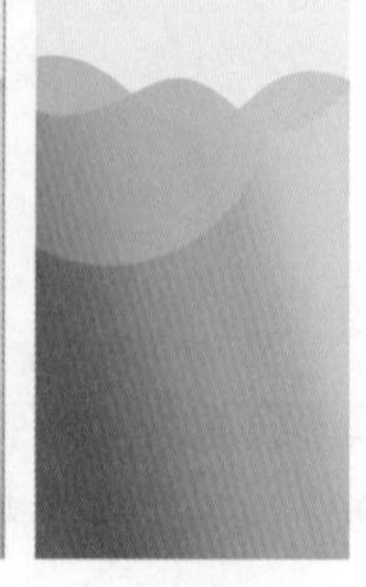

图 8-228

STEP 05 单击工具箱中的“矩形工具”按钮，在选项栏中设置“绘制模式”为“形状”，单击“形状填充类型”，在下拉面板中选择“渐变”，在“渐变编辑器”对话框中编辑一个黄绿色渐变，设置“渐变样式”为“角度”、“旋转渐变”为 -38 度，在画面中单击拖动鼠标绘制渐变形状，如图 8-229 所示。执行“图层 > 创建剪贴蒙版”菜单命令，效果如图 8-230 所示。

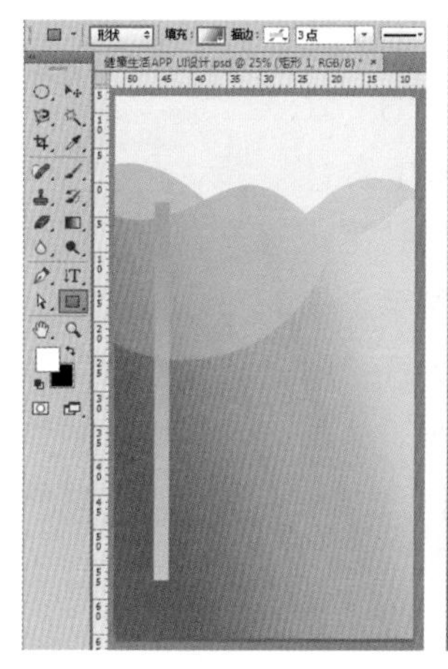
图 8-229

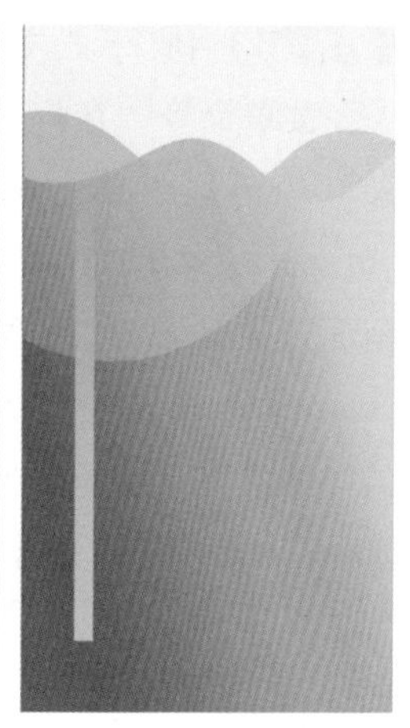
图 8-230

STEP 06 单击工具箱中的“椭圆工具”按钮，在选项栏中设置“绘制模式”为“形状”、“填充”为白色，在画面中按住 Shift 键拖动鼠标绘制正圆，如图 8-231 所示，在“图层”面板中设置“不透明度”为 50%, 如图 8-232 所示。用同样的方法再制作一个正圆，如图 8-233 所示。

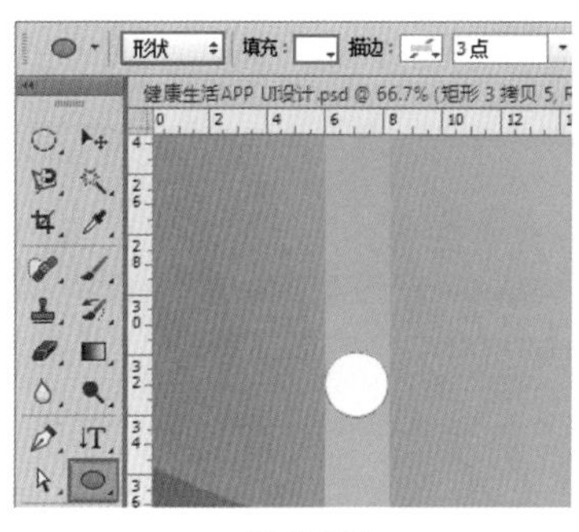

图 8-231

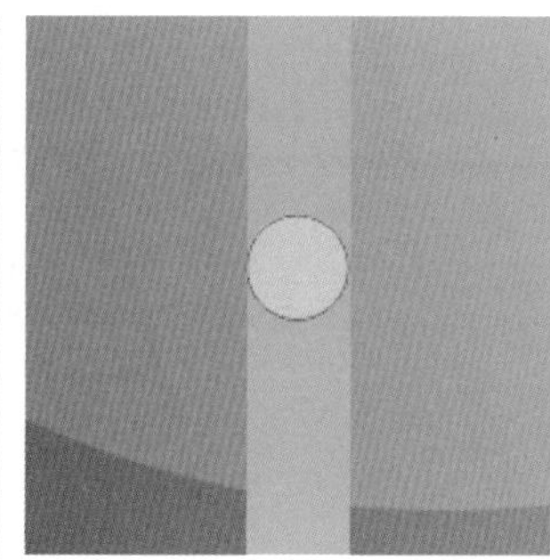
图 8-232

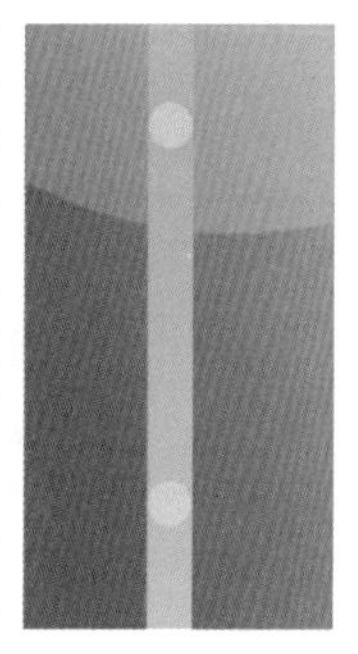
图 8-233

STEP 07 单击工具箱中的“自定形状工具”按钮，设置“绘制模式”为“形状”、“填充”为白色、“形状”为“箭头”，在画面中的正圆位置按住鼠标左键拖曳绘制形状，如图 8-234 所示。用同样的方法绘制另一个形状，如图 8-235 所示。

STEP 08 单击工具箱中的“椭圆工具”按钮，在选项栏中设置“绘制模式”为“形状”、“填充”为白色，在画面中按住 Shift 键拖动鼠标绘制正圆，如图 8-236 所示。单击工具箱中的“自定形状工具”按钮，设置“绘制模式”为“形状”、“填充”为白色、“形状”为“音符”，在画面中按住鼠标左键拖曳绘制形状，如图 8-237 所示。

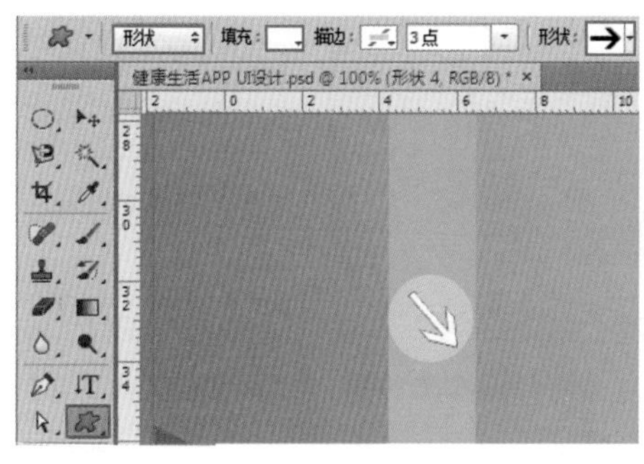

图 8-234

图 8-235

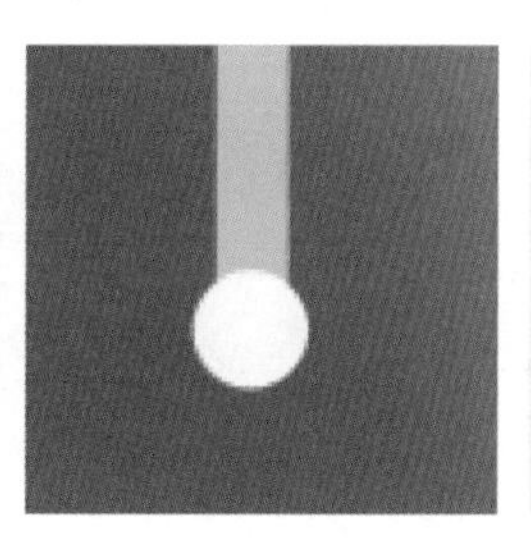
图 8-236

图 8-237

STEP 09 执行“文件>置入”菜单命令，在打开的“置入”对话框中单击选择素材“1.jpg”，单击“置入”按钮，画面效果如图 8-238 所示。按 Enter 键完成置入，执行“图层>栅格化>智能对象”菜单命令，如图 8-239 所示。

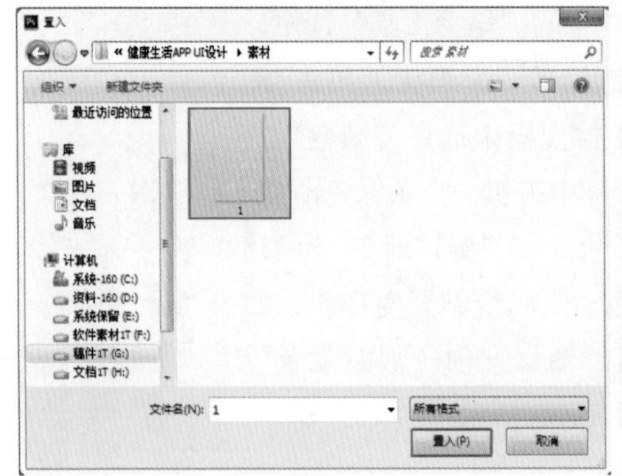
图 8-238

图 8-239

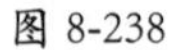

STEP 10 单击工具箱中的“横排文字工具”按钮，在选项栏中设置“字体”“字号”“填充”，在画面中单击输入文字，如图 8-240 所示。用同样的方法输入其他文字，如图 8-241 所示。

图 8-240

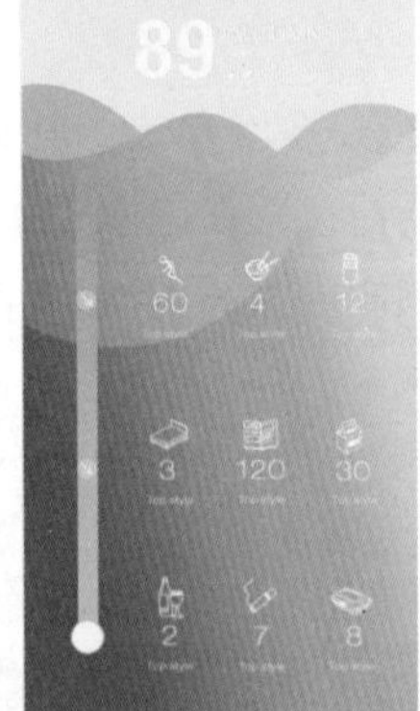
图 8-241

8.8 清新登录界面设计

案例文件	清新登录界面设计.psd
视频教学	清新登录界面设计.flv

难易指数	★★★★★
技术要点	高斯模糊、圆角矩形工具、椭圆工具、横排文字工具

案例效果（如图 8-242 所示）

思路剖析（如图 8-243~图 8-246 所示）

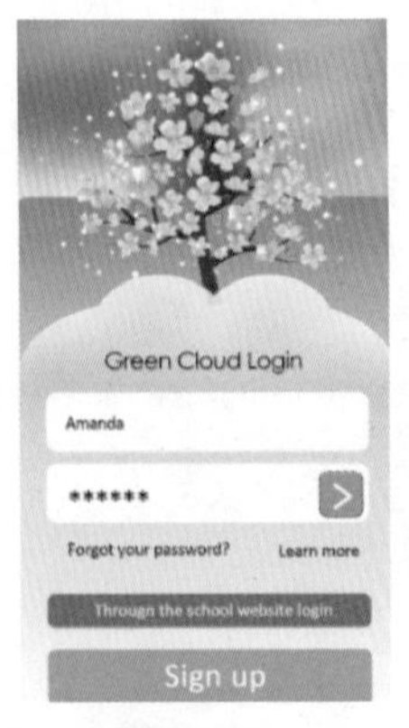

图 8-242

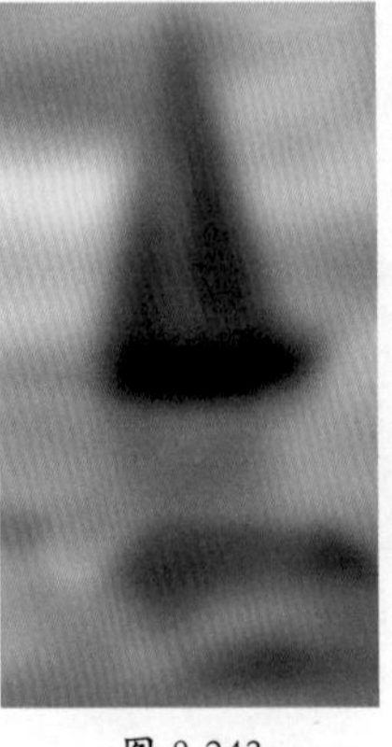
图 8-243

图 8-244

图 8-245

图 8-246

①置入背景素材并进行“高斯模糊”操作。

②使用“圆角矩形工具”绘制界面的基本图形。

③添加装饰素材并使用“椭圆工具”制作装饰元素。

④使用“横排文字工具”输入文字。

应用拓展

优秀登录界面设计作品欣赏，如图 8-247~ 图 8-249 所示。

图 8-247

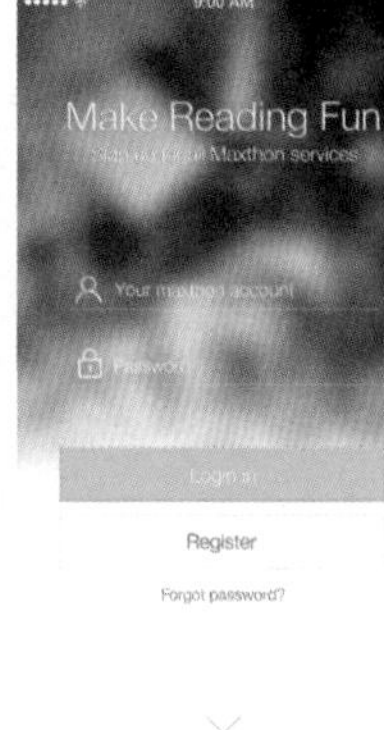

图 8-248

图 8-249

操作步骤

STEP 01 执行“文件 > 新建”菜单命令，在弹出的“新建”对话框中设置“宽度”为 1242 像素、“高度”为 2208 像素、分辨率为 72 像素 / 英寸、颜色模式为“RGB 颜色”、“背景内容”为“白色”，如图 8-250 所示。新建完成后，执行“文件 > 置入”菜单命令，将背景素材“1.jpg”置入画面中，选择该图层，执行“图层 > 栅格化 > 智能对象”菜单命令，如图 8-251 所示。

图 8-250

图 8-251

STEP 02 选择刚刚置入的素材图层，执行“滤镜 > 模糊 > 高斯模糊”菜单命令，在弹出的“高斯模糊”对话框中设置“半径”为 50 像素，如图 8-252 所示。设置完成后，画面效果如图 8-253 所示。

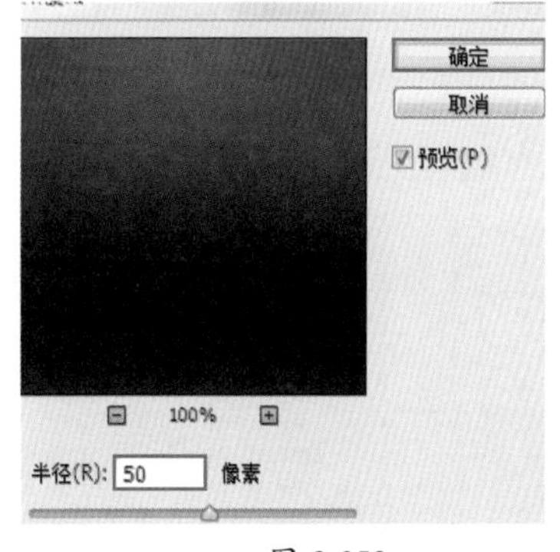

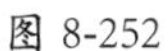

图 8-252

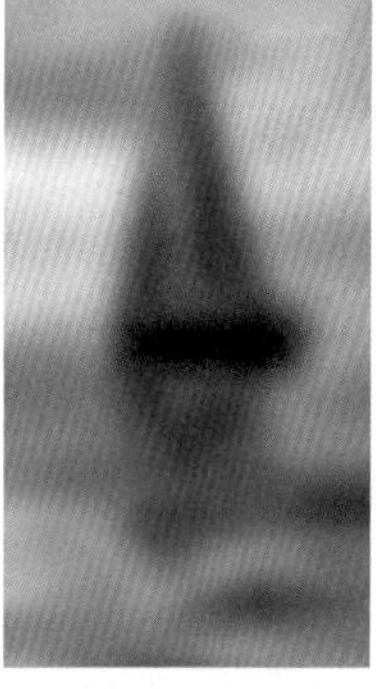

图 8-253

STEP 03 接下来增加画面中部分区域的亮度。新建图层，单击“画笔工具”按钮，将前景色设置为白色，然后使用柔角画笔在画面中的合适位置进行绘制，如图 8-254 所示。设置该图层的“不透明度”为 40%，如图 8-255 所示。画面效果如图 8-256 所示。

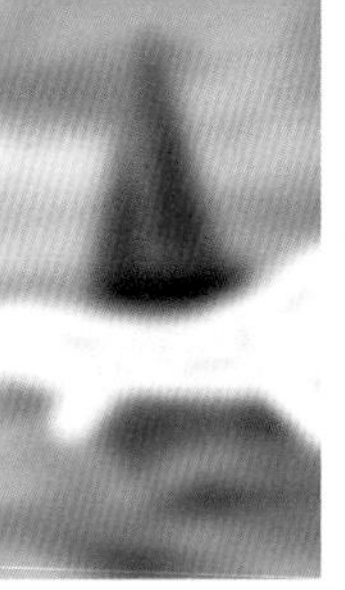

图 8-254

图 8-255

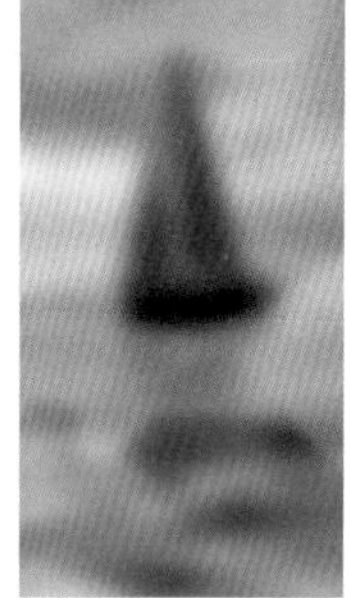

图 8-256

STEP 04 单击工具箱中的“圆角矩形工具”按钮，在选项栏中设置“绘制模式”为“形状”、“填充”为由白色到蓝色的渐变、“描边”为无颜色、“圆角半径”为 30 像素，设置完成后在画面中进行绘制，如图 8-257 所示。

STEP 05 执行“文件 > 置入”菜单命令，将素材“2.png”置入画面中，如图 8-258 所示。使用“画笔工具”绘制装饰的白点，效果如图 8-259 所示。

图 8-257

图 8-258

图 8-259

技巧提示 大小不同的斑点的绘制方法

可以通过设置画笔动态来进行绘制。调出“画笔”面板，选择一个柔角画笔，设置“大小”为 30 像素、“间距”为 135%，如图 8-260 所示。勾选“形状动态”选项，设置“大小抖动”为 75%，如图 8-261 所示。勾选“散布”选项，设置“散布”为 1000%，勾选“两轴”选项，设置“数量”为 2、“数量抖动”为 55%，如图 8-262 所示。设置完成后在画面中进行绘制就可以了。

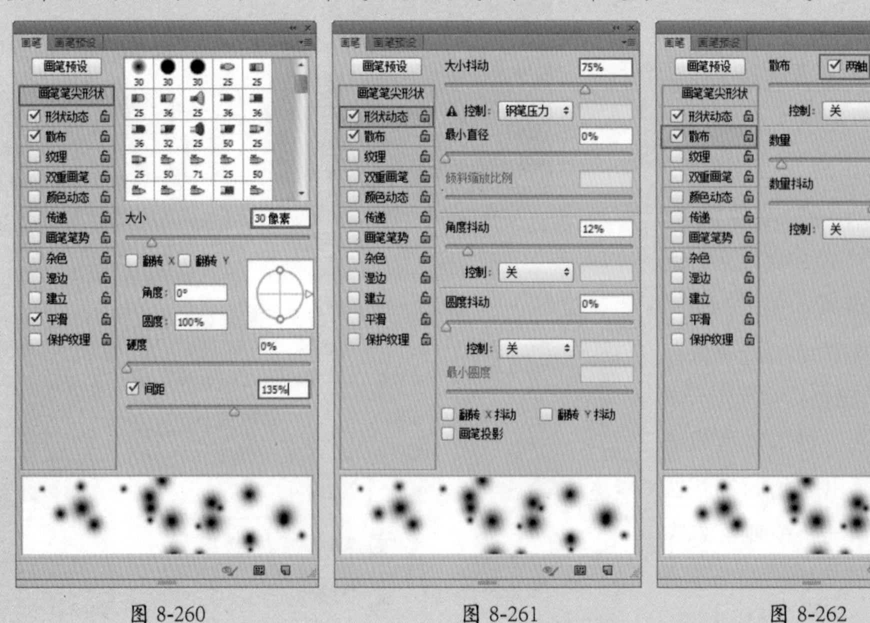

图 8-260　图 8-261　图 8-262

STEP 06 单击工具箱中的“椭圆工具”按钮，在选项栏中设置“绘制模式”为“形状”、“填充”为白色、“路径操作模式”为“合并形状”，在画面中绘制一个椭圆形，如图 8-263 所示。继续绘制另外几个椭圆形，如图 8-264 所示。

图 8-263

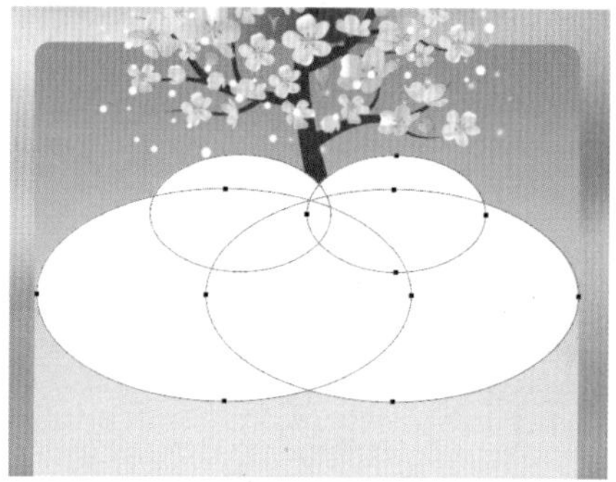

图 8-264

STEP 07 选中“椭圆 1”图层，单击“图层”面板底部的“添加图层蒙版”按钮，使用黑色的圆形柔角画笔涂抹蒙版中圆形的下半部分，使之隐藏，如图 8-265 所示。效果如图 8-266 所示。

图 8-265

图 8-266

STEP 08 单击工具箱中的“圆角矩形工具”按钮，在选项栏中设置“绘制模式”为“形状”、“填充”为白色、“圆角数值”为 20 像素，在画面中绘制一个圆角矩形，如图 8-267 所示。选中圆角矩形图层，使用 Ctrl+J 快捷键复制一个圆角矩形，并向下移动，如图 8-268 所示。

图 8-267

图 8-268

STEP 09 继续使用“圆角矩形工具”，绘制另外两个不同颜色的圆角矩形，如图 8-269 和图 8-270 所示。

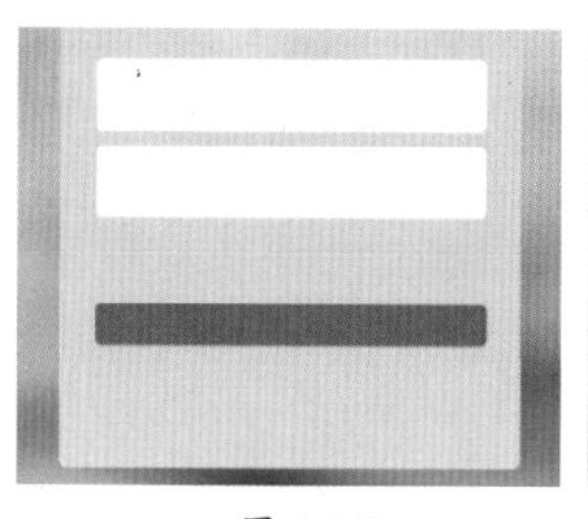

图 8-269

图 8-270

STEP 10 单击工具箱中的“横排文字工具”按钮，在选项栏中设置合适的“字体”“字号”“颜色”，在画面中单击并输入文字，如图 8-271 所示。继续使用“横排文字工具”，设置不同的字体和字号，输入另外一些文字，效果如图 8-272 所示。

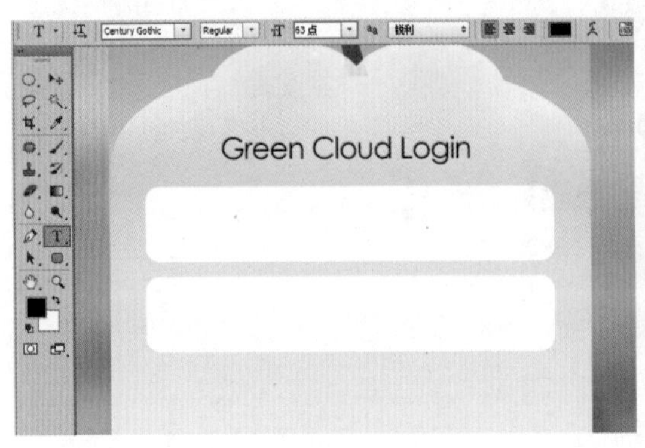

图 8-271

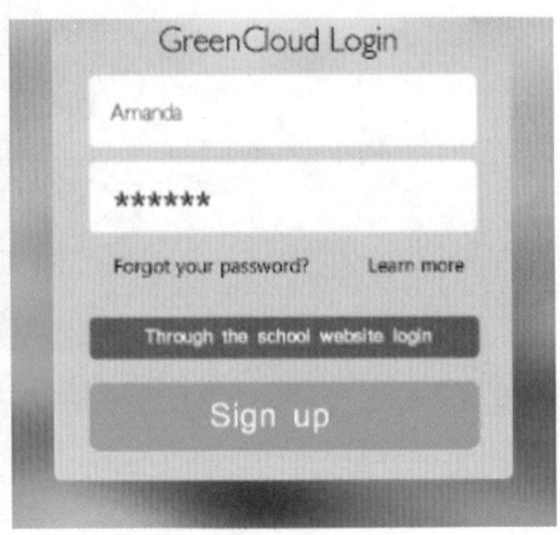

图 8-272

STEP 11 继续使用“圆角矩形工具”，在选项栏中设置“绘制模式”为“形状”、“填充”为绿色、“圆角数值”为 20 像素，在画面中绘制一个圆角矩形，如图 8-273 所示。使用“横排文字工具”在圆角矩形上添加一个“>”字符，作为向右的箭头，效果如图 8-274 所示。

图 8-273

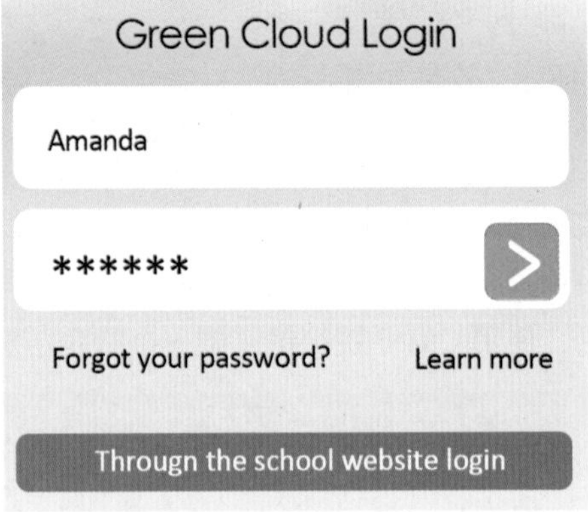

图 8-274

STEP 12 最终效果如图 8-275 所示。

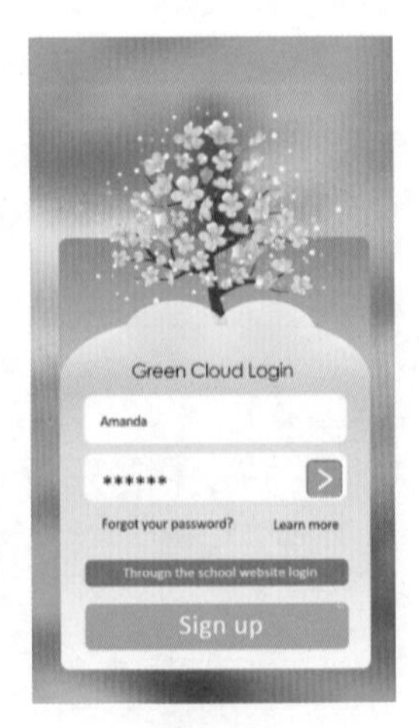

图 8-275